ATZ/MTZ-Fachbuch

Die komplexe Technik heutiger Kraftfahrzeuge und Antriebsstränge macht einen immer größer werdenden Fundus an Informationen notwendig, um die Funktion und die Arbeitsweise von Komponenten oder Systemen zu verstehen. Den raschen und sicheren Zugriff auf diese Informationen bietet die Reihe ATZ/MTZ-Fachbuch, welche die zum Verständnis erforderlichen Grundlagen, Daten und Erklärungen anschaulich, systematisch, anwendungsorientiert und aktuell zusammenstellt.

Die Reihe wendet sich an Ingenieure der Kraftfahrzeugentwicklung und Antriebstechnik sowie Studierende, die Nachschlagebedarf haben und im Zusammenhang Fragestellungen ihres Arbeitsfeldes verstehen müssen und an Professoren und Dozenten an Universitäten und Hochschulen mit Schwerpunkt Fahrzeug- und Antriebstechnik. Sie liefert gleichzeitig das theoretische Rüstzeug für das Verständnis wie auch die Anwendungen, wie sie für Gutachter, Forscher und Entwicklungsingenieure in der Automobil- und Zulieferindustrie sowie bei Dienstleistern benötigt werden.

Stefan Breuer · Andrea Rohrbach-Kerl

Fahrzeugdynamik

Mechanik des bewegten Fahrzeugs

Stefan Breuer
Campus Velbert/Heiligenhaus
Hochschule Bochum
Heiligenhaus, Deutschland

Andrea Rohrbach-Kerl
Campus Velbert/Heiligenhaus
Hochschule Bochum
Heiligenhaus, Deutschland

ISBN 978-3-658-09474-4   ISBN 978-3-658-09475-1 (eBook)
DOI 10.1007/978-3-658-09475-1

Die Deutsche Nationalbibliothek verzeichnet diese Publikation in der Deutschen Nationalbibliografie; detaillierte bibliografische Daten sind im Internet über http://dnb.d-nb.de abrufbar.

Springer Vieweg
© Springer Fachmedien Wiesbaden 2015

Einbandabbildung: IPG Automotive GmbH, Screenshot aus IPGMovie, Rundenzeitoptimierung mit CarMaker Vers. 5.0

Gedruckt auf säurefreiem und chlorfrei gebleichtem Papier.

Springer Fachmedien Wiesbaden GmbH ist Teil der Fachverlagsgruppe Springer Science+Business Media
(www.springer.com)

Vorwort

Dieses Studienbuch zur Fahrzeugdynamik behandelt die Mechanik des bewegten Fahrzeugs. In der Vergangenheit war diese Thematik auch mit Begriffen wie Fahrtmechanik, Fahrmechanik oder Fahrphysik belegt, doch der Begriff der Fahrdynamik ist präsenter und da sich dieses Buch mit der Dynamik des Fahrzeugs beschäftigt, erfolgte daher die Namensgebung. Es richtet sich an Studierende und ausgebildete Ingenieure des Maschinenbaus oder der Mechatronik, die die Fahrzeugtechnik im Zusammengang des Gesamtfahrzeugs verstehen wollen. Mit „verstehen" ist hier der quantifizierbare Zusammenhang gemeint. Dass ein Fahrzeug mit mehr Leistung meistens schneller beschleunigt als ein vergleichbares mit geringerer Leistung dürfte jedem Leser vor der Lektüre dieses Buches klar gewesen sein. Nach der Lektüre sollte er in der Lage sein vorauszusagen, wie viele Sekunden schneller ein modifiziertes Fahrzeug beschleunigt oder wie groß die Kraftstoffersparnis durch eine definierte Maßnahme sein wird. Um diese zu erreichen sind die Erläuterungen an vielen Stellen mit Beispielen und Übungsaufgaben ergänzt. Sollten Ihnen – trotz sorgfältiger Prüfung – Fehler auffallen, oder Sie Anregungen haben, nehmen wir diese gerne unter „fahrzeugdynamik@hs-bochum.de" entgegen.

Dieses Buch entstand aus Vorlesungsunterlagen der Autoren mit welchen Studierende der Fahrzeugtechnik nach dem Ingenieursgrundstudium auf die verschiedenen Teilgebiete der Fahrzeugtechnik vorbereitet wurden. Das Verständnis der Kräfte am Fahrzeug und der damit in Verbindung stehenden Bewegungen des Fahrzeugs ist in nahezu allen Gebieten der Fahrzeugtechnik von elementarer Bedeutung. Sowohl die Antriebstechnik, als auch die Fahrwerkstechnik, der Fahrzeugaufbau und die mechatronischen Systeme eines Fahrzeugs bedienen sich der Mechanik. In einigen Fällen direkt, wie im Fall der Kinetik und Elastokinematik im Fahrwerk, der Momentenwandlung im Antriebsstrang oder bei der Bestimmung von Blechstärken an tragenden Karosserieteilen. Oder indirekt, wie im Falle der Mechatronik. Diese bedient sich häufig durch Sensoren mechanischer Größen und stellt dann Aktuatoren, um gewünschte Fahrzustände zu erreichen, alles im Rahmen der physikalisch möglichen Grenzen. Der Zusammenhang wird dabei sehr schnell komplex, so dass sich der Fahrzeugtechniker gerne rechnergestützter Hilfsmittel bedient. Daher vermitteln die Autoren den Studierenden erste Einblicke in ein Fahrdynamiksimulationsprogramm. Dieses ist auch in dem vorliegenden Buch abgebildet.

Dieses Buch setzt geringe Kenntnisse der Technischen Mechanik voraus. Im Wesentlichen sollten die Gleichgewichtsbedingungen der Statik und das 2. Newton'sche Gesetz bekannt sein (Schwerpunktsatz, Momentensatz). Erfahrungen mit dem Freischnitt sind hilfreich, werden aber durch zahlreiche Beispiele in diesem Buch weiter vermittelt.

Im Buch wird die Fahrzeugdynamik in die drei großen Teilgebiete Längs-, Quer- und Vertikaldynamik unterteilt. Die Längsdynamik beschäftigt sich mit den Fahrwiderständen, dem Antriebskennfeld und den daraus resultierenden Fahrleistungen, sowie der Übertragbarkeit von Kräften auf die Fahrbahn und den sich damit ergebenden Fahrgrenzen. Die Querdynamik beschäftigt sich mit der Kurvenfahrt und dem Fahrzeugverhalten, die Vertikaldynamik mit Bewegungen und Kräften in Hochrichtung. Hier geht es um Sicherheit und Komfort.

Gedankt sei an dieser Stelle zahlreichen Kollegen, die die Autoren mit Beispielen, konstruktiven Diskussionen und Anregungen unterstützt haben (in alphabetischer Reihenfolge): Prof. Dr.-Ing. Jürgen Betzler, Prof. Dr.-Ing. Michael Franzen, Prof. Dr.-Ing. Markus Lemmen, Prof. Dr.-Ing. Karl-Heinz Schwarting, sowie den Mitarbeitern des Springer-Verlages, Frau Lange und Herrn Schmitt, die uns zu der Abgabe des Manuskriptes ermutigt und immer mit Rat zur Seite standen.

Heiligenhaus, im Juni 2015 Andrea Rohrbach-Kerl und Stefan Breuer

Inhaltsverzeichnis

1.1 Einführung

Die Fahrdynamik beschreibt das Verhalten eines Fahrzeugs unter Einwirkung von Kräften, beispielsweise hervorgerufen durch eine Kurvenfahrt oder Beschleunigungs- und Bremsvorgänge. Auch Fahrbahnunebenheiten wirken über Kräfte auf das Fahrzeug und beeinflussen das Verhalten des Fahrzeugs. Der allgemein gebräuchliche Begriff *Fahrdynamik* ist im strengen Sinn stark einschränkend, da die Dynamik die Lehre der Kräfte ist. Passender wäre der Begriff der *Fahrmechanik*, da die Mechanik die Lehre der Kräfte und der damit im Zusammenhang stehenden Bewegungen ist. Dieses ist eine passendere Definition für die Fahrdynamik. Da sich der Begriff *Fahrdynamik* zur Beschreibung der durch verschiedene Kräfte hervorgerufenen Bewegung des Fahrzeugs, welches als *Fahrverhalten* beschrieben wird, durchgesetzt hat, wird diese Nomenklatur beibehalten.

Die Bewegung eines Fahrzeugs vorherzusagen, welches aus ca. 10.000 Einzelteilen besteht, ist eine herausfordernde Aufgabe. In vielen Fällen ist es zum Verständnis und zur Vorhersage hilfreich, wenn Bauteile zu Subsystemen zusammengefasst werden. Im Extremfall können alle Bauteile zu einem Körper zusammengefasst werden. An dieser Stelle sei angemerkt, dass das Vereinfachen eines mathematischen Modells in vielen Situationen das Verständnis erleichtert oder auch überhaupt erst Aussagen in einer hinreichenden Genauigkeit ermöglicht, welche durch detailliertere Modelle mit deutlich mehr Rechenaufwand spezialisiert werden können.

Als kleines anschauliches Beispiel sei hier der „*Herborn-Unfall*" aus dem Jahre 1987 erwähnt, als ein Tanklaster vollbeladen nahezu ungebremst nach einer längeren Gefällefahrt in die Innenstadt von Herborn raste, dort verunfallte und einen Brand auslöste, welcher mehrere Menschenleben forderte und erheblichen Sachschaden anrichtete. Die mutmaßliche Unfallursache wurde nach intensiven Untersuchungen am verbrannten Wrack des Fahrzeugs gefunden. Es war eine defekte Vorderachsbremse, welche keinen Bremsdruck mehr aufbauen konnte. Eine Überschlagsrechnung, welche den verunfallten LKW einfach als ein Ein-Massen-Modell mit 38 Tonnen Gesamtgewicht betrachtete,

© Springer Fachmedien Wiesbaden 2015 1
S. Breuer, A. Rohrbach-Kerl, *Fahrzeugdynamik*, ATZ/MTZ-Fachbuch,
DOI 10.1007/978-3-658-09475-1_1

zeigte überzeugend, dass das Fahrzeug auch ohne Vorderradbremse im Gefälle zum Stillstand hätte gebracht werden können. Auf Grund dieser Überlegung am aufs Einfachste reduzierten Modell nahmen die beteiligten Sachverständigen auch Ermittlungen in andere Richtungen auf, welches ein ganz anderes Licht auf die Schuldfrage an diesem Unfall warf.

In der Fahrdynamik wird angestrebt, das Verhalten eines Fahrzeugs vorauszusagen. Dieses ist in der Fahrzeugentwicklung mit den sehr kurzen Modellzykluszeiten unerlässlich. Schon in der Planungsphase, also bevor ein Prototyp oder Technikträger zur Verfügung steht, muss die Auswirkung einer Entscheidung auf das Fahrverhalten quantitativ vorausgesagt werden können. Dieses bedingt ein tiefes Verständnis der Fahrzeugtechnik. Es setzt grundlegende Zusammenhänge aus der Physik, der Technischen Mechanik und der Mathematik voraus.

Die Vorhersage des Fahrverhaltens, aber auch der Fahrleistungen, muss schon in der Konzeptionsphase eines neuen Fahrzeugs hinreichend genau bestimmt werden können, um in den einschlägigen Test der Fachmedien zu bestehen und die Erwartungen des angestrebten Kundenkreises zu erfüllen.

Die Veranschaulichung eines solches Tests der Fachmedien zeigt Abb. 1.1. Sie zeigt einen Vergleichstest von drei turbo-aufgeladenen Kompaktklassefahrzeugen aus der *Auto-Zeitung 11/2012* vom 9. Mai 2012. Hier werden die Fahrzeuge Ford Focus 1,6 Eco Boost, Skoda Oktavia 1,4 TSI und Renault Mégane TCe 130 miteinander verglichen. Abschließend wird in diesem Vergleichstest aus diversen Kriterien ein Sieger ermittelt. Kein Fahrzeughersteller kann es sich leisten, ein Fahrzeug auf den Markt zu bringen, welches gänzlich von den Leistungen der Konkurrenz ins Negative abweicht. Daher ist es wichtig, dass die Entwickler schon in der Konzeptphase verstehen, welche Auswirkung welche Änderung für das Gesamtfahrzeug bringen wird.

Für die weitere Betrachtung ist nicht das Abschneiden der einzelnen Fahrzeuge von Belang, sondern die Bewertungskriterien an sich. Diese sind in fünf Gruppen unterteilt: *Karosserie, Fahrkomfort, Motor/Getriebe, Fahrdynamik und Umwelt/Kosten.* Unterpunkt vier, *Fahrdynamik*, grenzt diese in der Begrifflichkeit auf *Kurvenverhalten* und *Bremsweg* ein, weitere Eigenschaften der Fahrdynamik in Längsrichtung finden sich jedoch zusätzlich in der Bewertungsgruppe *Motor/Getriebe* und Teile der Dynamik in Hochrichtung in der Gruppe *Fahrkomfort*.

Als Unterpunkte für die Beurteilung der Fahrdynamik werden in diesem Test die Eigenschaften in Längsrichtung *Beschleunigung, Elastizität, Höchstgeschwindigkeit, Bremsweg* und *Verbrauch* gelistet, in Querrichtung *Handling, Slalom, Lenkung, Geradeauslauf, Traktion, Fahrsicherheit* und *Wendekreis*. In vertikale Richtung sind Kriterien wie *Federung leer* und *beladen* zu finden. Dieser Gliederung folgt auch die Fahrdynamik. Die oben genannten Eigenschaften in Längsdynamik werden unter dem Begriff Längsdynamik zusammengefasst, die Eigenschaften in Quer- bzw. Hochrichtung werden unter den Begriffen Quer- bzw. Vertikaldynamik zusammengefasst.

Während sich die Kriterien zur Längsdynamik überwiegend durch reine Messwerte definieren lassen, siehe Abb. 1.2, gibt es viele weitere Kriterien, welche entweder den Fahrer

Gesamtbewertung

KAROSSERIE		Ford	Renault	Skoda
Raumangebot vorn	100[1]	70	69	70
Raumangebot hinten	100	55	53	58
Übersichtlichkeit	70	35	36	37
Bedienung/Funktion	100	82	86	90
Kofferraumvolumen	100	30	35	56
Variabilität	100	30	20	33
Zuladung/Anhängel.	50/30	38	31	39
Sicherheitsausstatt.	150	90	85	89
Qualität/Verarbeitg.	100/100	178	178	180
KAPITELWERTUNG	**1000**	**608**	**593**	**652**

FAHRKOMFORT				
Sitzkomfort vorn	150	130	127	130
Sitzkomfort hinten	100	70	66	69
Ergonomie	150	125	125	130
Innengeräusche	50	35	31	30
Geräuscheindruck	100	65	63	60
Klimatisierung	50	34	34	35
Federung leer	200	137	132	135
Federung beladen	200	135	130	132
KAPITELWERTUNG	**1000**	**731**	**708**	**721**

MOTOR/GETRIEBE				
Beschleunigung	150	110	105	106
Elastizität	100	76	75	71
Höchstgeschwindigk.	150	60	53	55
Getriebeabstufung Schaltung	100	85	82	82
Kraftentfaltung	50	33	30	28
Laufkultur	100	69	70	67
Verbrauch	325	241	234	254
Reichweite	25	13	14	16
KAPITELWERTUNG	**1000**	**687**	**663**	**679**

FAHRDYNAMIK				
Handling	150	66	62	63
Slalom	100	70	74	55
Lenkung	100	82	77	77
Geradeauslauf	50	40	40	40
Dosierbarkeit der Bremse	25	20	17	19
Bremsweg kalt	150	77	85	75
Bremsweg warm	150	86	88	76
Traktion	100	40	37	40
Fahrsicherheit	150	127	125	125
Wendekreis	25	9	14	16
KAPITELWERTUNG	**1000**	**617**	**619**	**586**

UMWELT/KOSTEN				
Emissionswerte	100	86	84	87
Grundpreis	650	241	256	250
AZ-Normausstattung	25	15	20	15
Wertverlust[2]	50	24	25	26
Werkstattkosten[3]	20	14	14	15
Versicherung	40	36	34	37
Steuer	10	9	9	9
Kraftstoff	55	39	38	41
Garantie/Gewährleist.	50	18	28	28
KAPITELWERTUNG	**1000**	**482**	**508**	**508**

Abb. 1.1 Gesamtbewertungskriterien der Autozeitung für einen Vergleichstest der Fahrzeuge Ford Focus 1,6 Eco Boost, Skoda Oktavia 1,4 TSI und Renault Mégane TCe 130 [1]

als Regelgröße enthalten, wie z. B. beim Handling- oder Slalomtest, oder aber welche ein subjektives Empfinden objektivieren müssen.

Durch das Verständnis des Fahrzeugverhaltens lassen sich auch wichtige Beiträge für die Fahrzeugsicherheit leisten. Das bekannteste Beispiel dürfte das Anti-Blockier-System (ABS) sein. Erkennt das Bremssteuergerät ein blockierendes Rad, so reduziert es den Bremsdruck und sorgt dafür, dass das Rad nicht blockiert. Dadurch wird der Bremsweg verringert und, sofern möglich, die Lenkbarkeit des Fahrzeuges erhalten. Weitere Fahrdynamikregelsysteme wurden eingeführt, wie das Elektronische Stabilitätsprogramm

MESSWERTE			
GEWICHTE			
Leergewicht Werk/Testwerk	1258 / 1372 kg	1205 / 1318 kg	1235 / 1332 kg
Zulässiges Gesamtgewicht	1900 kg	1781 kg	1910 kg
Effektive Zuladung	528 kg	463 kg	578 kg
Anhängelast gebr./ungebr.	1500 / 665 kg	1300 / 635 kg	1300 / 650 kg
Dachlast/Stützlast	75 / 75 kg	80 / 75 kg	75 / 75 kg
FAHRLEISTUNGEN			
0- 40 km/h	2,4 s	2,3 s	2,3 s
0- 60 km/h	4,0 s	4,0 s	4,0 s
0- 80 km/h	6,1 s	6,4 s	6,2 s
0- 100 km/h	8,9 s	9,5 s	9,4 s
0- 120 km/h	12,3 s	13,3 s	13,1 s
0- 140 km/h	16,8 s	18,5 s	18,5 s
60- 100 km/h (5. Gang)	8,9 s	9,5 s	10,0 s
80- 120 km/h (6. Gang)	12,0 s	12,4 s	13,8 s
Höchstgeschwindigkeit	210 km/h	200 km/h	203 km/h
Handling	1 : 52,4 min	1 : 53,6 min	1 : 53,2 min
Slalom Pylonenabst. 18 m	64,0 km/h	64,7 km/h	61,0 km/h
BREMSWEG			
Bremsweg aus 100 km/h kalt	37,3 m	36,5 m	37,6 m
Bremsweg aus 100 km/h warm	36,4 m	36,2 m	37,4 m
GERÄUSCHE			
Standgeräusch	39 dB(A)	38 dB(A)	37 dB(A)
Vorbeifahrgeräusch	70 dB(A)	71 dB(A)	72 dB(A)
Innen bei 50 km/h 3. Gang	58 dB(A)	61 dB(A)	61 dB(A)
Innen bei 100 km/h höchst. G.	65 dB(A)	67 dB(A)	67 dB(A)
Innen bei 130 km/h höchst. G.	70 dB(A)	70 dB(A)	71 dB(A)
VERBRÄUCHE			
Testverbrauch	7,4 l S / 100 km	7,8 l S / 100 km	6,7 l S / 100 km
Tankinhalt	55 l	60 l	55 l
Reichweite	724 km	769 km	851 km
EU-Verbrauch	5,9 l S / 100 km	6,3 l S / 100 km	6,3 l S / 100 km
ABGAS-EMISSIONEN			
Kohlendioxid CO_2	137 g/km	145 g/km	148 g/km
Kohlenmonoxid CO	0,340 g/km	0,550 g/km	0,330 g/km
Kohlenwasserstoff HC	0,056 g/km	0,064 g/km	0,037 g/km
Stickoxid NO_x	0,034 g/km	0,025 g/km	0,031 g/km
Rußpartikel	–	–	–

Abb. 1.2 Messwerte zum Vergleich der Längsdynamik [1]

(ESP), welches, sofern physikalisch möglich, durch das gezielte Abbremsen von einzelnen Rädern einem Schleudern des Fahrzeugs entgegen wirkt. Die Anfahr-Schlupf-Regelung (ASR) ist ein weiteres Beispiel für ein Regelsystem. Diese reduziert bei durchdrehendem Antriebsrad das Motormoment und unterbindet durch die Aktivierung von Bremskraft das Durchdrehen des Rades. ASR erhöht daher die Antriebskraft und erhält die Lenkbarkeit. Der Bremsassistent beispielsweise erkennt, basierend auf verschiedenen Sensorsignalen, den „Wunsch" einer Notbremsung und unterstützt den Fahrer mit Bremsdruckaufbau, damit das Fahrzeug im hohen Geschwindigkeitsbereich keine Zeit mit der Bremsdruckgenerierung verliert, sondern von Anfang an mit der maximal möglichen Bremskraft verzögert wird. Bei 130 km/h bedeutet 0,1 s früherer Bremskrafteinsatz einen um 3,61 m kürzeren Bremsweg, bzw. eine verringerte Auftreffgeschwindigkeit. Bei all diesen Regelsystemen müssen Kräfte, Momente, Drehzahlen, Geschwindigkeiten, Beschleunigungen, Winkelbeschleunigungen etc. erfasst und in einer Weise manipuliert werden, dass sich das gewünschte Ergebnis einstellt. Dieses setzt ein sehr detailliertes Verständnis des „Regelkreises" Fahrzeug voraus.

Das Potential, das Verhalten des Fahrzeugs vorauszusagen, wird so weit gehen, dass man Steuergeräten oder deren Software die nötigen Eingangsdaten simulieren kann und die Reaktion der Ausgangsdaten aus dem Steuergerät auf das Fahrzeug analysieren bzw. simulieren kann und das Steuergerät wiederum mit diesen Daten konfrontiert. Somit kann man Steuergeräte und Software schon testen, bevor es realisierte Fahrzeuge gibt. Diese Testverfahren nennt man „Hardware in the Loop" (HIL) bzw. „Software in the Loop" (SIL) und sie helfen, den Entwicklungsprozess eines Fahrzeugs erheblich zu beschleunigen. Seit dem Jahr 2010 können sogar Freigaben für Steuergeräte in Variantenfahrzeugen bei Nutzfahrzeugen über diese Testverfahren erfolgen.

Die Fahrdynamik definiert das Verhalten des Gesamtfahrzeugs. Ausgehend von dieser Betrachtung hilft sie, Entscheidungen auf den darunterliegenden Ebenen zu treffen. Dieses gilt für die oben beschriebene Auslegung der Steuergeräte genauso wie für die Frage, wie viele Gänge ein Fahrzeug haben soll oder um wie viel Liter man den Kraftstoffverbrauch eines Fahrzeugs auf 100 km durch Modifikationen an der Karosserieform verringern kann. Im Motorsport kann man Rundenzeiten für ein Fahrzeug berechnen, bzw. den Einfluss von Modifikationen auf die Rundenzeit voraussagen. Die Fahrdynamik liefert das Zusammenspiel der verschiedenen Komponenten in einem Fahrzeug und sollte Grundlage für jede Ingenieurin/jeden Ingenieur sein, welcher sich mit der Fahrzeugtechnik beschäftigt.

1.2 Definitionen

Um Kräfte und Bewegungen an einem Fahrzeug beschreiben zu können, erfolgt zunächst die Einführung eines Koordinatensystems, in welchem Kräften, Momenten sowie Geschwindigkeiten und Wegen eine Richtung gegeben werden kann. Dieses Koordinatensystem wird zweckmäßigerweise in den Schwerpunkt des Fahrzeugs gelegt, die x-Achse zeigt in Fahrtrichtung, die z-Achse nach oben. Daraus ergibt sich bei einem rechtshändig orthonormierten Koordinatensystem, dass die y-Achse nach links zeigt, siehe Abb. 1.3.

Kräfte, Momente, Beschleunigungen, Geschwindigkeiten und Wege werden positiv angegeben, wenn diese in die positive Koordinatenrichtung zeigen. Die Ableitung nach der Zeit wird durch einen Punkt über der Variablen gekennzeichnet, so dass eine Beschleunigung des Fahrzeugs durch $\ddot{x}$ beschrieben würde. Anhand der Richtungsdefinition erhält eine Abbremsung, also eine Verzögerung, einen negativen Wert für die Beschleunigung. Die Bewegung in die x-Richtung stellt die normale Fahrtrichtung dar, eine Bewegung in die y-Richtung nennt man *Schieben*, in die z-Richtung *Hubbewegung*. Das Drehen um die

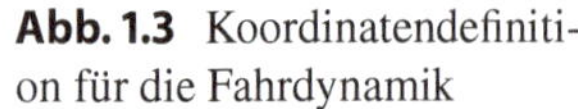

Abb. 1.3 Koordinatendefinition für die Fahrdynamik

x-Achse heißt *Wanken*, um die y-Achse *Nicken* und um die z-Achse *Gieren*. Umgangssprachlich wird das Gieren auch als *Schleudern* bezeichnet.

Basierend auf dieser Koordinatendefinition teilt man die Fahrdynamik in die Teilbereiche *Längsdynamik*, *Querdynamik* und *Vertikaldynamik* auf. Während sich die Längsdynamik mit dem Antrieb und dem Bremsen befasst, ist in der Querdynamik das Kurvenfahren Gegenstand der Betrachtung. Die Vertikaldynamik liefert die Radlasten und ist damit relevant für die Sicherheit, beschäftigt sich aber auch mit der Bewegung des Fahrzeugaufbaus in Hochrichtung und liefert damit einen entscheidenden Beitrag zum Fahrkomfort.

Bevor die systematische Zuwendung zu Längs-, Quer,- und Vertikaldynamik erfolgt, ist zu berücksichtigen, dass nahezu alle auf das Fahrzeug wirkenden Kräfte über den Kontakt Reifen/Fahrbahn übertragen werden müssen. Daher wird in einem ersten Kapitel diese Kraftübertragung zwischen Reifen und Fahrbahn genauer betrachtet.

Literatur

1. Zeitschrift: „Autozeitung" vom 09.05.2012, 11/2012, Vergleichstest der Fahrzeuge Ford Focus 1,6 Eco Boost, Skoda Oktavia 1,4 TSI und Renault Megane TCe 130, S. 29, Köln

2.1 Kraftgenerierung Rad-Fahrbahn

2.1.1 Definition

Ein elastisches Rad berührt die Fahrbahn nicht auf einer Linie, wie es bei einem unelastischen Zylinder der Fall wäre, sondern auf einer Fläche, welche üblicherweise in etwa so groß wie eine Postkarte ist. Diese Berührfläche nennt man Reifenlatsch, siehe Abb. 2.1.

In dieser Fläche werden Längs-, Hoch- und Querkräfte vom Fahrzeug auf die Fahrbahn übertragen. Der Reifenlatsch ist kein statischer Übertragungsort, sondern ändert sich permanent proportional zur Geschwindigkeit des Fahrzeugs. Das bedeutet, dass immer wieder andere Oberflächenelemente des Reifens die Kraftübertragung zur Fahrbahn übernehmen müssen. Bei einer Fahrtgeschwindigkeit von 130 km/h und einem typischen Reifendurchmesser von ca. 60 cm für einen PKW-Reifen dreht der Reifen sich

$$n_R = \frac{\frac{130\,\mathrm{m}}{3,6\,\mathrm{s}}}{2\pi \cdot 0,3\,\mathrm{m}} = 19,16\,\frac{1}{\mathrm{s}}$$

ca. 19-mal pro Sekunde, d. h. für eine Umdrehung braucht er 0,052 s. Geht man von einer Reifenlatschlänge von $L = 14$ cm aus, so steht das Profilelement

$$\Delta t = \frac{L}{2\pi \cdot R \cdot n_R} = \frac{0,14\,\mathrm{m}}{2\pi \cdot 0,3\,\mathrm{m}} \cdot 0,052\,\mathrm{s} = 0,0039\,\mathrm{s}$$

für ca. 0,004 s mit der Fahrbahn in Kontakt, um Hochkraft und ggf. Längs- und Querkräfte zu übertragen. Während dieser Zeitspanne unterliegt der Kontaktpunkt noch weiteren kinematischen Bedingungen. Der elastische Reifen federt durch die Radlast in Hochrichtung ein. Den Abstand von der Radmitte zur Aufstandsfläche bezeichnet man als statischen Radhalbmesser (R_{stat}), siehe Abb. 2.1. Dieser Radius unterscheidet sich von dem Radius des unbelasteten Rades, welcher im Neuzustand des Reifens als R_0 bezeichnet wird.

© Springer Fachmedien Wiesbaden 2015

S. Breuer, A. Rohrbach-Kerl, *Fahrzeugdynamik*, ATZ/MTZ-Fachbuch,

DOI 10.1007/978-3-658-09475-1_2

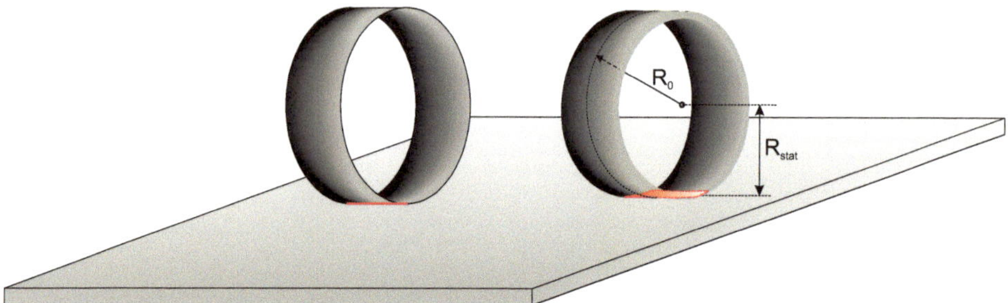

Abb. 2.1 Die Abbildung links zeigt einen unelastischen Zylinder mit einer Linie als Kontaktzone. Rechts ist ein elastischer Reifen dargestellt. Er erzeugt eine Fläche, den Reifenlatsch, als Kontaktzone

Bewegt sich ein belastetes Rad mit konstanter Geschwindigkeit v über eine Fahrbahn, dann schlägt ein Profilelement mit der Umfangsgeschwindigkeit $v = 2\pi \cdot R_0$ am Beginn des Reifenlatsches auf die Fahrbahn. Bei weiterer Betrachtung des Profilelementes beim Durchgang durch den Reifenlatsch verringert sich der Radius auf den kleineren Radius R_{stat}, bevor er sich am Ende des Reifenlatsches wieder auf R_0 vergrößert. Dieses verursacht tangentiale Kräfte im Reifenlatsch, auf die später noch eingegangen wird. Um die Winkelgeschwindigkeit bzw. Radumdrehungen pro Sekunde bei einer gegebenen Geschwindigkeit zu bestimmen, würde der Fertigungshalbmesser eine zu kleine und der statische Halbmesser eine zu große Winkelgeschwindigkeit liefern. Aus diesem Grund wird ein weiterer Radhalbmesser, der dynamische Halbmesser (R_{dyn}), eingeführt, siehe Abb. 2.2. Dazu wird ein Rad bei einer Geschwindigkeit von 60 km/h geschleppt und sein Abrollumfang gemessen. Aus dem Abrollumfang U kann man dann R_{dyn} bestimmen:

$$R_{dyn} = \frac{U}{2\pi}.$$

Der Wert für R_{dyn} liegt üblicherweise zwischen der Werten für R_0 und R_{stat}. Bezeichnet man die Differenz zwischen R_0 und R_{stat} als Einfederung f, so liegt R_{dyn} ungefähr bei $R_{stat} + 2/3 f$.

Abb. 2.2 Definition für den dynamischen Radhalbmesser

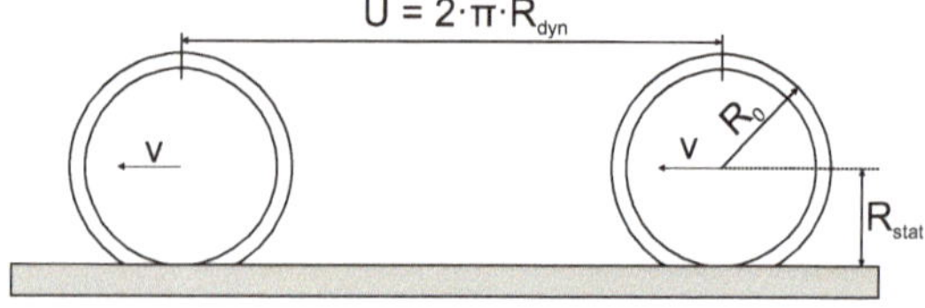

2.1.2 Reifensteifigkeit

Eine weitere wichtige Eigenschaft des Reifens ist seine Elastizität in vertikaler Richtung. Sie ermöglicht das Einfedern und trägt damit erheblich zum Komfort und der Sicherheit bei. Abbildung 2.1 links zeigt einen unelastischen Zylinder, der trotz Belastung nur eine Linienberührung hat. Mit zunehmender Last federt der Reifen ein und die Kontaktfläche vergrößert sich rasch. Dieses führt zu einer nichtlinearen Federkennlinie, wie in Abb. 2.3 dargestellt wird.

Da die Gewichtskraft des Fahrzeugs ebenfalls über die Reifen übertragen wird, ergibt sich die statische Radlast F_{zstat}, mit der der Reifen vorbelastet ist. Diese führt zur statischen Einfederung des Reifens z_{stat}. In Abb. 2.3 ist das an der Tangente erkennbar, welche man an den Betriebspunkt gelegt hat. Ausgehend von diesem Betriebspunkt kann man die Elastizität des Reifens in vertikale Richtung näherungsweise durch ein lineares Federgesetz beschreiben. Mit ΔF_z, der Änderung der vertikalen Radlast, c_{Feder}, der Steigung der Tangente und Δz, der Positionsänderung in z-Richtung folgt:

$$\Delta F_z = c_{Feder} \cdot \Delta z.$$

Für übliche PKW-Reifen liegt die Reifenfedersteifigkeit in vertikale Richtung bei ca. 200–300 N/mm.

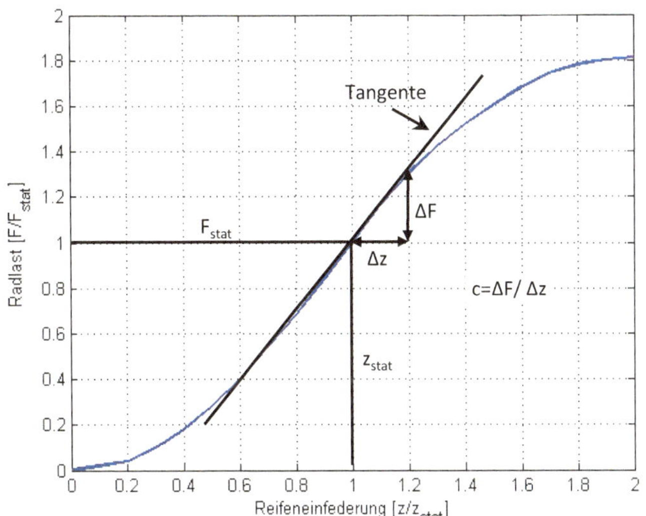

Abb. 2.3 Federkennlinie eines elastischen Reifens

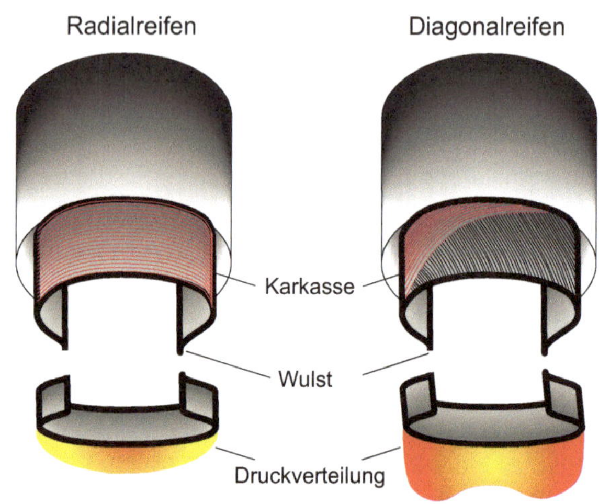

Abb. 2.4 Auf der linken Seite ist ein Radialreifen dargestellt (**a**), erkennbar an der Radial verlaufenden Fäden und den Gürteleinlagen unter der Lauffläche, rechts der Diagonalreifen (**b**). In der darunter dargestellten Druckverteilung kann man die gleichmäßigere Druckverteilung des Radialreifens erkennen

2.1.3 Reifenbauarten

In den vergangenen Jahrzehnten änderte sich der übliche Reifentyp für einen PKW von diagonaler Bauart auf radiale Bauart. Diagonalreifen hatten unter der Lauffläche und den Flanken des Reifens eine Karkasse, welche aus diagonal verlaufenden Fäden bestand. Daher der Name Diagonalreifen, siehe Abb. 2.4. Um eine stabile Karkasse zu erzeugen, welche Kräfte in Längs- und Querrichtung übertragen kann – die Kräfte in Hochrichtung werden überwiegend von der unter Druck stehenden Luft im Reifen übertragen – braucht man viele dieser diagonal verlaufenden „Fadenlagen". Ein Radialreifen hat Karkassenlagen in welcher die Fäden radial von einer Seite auf die gegenüberliegende Seite verlaufen. In der Lauffläche verstärken Gürtellagen die Eigenschaften des Reifens, welche ihm eine sehr gleichmäßige Verteilung des Kontaktdrucks über die Lauffläche ermöglicht. Da der lokale „Reibbeiwert" bei steigendem Druck sinkt, hat der Radialreifen Vorteile hinsichtlich der übertragbaren Kräfte in Längs- und Querrichtung. Ein weiterer Vorteil ist der durch die Gürtellagen deutlich verringerte Rollwiderstand.

2.1.4 Nomenklatur

Aus der Bezeichnung eines Reifens kann man seinen Durchmesser (Fertigungshalbmesser R_0) bestimmen. Eine typische Bezeichnung für einen Reifen lautet beispielsweise 205/55 R 16 91 W, siehe Abb. 2.5.

Hierin bezeichnet die erste Zahl (*205*) die Reifenbreite in mm, die zweite Zahl (*55*) gibt das Höhen-Breitenverhältnis wieder, in diesem Fall von 55 %. *R* steht für Radialreifen, *16* bedeutet der Felgendurchmesser in Zoll, die *91* ist der Tragfähigkeitsindex. Abhängig vom Luftdruck beschreibt diese Zahl, mit welcher Last der Reifen gefahren werden darf. Hier

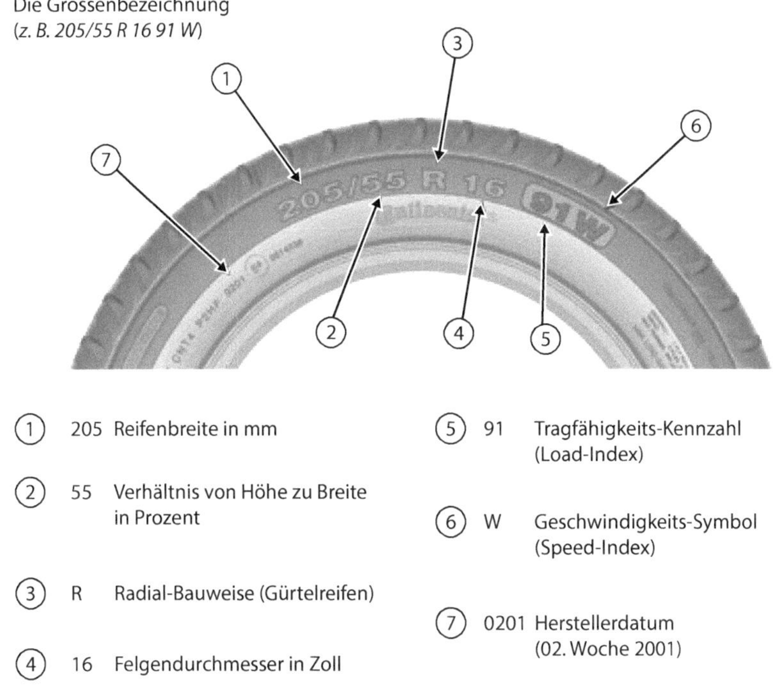

1 205 Reifenbreite in mm

2 55 Verhältnis von Höhe zu Breite in Prozent

3 R Radial-Bauweise (Gürtelreifen)

4 16 Felgendurchmesser in Zoll

5 91 Tragfähigkeits-Kennzahl (Load-Index)

6 W Geschwindigkeits-Symbol (Speed-Index)

7 0201 Herstellerdatum (02. Woche 2001)

Abb. 2.5 Reifenbezeichnung. (Mit freundlicher Genehmigung der Continental Reifen Deutschland GmbH)

gibt es keine lineare Zuordnung zu der Zahl, diese muss in Tabellenwerken nachgeschaut werden. Die *91* bedeutet eine Tragfähigkeit von 515 kg bei 2 bar Luftdruck. Das *W* ist ein Geschwindigkeitssymbol und gibt an, dass der Reifen bis 270 km/h zugelassen ist (*S* bis 180 km/h, *H* bis 210 km/h, *V* bis 240 km/h).

Wie eingangs erwähnt, lässt sich aus der Nomenklatur der Fertigungshalbmesser R_0 bestimmen. Aus der Reifenbreite B, multipliziert mit dem Höhen-/Breitenverhältnis H/B lässt sich die Reifenhöhe errechnen, der Felgendurchmesser D ist in Zoll gegeben und muss daher zunächst im mm ungerechnet werden (1 Zoll = 25,4 mm). Daraus ergibt sich die folgende Gleichung:

$$R_0 = B \cdot \frac{H}{B} + \frac{1}{2} \cdot D \cdot 25{,}4 \, \frac{\text{mm}}{\text{Zoll}}.$$

Bei der gegebenen Gleichung ist zu berücksichtigen, dass die Breite B in mm eingesetzt wird und der Durchmesser D in Zoll.

2.1.5   Reifenkennfelder

Der Reifen als Fessel zwischen Fahrzeug und Fahrbahn muss in der Lage sein, Kräfte in Hoch (z)-, sowie in Quer (y)- und Längs (x)-Richtung zu übertragen. In Hoch-Richtung übernimmt überwiegend der Luftdruck im Reifen diese Arbeit, in Längs- und Querrichtung geschieht dieses im Reifenlatsch. Ausgehend von dem Coulomb'schen Reibmodell, bei welchem die übertragbare Reibkraft proportional zur Normalkraft ist, gibt es auch am Reifen den Zusammenhang zwischen der Radlast in z-Richtung und dem Potential der in x-y-Ebene übertragbaren Längs- und Querkraft. Sich verändernde Radlasten beeinflussen damit direkt die übertagbaren Kräfte in Längs- und Querrichtung.

Schlupf

Beim Übertragen einer Umfangkraft baut sich zwischen Reifen und Fahrbahn eine Differenzgeschwindigkeit auf (siehe Abb. 2.6), aus welcher sich der sogenannte Schlupf berechnet. Beim Bremsen ist dieser wie folgt definiert:

$$s_\mathrm{B} = \frac{v_\mathrm{R,x} - R_\mathrm{dyn} \cdot \omega_\mathrm{R}}{v_\mathrm{R,x}}.$$

Hier bedeuten $v_\mathrm{R,x}$ die translatorische Geschwindigkeit des Radmittelpunktes in x-Richtung und ω_R die Winkelgeschwindigkeit des Rades. Durch den Ausdruck im Nenner erfolgt eine Normierung und macht diese Größe dimensionslos. Üblicherweise wird diese als Prozentwert angegeben. 0 % bedeuten keinen Schlupf, das heißt, das Rad dreht sich mit der Winkelgeschwindigkeit, welche, multipliziert mit dem dynamischen Reifenhalbmesser, genau der translatorischen Geschwindigkeit des Radmittelpunktes entspricht. 100 % Schlupf würden die Situation mit blockiertem Rad beschreiben, das heißt, das Rad dreht sich nicht mehr, ω_R ist Null.

Beim Beschleunigen benutzt man eine auf diesen Fall angepasste Definition:

$$s_\mathrm{A} = \frac{R_\mathrm{dyn} \cdot \omega_\mathrm{R} - v_\mathrm{R,x}}{R_\mathrm{dyn} \cdot \omega_\mathrm{R}}.$$

Auch dieser Wert wird als Prozentwert angegeben, 0 % haben die gleiche Bedeutung wie beim Bremsschlupf, 100 % Antriebsschlupf bedeuten aber stehender Radmittelpunkt bei sich drehendem Reifen.

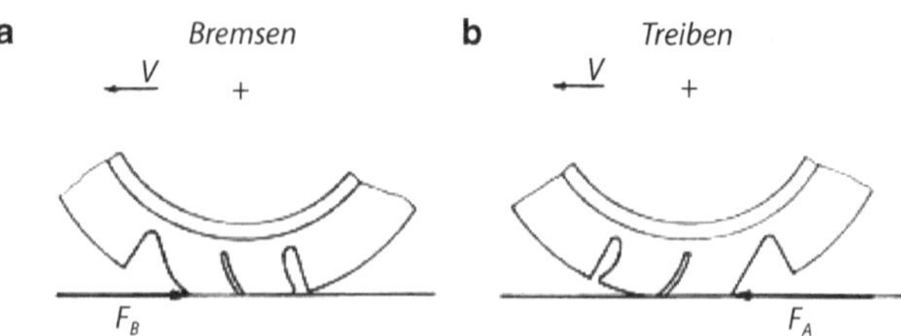

Abb. 2.6 Kontaktkinematik Reifen/Fahrbahn beim Bremsen und Antreiben [1]

An einem elastischen Reifen ergibt sich immer ein lokaler Schlupf, da sich im Reifenlatsch der Radius des Reifens von R_0 auf R_{stat} ändert. Die etwas größere Umfangsgeschwindigkeit des in die Kontaktfläche einlaufenden Reifenprofils muss sich auf $\omega_R \cdot R_{stat}$ verringern, und nach Durchlaufen des Latschmittelpunktes wieder auf $\omega_R \cdot R_0$ vergrößert werden. Dadurch kommt es im Reifenlatsch auch bei einem Reifen, welcher nicht durch Umfangskräfte beaufschlagt ist zu lokalen Tangentialspannungen (Umfangsschub, siehe Abb. 2.7) und zu lokalem Schlupf im Latsch. Diese Tangentialspannungen verursachen Dissipation und tragen zum Rollwiderstand eines Rades bei.

Der zuvor besprochene Zusammenhang lässt sich auch gut am Borstenmodell von WILLUMEIT [3] oder Laufstreifenmodell von AMMON [4] beschreiben, hier dargestellt aus einer Veröffentlichung von WOERNLE [5], siehe Abb. 2.8.

Das Rad, bzw. der Reifen wird hier als Gürtel mit dem Laufstreifen als umfangsteifes geschlossenes Band angesehen. Ähnlich wie die Laufkette eines Kettenfahrzeugs wird dieses Band im oberen Bereich auf der dort als starre Radscheibe dargestellten Bahn geführt und im Latschbereich durch gedachte Führungsrollen parallel zur Fahrbahn geführt. Die Latschlänge bezeichnet man mit L, den Einlaufpunkt mit E, den Auslaufpunkt mit A.

Der vom Gürtel getragene Laufstreifen wird durch elastische Biegeelemente bzw. Profilstollenelemente („Borstenmodell") repräsentiert. Der Radmittelpunkt hat die Geschwindigkeit v, die Radscheibe hat die Winkelgeschwindigkeit ω. Die Radien werden in der folgenden Betrachtung durch kleine Buchstaben gekennzeichnet, um mit dem Bild kompatibel zu sein. Der Gürtel läuft damit mit der Längsgeschwindigkeit $\omega \cdot r_{dyn}$ um. Hat der Radmittelpunkt die Absolutgeschwindigkeit v, so hat der Gürtel im Punkt E die Geschwindigkeit $\omega \cdot r_{dyn}$. Im weiteren Verlauf des Latsches verringert sich die Geschwindigkeit des Gürtels auf $\omega \cdot r_{stat}$, um dann wieder auf Geschwindigkeit $\omega \cdot r_{dyn}$ im Punkt A anzusteigen. An den Borsten würde man Verformungen sehen, siehe Abb. 2.9, welche

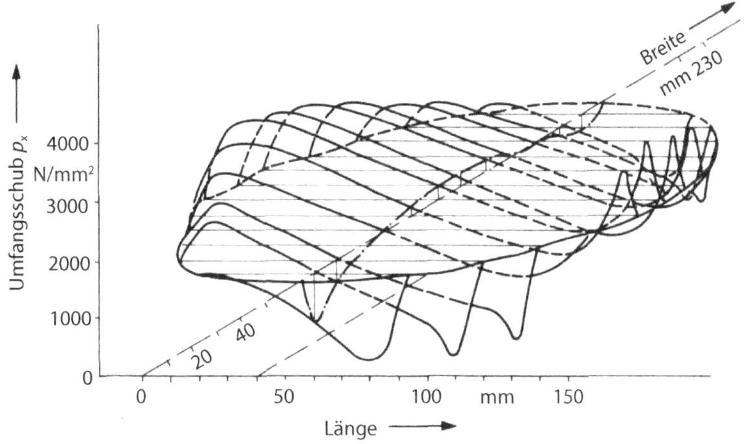

Abb. 2.7 Tangentialspannungen (Umfangsschub) an einem frei rollenden Rad [2]

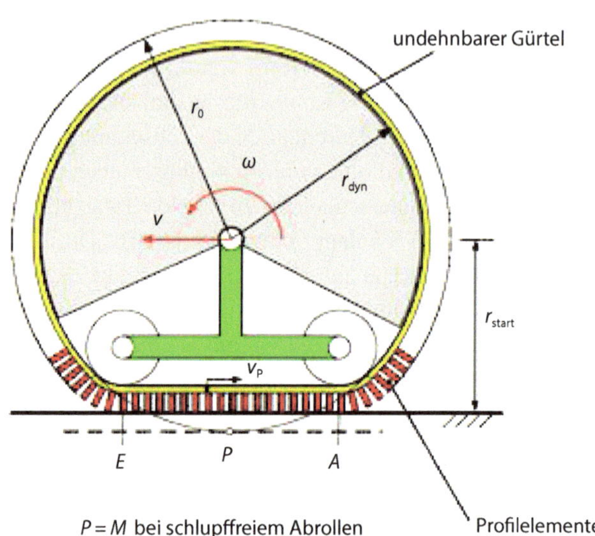

Abb. 2.8 Laufstreifenmodell nach Ammon [4, 5]

die Differenz zwischen der Geschwindigkeit des Gürtels und der Absolutgeschwindigkeit des Rades ausgleichen wollen. Dabei haften die Spitzen der Borsten auf der Fahrbahn. Tangentialkräfte an den Borsten sorgen dabei für die Auslenkung und verursachen dabei den in Abb. 2.10 dargestellten Tangentialspannungsverlauf.

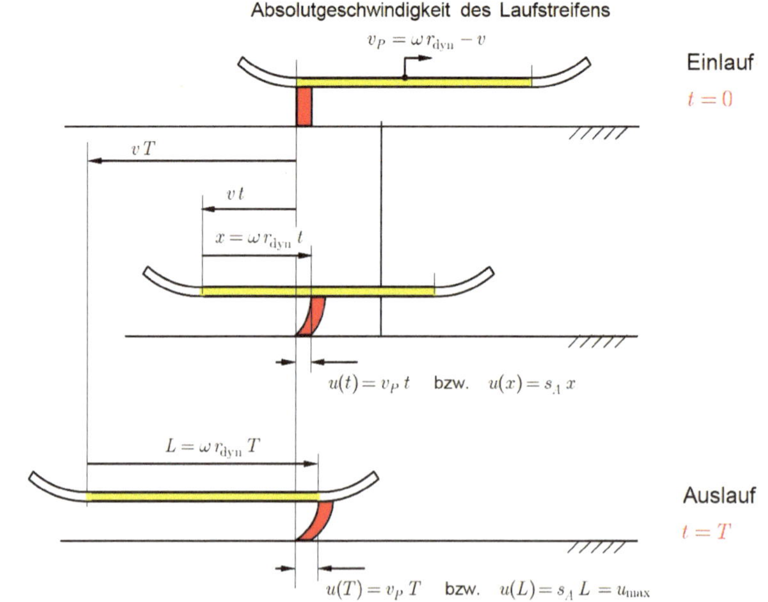

Abb. 2.9 Borstenmodell für Antriebsschlupf [5, 6]

Abb. 2.10 Tangentialspannungen an den Borsten, s_A
bezeichnet den Antriebs-
schlupf und k beschreibt den
linearen Zusammenhang zwischen der Deformation und
den Längsspannungen [5, 6]

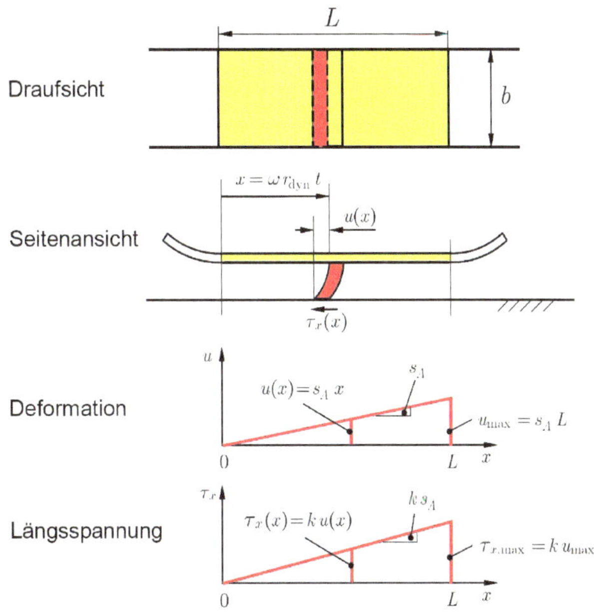

Reifen unter Längskraft

Um die Vorgänge im Reifenlatsch beim Beschleunigen und Verzögern zu analysieren,
werden die oben beschriebenen Tangentialspannungen durch den Ein- und Auslaufvor-
gang in den Reifenlatsch ausgeblendet. Es kann dann die Geschwindigkeit des Gürtels als
$\omega \cdot r_\mathrm{dyn}$ und die Absolutgeschwindigkeit des Rades mit v bezeichnet werden. Bei schlupf-
freier Bewegung des Rades ist $v = \omega \cdot r_\mathrm{dyn}$ und es gibt keine Relativgeschwindigkeit zwischen Gürtel und Fahrbahn. Bei Antriebs- oder Bremsschlupf erhält man eine Relativgeschwindigkeit zwischen Gürtel und Fahrbahn, welche zur Folge hat, dass sich die Borsten
im Borstenmodell verformen müssen, da diese auf der einen Seite auf der Fahrbahn haften
sollen, auf der anderen Seite fest mit dem Gürtel verbunden sind. Bezeichnet man diese
Relativgeschwindigkeit mit v_p:

$$v_\mathrm{p} = v - \omega \cdot r_\mathrm{dyn}$$

erhält man im Fall von Antriebsschlupf eine negative Relativgeschwindigkeit, im Fall von
Bremsschlupf eine positive Relativgeschwindigkeit. Je tiefer die Borste in den Latsch einläuft, desto länger ist sie der Relativgeschwindigkeit ausgesetzt und umso größer wird der
Differenzweg zwischen Gürtel und Fahrbahn. Die Kraft, welche diese Auslenkung der
Borste verursacht, ist eine Tangentialkraft an der Borstenspitze. Bezieht man die Tangentialkraft auf die zur Kraftübertragung zur Verfügung stehenden Fläche, dem Reifenlatsch,
erhält man eine Tangentialspannung. Diese wird betragsmäßig größer, je weiter die Borste
in den Reifenlatsch einläuft, bis die Tangentialspannung möglicherweise die Haftungs-
grenze überschreitet und somit ins Gleiten übergeht. In diesem Gleitzustand kann die

Borste nur noch Gleitreibungskräfte übertragen. Im Auslauf des Latsches hört die Haft- oder Reibungskraft schlagartig auf zu wirken und die Borste wird zu Schwingungen angeregt, welche akustisch als Reifenabrollgeräusch wahrnehmbar sind.

In Abb. 2.9 ist der oben beschriebene Vorgang bei Antriebsschlupf dargestellt. Durch den Antriebsschlupf ist die Geschwindigkeit des Gürtels höher als die Absolutgeschwindigkeit des Rades. Diese hat zur Folge, dass nach Auftreffen der Borste auf die Fahrbahn zum Zeitpunkt $t = 0$ sich das Rad mit der Geschwindigkeit v um den Weg $v \cdot t$ nach links bewegt, während sich der Gürtel mit der Geschwindigkeit $\omega \cdot r_{\mathrm{dyn}}$ sich nach rechts bewegt und dabei den Weg $\omega \cdot r_{\mathrm{dyn}} \cdot t$ zurücklegt, welcher betragsmäßig größer ist und damit eine Deformation $u(t)$ bzw. $u(x)$ der Borste verursacht. Sofern die Borste nicht in den Gleitzustand übergeht ist die Deformation $u(L)$ am Ende des Latsches gleich dem Schlupf mal der Länge des Latsches.

Ob die Borste in den Gleitzustand übergeht, liegt an der übertragbaren Tangentialkraft. Für diese wird die Coulomb'sche Reibungstheorie zu Grunde gelegt, d. h. die übertragbare Haftkraft ist proportional zur Radlast. Da hier alle Kräfte auf die Berührflächen bezogen werden, bedeutet das, dass die maximal übertragbare Tangentialspannung der Haftspannung entspricht, welche aus einem lokalen Haftungskoeffizient und dem Druck in vertikale Richtung gebildet wird. Überschreitet man die lokale Haftspannung, beginnt die Borste lokal zu gleiten und kann nur noch Gleitspannungen, gebildet aus dem lokalen Gleitkoeffizienten und dem Druck in vertikale Richtung, übertragen.

Abbildung 2.10 zeigt den Aufbau der Längsspannung τ_{x} bei Antriebsschlupf. Nimmt man einen linearen Zusammenhang mit dem Proportionalitätsfaktor k zwischen den Verformungen und den Längskräften an, so ergibt sich ein lineares Anwachsen der Längsspannungen. Bleibt die Längsspannung unter der möglichen übertragbaren Haftspannung, repräsentiert die Dreiecksfläche unter dem Längsspannungsverlauf die übertragbare Längskraft. Dafür muss die Längsspannung über die Fläche des Reifenlatches integriert werden. Erreicht diese Spannung die Haftgrenze, fällt ihr Wert auf die Gleitspannung und der Verlauf der Längsspannung muss abschnittsweise über den Reifenlatsch integriert werden. Dieses Verhalten des Reifens wird in Abb. 2.11 visualisiert. Links oben ist der Druckverlauf über dem Reifenlatsch dargestellt. Vereinfachend wird angenommen, dass der Druckverlauf in Querrichtung konstant ist, so kann man den Druckverlauf über der Längsachse betrachten, oben rechts im Bild sichtbar. Dort sind auch die Linien für die Haftgrenze ($p \cdot \mu_{\mathrm{H}}$) und die Gleitspannung ($p \cdot \mu_{\mathrm{G}}$) eingetragen. Baut sich durch Antriebsschlupf eine Längsspannung, wie in Abb. 2.10 beschrieben auf, so wird diese an die Haftgrenze stoßen, in der Abb. 2.11 gekennzeichnet durch den Schnittpunkt S. Die Steigung der Längsspannung ist proportional zum Antriebsschlupf, daher verursacht mehr Antriebsschlupf einen steileren Anstieg der Längsspannung und man findet den Schnittpunkt tiefer im Reifenlatsch. Die Größe der schraffierten Fläche ist dabei ein Maß für die übertragbare Längskraft. Es ist erkennbar, dass zu viel Antriebsschlupf diese Fläche wieder kleiner werden lässt.

Dieses liefert den wichtigen Zusammenhang, dass die übertragbare Längskraft eines Reifens abhängig vom Schlupf und der Normalkraft ist. Da die Abhängigkeit von der

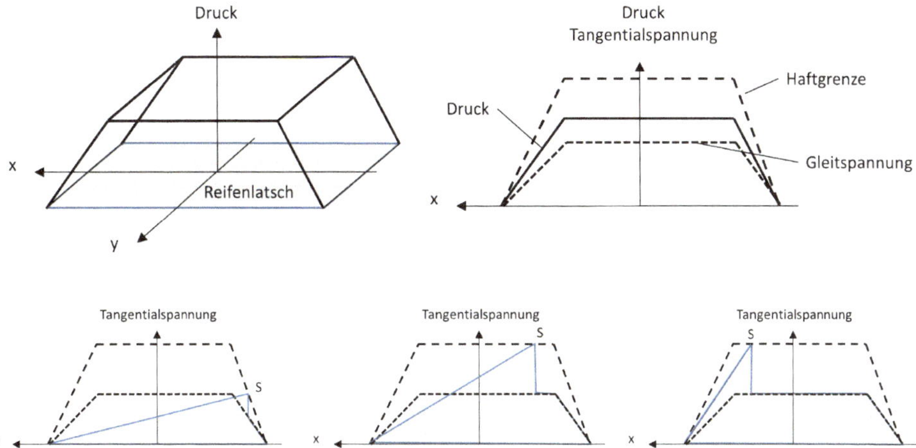

Abb. 2.11 Haft und Gleitzonen am Latsch eines angetriebenen Rades

Normalkraft proportional ist, dividiert man die übertragbare Längskraft F_x durch die Normalkraft, welche auch Radlast genannt wird und erhält den vom Schlupf abhängigen maximalen Kraftschlussbeiwert des Reifens:

$$\mu = \frac{F_x}{F_z}.$$

Anhand dieser Gleichung wird ersichtlich, dass man den maximalen Kraftschlussbeiwert ähnlich wie den Coulomb'schen Haft- bzw. Gleitbeiwert benutzen kann, dabei ist aber die Abhängigkeit vom Schlupf zu berücksichtigen.

Abbildung 2.12 zeigt die übertragbaren Kräfte in Längsrichtung auf unterschiedlichen Untergründen. Auf Asphalt trocken und nass zeigt der Reifen den erarbeiteten typischen Verlauf: Mit steigendem Schlupf steigt auch der Kraftschlussbeiwert, bis dieser ein Ma-

Abb. 2.12 Maximaler Kraftschlussbeiwert, hier Reibungszahl μ genannt, für einen Reifen auf unterschiedlichen Untergründen. Der Schlupf wird hier mit λx bezeichnet und entspricht dem beschriebenen s_A [7]

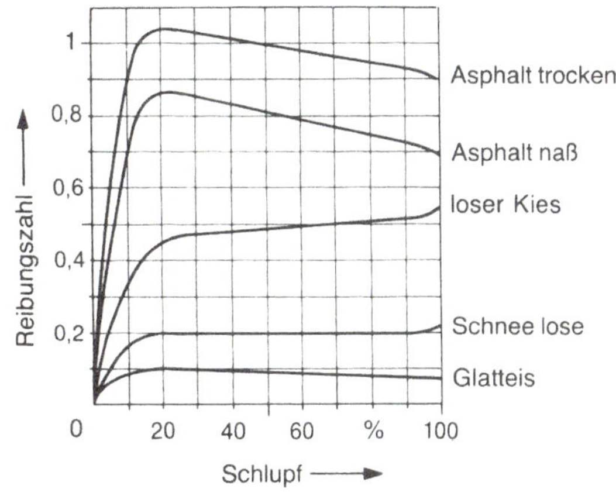

ximum erreicht. Danach fällt der Kraftschlussbeiwert wieder. Den kürzesten Bremsweg oder die beste Beschleunigung hat das Fahrzeug genau dann, wenn man den Schlupf so einstellen kann, dass man sich genau im Maximum bewegt. Dieses ist nicht ganz unproblematisch, denn bei Überschreitung des Maximums wächst der Schlupf sehr schnell auf 100 % und um diesen dann zurückzuführen muss man die Längskraft deutlich verkleinern oder ganz wegnehmen, damit das überbremste Rad wieder auf die Winkelgeschwindigkeit von $\omega = v/R_{\mathrm{dyn}}$ beschleunigt wird. Radschlupfregelsysteme regeln den Schlupf in die Nähe des Maximums. Da der Untergrund wechseln kann und zum Beispiel auf losem Untergrund eine andere Charakteristik hat, müssen diese Regelsysteme in der Lage sein, sich auf die verändernden Bedingungen anzupassen.

Beispiel 2.1

Als Beispiel soll analysiert werden, was in der Kontaktfläche eines Reifens bei einem Antriebsschlupf von 5 % passiert. Es sollen der Wert für die übertragene Längskraft sowie der Kraftschlussbeiwert bestimmt werden. Für das Beispiel wird die Situation im Reifenlatsch derart vereinfacht, dass von einer konstanten Druckverteilung von $p = 0{,}2\,\mathrm{N/mm^2}$ ausgegangen werden kann. Auch als Reifenlatsch wird einfachheitshalber eine Rechteckfläche von $L = 100\,\mathrm{mm}$ Ausdehnung in Längsrichtung (Umfangsrichtung) und $b = 200\,\mathrm{mm}$ Breite angenommen. Der Reifen trägt

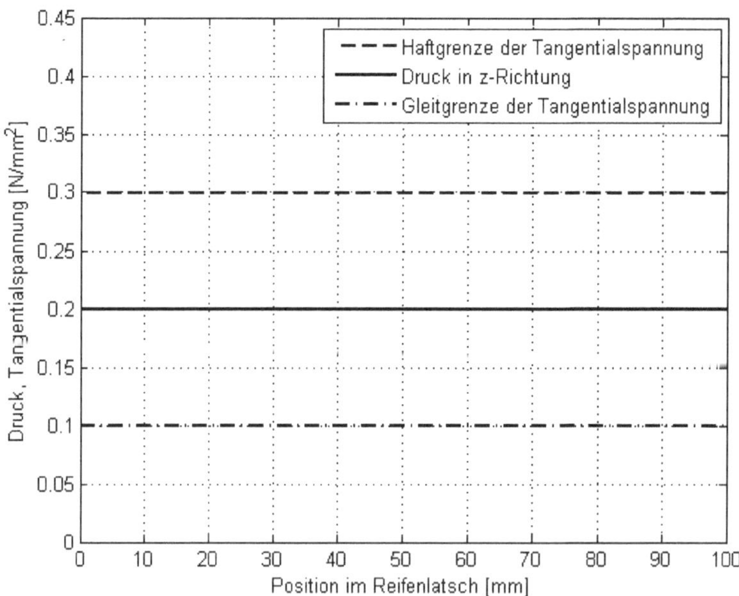

Abb. 2.13 Vereinfachte Druckverteilung und daraus resultierende lokale Haftgrenze sowie Gleitspannungen

damit eine Radlast von

$$F_z = 0{,}2 \, \frac{\text{N}}{\text{mm}^2} \cdot (100 \cdot 200)\,\text{mm}^2 = 4000\,\text{N}.$$

Es wird angenommen, dass in der Reifen-Fahrbahn-Kontaktfläche ein lokaler Haftbeiwert von $\mu_H = 1{,}5$ und ein Gleitbeiwert von $\mu_G = 0{,}5$ wirkt, siehe Abb. 2.13. Die Tangentialspannungen, welche sich durch die unterschiedlichen Geschwindigkeiten im Reifenlatsch aufbauen sind proportional zur Verformung. Der Proportionalitätsfaktor beträgt $k = 0{,}08\,\text{N/mm}^3$. Der Differenzweg, also die erforderliche Verformung in Längsrichtung wird aus dem Schlupf mal dem zurückgelegten Weg im Reifenlatsch bestimmt, siehe Abb. 2.14. In einem Diagramm sieht das wie folgt aus: Durch den hier als konstant angenommenen Druck sind im Reifenlatsch maximale Tangentialspannungen von der Größe der Haftgrenze möglich. Wird die Haftgrenze überschritten, fällt der Wert der Tangentialspannung auf den Wert der Gleitspannung. Nach einem Weg von 100 mm ist die Reifenaufstandsfläche zu Ende, es gibt keinen Kontaktdruck mehr und somit auch kein Potential für Tangentialspannungen.

Nimmt man nun an, dass der betrachtete Reifen mit 5 % Schlupf betrieben wird, so bedeutet das, dass man nach 100 mm Weg im Reifenlatsch eine Wegdifferenz von 5 mm haben muss. Dieses würde einer Tangentialspannung von 0,4 N/mm² entsprechen:

$$\tau_x = k \cdot (s_A \cdot L) = 0{,}08 \, \frac{\text{N}}{\text{mm}^3} \cdot 5\,\text{mm} = 0{,}4 \, \frac{\text{N}}{\text{mm}^2}.$$

Diese Tangentialspannung kann der Reifen nicht übertragen, da seine Grenze für Tangentialspannungen, welche er reibschlüssig übertragen kann, bei 0,3 N/mm² liegt. Also muss man den Schnittpunkt der linear anwachsenden Tangentialspannungen mit der Haftgrenze von 0,3 N/mm² ermitteln, denn ab diesem Punkt gleitet der Reifen lokal über die Fahrbahn und es können nur noch Tangentialspannungen in der Höhe der Gleitspannung übertragen werden.

$$\tau_x(x) = k \cdot (s_A \cdot x) = 0{,}08 \, \frac{\text{N}}{\text{mm}^3} \cdot 0{,}05 \cdot x \stackrel{!}{=} 0{,}3 \, \frac{\text{N}}{\text{mm}^2}$$

$$x = 0{,}3 \, \frac{\text{N}}{\text{mm}^2} : \left(0{,}08 \, \frac{\text{N}}{\text{mm}^3} \cdot 0{,}05 \right) = 75\,\text{mm}.$$

In diesem Beispiel bedeutet das, dass nach 75 mm im Reifenlatsch der Reifen an der Kontaktstelle nicht mehr haftet, sondern in ein lokales Gleiten übergeht und nur noch Tangentialspannungen von 0,1 N/mm² übertragen kann.

Auch dieser Sachverhalt kann in einem Diagramm dargestellt werden. Mit Hilfe des Diagramms lässt sich die Längskraft bestimmen, die der Reifen in dieser Fahrsituation überträgt:

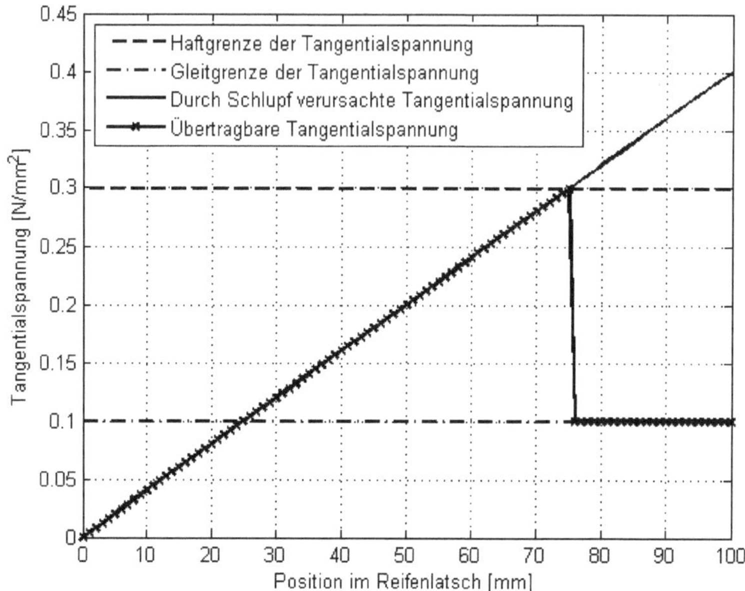

Abb. 2.14 Darstellung des Tangentialspannungsverlauf und dem Integral dieser über die Länge des Reifenlatschs

Zum Bestimmen der Längskraft müssen die Tangentialspannungen über den Reifenlatsch integriert werden. Da alle Spannungen über die Reifenbreite konstant sein sollen, reicht es, das Intergral über die in Abb. 2.14 dargestellte Funktion „Übertragbare Tangentialspannung" zu bilden und anschließend mit der Latschbreite zu multiplizieren. Das Integral der in Abb. 2.14 dargestellten Fläche lässt sich leicht durch den Flächeninhalt eines Dreiecks mit den Werten $0{,}3\,N/mm^2$ und $75\,mm$, sowie den Flächeninhalt eines Rechtecks mit den Werten $0{,}1\,N/mm^2$ und $25\,mm$ zu einem Wert von $13{,}75\,N/mm$ bestimmen. Multipliziert mit der Breite von $200\,mm$ erhält man einen Wert von $2750\,N$ für die in dieser Situation übertragene Längskraft. Bezieht man diesen Wert auf die Radlast von $4000\,N$ erhält man einen Kraftschlussbeiwert von $0{,}69$.

Reifen unter Seitenkraft

Das Übertragungsverhalten eines Reifen unter Seitenkraft ist ähnlich der Kraftübertragung in Längsrichtung, nur wird hier nicht der Schlupf sondern der Schräglaufwinkel als Größe für die übertragbare Seitenkraft zu Grunde gelegt.

Ein Reifen unter Seitenkraft rollt nicht in Richtung der Mittelsenkrechten der Drehachse ab, sondern es wird sich eine Geschwindigkeit einstellen, welche um den Schräglauf-

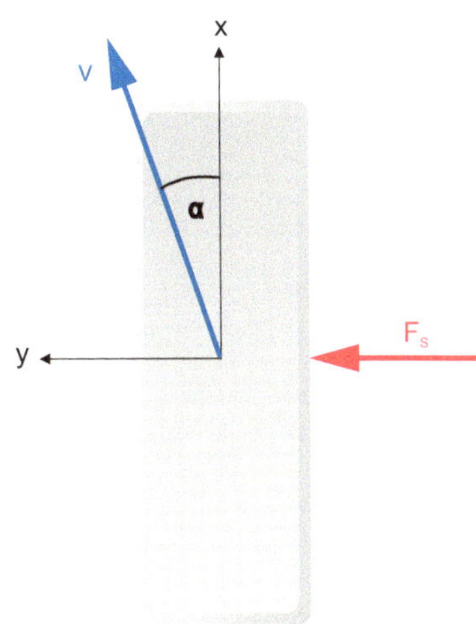

Abb. 2.15 Reifen unter Seitenkraft F_y

winkel α geneigt ist, siehe Abb. 2.15. Dieser Winkel α repräsentiert einen Querschlupf, so dass das im letzten Abschnitt vorgestellte Borstenmodell auch hierfür Anwendung finden kann.

Wie in Abb. 2.16 erkennbar, wird der Borste auch hier eine Deformation aus der gegebenen Kinematik aufgezwungen. Die Deformation ist proportional zur Tangentialspannung, welche bei Seitenkräften in die y-Richtung gerichtet ist. Der Übertragungsmechanismus ist der gleiche wie bei Tangentialspannungen in die x-Richtung: Erreicht die Tangentialspannung die Haftgrenze, beginnt die Borste lokal zu gleiten.

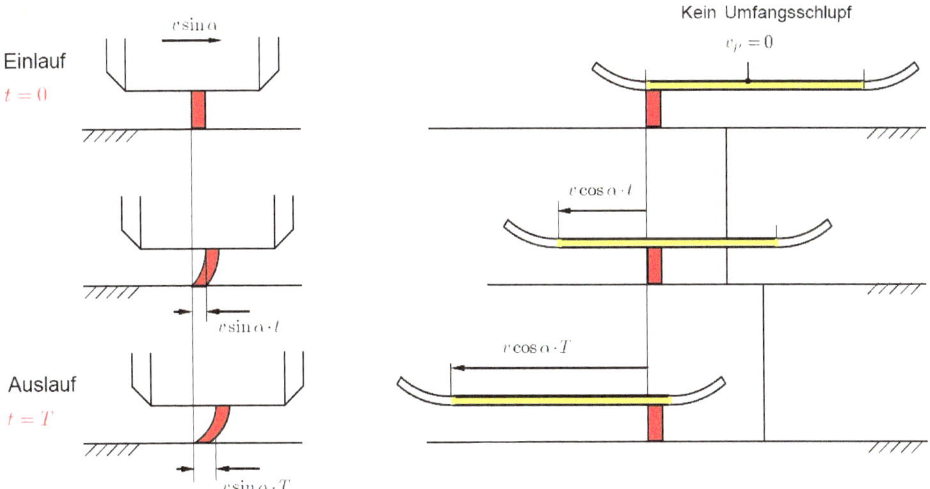

Abb. 2.16 Borstenmodell für Querschlupf [5]

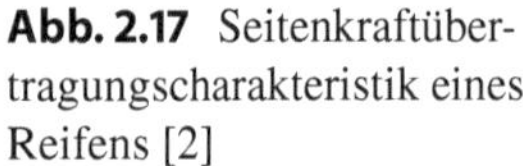

Abb. 2.17 Seitenkraftübertragungscharakteristik eines
Reifens [2]

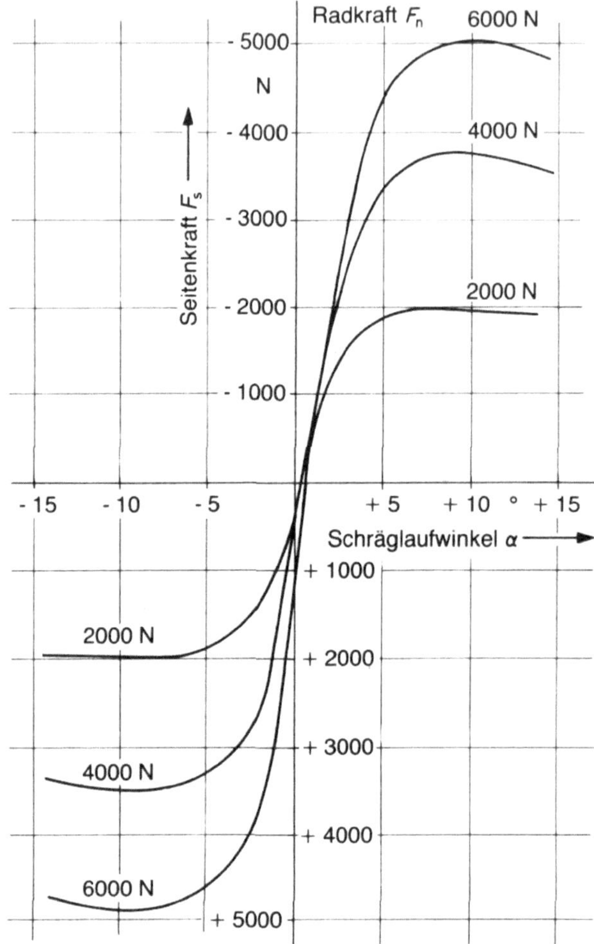

Das Ergebnis ist eine ähnliche Übertragungscharakteristik wie in Längsrichtung. Es
gibt eine nahezu proportionale Abhängigkeit von der Radlast, als weitere Abhängigkeit
taucht jetzt der Schräglaufwinkel auf, dargestellt in Abb. 2.17. Auch hier erreicht die übertragbare Seitenkraft ein Maximum, danach fällt diese wieder ab.

In Abb. 2.17 ist die Charakteristik eines laufrichtungsgebundenen Reifens dargestellt.
Dieses erkennt man daran, dass die Linien nicht genau durch den Nullpunkt gehen. Bei
diesem Reifen möchte man bei Geradeausfahrt eine Seitenkraft generieren, um z. B. Geradeauslaufeigenschaften zu verbessern. Dazu ist es notwendig, dass auf der anderen
Fahrzeugseite die gleichen Kräfte in die andere Richtung erzeugt werden. Durch die Vorgabe der Laufrichtung wird dieses erreicht.

Trotz der starken Nichtlinearität des Reifenverhaltens kann man für kleine Schräglaufwinkel eine Linearisierung durchführen und somit einen linearen Zusammenhang zwischen Seitenkraft F_y und Schräglaufwinkel α einführen. Die Konstante, die diesen Zusammenhang beschreibt, nennt man Schräglaufsteifigkeit c_s.

$$F_y = c \cdot s\alpha.$$

Ein Blick auf Abb. 2.17 zeigt, dass dieser Zusammenhang nur auf kleine Winkel begrenzt ist.

Eine weitere wichtige Eigenschaft eines Reifens unter Seitenkraft ist die Rückwirkung auf den Fahrer. Dieser verspürt am Lenkrad ein Lenkmoment, um den Reifen unter Schräglauf zu halten. Abbildung 2.18, mittleres Bild, zeigt die Entstehung dieses Rückstellmomentes. Im Bild dargestellt ist die über den Reifenlatsch linear wachsende Tangentialspannung, bzw. über die Breite integriert, eine tangentiale Streckenkraft. Durch den linearen Anstieg vom Einlauf in den Latsch entsteht eine dreiecksförmige Streckenlast. Ersetzt man diese durch eine statisch äquivalente Einzellast, also der Seitenkraft F_y, würde diese im Schwerpunkt der Streckenlast angreifen. Das wäre in diesem Fall nicht die Mitte des Reifenlatsches, bzw. der Radaufstandspunkt, sondern läge um das Maß n_R hinter dem Reifenaufstandspunkt. Die aus der Dreiecksstreckenlast resultierende Seitenkraft F_y erzeugt mit dem Hebelarm n_R ein Rückstellmoment, welches der Fahrer am Lenkrad spürt. Fährt der Fahrer mit mehr Querbeschleunigung in der Kurve, vergrößert sich die Dreieckslast und der Fahrer spürt ein größeres Rückstellmoment. Irgendwann erreicht die Tangentialspannung die Haftgrenze und das Dreieck teilt sich in ein Dreieck (bis zum Erreichen der Haftgrenze) und ein Rechteck (beim Übertragen der Reibspannung). Dieses hat zur Folge, dass der Schwerpunkt der aus Dreieck und Rechteck zusammengesetzten Tangentialkraft wieder Richtung Radaufstandspunkt wandert. Dem Fahrer wird dieses über ein sich verkleinerndes Rückstellmoment rückgemeldet. Er kann erahnen, dass die Reserven zur Übertragung von Querkräften nicht mehr groß sind.

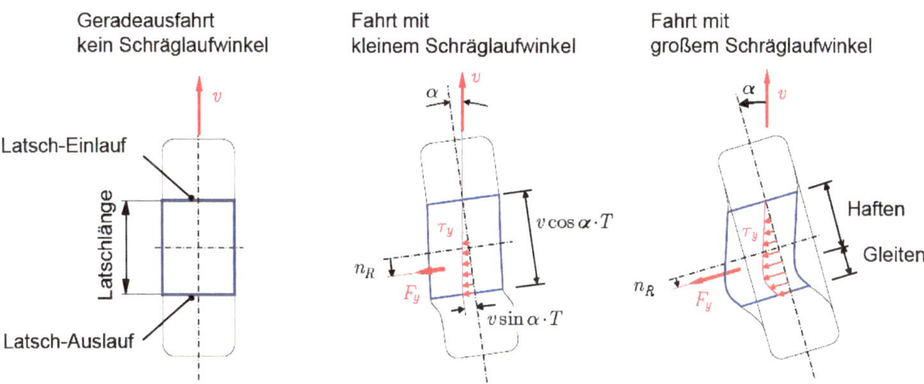

Abb. 2.18 Entstehen des Rückstellmoments an einem Reifen unter Schräglauf [5, 7]

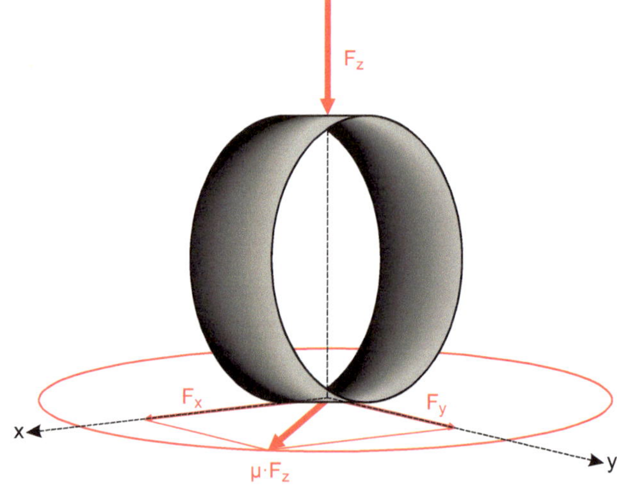

Abb. 2.19 Kamm'scher Kreis – Das Zusammenspiel von Längs- und Seitenkräften wird in diesem Diagramm verdeutlicht

Zusammenwirken von Längs- und Querkräften am Reifen

Wirken Umfangskräfte in Längs- und Querrichtung auf einen Reifen, kann man diese Kräfte vektoriell addieren, denn dem Kautschuk, welcher mit der Fahrbahn in Kontakt steht, ist es nach Verständnis des Borstenmodells egal, in welche Richtung man das Reibungsmodell annimmt. Ganz stimmt das nicht, die Profilgebung wird hier Einfluss nehmen. In erster Näherung soll dies aber Bestand haben, somit können Längs- und Querkräfte vektoriell zusammengefasst werden. Das bedeutet für die maximal übertragbaren Kräfte, das die Vektorsumme kleiner gleich sein muss als die Radlast mal dem maximalen Kraftschlussbeiwert.

$$\mu F_z = \sqrt{F_x^2 + F_y^2}.$$

Diesen Zusammenhang kann in einem Diagramm dargestellt werden, welches die Form eines Kreises hat. Dieser Zusammenhang wird in der Fahrdynamik *Kamm'scher Kreis* genannt.

In Abb. 2.19 kann man das Potential erkennen, welches für die Übertragung von Seitenkräften übrig bleibt, wenn man die Längskraft nicht bis zum Maximum ausschöpft. Nutzt man nur 90 % des zur Verfügung stehenden Übertragungspotentials zur Übertragung von Längskräften, so bleiben ca. 43 % des Übertragungspotentials für Kräfte in Querrichtung über.

$$\mu \cdot F_z = \sqrt{(0{,}9^2 + 0{,}4359^2)\mu^2 F_z^2}.$$

Abbildung 2.20 zeigt ein reales Längs- und Seitenkraft-Kennfeld mit den Parametern Längsschlupf und Schräglaufwinkel. Als Einhüllende erkennt man näherungsweise den Kamm'schen (Halb-)Kreis.

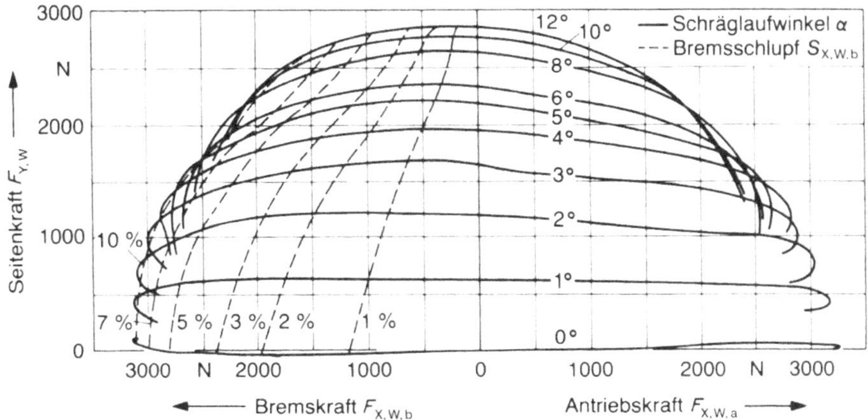

Abb. 2.20 Längskraft-Seitenkraft-Kennfeld [7]

2.1.6 Massenträgheitsmoment

Eine wichtige mechanische Eigenschaft des Rades soll an dieser Stelle hervorgehoben werden: das Massenträgheitsmoment. Dieses ist aus der Technischen Mechanik bzw. Physik bekannt und soll an dieser Stelle noch einmal beleuchtet werden. Die Gleichung zur Bestimmung des Massenträgheitsmoments lautet:

$$\vartheta_A = \int (x - x_A)^2 \mathrm{d}m.$$

Die Gleichung verdeutlicht, dass wenn das Massenträgheitsmoment eines Körpers um eine Achse durch den Punkt A bestimmen werden soll, der Körper in unendlich viele infinitesimale Masseteilchen zerlegt werden muss. Im Anschluss wird der Abstand der Masseteilchen zur Achse durch den Punkt A bestimmt, quadriert und das Produkt aus quadriertem Abstand mal Masseteilchen über den ganzen Körper aufsummiert.

Der Reifen dreht sich in dieser Betrachtung um das Radlager, was zur Folge hat, dass Masseteilchen, welche weit von der Drehachse entfernt sind, einen hohen Einfluss auf die Größe des Massenträgheitsmoments haben. Dazu gehört zum Beispiel die Lauffläche, welche im Laufe des Reifenlebens an Masse verliert und somit das Trägheitsmoment des Rades beeinflusst.

In erster Näherung kann man einen Reifen als einen aus verschiedenen Zylindern und Kreisscheiben zusammengesetzten Körper betrachten, um Einflüsse abschätzen zu können, siehe Abb. 2.21.

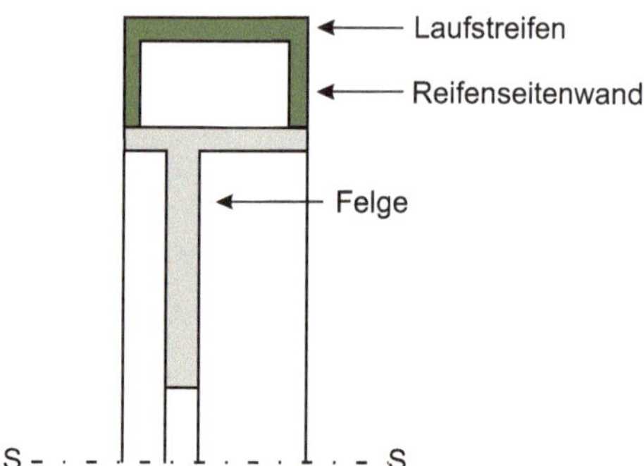

Abb. 2.21 Vereinfachte Darstellung eines Reifens mit Rad

Die Gleichungen zur Bestimmung des Trägheitsmoments von Zylindern, Hohlzylindern und Kreisscheiben seien an dieser Stelle noch einmal zusammengefasst:

$$\vartheta_{\text{Zylinder}} = \frac{1}{2} m R^2$$

$$\vartheta_{\text{Hohlzylinder, Kreisscheibe}} = \frac{1}{2} m (R_{\text{A}}^2 + R_i^2).$$

Die Werte für das Massenträgheitsmoment eines PKW-Rades mit ca. 18 kg Gewicht liegen im Bereich bei ca. 0,85 kg m^2.

2.2   Rad- und Achslasten

Wie im vorangegangenen Abschnitt über die Kraftgenerierung an Reifen thematisiert, ist das Potential zur Übertragung von Tangentialkräften, also Brems-, Antriebs- und Kurvenkräften abhängig von der Normalkraft auf dem Reifen. Die Normalkraft ist die Kraft in z-Richtung, sie wird auch Radlast genannt. Werden die Radlasten an einer Achse zusammengefasst, so spricht man von der Achslast. Der PKW verfügt in der Regel nur über zwei Achsen, welche als Vorder- und Hinterachse bezeichnet werden. Im Gegensatz dazu kann ein LKW auch drei oder mehr Achsen haben.

2.2.1   Statische Achslasten

Als statische Achslasten werden die Achslasten bezeichnet, die vorhanden sind, wenn ein Fahrzeug nicht beschleunigt wird. Das heißt, dass Fahrzeug kann stehen oder sich mit konstanter Geschwindigkeit geradeaus bewegen.

Zur Analyse des Fahrzeugs werden die im Folgenden beschriebenen und dargestellten Definitionen bzw. Bezeichnungen festgelegt, siehe Abb. 2.22. Diese werden nicht in jeder Skizze wieder eingetragen.

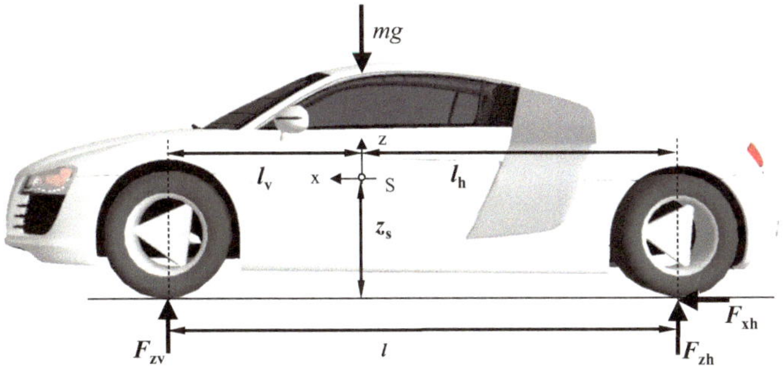

Abb. 2.22 Definitionen und Bezeichnungen an einem (in diesem Beispiel heckgetriebenen) Fahrzeug. Das Modell ist zweidimensional. Dafür wird angenommen, dass das Fahrzeug um die Mittelebene *X-Z* symmetrisch ist. Es werden nicht die einzelnen Radlasten bestimmt, sondern die der gesamten Achse, also die Achslast

Die Kräfte an den Achsen werden mit F (Force) bezeichnet und erhalten einen Index für die Richtung (x,y,z) und einen für den Ort (v,h). Somit ist F_zv die Achslast an der Vorderachse, die Antriebskraft an der Hinterachse heißt F_xh. m ist die Gesamtmasse des Fahrzeugs und g die Erdbeschleunigung, mg ist demnach die Gesamtgewichtskraft des Fahrzeugs. Das fahrzeugfeste Koordinatensystem liegt im Schwerpunkt, der Abstand vom Schwerpunkt zur Vorderachse wird mit l_v, der Abstand zur Hinterachse mit l_h bezeichnet. l_v plus l_h ergibt den Radstand l. Die Höhe von der Fahrbahnoberfläche bis zum Schwerpunkt wird z_s genannt.

Unter Zuhilfenahme von Abb. 2.22 können nun die statischen Achslasten bestimmt werden. Als Grundlage dienen dabei die Gleichgewichtsbedingungen für einen Körper in der Ebene. Hier muss die Summe aller Kräfte und die der Momente verschwinden, also Null sein.

$$\sum F_\mathrm{x} = 0; \quad \sum F_\mathrm{y} = 0; \quad \sum M_\mathrm{A} = 0.$$

Alternativ können auch zwei Momentengleichungen um unterschiedliche Punkte und nur eine Kraftgleichung aufgestellt werden:

$$\sum F_\mathrm{x} = 0; \quad \sum M_\mathrm{A} = 0; \quad \sum M_\mathrm{B} = 0.$$

Wendet man diese Gleichungen auf das Fahrzeug aus Abb. 2.22 an und bildet hier das Momentengleichgewicht um den Radaufstandspunkt an der Vorderachse, so erhält mit mg als Gewichtskraft:

$$F_\mathrm{zh} \cdot l - mg \cdot l_\mathrm{v} = 0$$

$$F_\mathrm{zh} = \frac{l_\mathrm{v}}{l} mg.$$

Analog führt man dieses um die Hinterachse durch und erhält:

$$F_\mathrm{zv} = \frac{l_\mathrm{h}}{l} mg.$$

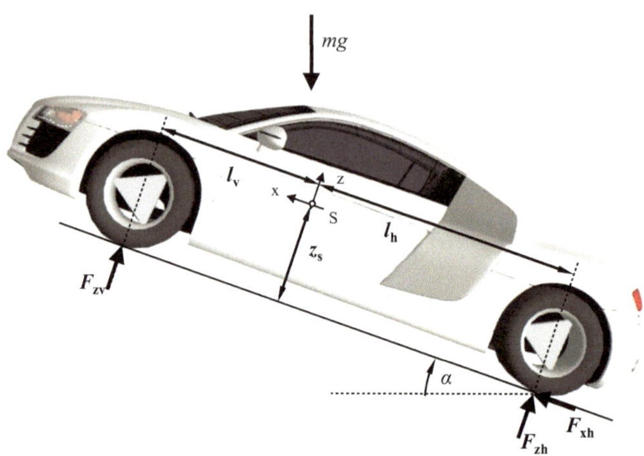

Abb. 2.23 Darstellung eines mit konstanter Geschwindigkeit fahrenden Fahrzeugs in einer Steigung zur Bestimmung der statischen Achslasten

Verallgemeinert man den beschriebenen Fall und betrachtet die Fahrt eines Fahrzeugs in einer Steigung mit konstanter Geschwindigkeit, wie sie in Abb. 2.23 dargestellt ist, ergeben sich die folgenden Zusammenhänge. Der Steigungswinkel beträgt α und um das Fahrzeug am Wegrollen zu hindern oder auf konstanter Geschwindigkeit zu halten, ist einen Kraft F_xh nötig.

Da der Winkel α zwischen der z-Achse und der Richtung der Gewichtskraft mg wieder auftaucht, kann die Gewichtskraft in einen Anteil parallel zur Fahrbahnoberfläche, also in Richtung der x-Achse $mg \cdot \sin(\alpha)$ und einen Anteil senkrecht dazu $mg \cdot \cos(\alpha)$ zerlegt werden. An dem ganzen Körper (Fahrzeug) wirken in x-Richtung die Kraft F_xh und in die negative x-Richtung $mg \cdot \sin(\alpha)$. Aus dem Kräftegleichgewicht in x-Richtung bestimmen sich:

$$F_\mathrm{xh} = mg \cdot \sin(\alpha).$$

Die Achslasten werden erneut aus den Momentengleichungen um die Vorder- und Hinterachse bestimmt. Nun gilt es zu berücksichtigen, dass zum einen nur der senkrecht zur Fahrbahnoberfläche wirkende Anteil der Gewichtskraft ein Moment um die Achsen bildet und der Gewichtskraftanteil parallel zur Fahrbahnoberfläche am Hebelarm z_s ebenfalls ein Moment um die Achsen erzeugt:

$$F_\mathrm{zh} \cdot l - mg \cos(\alpha) \cdot l_\mathrm{v} - mg \sin(\alpha) \cdot z_\mathrm{s} = 0$$

$$F_\mathrm{zh} = \frac{l_\mathrm{v}}{l} mg \cos(\alpha) + mg \sin(\alpha) \cdot \frac{z_\mathrm{s}}{l}.$$

Analog wird dieses um die Hinterachse durchgeführt und man erhält:

$$F_\mathrm{zv} = \frac{l_\mathrm{h}}{l} mg \cos(\alpha) - mg \sin(\alpha) \cdot \frac{z_\mathrm{s}}{l}.$$

Die Summe der Kräfte in z-Richtung liefert nicht die ganze Gewichtskraft mg wie im ebenen Fall, sondern nur den Anteil in die Richtung senkrecht zur Fahrbahnoberfläche $mg \cdot \cos(\alpha)$. Ebenfalls wird deutlich, dass der Anteil, um welchen die Achslast an der Hinterachse in der Steigung zunimmt, der gleiche Anteil ist, um welchen die Achslast vorne verringert wird. Da dieser Anteil durch das Argument im Sinus sein Vorzeichen umdreht, wenn das Argument im Sinus negativ wird, gilt diese Gleichung auch im Gefälle, wenn dann der Winkel negativ eingesetzt wird.

2.2.2 Dynamische Achslasten

Von dynamischen Achslasten spricht man, wenn das Fahrzeug beschleunigt oder verzögert wird. Auch in diesem Fall ändern sich die Achslasten. Ganz extrem kann man dieses bei Motorrädern beobachten, welche durch ihr Beschleunigungs- bzw. Bremsvermögen und ihre Schwerpunktlage so stark beschleunigen bzw. bremsen können, dass ihr Vorderrad bzw. Hinterrad keine Last mehr trägt, siehe Abb. 2.24.

Zur weiteren Analyse wird die folgende kleine Skizze, Abb. 2.25, eines Fahrzeugs bei der Fahrt in der Ebene betrachtet. Um den Einfluss der Beschleunigung zu berücksichtigen, wird nach D'ALEMBERT eine Trägheitskraft (Fahrzeugmasse mal Beschleunigung) eingeführt, welche im Schwerpunkt angreift und der Beschleunigung entgegengerichtet ist. Die Massenträgheit der Räder wird hierbei vernachlässigt.

Die Bestimmung der dynamischen Achslasten folgt dem gleichen Gedankengang wie in den vorangehenden Abschnitten. Mit Hilfe der Momentengleichungen um die Vorder-

Abb. 2.24 Motorräder mit starker Verzögerung bzw. Beschleunigung, so dass das Hinterrad bzw. Vorderrad völlig von der Gewichtskraft entlastet wird [8]

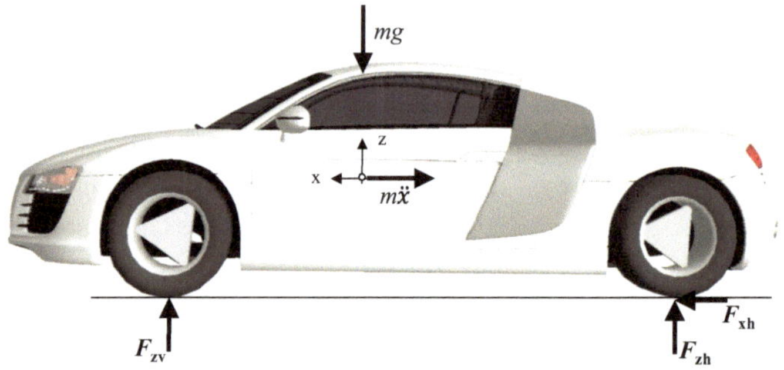

Abb. 2.25 Bestimmung der dynamischen Achslasten an einem beschleunigten Fahrzeug

und Hinterachse werden die Achslasten bestimmt:

$$F_{zv} = \frac{l_h}{l}mg - m \cdot \ddot{x} \cdot \frac{z_s}{l}$$

$$F_{zh} = \frac{l_v}{l}mg + m \cdot \ddot{x} \cdot \frac{z_s}{l}.$$

Alle Gleichungen zur Bestimmung der Achslast weisen den statischen Anteil der Gewichtskraft auf, bei einer Fahrt in der Steigung oder im Gefälle muss die Gewichtskraft auf die Richtung senkrecht zur Fahrbahnoberfläche projiziert werden. Abhängig von der Fahrsituation überlagern sich Achslastveränderungen durch die Steigungsfahrt oder eine Beschleunigung. Alle Einflüsse lassen sich in je einer Gleichung zusammenfassen:

$$F_{zv} = \frac{l_h}{l}mg\cos(\alpha) - mg\sin(\alpha) \cdot \frac{z_s}{l} - m \cdot \ddot{x} \cdot \frac{z_s}{l}$$

$$F_{zh} = \frac{l_v}{l}mg\cos(\alpha) + mg\sin(\alpha) \cdot \frac{z_s}{l} + m \cdot \ddot{x} \cdot \frac{z_s}{l}.$$

Für den Fahrzustand in der Ebene wird $\alpha = 0$, der Cosinus wird 1 und der Sinus 0, somit beinhalten diese Gleichungen alle beschriebenen Fahrzustände.

2.2.3　Radlasten

Bei den bisher beschriebenen Fahrzuständen können bei mittig in Querrichtung liegendem Fahrzeugschwerpunkt aus den Achslasten die Radlasten bestimmen werden. Dazu werden die Radlasten zu gleichen Teilen auf die beiden Räder aufgeteilt. Sofern nicht anders angegeben, geht man immer von einem mittig in Querrichtung liegenden Schwerpunkt aus.

Um die Position (rechte oder linke Seite) der Radlast eindeutig beschreiben zu können, erfolgt die Kennzeichnung durch einen zusätzlichen Index. F_{zvr} bezeichnet somit die Radlast vorne rechts, die Radlast hinten links trägt den Namen F_{zhl}.

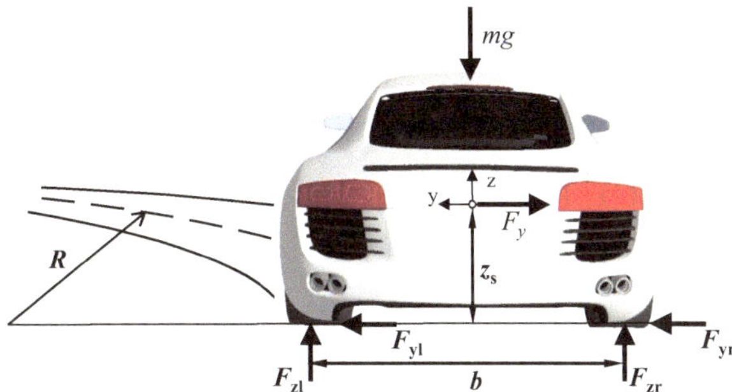

Abb. 2.26 Analyse der Radkräfte bei einer Kurvenfahrt. b bezeichnet die Spurweite. Es wird angenommen, dass das Fahrzeug vorne und hinten die gleiche Spurweite hat

Radlastunterschiede zwischen rechter und linker Seite können beispielsweise durch eine Kurvenfahrt, siehe Abb. 2.26, verursacht werden.

Beim Befahren einer Kurve, idealisiert als Kreis mit dem Radius R, mit der Geschwindigkeit v tritt eine Zentripetalbeschleunigung der Größe v^2/R auf. Gerichtet ist diese Beschleunigung auf den Kurvenmittelpunkt hin und verursacht am Fahrzeug eine Kraft in Querrichtung, auch Seitenkraft F_y genannt. Diese Seitenkraft ist von Kurvenmittelpunkt weg gerichtet, siehe Abb. 2.26

$$F_\mathrm{y} = ma_\mathrm{y} = m\frac{v^2}{R}.$$

Mit Hilfe dieser Abbildung können die Radlasten in der Kurve bestimmt werden, hierbei wird zunächst die Summe der Radlasten auf der linken bzw. rechten Seite gebildet und diese dann auf die Vorder- und Hinterräder aufgeteilt. Dieses Vorgehen verläuft analog zur Berechnung der Achslasten im vorangegangenen Abschnitt, indem das Momentengleichgewicht um die linken Räder gebildet wird und man dadurch die Summe der Radlasten auf der rechten Seite, bzw. andersherum erhält:

$$F_\mathrm{zr} = \frac{1}{2}mg - \frac{z_\mathrm{s}}{b}F_\mathrm{y}; \quad F_\mathrm{zl} = \frac{1}{2}mg + \frac{z_\mathrm{s}}{b}F_\mathrm{y}.$$

Die Aufteilung der statischen Gewichtsanteile auf die Vorder- und Hinterachse sind bereits bekannt, auch die Seitenkraft wird mit den gleichen Faktoren aufgeteilt, siehe Abb. 2.27.

Somit folgt für die Radlasten in der (Rechts-)Kurve:

$$F_\mathrm{zvl} = \frac{1}{2}\frac{l_\mathrm{h}}{l}mg + \frac{z_\mathrm{s}}{b}\frac{l_\mathrm{h}}{l}m\frac{v^2}{R}; \quad F_\mathrm{zvr} = \frac{1}{2}\frac{l_\mathrm{h}}{l}mg - \frac{z_\mathrm{s}}{b}\frac{l_\mathrm{h}}{l}m\frac{v^2}{R}$$

$$F_\mathrm{zhl} = \frac{1}{2}\frac{l_\mathrm{v}}{l}mg + \frac{z_\mathrm{s}}{b}\frac{l_\mathrm{v}}{l}m\frac{v^2}{R}; \quad F_\mathrm{zhr} = \frac{1}{2}\frac{l_\mathrm{v}}{l}mg - \frac{z_\mathrm{s}}{b}\frac{l_\mathrm{v}}{l}m\frac{v^2}{R}.$$

Der erste Summand in den Gleichungen beschreibt die Verteilung der statischen Gewichtskraft auf die Vorder- und Hinterräder. Der zweite Summand beschreibt die

Abb. 2.27 Aufteilung der Seitenkräfte auf Vorder- und Hinterachse

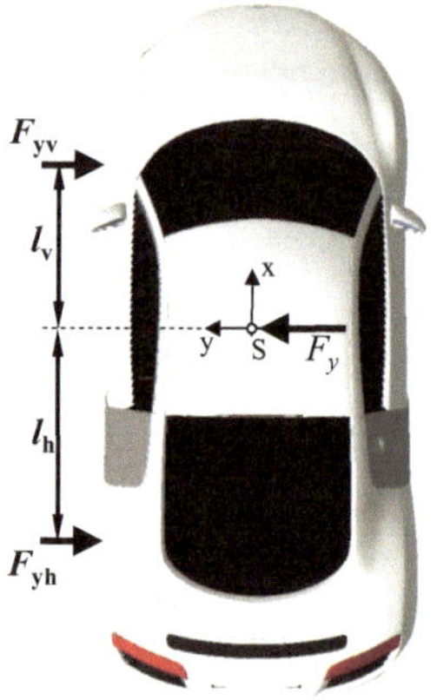

Radkraftänderung durch die Abstützung der Zentrifugalkraft. An einer Achse ist diese Kraftänderung gleich groß, am kurvenäußeren Rad wird die Radlast durch ihre Wirkung erhöht, am kurveninneren Rad verringert.

Unter Einbeziehung der verschiedenen Fahrzustände wie Steigungsfahrt, Beschleunigung und Kurvenfahrt können die Radlasten mit den folgenden Gleichungen beschrieben werden:

$$F_{zvl} = \frac{1}{2}\left(\frac{l_h}{l}mg\cos(\alpha) - mg\sin(\alpha)\cdot\frac{z_s}{l} - m\cdot\ddot{x}\cdot\frac{z_s}{l}\right) + \frac{z_s}{b}\frac{l_h}{l}m\frac{v^2}{R}$$

$$F_{zvr} = \frac{1}{2}\left(\frac{l_h}{l}mg\cos(\alpha) - mg\sin(\alpha)\cdot\frac{z_s}{l} - m\cdot\ddot{x}\cdot\frac{z_s}{l}\right) - \frac{z_s}{b}\frac{l_h}{l}m\frac{v^2}{R}$$

$$F_{zhl} = \frac{1}{2}\left(\frac{l_v}{l}mg\cos(\alpha) + mg\sin(\alpha)\cdot\frac{z_s}{l} + m\cdot\ddot{x}\cdot\frac{z_s}{l}\right) + \frac{z_s}{b}\frac{l_v}{l}m\frac{v^2}{R}$$

$$F_{zhr} = \frac{1}{2}\left(\frac{l_v}{l}mg\cos(\alpha) + mg\sin(\alpha)\cdot\frac{z_s}{l} + m\cdot\ddot{x}\cdot\frac{z_s}{l}\right) - \frac{z_s}{b}\frac{l_v}{l}m\frac{v^2}{R}.$$

Beispiel 2.2

Als Zahlenwertbeispiel wird ein Fahrzeug mit der Masse 1400 kg, einem Radstand von 2,6 m und einer Achslastverteilung von 60 % auf die Vorderachse bzw. 40 % auf die Hinterachse im statischen, ebenen Fall betrachtet. Der Schwerpunk des Fahrzeugs liegt 0,8 m über der Fahrbahn, die Spurbreite beträgt 1,6 m.

Es sollen die Radlasten dieses Fahrzeugs bestimmt werden, wenn es mit 100 km/h um eine Rechtskurve mit dem Radius 200 m in einer Steigung von 2° fährt und dabei mit 2 m/s² verzögert.

Wie in den Gleichungen für die Radlasten ersichtlich, tauchen einige Terme immer wieder auf, daher ist es sinnvoll diese erst einmal getrennt zu berechnen. Dieses liefert eine gute Möglichkeit zur Kontrolle der Ergebnisse.

Der erste Term entspricht der Gesamtgewichtskraft in Normalenrichtung zur Fahrbahn: $mg \cdot \cos(\alpha)$. Hieraus wird mit dem Faktor l_h/l, welcher in diesem Beispiel 60 %, also als Dezimalzahl 0,6 ist, die vordere Achslast berechnet, analog wird mit dem Faktor 0,4 die hintere Achslast berechnet:

$$mg \cdot \cos(\alpha) = 1400\,\mathrm{kg} \cdot 9{,}81\,\frac{\mathrm{m}}{\mathrm{s}^2} \cdot \cos(2°) = 13.726\,\mathrm{N}$$

$$F_\mathrm{zv} = 0{,}6 \cdot 13.726\,\mathrm{N} = 8235\,\mathrm{N}$$

$$F_\mathrm{zh} = 0{,}4 \cdot 13.726\,\mathrm{N} = 5490\,\mathrm{N}.$$

Ein kurzer Blick auf die Ergebnisse liefert zur Kontrolle, dass die Summe der vorderen und hinteren Achslast gleich der Gesamtgewichtskraft in Normalenrichtung zur Fahrbahn ist. Die geringfügige Abweichung von 1 N, entsprechend einer Gewichtskraft von ca. 0,1 kg, ist der Rechnung mit gerundeten Werten geschuldet. Des Weiteren stecken in den oben getätigten Annahmen Ungenauigkeiten, die in diesem Beispiel nicht berücksichtigt werden, so wie beispielsweise eine geringe Änderung der Schwerpunktlage durch das Verschieben des Sitzes. Daher ist im Zusammenhang mit der Berechnung der Rad- und Achslasten eines Fahrzeugs keine Nachkommastellen bei der Einheit N anzugeben. Auch wenn die Exaktheit des Taschenrechners zu der Angabe einer großen Genauigkeit verleitet, ist es hier die Aufgabe des angehenden Ingenieurs, festzustellen, dass die Angabe der zweiten Nachkommastelle einer Gewichtskraft von einem Gramm entspricht. Das würde bedeuten, dass man in seinen Ergebnissen das Gewicht einer Fliege, welche sich auf das Fahrzeug setzt, berücksichtigt!

Weiterhin tauchen die Terme für die Veränderung der Achslast durch Steigung und durch die Beschleunigung in allen Gleichungen für die Radlasten auf.

$$\frac{z_\mathrm{s}}{l} mg \sin(\alpha) = \frac{0{,}8\,\mathrm{m}}{2{,}6\,\mathrm{m}} \cdot 1400\,\mathrm{kg} \cdot 9{,}81\,\frac{\mathrm{m}}{\mathrm{s}^2} \cdot \sin(2°) = 147\,\mathrm{N}$$

$$\frac{z_\mathrm{s}}{l} m\ddot{x} = \frac{0{,}8\,\mathrm{m}}{2{,}6\,\mathrm{m}} \cdot 1400\,\mathrm{kg} \cdot (-2)\frac{\mathrm{m}}{\mathrm{s}^2} = -862\,\mathrm{N}.$$

Die Änderung der Radlasten durch die Beschleunigung ist hier negativ, da das Fahrzeug verzögert. Folglich steigt die Radlast vorne, hinten wird sie verringert. Das negative Vorzeichen in der Änderung der Radlast berücksichtigt dieses automatisch.

Als letzter Term taucht die Änderung der Radlasten durch die Kurvenfahrt auf. Diese beträgt in Summe für eine Seite des Fahrzeuges ΔK:

$$\Delta K = \frac{z_\mathrm{s}}{b} \cdot m \cdot \frac{v^2}{R}.$$

Auch dieser Term wird in gleicher Weise wie die Gewichtskraft auf die Vorder- und Hinterachse verteilt:

$$\Delta K = \frac{z_\mathrm{s}}{b} \cdot m \cdot \frac{v^2}{R} = \frac{0{,}8\,\mathrm{m}}{1{,}6\,\mathrm{m}} \cdot 1400\,\mathrm{kg} \cdot \frac{(100/3{,}6)^2}{200}\frac{\mathrm{m}}{\mathrm{s}^2} = 2701\,\mathrm{N}$$

$$\Delta K_\mathrm{v} = 0{,}6 \cdot 2701\,\mathrm{N} = 1620\,\mathrm{N}$$

$$\Delta K_\mathrm{h} = 0{,}4 \cdot 2701\,\mathrm{N} = 1080\,\mathrm{N}.$$

Die einzelnen Radlasten lassen sich jetzt übersichtlich bestimmen:

$$F_\mathrm{zvr} = \frac{1}{2}\left[8235\,\mathrm{N} - 147\,\mathrm{N} - (-862\,\mathrm{N})\right] - 1620\,\mathrm{N} = 2855\,\mathrm{N}$$

$$F_\mathrm{zvl} = \frac{1}{2}\left[8235\,\mathrm{N} - 147\,\mathrm{N} - (-862\,\mathrm{N})\right] + 1620\,\mathrm{N} = 6095\,\mathrm{N}$$

$$F_\mathrm{zhr} = \frac{1}{2}\left[5490\,\mathrm{N} + 147\,\mathrm{N} + (-862\,\mathrm{N})\right] - 1080\,\mathrm{N} = 1308\,\mathrm{N}$$

$$F_\mathrm{zhl} = \frac{1}{2}\left[5490\,\mathrm{N} + 147\,\mathrm{N} + (-862\,\mathrm{N})\right] + 1080\,\mathrm{N} = 3468\,\mathrm{N}.$$

In dieser Ansicht ist gut zu erkennen, dass eine Steigung die vorderen Achslasten verringert, das Bremsen sich vorne durch eine Steigerung der Achslasten auswirkt, das kurveninnere Rad, rechts bei einer Rechtskurve, entlastet, das kurvenäußere, links bei einer Rechtskurve, belastet wird. Abschließend erfolgt die Kontrolle der Summe der Achslasten, diese sollten $mg \cdot \cos(\alpha)$ betragen:

$$2855\,\mathrm{N} + 6095\,\mathrm{N} + 1308\,\mathrm{N} + 3468\,\mathrm{N} = 13.726\,\mathrm{N}.$$

2.2.4   Schwerpunktbestimmung

Bei den bisherigen Betrachtungen wurde eine bekannte Schwerpunktlage des betrachteten Fahrzeugs vorausgesetzt. Dieses ist nicht immer in hinreichender Genauigkeit gegeben, zumal sich die Schwerpunktlage eines Fahrzeugs ändern kann. Für die Güte von Simulationsergebnissen ist die genaue Lage des Schwerpunktes äußerst entscheidend.

Experimentelle Bestimmung des Fahrzeugschwerpunkts

Die Bestimmung des Fahrzeuggesamtschwerpunkts erfolgt analog zu der Bestimmung der Achslasten, dieses Mal ist jedoch die Schwerpunktlage, also l_v und l_h unbekannt. Um diese zu bestimmen werden Radlastwaagen benötigt, mit welchen die Gewichtskraft an den Rädern bzw. Achsen gemessen werden können. Aus dem Verhältnis der Achslast zur Gewichtskraft des Fahrzeugs wird anschließend der Schwerpunkt in Längsrichtung bestimmt, siehe Abb. 2.28.

Mit Kenntnis der Achslasten erhält man das Gesamtgewicht, unter Verwendung der Gleichung für die Summe aller Momente um die vordere Achse bzw. um die hintere Achse kann im Anschluss die Schwerpunktlage bestimmt werden:

$$\frac{l_v}{l} = \frac{F_{zh}}{mg} \quad \text{bzw.} \quad \frac{l_h}{l} = \frac{F_{zv}}{mg}.$$

Analog erfolgt auch die Bestimmung der Schwerpunktlage in Querrichtung.

Die Bestimmung der Schwerpunktlage in Hochrichtung erfordert zusätzliche Hilfsmittel, beispielsweise eine Hebebühne oder Auffahrhilfe, Abb. 2.29, um das Fahrzeug definiert anzuheben. An den Achsen dürfen nur Vertikalkräfte übertragen werden. Nachdem man im ebenen Zustand die Achslasten gemessen hat, bestimmt man zunächst das Gesamtgewicht und die Schwerpunktlage in Längsrichtung. Vor dem Anheben blockiert man, sofern möglich, die Aufbaufedern des Fahrzeugs, um die beim Anheben entstehende Achslaständerung, welche Ein- und Ausfedern der Aufbaufedern und somit eine Veränderung der Schwerpunktlage in Hochrichtung zur Folge hat, zu verhindern.

Nachdem das Fahrzeug um die Höhe H angehoben wurde, wird erneut die hintere Achslast gemessen $[F_{zh}^*]$, diese wird einen um Δm größeren Wert liefern als beim Messen in der Ebene, also den Wert, um welchen die hintere Achslast gestiegen ist.

Als Hilfsgröße wird nun Δl eingeführt. Diese beschreibt die Änderung des Abstands der Wirkungslinie der Gewichtskraft durch das Anheben. Aus dem Momentengleichge-

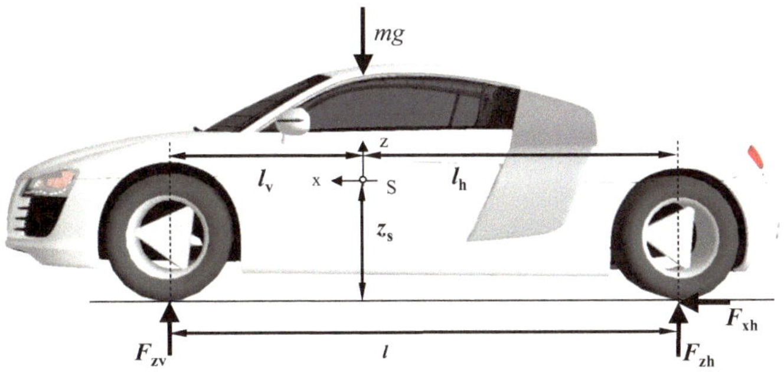

Abb. 2.28 Bestimmung der Schwerpunktlage in Längsrichtung

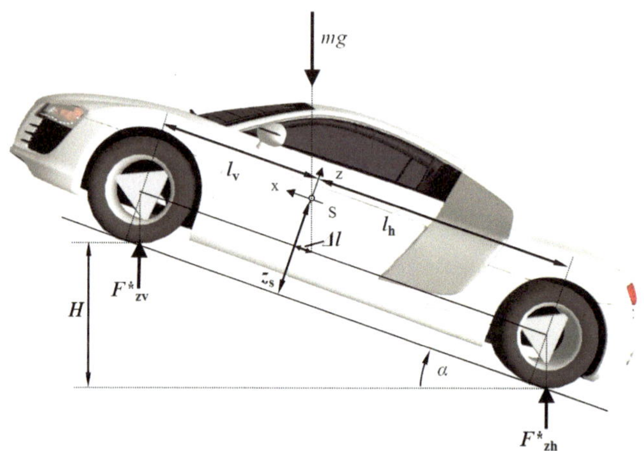

Abb. 2.29 Darstellung eines Versuchs zur Bestimmung des Fahrzeugschwerpunktes in Hochrichtung

wicht um die Radnabe vorne erhält man:

$$F^*_\mathrm{zh} \cdot l \cdot \cos\alpha - mg \cdot (l_\mathrm{v} + \Delta l) \cdot \cos\alpha = 0.$$

Durch Umschreiben der Gleichung erhält man:

$$l_\mathrm{v} + \Delta l = \frac{F^*_\mathrm{zh} \cdot l}{mg}.$$

Die gemessene hintere Achslast im ebenen Fall $F_\mathrm{zh} = m_\mathrm{h} \cdot g$ plus der gemessenen Zunahme beim Anheben beschreibt ebenfalls die hintere Achslast im angehobenen Zustand: $F^*_\mathrm{zh} = m_\mathrm{h}g + \Delta mg$. Setzt man dieses in die Gleichung ein,

$$l_\mathrm{v} + \Delta l = \frac{(m_\mathrm{h}g + \Delta mg) \cdot l}{mg} = \frac{m_\mathrm{h}}{m}l + \frac{\Delta m}{m}l$$

kann man mit der Umschreibung von

$$\frac{m_\mathrm{h}}{m}l = l_\mathrm{v}$$

das Δl aus den Messungen bestimmen.

$$\Delta l = \frac{\Delta m}{m}l$$

Mit der Kenntnis von Δl kann die geometrische Situation der Gewichtskraft beim Anheben des Fahrzeugs analysiert werden, siehe Abb. 2.30.

Abb. 2.30 Verschiebung der
Lage der Gewichtskraft beim
Anheben des Fahrzeugs

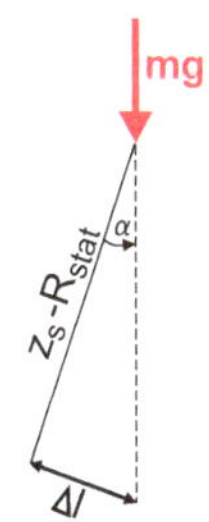

Mit Kenntnis von α und Δl lässt sich die Länge $z_\mathrm{s} - R_\mathrm{stat}$ bestimmen:

$$\tan \alpha = \frac{\Delta l}{z_\mathrm{s} - R_\mathrm{stat}}.$$

Die Größe $\tan \alpha$ lässt sich aus der angehobenen Höhe und dem Radstand bestimmen, siehe Abb. 2.29:,

$$\tan \alpha = \frac{H}{\sqrt{l^2 - H^2}},$$

so dass man für die Bestimmungsgleichung des Fahrzeugschwerpunktes in Hochrichtung folgende Gleichung erhält:

$$z_\mathrm{s} = \frac{\Delta m}{m} l \frac{\sqrt{l^2 - H^2}}{H} + R_\mathrm{stat}.$$

Diese Gleichung ist so umgeschrieben, dass sie es ermöglicht mit wenigen Messgeräten, welche in einer Werkstatt üblich sind, den Fahrzeugschwerpunkt zu bestimmen. Hierzu sind lediglich ein Maßband und eine Radlastwaage erforderlich. Der relativ kleine Wert von Δm wirkt sich stark auf die Genauigkeit der Schwerpunktslage aus. Daher ist es ratsam, das Fahrzeug möglichst hoch anzuheben, jedoch immer unter Berücksichtigung der größtmöglichen Sicherheit.

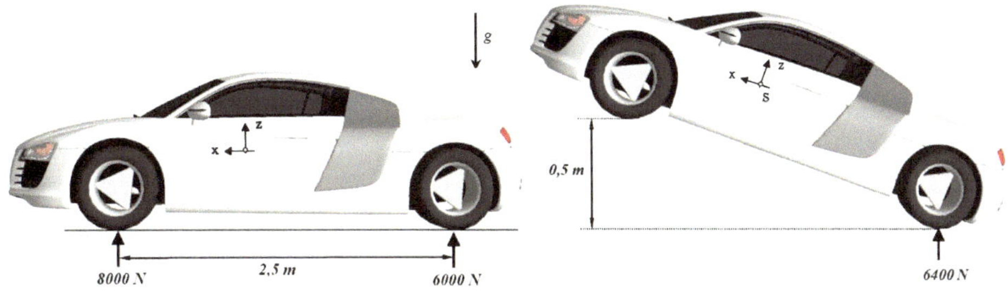

Abb. 2.31 Darstellung zur Bestimmung der Schwerpunktkoordinaten des Fahrzeugs

Beispiel 2.3

Bei einem PKW mit 2,5 m Radstand werden die Achslasten der Vorder- und Hinterachse gemessen (8000 N und 6000 N), siehe Abb. 2.31. Anschließend wird das Fahrzeug mit blockierten Federn um $H = 50$ cm angehoben und eine Hinterradlast von 6400 N gemessen. Der statische Radhalbmesser beträgt 0,296 m.

Bestimmen Sie die Schwerpunktkoordinaten in Längs- und Hochrichtung!

Aus der Summe der Achslasten in der Ebene kann die Gesamtgewichtskraft des Fahrzeugs bestimmt werden (14.000 N), aus dem Anteil der Gewichtskraft auf die Vorderachse erhält man den Quotienten:

$$\frac{l_\mathrm{h}}{l} = \frac{F_\mathrm{zv}}{mg} = \frac{8000\,\mathrm{N}}{14.000\,\mathrm{N}} = 0{,}57.$$

Mit der Kenntnis von

$$\frac{l_\mathrm{v}}{l} + \frac{l_\mathrm{h}}{l} = \frac{l_\mathrm{v} + l_\mathrm{h}}{l} = \frac{l}{l} = 1$$

erhält man auch den zweiten Quotienten $\frac{l_\mathrm{v}}{l} = 0{,}43$. Durch Multiplizieren des Quotienten mit dem Radstand ergibt sich die Lage des Schwerpunktes in Längsrichtung. Dieser liegt $0{,}43 \cdot 2{,}5$ m $= 1{,}07$ m hinter der Vorderachse.

In z-Richtung bestimmt man den Schwerpunkt, indem man die Gewichtskräfte, welche an der Hinterachse gemessen wurden, in Massen umrechnet. Im ebenen Fall zeigt die Achslastwaage 611,6 kg an, im angehobenen Fall 40,8 kg mehr. Damit erhält man:

$$z_\mathrm{s} = \frac{\Delta m}{m} \cdot l \cdot \frac{\sqrt{l^2 - H^2}}{H} + R_\mathrm{stat}$$

$$= \frac{40{,}8\,\mathrm{kg}}{1427\,\mathrm{kg}} \cdot 2{,}5\,\mathrm{m} \cdot \frac{\sqrt{(2{,}5\,\mathrm{m})^2 - (0{,}5\,\mathrm{m})^2}}{0{,}5\,\mathrm{m}} + 0{,}296\,\mathrm{m} = 0{,}646\,\mathrm{m}.$$

Sollte hierbei die Blockade der Aufbaufedern des Fahrzeugs nicht durchgeführt worden sein, federt das Fahrzeug beim Anheben hinten ein und vorne aus. Um diesen Einfluss im Anschluss herausrechnen zu können, ist die Aufbaufedersteifigkeit zu bestimmen, indem man eine definierte Masse genau auf die Vorder- bzw. die Hinterachse positioniert. In diesem Beispiel sind das 100 kg, welche an der Vorderachse eine Einfederung von 0,8 cm und an der Hinterachse eine Einfederung von 1 cm verursacht. Das bedeutet, dass die Vorderachse eine Aufbaufedersteifigkeit von 1226 N/cm, die Hinterachse von 981 N/cm hat. Da die Vorderachse beim Anheben um 400 N „leichter" wird, federt diese um 0,33 cm aus, während die Hinterachse um 400 N „schwerer" wird und um 0,41 cm einfedert, wenn das Fahrzeug an der Vorderachse um 0,5 m angehoben wird. Dieses Ein- und Ausfedern muss zu der gemessenen Höhendifferenz hinzuaddiert werden, so dass das Fahrzeug zwar nur um 0,5 m an der Vorderachse angehoben wurde, dabei aber die Hinterachse um 0,41 cm eingefedert und die Vorderachse um 0,33 cm ausgefedert ist. Also muss in diesem Fall eine Höhendifferenz von 0,5074 m berücksichtigt werden. Somit liegt der Schwerpunkt bei:

$$z_s = \frac{\Delta m}{m} \cdot l \cdot \frac{\sqrt{l^2 - H^2}}{H} + R_{\text{stat}}$$

$$= \frac{40,8 \, \text{kg}}{1427 \, \text{kg}} \cdot 2,5 \, \text{m} \cdot \frac{\sqrt{(2,5\,\text{m})^2 - (0,5074\,\text{m})^2}}{0,5074 \, \text{m}} + 0,296 \, \text{m} = 0,641 \, \text{m}.$$

Der Fehler liegt in diesem Beispiel bei ca. 1 %.

Analytische Bestimmung des Fahrzeugschwerpunkts

Für ein typisches, aus mehr als 10.000 Einzelteilen bestehendes Fahrzeug ist die Ermittlung des Gesamtschwerpunktes auf analytischem Wege aufwändig. Hierzu wird aus dem Quotienten des Produkts der Einzelmassen multipliziert mit den Einzelschwerpunkten und der Gesamtmasse den Gesamtschwerpunkt bestimmt, wohlwissend, dass sich aus der Summe von vielen kleinen Fehlern ein relativ großer Fehler ergeben kann. Die zugehörige Gleichung ergibt sich aus der Statik wie folgt:

$$x_s = \frac{\sum m_i x_i}{\sum m_i}.$$

Diese analytische Methode wird jedoch in der Regel vorzugsweise angewendet, um die Verlagerung des Schwerpunktes eines Fahrzeuges mit bekannter Schwerpunktslage zu bestimmen. Eine Verlagerung kann beispielsweise auftreten, wenn man zusätzliches Gewicht ins Fahrzeug einbringt oder eine gewichtsbehaftete Komponente gegen eine Komponente mit anderem Gewicht und Schwerpunktlage austauscht. Ist dieses der Fall, so werden die Massen, welche man aus dem bestehenden System herausnimmt, mit einer negativen Masse beschrieben. Die Massen, welche man neu einbringt sind positiv. Für eine bessere Übersichtlichkeit ist es hilfreich, eine Tabelle anzulegen, die alle Komponenten, die das System bilden, beschreibt.

Beispiel 2.4

Bei einem Fahrzeug mit den Parametern $m = 1400\,\text{kg}$, $l_v = 0,48$, $z_s = 1\,\text{m}$, $l = 2,6\,\text{m}$ soll der 150 kg schwere Motor, dessen Schwerpunkt 1,3 m hinter dem aktuellen

Schwerpunkt und 0,6 m über der Fahrbahn liegt, siehe Abb. 2.32 gegen einen 300 kg schweren Motor getauscht werden, dessen Schwerpunkt 1,4 m hinter dem aktuellen Schwerpunkt und auch 0,6 m über der Fahrbahn liegt. Für dieses modifizierte Fahrzeug sollen die neuen Schwerpunktkoordinaten bestimmt werden.

Zunächst wird ein Koordinatensystem benötigt, in welchem die Schwerpunktabstände beschrieben werden können. Hier bietet sich das aktuelle Koordinatensystem im Schwerpunkt des nicht modifizierten Fahrzeugs an. Die neuen Koordinaten werden also die Verschiebung des Koordinatensystems, ausgehend vom alten Koordinatensystem, beschreiben. Der neue Schwerpunkt wird mit Hilfe der oben erwähnten Tabelle mit den Spalten i, als Nummerierung der einzelnen Komponenten, der Spalte m_i, für die Einzelmassen, und den Spalten x_{is} und z_{is} für die Einzelschwerpunkte erstellt. Weiterhin werden zwei Spalten benötigt, in welche das statische Moment, also das Produkt aus Einzelmasse und Einzelschwerpunkt, einmal für die x- und einmal für die z-Richtung, eingetragen werden kann

In Tab. 2.1, steht die Masse des herausgenommenen Motors mit negativem Vorzeichen und die z-Koordinaten ebenfalls mit negativen Vorzeichen, da diese sich 0,6 m über der Fahrbahn befinden, damit aber 0,4 m unter dem Nullpunkt der z-Achse. Bildet man nun die Summen aus den Einzelmassen, siehe fünfte Zeile, zweite Spalte und die Summen der Statischen Momente, siehe fünfte Zeile, fünfte Spalte für die x-Richtung, bzw. sechste Spalte für die z-Richtung, so sind zur Bestimmung der Schwerpunktverschiebung nur noch die Summen der Statischen Momente durch die Gesamtmassen zu bilden und man erhält die neuen Schwerpunkt koordinaten:

$$x_s = \frac{\sum m_i x_i}{\sum m_i} = \frac{-225\,\text{kg m}}{1550\,\text{kg}} = -0{,}15\,\text{m}$$

$$z_s = \frac{\sum m_i z_i}{\sum m_i} = \frac{-60\,\text{kg m}}{1550\,\text{kg}} = -0{,}04\,\text{m}.$$

Der neue Fahrzeugschwerpunkt liegt also 15 cm hinter und 4 cm unter dem alten Schwerpunkt. Je mehr Komponenten berücksichtigt werden müssen, desto sinnvoller ist das Arbeiten mit der Tabelle, da es den Vorgang systematisiert. Dieses lässt sich auch leicht in einem Tabellenkalkulationsprogramm darstellen.

2.2.5 Nutzlastverteilungsdiagramm

Der Fahrzeuggesamtschwerpunkt kann durch die Zuladung stark variieren. Bei einem PKW ist der Anteil der Nutzlast am Gesamtgewicht ca. ein Drittel, bei einem LKW kann der Anteil der Nutzlast deutlich höher sein als sein Eigengewicht. Bei einem LKW

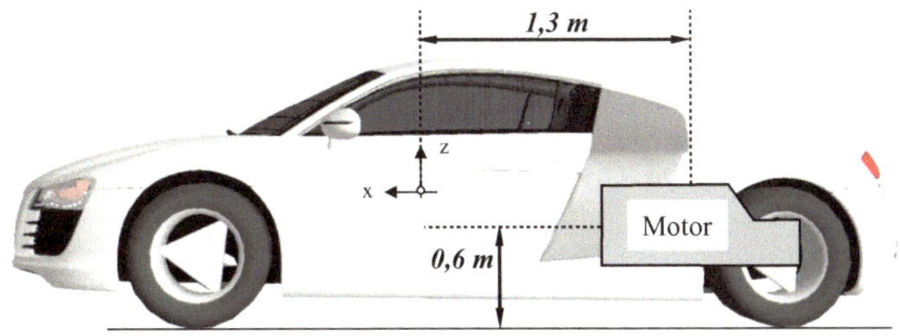

Abb. 2.32 Skizze zur Bestimmung der Schwerpunktkoordinaten des modifizierten Fahrzeugs

Tab. 2.1 Tabelle zur Bestimmung der Schwerpunktkoordinaten des modifizierten Fahrzeugs

i	m_i [kg]	x_{is} [m]	z_{is} [m]	$m_i \cdot x_{is}$ [kg m]	$m_i \cdot z_{is}$ [kg m]
1	1400	0	0	0	0
2	−150	−1,3	−0,4	195	60
3	300	−1,4	−0,4	−420	−120
	1550			−225	−60

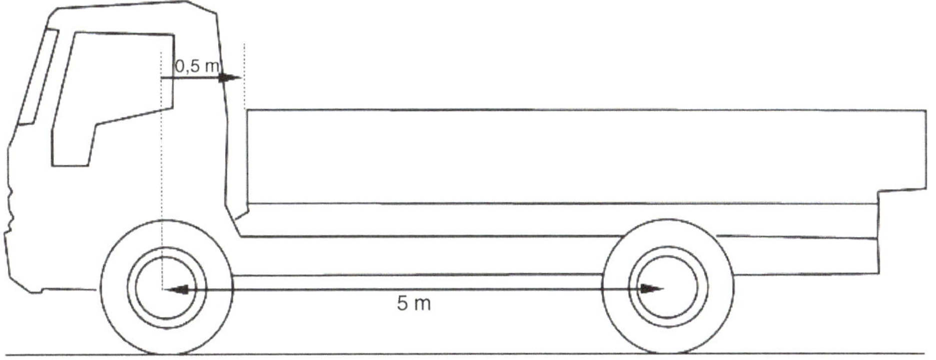

Abb. 2.33 Darstellung eines Zweiachs-LKW mit einem zul. Gesamtgewicht von 18 t

begrenzen gesetzliche Vorgaben die Achslast des Fahrzeugs, weniger die Fahrdynamik. Eine nicht angetrieben Achse darf höchstens 10 t Achslast haben, eine angetriebene Achse 11,5 t. Für den Führer eines LKWs ist daher die richtige Beladung seines Fahrzeuges immens wichtig. Um dies zu gewährleisten, gibt es für jeden LKW ein Nutzlastverteilungsdiagramm.

Beispiel 2.5

Abbildung 2.33 zeigt einen zweiachsigen LKW mit einem Radstand von 5 m, dessen Leergewicht von 8 t sich mit 6 t auf die Vorderachse und 2 t auf die Hinterachse verteilt. Somit kann der LKW noch 10 t Nutzlast aufnehmen. Diese darf aber nicht genau über der Hinterachse positioniert werden, da diese sonst mit 12 t (Summe aus Achslast durch Eigengewicht (2 t) und Zuladung (10 t)) leicht überladen wäre. Um eine Überladung der Vorderachse zu vermeiden, darf der Schwerpunkt der Zuladung nicht genau am Beginn der Ladefläche, also 0,5 m hinter der Vorderachse liegen, denn die Zuladung würde sich dann im Verhältnis 9/10 zu 1/10 auf die Vorder- (also 9 t) bzw. Hinterachse (1 t) verteilen. Zusammen mit der Achslast aus Eigengewicht würde die Belastung der Vorderachse in der Summe 15 t betragen, somit wäre sie stark überladen. Wird die Höhe der Zuladung zunächst als Variable offen gelassen und bezeichnet man mit x_{zs} den Schwerpunkt der Zuladung (gemessen ab Ladefläche), dann liefert das Momentengleichgewicht um die Hinterachse mit der maximal erlaubten Achslast vorne (10 t) eine Gleichung, die den Zusammenhang zwischen der Zuladungsgröße und deren Schwerpunktposition darstellt:

$$10.000\,\text{kg} \cdot 9{,}81\frac{\text{m}}{\text{s}^2} \cdot 5\,\text{m} - 6000\,\text{kg} \cdot 9{,}81\frac{\text{m}}{\text{s}^2} \cdot 5\,\text{m}$$

$$- m_z \cdot 9{,}81\frac{\text{m}}{\text{s}^2} \cdot (5\,\text{m} - (x_{zs} + 0{,}5\,\text{m})) = 0$$

$$m_z = \frac{4000\,\text{kg} \cdot 5\,\text{m}}{4{,}5\,\text{m} - x_{zs}} = \frac{20000\,\text{kg}\,\text{m}}{4{,}5\,\text{m} - x_{zs}}.$$

Das Momentengleichgewicht um die Vorderachse mit der maximal zulässigen Achslast hinten (11,5 t) liefert eine weitere Gleichung:

$$11.500\,\text{kg} \cdot 9{,}81\frac{\text{m}}{\text{s}^2} \cdot 5\,\text{m} - 2000\,\text{kg} \cdot 9{,}81\frac{\text{m}}{\text{s}^2} \cdot 5\,\text{m}$$

$$- m_z \cdot 9{,}81\frac{\text{m}}{\text{s}^2} \cdot (x_{zs} + 0{,}5\,\text{m}) = 0$$

$$m_z = \frac{9500\,\text{kg} \cdot 5\,\text{m}}{0{,}5\,\text{m} + x_{zs}} = \frac{47.500\,\text{kg}\,\text{m}}{0{,}5\,\text{m} + x_{zs}}.$$

Beide Gleichungen beschreiben den Zusammenhang zwischen der Größe der Zuladung und der erlaubten Schwerpunktposition, ohne die gesetzlich vorgegebenen Achslasten zu überschreiten. Im ersten Fall gilt als Grenze die vordere, bei der zweiten Gleichung die hinter Achslast als Grenze. Beide Restriktionen müssen gleichzeitig erfüllt sein. Die erste Gleichung hat an der Position der Hinterachse (bei 5 m) einen Pol und die Werte für die Größe der Zuladung gehen gegen Unendlich. Dieses liegt daran, dass eine Zuladung, dessen Schwerpunkt man genau auf die Hinterachse positioniert keine Auswirkung auf die Achslast vorne hat, da ihre Wirkung direkt auf die Hinterachse geht. Daher kann man theoretisch beliebig viel Zuladung auf die Hinterachse laden, ohne die Vorderachse zu überladen. Anders sieht es aus, wenn man den Zuladungsschwerpunkt ein Stück hinter die Hinterachse positioniert. In diesem Fall entlastet man die Vorderachse, was die Achslast vor-

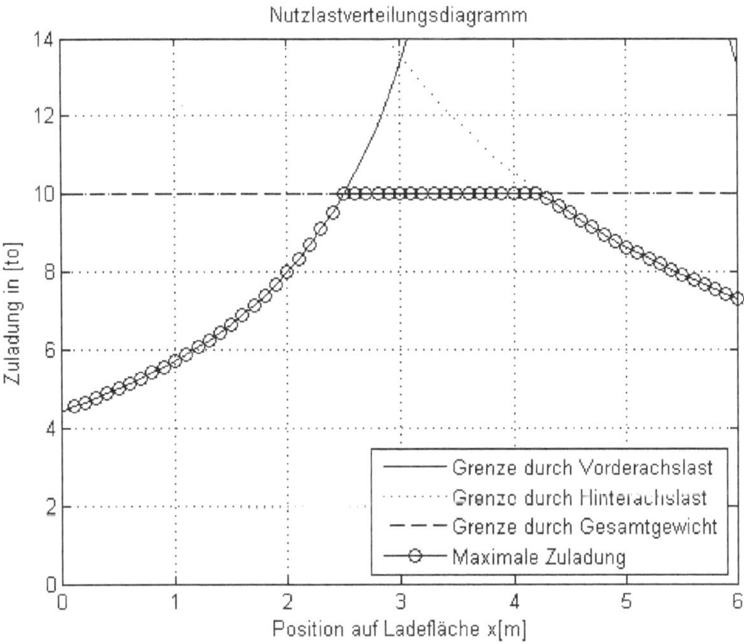

Abb. 2.34 Nutzlastverteilungsdiagramm des in Abb. 2.33 dargestellten LKWs

ne verringert. Dies birgt aber für die Fahrdynamik Probleme, da die Achse, welche einen Lenkimpuls einleitet, nur wenig Kraft übertragen kann.

In Abb. 2.34 ist das Nutzlastverteilungsdiagramm des in Abb. 2.33 beschriebenen LKWs dargestellt. Durch die Restriktionen für die vordere und hintere Achslast kann die mögliche maximale Zuladung nur dann gesetzeskonform transportiert werden, wenn der Schwerpunkt der Zuladung zwischen 2,5 m und 4,2 m auf der Ladefläche liegt.

Bei einem PKW sind die Zuladung üblicherweise die Passagiere und das Gepäck, im Fall von Transportfahrten kann aber auch hier eine andere Art von Zuladung eintreten. Bei einem Kombi zum Beispiel liegt der Zuladungsschwerpunkt durch Passagiere an einer anderen Position als Transportgut im Kofferraum. Hier sind nicht die gesetzlich vorgegebenen Achslastgrenzen entscheidend, sondern die technisch möglichen, welche vom Hersteller vorgegeben werden. Das Vorgehen zum Bestimmen der möglichen Zuladungsposition erfolgt analog zur Berechnung beim LKW, zusätzlich empfiehlt eine VDI-Richtlinie, dass bei einem PKW mindestens 35 % des zulässigen Gesamtgewichts von der Vorderachse getragen werden sollen, um die Lenkbarkeit des Fahrzeugs sicherzustellen. Diese Forderung liefert eine dritte Gleichung, welche aber nur für Zuladungspositionen hinter der Hinterachse gilt.

Literatur

1. Hoepke, E., Breuer, S.: Nutzfahrzeugtechnik, 6. Aufl. Vieweg + Teubner, Wiesbaden (2012)

2. Reimpell, J., Sponagel, P.: Fahrwerktechnik: Reifen und Räder. Vogel-Verlag, Würzburg (1995)

3. Willumeit, H., Yong Park, B.: Modelle und Modellierungsverfahren in der Fahrzeugdynamik. Teubner, Leipzig (1998)

4. Ammon, D.: Modellbildung und Systemdynamik in der Fahrzeugdynamik. Teubner, Stuttgart (1997)

5. C. Wornle: Skriptum zur Vorlesung Fahrmechanik, Uni Rostrock, 2006

6. Schramm, Hiller, Bardini: Modellbildung und Simulation der Dynamik von Kraftfahrzeugen. Springer-Vieweg, Berlin Heidelberg (2010 und 2013)

7. Reimpell, J., Betzler, J.: Fahrwerkstechnik: Grundlagen, 5. Aufl. Vogel Verlag, Würzburg (2005)

8. https://pixabay.com/de/, aufgerufen am 12.08.2015

3.1 Fahrwiderstand

Nachdem im Kap. 2 die Kraftübertragung des Reifens auf die Fahrbahn sowie die dazu notwendigen Achs-/Radlasten thematisiert wurden, beschäftigt sich dieser Abschnitt mit der Kraft, welche zum Betrieb eines Fahrzeugs benötigt wird. Da es sich hierbei um Kräfte und Bewegungen in Längsrichtung handelt, wird dieser Abschnitt der Längsdynamik zugeordnet. Im Vergleich dazu handelte es sich bei den Achs- und Radlasten um Vertikaldynamik.

Betrachtet man ein Fahrzeug bei einer unbeschleunigten Fahrt in der Ebene, so würde die (Schul-)Physik mit ihren Idealisierungen davon ausgehen, dass es keiner Kraft bedarf, um diesen Zustand beizubehalten. Von dieser Idealisierung muss hier Abstand genommen werden und stattdessen berücksichtigt werden, dass eine Kraft erforderlich ist, um das Rad am Rollen zu halten und, je nach gefahrener Geschwindigkeit, auch ein signifikanter Luftwiderstand zu überwinden ist. Verlässt man die Ebene, benötigt man zusätzlich noch eine Kraft, um die Steigung zu überwinden und wechselt man von der unbeschleunigten in die beschleunigte Fahrt, so ist eine weitere Kraft erforderlich. In manchen Betrachtungen wird auch die Summe der Verluste, welche zwischen der im Antrieb erzeugten Kraft (bzw. dem im Antrieb erzeugten Drehmoment) und der am Rad ankommenden Kraft (bzw. dem am Rad ankommenden Drehmoment) entstehen, als Widerstandskraft bezeichnet.

Somit lassen sich die Kräfte, welche zum Betrieb eines Fahrzeugs benötigt werden in vier bzw. fünf Kategorien einsortieren:

a. Rollwiderstand,
b. Luftwiderstand,
c. Steigungswiderstand,
d. Beschleunigungswiderstand und
e. Verlustwiderstand.

© Springer Fachmedien Wiesbaden 2015
S. Breuer, A. Rohrbach-Kerl, *Fahrzeugdynamik*, ATZ/MTZ-Fachbuch,
DOI 10.1007/978-3-658-09475-1_3

Die Kenntnis der einzelnen Widerstände ist wichtig für den Betrieb eines Fahrzeugs, sie bestimmen zusammen mit dem Antrieb die Fahrleistungen und den Energieverbrauch. In diesem Abschnitt werden die einzelnen Widerstände analysiert und quantifizierbar gemacht. Der Verlustwiderstand wird als Wirkungsgradfaktor beim Umrechnen des Motormomentes auf das Radantriebsmoment berücksichtigt.

3.1.1 Rollwiderstand

Wie eingangs beschrieben, beschreibt der Rollwiderstand die Kraft, welche notwendig ist, um ein Rad mit gleicher Geschwindigkeit rollen zu lassen. Er ist proportional zur Normalkraft und kann daher analog zum Coulomb'schen Reibungsgesetz bestimmt werden:

$$F_R = f_R \cdot F_z.$$

In dieser Gleichung bezeichnet F_R den Rollwiderstand, f_R den dimensionslosen Rollwiderstandsbeiwert und F_z die auf das Rad wirkende Radlast. Wirkt an allen Reifen der gleiche Rollwiderstandsbeiwert (Normalfall), kann man den auf das Fahrzeug wirkende Rollwiderstand zusammenfassen und mit

$$F_R = f_R \cdot mg$$

beschreiben, da die Summe der Radlasten der Gewichtskraft entsprechen muss. Dieses gilt für eine Fahrt in der Ebene, ohne die Berücksichtigung von Auf- oder Abtriebskräften durch den Luftwiderstand, wie sie bei schneller Fahrt auftreten können.

Der Rollwiderstand setzt sich aus verschiedenen Anteilen zusammen.

Anteil des Reifens

Wie im Abschnitt *Reifen* beschrieben, federt ein Reifen im Reifenlatsch ein und ändert seinen Radius. Dazu ist eine Kraft notwendig, in Abb. 3.1 dargestellt durch den Druck im Reifenlatsch. Auf der vorderen Hälfte des Reifenlatsches wird der Radius verkleinert, in der zweiten Hälfte kann er sich wieder vergrößern. Dieses ist an der Druckverteilung im Reifenlatsch zu erkennen. Dem statischen Druck zum Tragen der Vertikallast wird die Kraft bzw. der Druck zur Deformierung des Radius überlagert, was zur Folge hat, dass der Schwerpunkt der Druckfläche um das Maß e außermittig im Reifenlatsch liegt. Bildet man nun das Momentengleichgewicht um den Radmittelpunkt erhält man:

$$F_R \cdot r_{stat} = e \cdot F_z$$

$$F_R = \frac{e}{r_{stat}} \cdot F_N = f_R \cdot F_z.$$

Auf Grund der Hysterese im Reifen wird mehr Arbeit notwendig sein, um den Reifen auf den kleineren Radius zu bringen, als anschließend beim Ausfedern auf den größeren Radius zurückgewonnen wird.

Abb. 3.1 Analyse eines auf
der Fahrbahn abrollenden Reifens

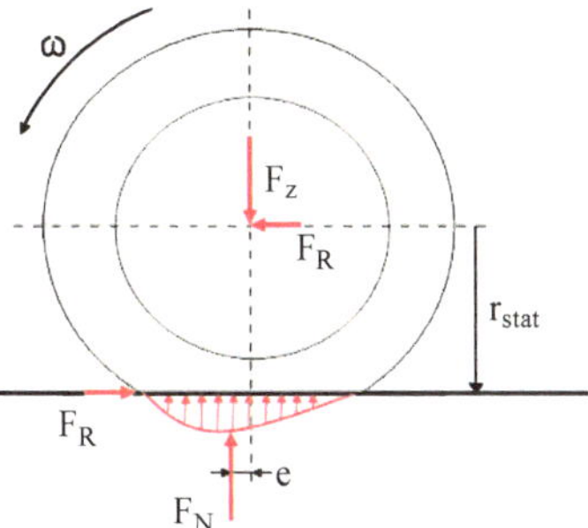

Wie ebenfalls im Abschnitt Reifen beschrieben, kommt es, je nach Antriebssituation
im Reifenlatsch, zu Relativbewegung zwischen Fahrbahn und Reifen. Dieses äußert sich
durch Teilgleiten und verursacht Reibung und damit Rollwiderstand. Ebenfalls verursacht
das drehende Rad Strömungsverluste, diese werden normalerweise dem Gesamtluftwider
stand zugeschlagen.

Anteile durch die Fahrbahn
Fahrbahnunebenheiten werden vom Reifen aufgenommen und gedämpft. Zusätzlich fe-
dert das gesamte Rad relativ zum Fahrzeugaufbau über Feder- und Dämpferelemente ein.
Da die Dämpfung im Reifen und in dem Aufbaudämpfer dissipativ ist, wird hier kinetische
Energie in Wärmeenergie umgewandelt. Dieses bedeutet Verlust an kinetischer Energie.
Die Kraft, die nötig ist, um das Rad mit konstanter Geschwindigkeit über die Fahrbahn
rollen zu lassen wird dem Rollwiderstand zugerechnet.

Rollt das Rad auf weichem Untergrund (Erde, Sand, Gras, Schnee) ab, so erzeugt es
plastische Deformationen im Untergrund. Auch hierzu wird Kraft benötigt, welche dem
Rollwiderstand zugeordnet wird. Ist der Untergrund so locker, dass der Reifen eine Wulst
vor sich her schiebt, zum Beispiel auf losem Schnee, spricht man von einem *Bulldozing-
widerstand*, sinkt der Reifen ein, so dass die Flanken des Reifens im Untergrund reiben,
spricht man von *Spurrillenreibung*. Diese Anteile des Rollwiderstandes werden meistens
nur bei Fahrten im Gelände signifikant und können den Rollwiderstand um ganze Zehner-
potenzen anheben.

Rollt ein Reifen auf einer nassen Fahrbahn ab, so muss der Reifen den Wasserfilm
verdrängen, auch hierzu ist Kraft erforderlich, welche dem Rollwiderstand zugeschlagen
wird. Wie viel Energie dieser Verdrängungsprozess benötigt, wird bei der Betrachtung eines auf regennasser Fahrbahn fahrenden Fahrzeuges deutlich, welches Wassertropfen in
großer Menge weit hoch schleudert. Die Potentielle Energie (Lageenergie) wird den Was-
serpartikeln über den Reifen zugeführt. Schafft der Reifen es nicht, den ganzen Wasserfilm
zu verdrängen, schwimmt der Reifen auf dem Wasser und kann über das vorhandene
Zwischenmedium fast keine Längs- und Querkräfte übertragen, man spricht dann von
Aquaplaning.

Anteile durch Schräglauf

Durch die Vorspureinstellung der Räder werden definierte Querkräfte erzeugt, welche sich positiv auf den Geradeauslauf und das Fahrverhalten des Fahrzeugs auswirken. Diese Querkräfte generieren auch Längskräfte, welche ebenfalls dem Rollwiderstand zugerechnet werden. Gleiches gilt für die Kurvenfahrt, auch hier erzeugen in Querrichtung wirkende Kräfte Widerstand in die Längsrichtung.

Lagerreibung, Restbremsmoment

Das Restbremsmoment, welches nach der Betätigung der Bremse auftritt, da die Bremsbeläge nicht aktiv wieder zurückgestellt werden, ist ebenfalls wie die Reibung in den Radlagern ein Anteil am Fahrwiderstand, welcher dem Rollwiderstand zugerechnet wird.

Größe des Rollwiderstandbeiwertes

Der Rollwiderstandsbeiwert kann erheblich differieren. Im Gelände, mit tief in den Untergrund einsinkenden Reifen, kann dieser Werte von 2 annehmen, als Gegenbeispiel sind Stahlräder auf der Schiene zu nennen, hierbei sind Werte von 0,002 erreichbar. Der übliche Wert für Reifen auf einer guten Straße liegt bei 0,01. Dieser Wert schnellt bei Fahrten über eine Wiese oder im Sand auf Werte von 0,2 bis 0,3 hoch, auch Verunreinigungen auf der Straße haben hier einen signifikanten Einfluss.

Abbildung 3.2 zeigt die Entwicklung des Rollwiderstandsbeiwertes in den letzten Jahrzehnten. Der hohe Wert von 0,03 gilt für Vollgummireifen der damaligen Zeit. Früh

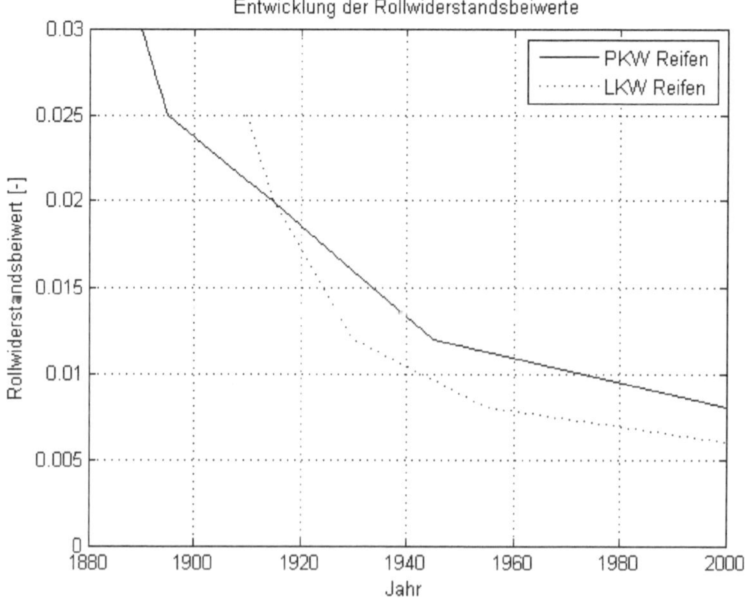

Abb. 3.2 Entwicklung des Rollwiderstandsbeiwertes nach [1], für PKW- und LKW-Reifen

führte man Luftreifen ein, die dann immer weiter entwickelt wurden (Diagonal- dann Radialreifen). In den letzten Jahren wurden andere Füllstoffe als Ruß verwendet, was eine weitere positive Entwicklung brachte. Im Diagramm ist zu erkennen, dass Nutzfahrzeugreifen heutzutage weniger Rollwiderstand haben als PKW-Reifen. Dieses ist der Tatsache geschuldet, das Nutzfahrzeugreifen fast ausschließlich auf ökonomische Restriktionen designt werden können, während PKW-Reifen deutlich höheren Ansprüchen genügen müssen was Fahrkomfort, Traktion (nasse/trockene Fahrbahn) und Abrollgeräusch angeht.

3.1.2 Luftwiderstand

3.1.2.1 Arten des Luftwiderstandes

Der Luftwiderstand gliedert sich beim Fahrzeug in vier verschiedene Widerstände, welche unterschiedliche Ursachen haben: Druckwiderstand, Reibungswiderstand, innerer Widerstand und induzierter Widerstand. Es ist wichtig, die Wirkungen der unterschiedlichen Widerstände zu kennen, auch wenn diese später, bei der messtechnischen Erfassung, nicht mehr getrennt auftauchen.

Der Druckwiderstand wird vom fahrenden Fahrzeug zum einen dadurch verursacht, dass es die Luft verdrängen muss, zum anderen dadurch, dass am Heck des Fahrzeugs die Luft wieder in den Raum hinter das Fahrzeugs geleitet werden muss. Dazu werden die Luftpartikel bewegt, also beschleunigt. Da die Luft massebehaftet ist, ist dazu eine Kraft notwendig. Diese wird auf die Fläche des Fahrzeugs bezogen, daher spricht man von Druck (Front) bzw. Unterdruck (Heck). Der Reibungswiderstand wird von der um die Fahrzeugoberfläche herum fließenden Luft verursacht. Ähnlich wie in der Coulomb'schen Reibungstheorie erzeugt diese eine Reibungskraft und bildet damit einen Teil der Luftwiderstandskraft.

Der Zusammenhang zwischen Druck- und Reibungswiderstand wird in dem Elementarversuch in Abb. 3.3 verdeutlicht. Dargestellt über dem Längen/Dicken-Verhältnis der untersuchten Körper ist der Luftwiderstandsbeiwert, ein Faktor, welcher proportional zur Luftwiderstandskraft ist. Das Längen/Dickenverhältnis wird aus dem Quotient a/d gebildet, wobei a die Länge des Körpers und d die Höhe, bzw. Breite des Körpers ist. Je größer der Quotient a/d ist, desto länger ist der Körper. Mit den Ziffern 1 und 2 werden jeweils ein Körper mit quadratischem bzw. rundem Querschnitt untersucht, in Längsrichtung sind die Kanten nicht verrundet. Beide Körper zeigen einen sehr hohen Formbeiwert, welcher für sehr kurze Körper ein Maximum einnimmt. Da das Längen/Dicken-Verhältnis hier deutlich kleiner als 1 ist, nehmen diese Körper die Form einer Scheibe an. Auf der Vorderseite wird Druck aufgebaut, um die Luft um den Körper umzulenken. Ist dieses geschehen, ist der Körper aber schon zu Ende und die Luft muss wieder umgelenkt werden, um hinter den Körper zu strömen. Dieses verursacht Unterdruck auf der Rückseite des Körpers. Der hohe Formbeiwert bei kleinem Längen/Dicken-Verhältnis wird nahezu ausschließlich vom Druckwiderstand verursacht. Werden die Körper länger, sinkt der

Abb. 3.3 Elementarversuch an einfachen Körpern zur Veranschaulichung des Druck- und Reibungswiderstandes [2, 3]

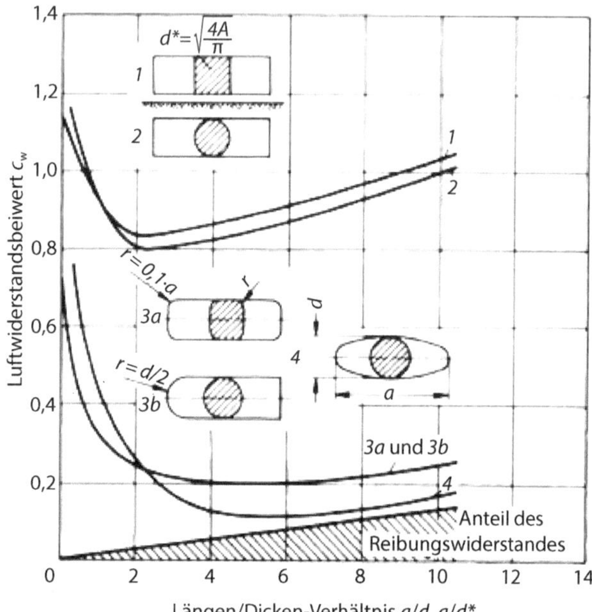

Druckwiderstand, da zwischen der Umlenkung der Luft an der Front und am Heck eine Zone liegt, in welcher sich die Luft beruhigen kann und so leichter am Heck umgelenkt werden kann. Der Druckwiderstand sinkt. Mit steigender Länge der Körper steigt aber der Reibungswiderstand, so dass der Formbeiwert wieder ansteigt. Weitere Versuche mit verrundeten Körpern zeigen das gleiche Verhalten auf einem deutlich niedrigerem Niveau, da die Grundform der Körper mit abgerundeten Ecken den Druckwiderstand signifikant senkt.

Für ein Fahrzeug lässt sich daraus ableiten, dass nicht nur die Front aerodynamisch gestaltet sein sollte sondern auch das Heck, um den Unterdruck hinter dem Fahrzeug gering zu halten. Außerdem sollte es nicht länger als nötig sein, um den Reibungswiderstand zu minimieren.

Eine weitere Art des Luftwiderstands ist der Innere Widerstand. Dieser berücksichtigt die Kraft zur Umleitung der Luft, welche zu Funktionszwecken in das Fahrzeuginnere geleitet wird. Dieses geschieht, um diverse Wärmetauscher mit Kühlung zu beaufschlagen, wie zum Beispiel Motorkühler, aber auch ggf. Ladeluftkühler oder den Kühler der Klimaanlage. Ebenfalls brauchen die Bremsen einen Luftstrom zur Abgabe von Wärme durch Zwangskonvektion und auch in der Fahrgastzelle wird Luft zur Klimatisierung benötigt. Diese Luftmengen werden durch definierte Öffnungen dem Fahrtwind entnommen und an die Stellen geleitet, wo sie benötigt werden. Dieses Umlenken der Luft ist mit Kraft verbunden, welche man dem Luftwiderstand zuordnet.

Eine weitere Art des Luftwiderstandes wird durch die seitlich am Fahrzeug von unten nach oben strömende Luft verursacht. Die Luft, welche über das Fahrzeug strömt, legt

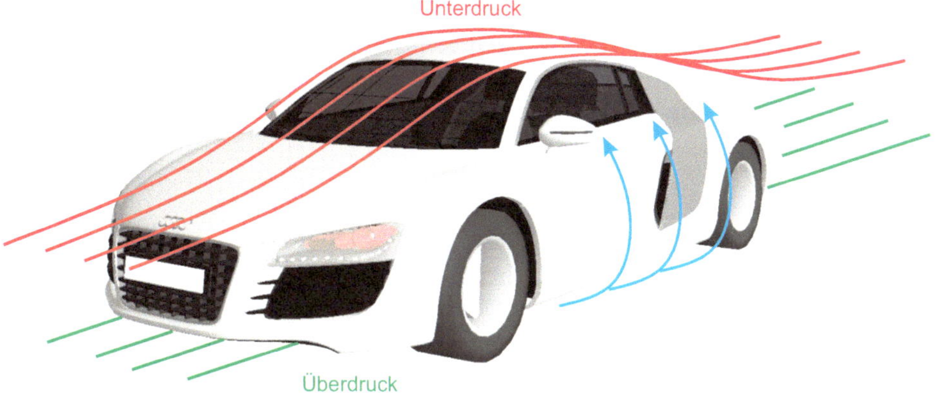

Abb. 3.4 Entstehung des Induzierten Luftwiderstands durch Druckausgleich am Fahrzeug

einen weiteren Weg zurück als die Luft die unter dem Fahrzeug durchströmt, daher hat die Luft über dem Fahrzeug eine höhere Geschwindigkeit und einen geringeren Druck. Die Luft möchte also von unten nach oben strömen, auch dafür wird Kraft benötigt, welche man dem Luftwiderstand zurechnet. Diesen Widerstand nennt man Induzierten Widerstand, siehe Abb. 3.4.

Alle Arten des Luftwiderstandes finden sich wieder in Abb. 3.5. Der Druckwiderstand durch die anströmende Luft, bzw. durch die hinter das Fahrzeug zurückströmende Luft, der Reibungswiderstand durch die am Fahrzeug vorbeistreichende Luft, der Innere Widerstand durch die ins Fahrzeuginnere eingeleitete Luft und der Induzierte Widerstand, welcher sich, wie beim Flugzeug, durch sogenannte Wirbelschleppen hinter dem Fahrzeug bemerkbar machen. Zusätzlich dargestellt sind die schon im Abschnitt Rollwiderstand erwähnten Strömungsverluste durch die rotierenden Räder.

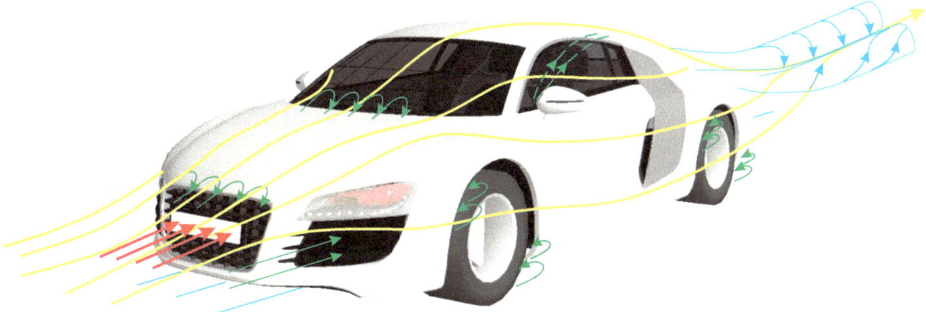

Abb. 3.5 Schematische Darstellung der Arten des Luftwiderstandes (*rot* = Druckwiderstand, *gelb* = Reibungswiderstand, *grün* = Innerer Widerstand, *blau* = Induzierter Widerstand)

3.1.2.2 Bestimmung des Luftwiderstandes

Berechnet wird der Luftwiderstand in Anlehnung an die Strömungslehre, in dem man den Staudruck eines Körpers mit seiner Fläche multipliziert. Zur Berücksichtigung der Form des Fahrzeugs wird ein Formbeiwert eingeführt. Somit erhält man für den Luftwiderstand in x-Richtung die Gleichung:

$$F_{\mathrm{L}} = \frac{1}{2} \varrho_{\mathrm{L}} \cdot c_{\mathrm{w}} \cdot A \cdot v_{\mathrm{R}}^2.$$

Hierin bedeuten F_{L} den Luftwiderstand in x-Richtung, ρ_{L} die Dichte des umströmenden Mediums, beim Fahrzeug also die der Luft. Die Dichte der Luft ändert sich mit dem Luftdruck und der Temperatur. Sofern nicht anders angegeben, wird der Dichte der Luft ein Wert von $1{,}25\,\mathrm{kg/m^3}$ zugeordnet. c_{w} stellt den Formbeiwert dar, A die Stirnfläche und v_{R} ist die relative Anströmgeschwindigkeit der Luft zum Fahrzeug.

Die Stirnfläche eines Fahrzeugs wird wie in Abb. 3.6 dargestellt bestimmt. Ein Fahrzeug wird von vorne mit parallelem Licht angestrahlt und der hinter dem Fahrzeug projektierte Schatten bestimmt die Stirnfläche. Somit bleibt als freier Parameter, welcher in Tests im Windkanal gemessen werden muss, der aerodynamische Formbeiwert c_{w}. Dieser wird von Herstellern gerne zu Werbezwecken angegeben, doch sollte man berücksichtigen, dass nicht der c_{w}-Wert alleine die Luftwiderstandskraft bestimmt, sondern das Produkt aus $c_{\mathrm{w}} \cdot A$.

Ein weiterer aerodynamischer Effekt ist der sogenannte Auftrieb, wie auch schon beim Induzierten Luftwiderstand angesprochen. In der Formel 1 sieht man die Fahrzeuge mit großen Spoilern ausgestattet, welche den Luftwiderstandsbeiwert in x-Richtung deutlich erhöhen, dafür aber nicht nur den Auftrieb reduzieren, sondern bei hohen Geschwindig-

Abb. 3.6 Bestimmung der Stirnfläche bzw. Querspantfläche eines Fahrzeugs

keiten definiert Abtrieb verursachen, um höhere Radlasten zu erzeugen und damit mehr Potential zur Übertragung von Längs- und Querkräften zu haben. Auf- bzw.- Abtrieb sind Luftkräfte in z-Richtung.

Auf ein Fahrzeug, welches nicht nur von Luft genau aus der x-Richtung angeblasen wird, sondern auch eine Seitenwindkomponente hat, wirkt eine Kraft in y-Richtung. In diesem Fall muss man die Anströmgeschwindigkeiten vektoriell addieren und das Fahrzeug wird dann unter dem Anströmwinkel β angeströmt. Die Luftkraft wirkt jetzt in x- und y-Richtung.

Zusammenfassend lässt sich feststellen, dass die Luft beim Umströmen des Fahrzeugs eine Kraft erzeugt, die Komponenten in alle drei Koordinatenrichtungen besitzen kann. Diese Kraft wird nicht genau im Schwerpunkt des Fahrzeugs angreifen, woraus resultiert, dass die Luftkraft auch Momente am Fahrzeug hervorruft. In der Summe verursacht die umströmende Luft drei Kräfte – jeweils in jede der Koordinatenrichtungen – und drei Momente – jeweils um die Koordinatenachsen. In der Nomenklatur werden daher weitere Beiwerte berücksichtigt, zum einen den Auftriebsbeiwert c_A und den Seitenkraftbeiwert c_Y. Für die Momente den Wank- oder Rollmomentenbeiwert c_L für das Moment um die x-Achse, des Weiteren den Nickmomentenbeiwert c_M für das Moment um die y-Achse sowie den Giermomentenbeiwert c_N für das Moment um die z-Achse, siehe Abb. 3.8. Um in einem frühen Stadium der Entwicklung diese Größen ermitteln zu können, liegt dem Fahrzeug ein aerodynamisches Koordinatensystem zugrunde, welches man mittig zwischen die Achsen auf die Fahrbahnoberfläche legt. In der frühen Entwicklungsphase eines Fahrzeugs, wenn das Design und damit die aerodynamischen Beiwerte festgelegt werden, ist der Schwerpunkt des Fahrzeugs meistens noch nicht bekannt. Damit werden die aerodynamischen Beiwerte bzgl. dieses Koordinatensystems bestimmt, siehe Abb. 3.7.

Berechnet werden die Kräfte analog zu der Luftwiderstandskraft in x-Richtung. In der Aerodynamik wird der Luftwiderstandsbeiwert in x-Richtung üblicherweise mit c_x bezeichnet, es gilt gleichermaßen die allgemein gebräuchliche Bezeichnung c_w.

$$F_{Ly} = \frac{1}{2}\varrho_L \cdot c_Y \cdot A \cdot v_R^2; \quad F_{Lz} = \frac{1}{2}\varrho_L \cdot c_A \cdot A \cdot v_R^2.$$

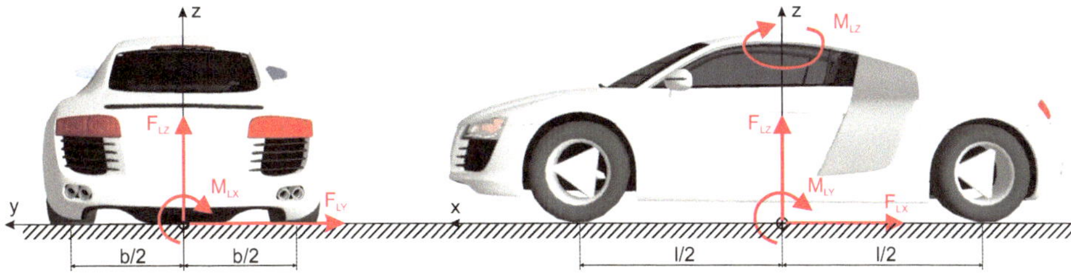

Abb. 3.7 Aerodynamisches Koordinatensystem, mittig zwischen den Achsen, in Höhe der Fahrbahnoberfläche

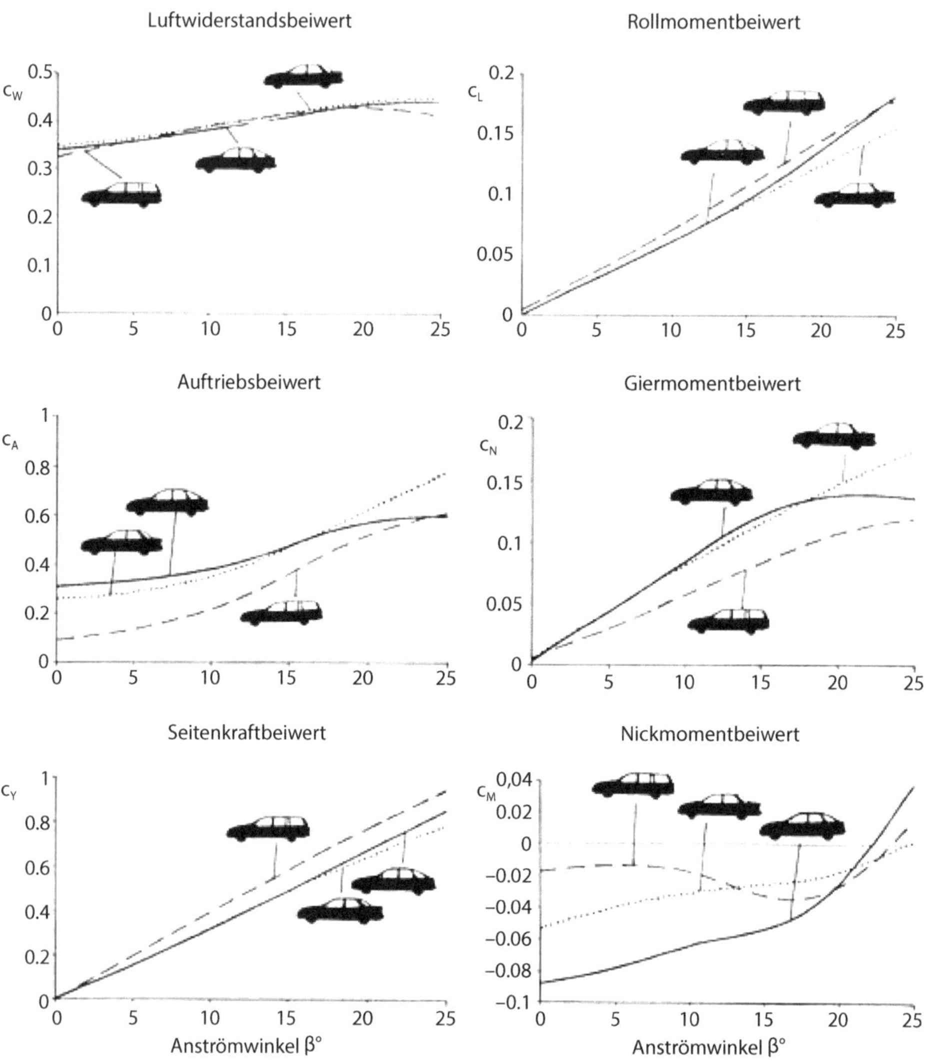

Abb. 3.8 Luftkraftbeiwerte für unterschiedliche Fahrzeugkonzepte in Abhängigkeit des Anström-winkels β [3]

Als Fläche wird in allen Fällen die wie in Abb. 3.6 bestimmte Stirnfläche eingesetzt. Zur Berechnung der Momente muss die Bestimmungsgleichung um eine Längenangabe erweitert werden, um als Ergebnis ein Moment zu erhalten. Hierfür wird der Radstand gewählt. Somit lauten die Gleichungen zur Berechnung der Luftkraftmomente:

$$M_{Lx} = \frac{1}{2}\varrho_L \cdot c_L \cdot A \cdot l \cdot v_R^2; \quad M_{Ly} = \frac{1}{2}\varrho_L \cdot c_M \cdot A \cdot l \cdot v_R^2; \quad M_{Lz} = \frac{1}{2}\varrho_L \cdot c_N \cdot A \cdot l \cdot v_R^2.$$

Für die Fahrdynamik sind besonders die Auftriebskräfte interessant, welche auf die Achsen wirken (F_{Lzv} ist die Auftriebskraft an der Vorderachse, F_{Lzh} an der Hinterachse). Diese setzen sich aus der Auftriebskraft und dem Nickmoment um die y-Achse zusammen.

$$F_{\mathrm{Lzv}} = \frac{1}{2}\varrho_{\mathrm{L}} \cdot \left(\frac{c_{\mathrm{A}}}{2} + c_{\mathrm{M}}\right) \cdot A \cdot v_{\mathrm{R}}^2; \quad F_{\mathrm{Lzh}} = \frac{1}{2}\varrho_{\mathrm{L}} \cdot \left(\frac{c_{\mathrm{A}}}{2} - c_{\mathrm{M}}\right) \cdot A \cdot v_{\mathrm{R}}^2.$$

3.1.3 Der Steigungswiderstand

Der Steigungswiderstand ist von der Gewichtskraft des Fahrzeugs und der Topologie abhängig. In Steigungen tritt er als Widerstandskraft auf, im Gefälle als Hangabtriebskraft. Für die Bestimmung des Steigungswiderstandes wird daher die Vorgabe festgelegt, dass eine Steigung durch einen positiven Winkel, ein Gefälle durch einen negativen Winkel beschrieben wird. Die Größe des Steigungswiderstandes kann man aus Abb. 2.23 ablesen. Die Summe der Kräfte in x-Richtung liefert den Steigungswiderstand:

$$F_{\mathrm{St}} = mg \cdot \sin(\alpha).$$

Steigungen werden in Prozent [%] angegeben. Dieses hat den Hintergrund, dass man mit der Prozent-Angabe den Steigungswiderstand (näherungsweise) direkt bestimmen kann. Aus der Grad-($°$) Angabe kann man den Steigungswiderstand zwar genauer ausrechnen, hierzu ist aber eine Sinustabelle bzw. einen Taschenrechner erforderlich.

Die Prozentangabe gibt den Quotienten aus der vertikalen Projektion der Fahrbahn im Verhältnis zur horizontalen Projektion an. Aus der Trigonometrie ist bekannt, dass dieser Quotient genau dem Tangens des Steigungswinkels α entspricht. Mit guter Näherung gilt für kleine Winkel, dass der Tangens ungefähr dem Sinus entspricht, siehe Abb. 3.9. Somit lässt sich in oben genannter Gleichung der sin (α) durch die Prozentangabe geteilt durch 100 ersetzen:

$$F_{\mathrm{St}} \approx mg \cdot \frac{p[\%]}{100}.$$

Die dabei geltende Einschränkung – für kleine Winkel – dürfte im Allgemeinen auf mitteleuropäischen Straßen erfüllt sein. Ein Gesetzeswerk, die Richtlinie zur Anlage von Straßen, beschränkt zum Beispiel die Steigung auf Autobahnen auf 4 %. Ist dieses nicht einzuhalten, muss die Geschwindigkeit beschränkt werden, damit der Geschwindigkeitsunterschied zwischen den unterschiedlichen Fahrzeugen, insbesondere zu den LKW, nicht zu groß wird. Auch Kreis- und Anliegerstraßen sind im Allgemeinen auf 10 % beschränkt. In den Alpen findet man Passstraßen mit 30 % Steigung. Zur Berechnung bei dieser Art von extremer Steigung ist die exakte Vorgehensweise zu wählen.

Da bei Berechnungen üblicherweise ein wissenschaftlicher Taschenrechner mit Sinus-Funktion zur Verfügung steht, wird zur Bestimmung des Steigungswiderstandes üblicherweise die Sinus-Funktion gewählt.

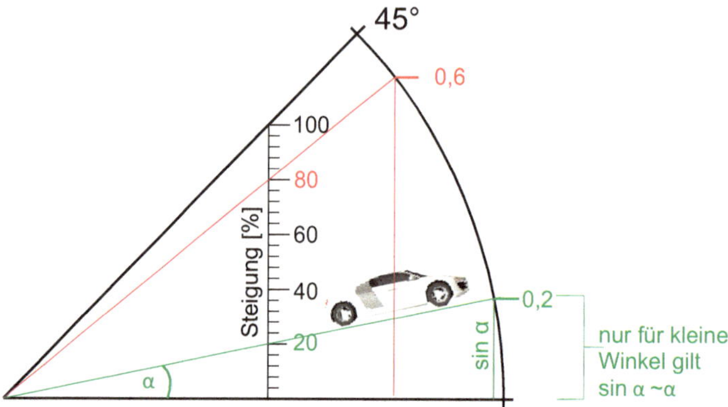

Abb. 3.9 Zusammenhang zwischen Prozentangabe und dem Sinuswert einer Steigung

3.1.4 Beschleunigungswiderstand

Auf den ersten Blick lässt sich der Beschleunigungswiderstand analog zum Steigungswiderstand aus Abb. 2.25 bestimmen. Die zur Beschleunigung nötige Kraft erhält man, indem man die Summe aller Kräfte in x-Richtung bildet:

$$F_B = m \cdot \ddot{x}.$$

Eine Beschleunigung wird durch ein positives $\ddot{x}$ dargestellt, ein Bremsen oder Verzögern durch ein negatives, die daraus resultierende Kraft wird dann Bremskraft genannt.

Beim Umgang mit der Kinetik (Lehre der Kräfte und den damit im Zusammenhang stehenden Beschleunigungen) ist es sinnvoll, das Fahrzeug nicht mehr als ein Ein-Massen-Modell zu betrachten, sondern zu berücksichtigen, dass sich viele Teile im Fahrzeug drehen und beim Beschleunigen ihre Winkelgeschwindigkeit ändern müssen. Das heißt, diese rotierenden Teile erfahren eine Winkelbeschleunigung. Dazu ist eine zusätzliche Kraft bzw. ein Moment notwendig.

Als elementares Beispiel aus der Mechanik wird die Beschleunigung eines Rades analysiert, welches durch ein Moment angetrieben wird, siehe Abb. 3.10. Das Rad ist massebehaftet, daher wirkt in vertikale Richtung die Gewichtskraft (mg). Das Rad wird durch ein Moment (M), welches gegen den Uhrzeigersinn wirkt, angetrieben. Aufgrund der Annahme, dass sich das Rad in diese Richtung drehen wird und dabei nach links beschleunigt wird, zeigt die x-Achse ebenfalls nach links. Wäre die x-Achse nach rechts angetragen worden, erhielte man später eine negative Beschleunigung, was bedeutet, dass das Rad tatsächlich in die Gegenrichtung beschleunigt werden würde. Im Kontaktpunkt des Reifens mit dem Boden wirken die Normalkraft und eine Haftkraft, da der Reifen sonst auf dem Untergrund durchdrehen würde. Das Rad setzt sich durch die Beschleunigung in Bewegung und rollt dabei ohne Schlupf auf der Fahrbahn ab.

Abb. 3.10 Analyse der Beschleunigung eines Rades unter Berücksichtigung der Rotation

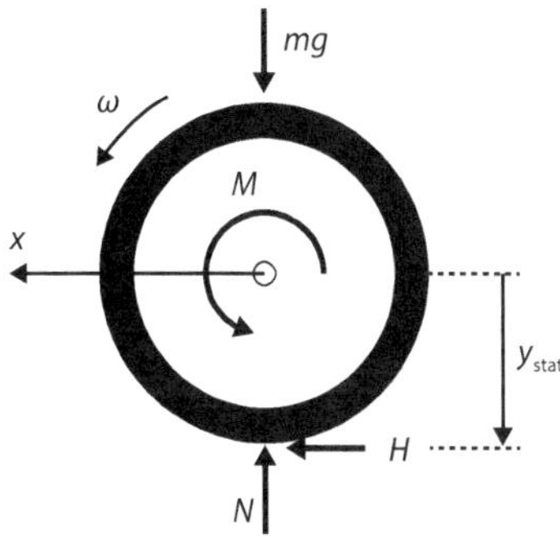

Wendet man auf das in Abb. 3.10 dargestellte System den Schwerpunktsatz in x-Richtung an, so erhält man:

$$m \cdot \ddot{x} = H.$$

In x-Richtung wirkt nur die Haftkraft H, diese verursacht die Beschleunigung des Rades. Soll die Größe der Haftkraft H bestimmt werden, muss der Momentensatz um den Schwerpunkt des Rades angewendet werden:

$$\Theta_{\mathrm{S}} \cdot \dot{\omega} = M - H \cdot r_{\mathrm{stat}}.$$

Hier bedeutet Θ_S das Massenträgheitsmoment des Rades um seinen Schwer- bzw. Mittelpunkt und $\dot{\omega}$ die Winkelbeschleunigung. Auf der rechten Seite steht M positiv, da es in die gleiche Richtung wirkt, wie $\dot{\omega}$ positiv gezählt wird, $H \cdot r_{\mathrm{stat}}$ ist negativ, da es in die entgegengesetzte Richtung wirkt. Es ergibt sich H zu:

$$H = \frac{M}{r_{\mathrm{stat}}} - \frac{\Theta_{\mathrm{S}} \cdot \dot{\omega}}{r_{\mathrm{stat}}}.$$

Berücksichtigt man, dass das Rad auf der Fahrbahn rollt, dann gilt folgender Zusammenhang:

$$\ddot{x} = \dot{\omega} \cdot r_{\mathrm{dyn}}.$$

Und man erhält für die gesuchte Haftkraft H:

$$H = \frac{M}{r_{\mathrm{stat}}} - \frac{\Theta_{\mathrm{S}}}{r_{\mathrm{stat}} \cdot r_{\mathrm{dyn}}} \ddot{x}.$$

Mit Hilfe der bestimmten Haftkraft lässt sich jetzt aus dem Schwerpunktsatz die Beschleunigung bestimmen:

$$m \cdot \ddot{x} = \frac{M}{r_{\mathrm{stat}}} - \frac{\Theta_{\mathrm{S}}}{r_{\mathrm{stat}} \cdot r_{\mathrm{dyn}}} \ddot{x}.$$

$$\left[m + \frac{Q_{\mathrm{s}}}{r_{\mathrm{stat}} \cdot r_{\mathrm{dyn}}} \right] \cdot \ddot{x} = \frac{M}{r_{\mathrm{stat}}}$$

Anhand dieser Gleichung wird deutlich, dass auf der rechten Seite zwar die aus dem Antriebsmoment stammende Antriebskraft steht, auf der linken Seite, in der Klammer vor der Beschleunigung, aber nicht nur die Masse, sondern zusätzlich noch ein zweiter Term steht, welcher ebenfalls die Dimension einer Masse hat, immer positiv ist, und damit den Wert der zu beschleunigenden Masse vergrößert. Diesen Quotienten nennt man *Rotierende Masse*. Er berücksichtigt die Kraft, welche notwendig ist, um den betrachteten Körper rotatorisch zu beschleunigen. Die Beschleunigung ergibt sich dann zu:

$$\ddot{x} = \frac{\dfrac{M}{r_{\text{stat}}}}{m + \dfrac{\Theta_S}{r_{\text{stat}} \cdot r_{\text{dyn}}}}.$$

Da in einem Fahrzeug sehr viele Körper mit unterschiedlichen Drehzahlen beschleunigt werden, macht es Sinn, den kausalen Zusammenhang zwischen den Beschleunigungen und den dazu benötigten Momenten zu analysieren. Dazu werden zunächst zwei Zahnräder betrachtet, siehe Abb. 3.11, von denen eins durch ein Antriebsmoment beschleunigt wird. Das zweite Zahnrad wird mitbeschleunigt und es erfolgt die Betrachtung der Auswirkung der Trägheit des zweiten Zahnrads auf die Beschleunigung des ersten Zahnrades.

Im Berührpunkt der beiden Zahnräder muss die Geschwindigkeit gleich sein und die auf die Zähne wirkende Kraft gleich groß, aber entgegengesetzt sein (Schnittprinzip). Somit lässt sich für jedes der beiden Zahnräder der Momentensatz um den Drehpunkt aufstellen:

$$\Theta_1 \cdot \dot{\omega}_1 = M - F \cdot r_1$$

$$\Theta_2 \cdot \dot{\omega}_2 = F \cdot r_2.$$

Θ_1 und Θ_2 beschreiben die Massenträgheitsmomente des Zahnrads 1 (links) und 2 (rechts). Da die Geschwindigkeiten gleich sind, hat das Zahnrad 2 einen gegenläufigen

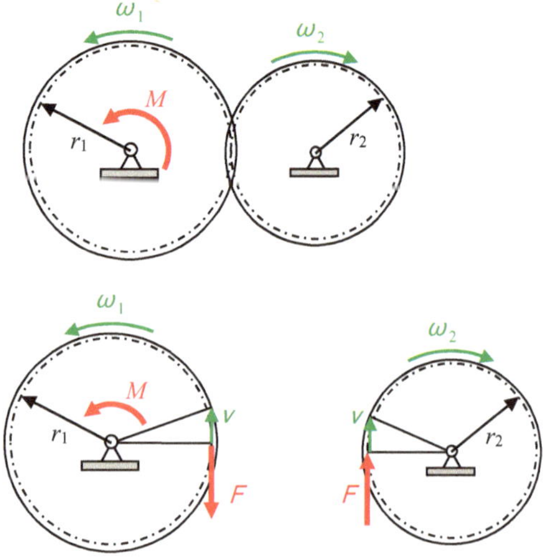

Abb. 3.11 Kinematik und Kinetik an Zahnrädern

Drehsinn, die Winkelgeschwindigkeiten bestimmen sich durch:

$$\omega_2 \cdot r_2 = v = \omega_1 \cdot r_1$$

zu

$$\omega_2 = \frac{r_1}{r_2}\omega_1.$$

Da sich die Radien mit der Zeit nicht ändern, gilt diese Beziehung auch für die Winkelbeschleunigungen und man kann aus dem Momentensatz für Zahnrad 2 die Kontaktkraft F in Abhängigkeit der Winkelbeschleunigung bestimmen und diese in den Momentensatz für Zahnrad 1 einsetzen:

$$\Theta_1 \cdot \dot{\omega}_1 = M - \frac{\Theta_2}{r_2} \cdot r_1 \cdot \frac{r_1}{r_2}\dot{\omega}_1.$$

Man erhält

$$\left[\Theta_1 + \Theta_2 \cdot \left(\frac{r_1}{r_2}\right)^2\right] \cdot \dot{\omega}_1 = M.$$

An dieser Gleichung kann man die Auswirkung des mitbeschleunigten Zahnrads 2 auf die Winkelbeschleunigung des Zahnrads 1 ablesen: Das Massenträgheitsmoment wird mit dem Quadrat des Übersetzungsverhältnisses, welches im Folgenden i genannt wird, multipliziert und zum Massenträgheitsmoment des Zahnrads 1 addiert. Damit reduziert man die unterschiedlichen Drehzahlen rotierenden Körper auf eine Drehzahl. Beim Fahrzeug wird dieses die Raddrehzahl sein. Die Summe aus den mit dem Quadrat des Übersetzungsverhältnisses multiplizierten Trägheitsmomenten nennt man *Reduziertes Trägheitsmoment*. Mit dieser Vorgehensweise lässt sich der ganze Antriebsstrang eines Fahrzeugs auf die Raddrehzahl reduzieren und so die rotatorische Beschleunigung des Antriebsstrangs mit berücksichtigen. In den unterschiedlichen Gängen ändert sich das Übersetzungsverhältnis, somit erhält man für jeden Gang ein anderes *Reduziertes Trägheitsmoment*.

In Abb. 3.12 ist der Antriebsstrang eines Standardantriebs mit seinen Drehkörpern dargestellt. Soll das auf die Raddrehzahl ω_R reduzierte Trägheitsmoment bestimmt werden, muss berücksichtigt werden, dass Motor und Getriebe (eingangsseitig) mit einer anderen Drehzahl drehen als die Kardanwelle und diese wiederum mit einer anderen Drehzahl als die Räder. Die Übersetzung im Achsgetriebe ist i_A, die im Getriebe ist i_G. Dabei ist zu beachten, für welchen Gang das *Reduzierte Trägheitsmoment* berechnet werden soll. Beim Standardantrieb in der oben genannten Konfiguration, mit eingangsseitig bestimmten Trägheitsmomenten des Getriebes Θ_G und Achsgetriebes Θ_A, ergibt sich folgendes *Reduziertes Trägheitsmoment:*

$$\Theta_{Red} = 2 \cdot \Theta_{Rv} + 2 \cdot \Theta_{Rh} + \Theta_A \cdot i_A^2 + (\Theta_M + \Theta_G) \cdot (i_G \cdot i_A)^2.$$

Abschließend soll die Beschleunigung eines Fahrzeugs unter Berücksichtigung der Winkelbeschleunigung der Drehkörper bestimmt werden, um daraus eine Gleichung zur

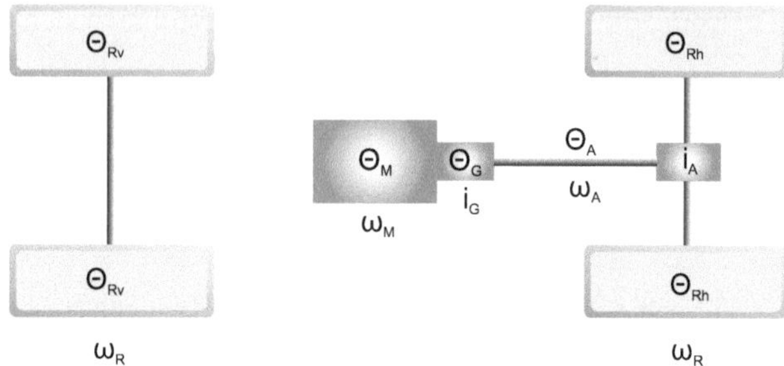

Abb. 3.12 Antriebsstrang und Drehkörper eines Standardantriebs

Bestimmung des Beschleunigungswiderstandes inklusive in Bezugnahme der Drehmassen zu erzeugen. Abweichend zum in Abb. 3.12 dargestellten Modell, sollen nun die Drehmassen der Vorderachse Θ_V getrennt von denen der Hinterachse betrachtet werden. Die Wirkung des Antriebsstrangs wird im *Reduzierten Trägheitsmoment* der Hinterachse Θ_Hred berücksichtigt. m_A ist die Masse des Aufbaus einschließlich der nicht drehenden Teile der Achsen, m_V die Masse der rotierenden Komponenten der Vorderachse und m_H die Masse der rotierenden Teile der Hinterachse. Zusammen bilden diese Massen das Gesamtgewicht des Fahrzeugs.

Wie in Abb. 3.13 ersichtlich, wird das Fahrzeug in drei Teilsysteme zerschnitten, welche über die Kräfte an der Vorderachse, bzw. Kräfte und Moment an der Hinterachse aufeinander wirken. Für jedes dieser Teilsysteme stehen die Schwerpunktsätze in x- und z-Richtung sowie der Momentensatz zur Verfügung. Die Schwerpunktsätze in z-Richtung werden hier nicht benötigt, da für die weitere Betrachtung nur die Bewegung in x-Richtung von Interesse ist. Der Momentensatz am Fahrzeugaufbau wird ebenfalls nicht angewendet, dieser wäre für die Bestimmung der Achslasten erforderlich, diese sind aber für das weitere Vorgehen nicht von Interesse. Alle Körper haben die gleiche Beschleunigung $\ddot{x}$ und die Räder rollen schlupffrei auf dem Untergrund ab. Vereinfachend wird keine Unterscheidung zwischen dem statischen und dynamischen Radhalbmesser vorgenommen sondern der Radius des Rades mit r bezeichnet.

Das Aufstellen des Schwerpunktsatzes in x-Richtung und des Momentensatzes um den Schwerpunkt der Vorderachse liefert:

$$m_\mathrm{V} \cdot \ddot{x} = F_{\mathrm{xv}}^\mathrm{A} - F_{\mathrm{xv}}$$
$$\Theta_\mathrm{V} \cdot \dot{\omega} = F_{\mathrm{xv}} \cdot r.$$

Durch Umstellen des Momentensatzes nach $F_{\mathrm{xv}}^\mathrm{A}$, Einsetzen in den Schwerpunktsatz und anschließendes Umformen erhält man die Kraft in Abhängigkeit der Beschleunigung in x-Richtung, welche vom Rad auf den Fahrzeugaufbau wirkt:

$$F_{\mathrm{xv}}^\mathrm{A} = m_\mathrm{V} \cdot \ddot{x} + \frac{\Theta_\mathrm{V}}{r^2} \cdot \ddot{x} = \left(m_\mathrm{V} + \frac{\Theta_\mathrm{V}}{r^2} \right) \cdot \ddot{x}.$$

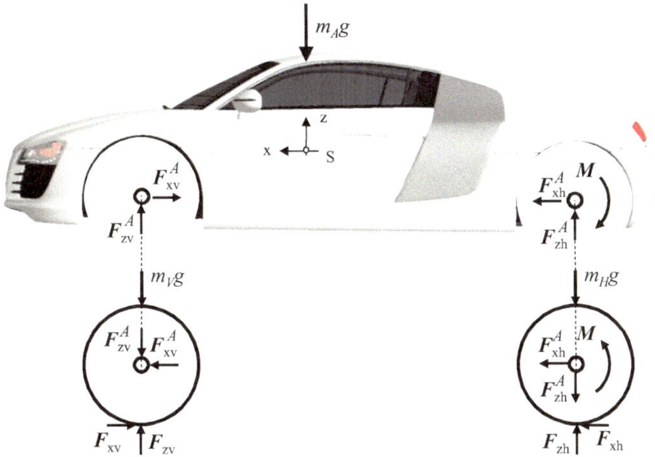

Abb. 3.13 Fahrzeugmodell zur Bestimmung der Beschleunigung einschließlich der Drehkörper

Auch hier wird die Winkelbeschleunigung durch die translatorische Beschleunigung ersetzt, was bei einem rollenden Rad möglich ist.

Das gleiche Vorgehen erfolgt auch für die Hinterachse, welche durch das *Reduzierte Trägheitsmoment* auch die Trägheit des Antriebsstrangs berücksichtigt. Zusätzlich muss hier das Antriebsmoment noch berücksichtigt werden.

$$m_{\mathrm{H}} \cdot \ddot{x} = F_{\mathrm{xh}} - F_{\mathrm{xh}}^{\mathrm{A}}$$
$$\Theta_{\mathrm{Hred}} \cdot \dot{\omega} = F_{\mathrm{xh}} \cdot r - M.$$

Durch Umstellen des Momentensatzes nach $F_{\mathrm{xh}}^{\mathrm{A}}$, Einsetzen in den Schwerpunktsatz und anschließendes Umformen erhält man die Kraft in x-Richtung, abhängig von der Beschleunigung, welche vom Hinterrad auf den Fahrzeugaufbau wirkt:

$$F_{\mathrm{xh}}^{\mathrm{A}} = \frac{M}{r} - \left(m_{\mathrm{H}} \cdot \ddot{x} + \frac{\Theta_{\mathrm{Hred}}}{r^2} \cdot \ddot{x} \right) = \frac{M}{r} - \left(m_{\mathrm{H}} + \frac{\Theta_{\mathrm{Hred}}}{r^2} \right) \cdot \ddot{x}.$$

Zusammen mit den Teilergebnissen für die Kräfte der Achsen auf den Aufbau liefert der Schwerpunktsatz für den Fahrzeugaufbau die Beschleunigung:

$$m_{\mathrm{A}} \cdot \ddot{x} = F_{\mathrm{xh}}^{\mathrm{A}} - F_{\mathrm{xv}}^{\mathrm{A}}$$
$$m_{\mathrm{A}} \cdot \ddot{x} = \frac{M}{r} - \left(m_{\mathrm{H}} + \frac{\Theta_{\mathrm{Hred}}}{r^2} \right) \cdot \ddot{x} - \left(m_{\mathrm{V}} + \frac{\Theta_{\mathrm{V}}}{r^2} \right) \cdot \ddot{x}$$
$$\left[m_{\mathrm{A}} + m_{\mathrm{V}} + m_{\mathrm{H}} + \frac{\Theta_{\mathrm{V}}}{r^2} + \frac{\Theta_{\mathrm{Hred}}}{r^2} \right] \cdot \ddot{x} = \frac{M}{r}.$$

Hierbei sind

Gesamtmasse $m = m_\mathrm{A} + m_\mathrm{V} + m_\mathrm{H}$

Rotierende Masse $m_\mathrm{rot} = \dfrac{\Theta_\mathrm{V}}{r^2} + \dfrac{\Theta_\mathrm{Hred}}{r^2}$

Antriebs-Beschleunigungskraft $F_\mathrm{B} = \dfrac{M}{r}.$

Der Wert in der Klammer vor der Beschleunigung wird immer größer sein als die Gesamtmasse m, da die Trägheitsmomente immer positiv sind. In der Fahrzeugtechnik ist es üblich, die Gesamtmasse mit dem Drehmassenzuschlagsfaktor λ zu multiplizieren, um so den Wert in der Klammer, also die Gesamtmasse plus die *rotierende Masse*, darzustellen:

$$m_\mathrm{A} + m_\mathrm{V} + m_\mathrm{H} + \frac{\Theta_\mathrm{V}}{r^2} + \frac{\Theta_\mathrm{Hred}}{r^2} = \lambda \cdot m.$$

Da das *Reduzierte Trägheitsmoment* der Hinterachse gangabhängig ist, gibt es auch für jeden Gang einen eigenen Drehmassenzuschlagsfaktor λ, siehe Abb. 3.14.

Der Drehmassenzuschlagsfaktor bestimmt sich aus der oben genannten Gleichung zu:

$$\lambda = \frac{m + \frac{\Theta_\mathrm{V}}{r^2} + \frac{\Theta_\mathrm{Hred}}{r^2}}{m}.$$

Somit lässt sich der Beschleunigungswiderstand unter Berücksichtigung des Anteils für die rotatorische Beschleunigung der Drehmassen mit folgender Gleichung angeben:

$$F_\mathrm{B} = \lambda \cdot m \cdot \ddot{x}.$$

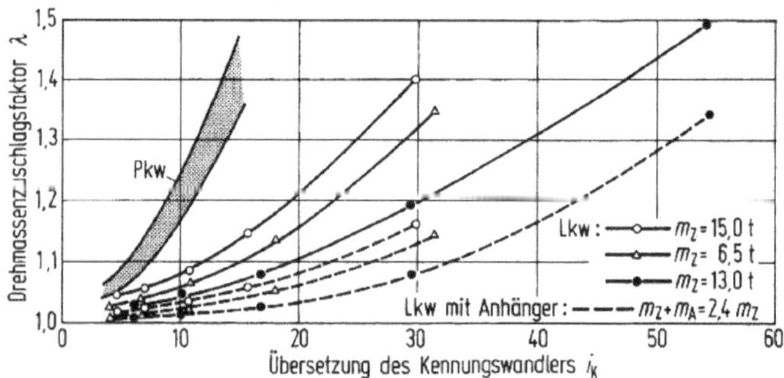

Abb. 3.14 Drehmassenzuschlagsfaktoren für unterschiedliche Gänge in Abhängigkeit der Übersetzung des Kennungswandlers, welche der Gesamtübersetzung des Antriebsstrangs entspricht, also dem Produkt aus der Übersetzung im Getriebe und im Achsgetriebe [5]

3.1.5 Fahrwiderstandsdiagramm

Alle Fahrwiderstände lassen sich zusammenfassen und ergeben die Gleichung für die Bedarfskraft eines Fahrzeugs:

$$F_{\text{Bed}} = mg f_{\text{R}} + \frac{1}{2}\varrho_{\text{L}} c_{\text{w}} A v^2 + mg \sin(\alpha) + \lambda m \cdot \ddot{x}.$$

Dabei ist zu berücksichtigen, dass die Bedarfskraft die Kraft ist, welche an den Antriebsrädern benötigt wird. Zwischen der Entstehung der Kraft im Motor und der Kraft, welche an den Antriebsrädern ankommt, gibt es Verluste durch Reibung, welche durch einen Wirkungsgrad η_{K} berücksichtigt werden. Der Wirkungsgrad ist dimensionslos und gibt den Anteil der Leistung an, welcher an den Antriebsrädern ankommt. Er muss immer kleiner als eins sein. Sofern nichts anderes angegeben, wird ein Wirkungsgrad von 0,88 zu Grunde gelegt, das bedeutet, dass 88 % der Leistung, welche die Antriebsquelle an der Schnittstelle zum Antriebsstrang abgibt, an den Antriebsrädern ankommt. Beim Verbrennungsmotor ist die Schnittstelle die Kupplung bzw. die Schwungscheibe.

Trägt man die Bedarfskraft F_{Bed} über der Geschwindigkeit v auf, so erhält man das Fahrwiderstandsdiagramm. Es gibt Auskunft darüber, bei welchem Fahrzustand man welche Antriebskraft benötigt.

Im Fahrwiderstandsdiagramm, Abb. 3.15, werden die Charakteristiken der einzelnen Widerstände deutlich: Der Rollwiderstand F_R ist konstant und unabhängig von der Geschwindigkeit v. Diesem überlagert wird der Luftwiderstand F_L, welcher sich aufgrund der quadratischen Abhängigkeit von der Geschwindigkeit bei niedrigen Geschwindigkeiten kaum bemerkbar macht, bei höheren Geschwindigkeiten aber stark ansteigt. Der Steigungswiderstand F_{St} und der Beschleunigungswiderstand F_{B} sind wieder von der Geschwindigkeit unabhängig und verschieben die Bedarfskraft für den Roll- und Luftwiderstand parallel. Ausgehend davon, dass die Antriebsquelle bei hohen Geschwindigkeiten eine endliche Kraft zur Verfügung stellen wird, wird der Schnittpunkt zwischen der von der Antriebsquelle bereitgestellten Kraft und der Bedarfskraft die Höchstgeschwindigkeit des Fahrzeugs definieren.

Beispiel 3.1
Die Größen der einzelnen Widerstandskräfte sollen an einem Beispiel veranschaulicht werden. Dazu wird ein Referenzfahrzeug, dessen Daten in etwa einem Fahrzeug aus der Kompaktklasse entsprechen, zu Grunde gelegt. Dieses ist wie folgt definiert: $m = 1400\,\text{kg}, f_{\text{R}} = 0{,}01, c_{\text{w}} = 0{,}3, A = 2\,\text{m}^2$

Damit lässt sich zunächst der Rollwiderstand bestimmen:

$$F_{\text{R}} = mg \cdot f_{\text{R}} = 1400\,\text{kg} \cdot 9{,}81 \frac{\text{m}}{\text{s}^2} \cdot 0{,}01 = 137\,\text{N}.$$

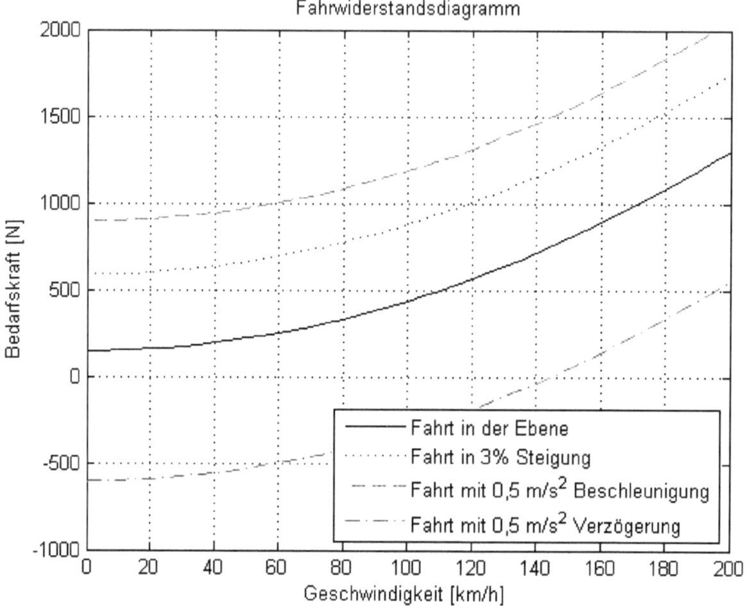

Abb. 3.15 Fahrwiderstandsdiagramm für ein Fahrzeug mit der Masse $m = 1500\,\text{kg}$, $f_\text{R} = 0,01$, $c_\text{w} = 0,3$, $A = 2\,\text{m}^2$

Der Luftwiderstand hängt quadratisch von der Geschwindigkeit ab, er soll bei den Geschwindigkeiten 50 km/h, 100 km/h, 200 km/h bestimmt werden:

$$F_\text{L}(50\,\text{km/h}) = \frac{1}{2}\varrho_\text{L}c_\text{w}Av^2 = \frac{1}{2}\cdot 1,25\,\frac{\text{kg}}{\text{m}^3}\cdot 0,3\cdot 2\,\text{m}^2\cdot\left(13,9\,\frac{\text{m}}{\text{s}}\right)^2 = 72\,\text{N}$$

$$F_\text{L}(100\,\text{km/h}) = \frac{1}{2}\varrho_\text{L}c_\text{w}Av^2 = \frac{1}{2}\cdot 1,25\,\frac{\text{kg}}{\text{m}^3}\cdot 0,3\cdot 2\,\text{m}^2\cdot\left(27,8\,\frac{\text{m}}{\text{s}}\right)^2 = 290\,\text{N}$$

$$F_\text{L}(200\,\text{km/h}) = \frac{1}{2}\varrho_\text{L}c_\text{w}Av^2 = \frac{1}{2}\cdot 1,25\,\frac{\text{kg}}{\text{m}^3}\cdot 0,3\cdot 2\,\text{m}^2\cdot\left(55,6\,\frac{\text{m}}{\text{s}}\right)^2 = 1158\,\text{N}.$$

An dieser Beispielrechnung ist gut die Charakteristik des Luftwiderstandes zu erkennen. Bei 50 km/h ist er etwa halb so groß wie der Rollwiderstand, bei 200 km/h ist er fast neunmal so groß wie der Rollwiderstand.

Der Steigungswiderstand soll für eine 5 % Steigung bestimmt werden, wie sie auf Autobahnen als Sonderfall vorkommen können, wenn es durch die Topologie erzwungen wird. Diese Abschnitte sind dann geschwindigkeitsbeschränkt. 5 % Steigung entsprechen 2,862°. Somit folgt der Steigungswiderstand zu:

$$F_\text{St}^{5\%} = mg\sin(\alpha) = 1400\,\text{kg}\cdot 9,81\,\frac{\text{m}}{\text{s}^2}\cdot\sin(2,862°) = 686\,\text{N}.$$

Vereinfachend kann auch der Prozentwert der Steigung eingesetzt werden:

$$F_{\mathrm{St}}^{5\%} \approx mgp = 1400\,\mathrm{kg} \cdot 9{,}81\,\frac{\mathrm{m}}{\mathrm{s}^2} \cdot 0{,}05 = 687\,\mathrm{N}.$$

Der Unterschied ist bei kleinen Winkeln vernachlässigbar klein.

Zur Bestimmung des Beschleunigungswiderstandes muss zunächst ein Beschleunigungswert definiert werden. Im europäischen Raum wird die Beschleunigung eines Fahrzeugs meist durch die Angabe des Zeitraums für die Beschleunigung von 0 auf 100 km/h angegeben, auf dem amerikanischen Kontinent gibt man üblicherweise den Zeitraum an, in welchem man eine viertel Meile zurückgelegt hat.

Für dieses Beispiel wird angenommen, dass das Referenzfahrzeug in 10 s von 0 auf 100 km/h beschleunigen kann. Wird vereinfachend von einer konstanten Beschleunigung ausgegangen, erhält man aus:

$$v = v_0 + a \cdot t,$$

mit $v_0 = 0$ und einer Geschwindigkeit von $v = 27{,}8$ m/s nach $t = 10$ s die mittlere Beschleunigung:

$$a = \frac{v - v_0}{t} = \frac{27{,}8\,\frac{\mathrm{m}}{\mathrm{s}}}{10\,\mathrm{s}} = 2{,}78\,\frac{\mathrm{m}}{\mathrm{s}^2}.$$

Um den Beschleunigungswiderstand bestimmen zu können, ist noch der Drehmassenzuschlagsfaktor zu berücksichtigen. Es wird vereinfachend davon ausgegangen, dass die ganze Beschleunigung von 0 auf 100 km/h im ersten Gang stattfindet. In Ermangelung einer spezifischeren Angabe, wird Abb. 3.14: ein Wert von $\lambda = 1{,}4$ für den Drehmassenzuschlagsfaktor im ersten Gang entnommen. Der Beschleunigungswiderstand bestimmt sich dann zu:

$$F_{\mathrm{B}} = \lambda m \ddot{x} = 1{,}4 \cdot 1400\,\mathrm{kg} \cdot 2{,}78\,\frac{\mathrm{m}}{\mathrm{s}^2} = 5449\,\mathrm{N}.$$

Bei einer Fahrt mit einer Geschwindigkeit von 100 km/h in der Ebene benötigt das Referenzfahrzeug eine Kraft von 427 N an den Antriebsrädern. Kommt noch eine Steigung von 5 % dazu, wächst diese Kraft auf 1 113 N an. Diese ist annähernd so groß wie bei einer Geschwindigkeit von 200 km/h in der Ebene benötigt wird. Bei 50 km/h und einer Beschleunigung von 2,78 m/s^2 in der Ebene ist eine Antriebskraft von 5659 N erforderlich. Dieser Größenvergleich soll zeigen, dass zur Beschleunigung und für eine Steigungsfahrt sehr viel Kraft notwendig ist, z. B. im Vergleich zum Rollwiderstand. Der Luftwiderstand spielt erst bei größeren Geschwindigkeiten eine Rolle.

3.2 Lieferkennfeld

Mit Lieferkennfeld bezeichnet der Fahrzeugtechniker das Kennfeld, welches die Antriebsquelle eines Fahrzeugs charakterisiert. Dem interessierten Leser wird dieses durchaus
bekannt sein, in vielen Tests von Autozeitschriften wird das Leistungs- und Momenten-
kennfeld eines Fahrzeugs abgebildet. Der kundige Leser kann daraus Rückschlüsse auf
die Fahrleistungen ziehen.

Eine Antriebsquelle wird im Allgemeinen über ihre Leistung definiert, obwohl in der
Fahrdynamik immer Kräfte und Momente von Interesse sind. Die meisten Leser werden
wissen, welche Leistung ihr Fahrzeug hat, aber nicht welche maximale Kraft. Der Grund
dafür wird klar, wenn man den Antriebsstrang betrachtet, siehe Abb. 3.16.

Die Antriebsquelle generiert ein Moment M_M und eine Drehzahl n_M. Den Zusammenhang, bei welcher Drehzahl welches Moment zur Verfügung gestellt wird, nennt man Mo-
mentenkennfeld. Im Kennungswandler, welcher häufig als Kupplungs-Getriebe Kombination inkl. Achsgetriebe ausgeführt ist, kann man das Moment wandeln. Ist mehr Moment
gewünscht, wählt man eine hohe Übersetzung. Das bedeutet, man wählt eine Getriebe-
stufe, bei welcher das Zahnrad der Abtriebsseite des Getriebes einen größeren Radius hat
als das Zahnrad, welches mit dem Motor verbunden ist. Da Kraft und Geschwindigkeit
im Kontaktpunkt der Zahnräder gleich sind, siehe Abb. 3.17, wird das größere Zahnrad
ein größeres Moment erzeugen, da die Kontaktkraft F an einem größeren Radius wirkt.
Da aber auch die Geschwindigkeit im Kontaktpunkt gleich ist und die Winkelgeschwindigkeiten der Zahnräder der Quotient aus der Geschwindigkeit im Kontaktpunkt und dem
Radius sind, bedeutet das, dass das größere Zahnrad mehr Moment überträgt, dafür aber
eine geringere Winkelgeschwindigkeit bzw. Drehzahl hat. Der Quotient der Radien wird
als Übersetzungsverhältnis i bezeichnet.

$$M_1 = r_1 \cdot F; \quad M_2 = r_2 \cdot F; \quad \rightarrow \quad M_2 = \frac{r_2}{r_1} M_1$$

$$\omega_1 = \frac{v}{r_1}; \quad \omega_2 = \frac{v}{r_2}; \quad \rightarrow \quad \omega_2 = \frac{r_1}{r_2} \omega_1.$$

Man erkennt, dass in dem Maße, in dem das Moment durch die Übersetzung steigt, die
Drehzahl sinkt.

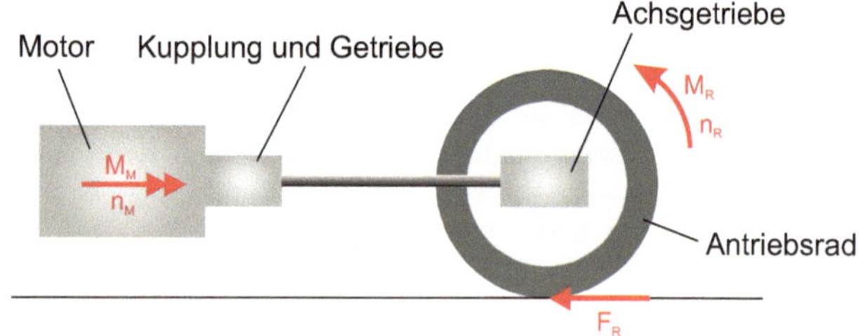

Abb. 3.16 Antriebsstrang eines Fahrzeugs mit Standardantrieb

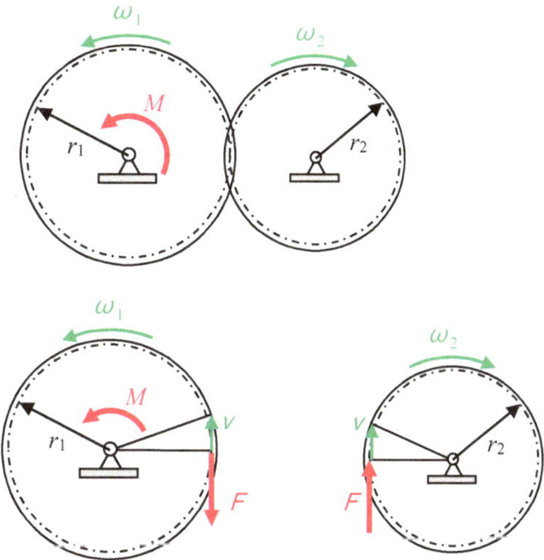

Abb. 3.17 Analyse der Momente und Drehzahlen einer Stirnradstufe

Schaut man auf den Antriebsstrang, Abb. 3.16, dann wird das möglicherweise gewandelte Moment über die Kardanwelle zum Achsgetriebe übertragen. Hier erfolgt eine Umlenkung des Momentes, welches üblicherweise auch mit einer Übersetzungsänderung hervorgeht. Aus dem Achsgetriebe wird das Radmoment auf die Antriebswellen übertragen und kann an den Antriebsrädern die Antriebskraft erzeugen. Je nach eingelegtem Gang kann diese Kraft groß sein, dafür ist die Fahrgeschwindigkeit langsam, oder man erhält eine kleinere Kraft, dafür aber eine größere Geschwindigkeit.

Somit klärt sich die Frage, warum die Leistung ein hinreichendes Kriterium für die Antriebsquelle eines Fahrzeugs ist, nicht aber die maximale Antriebskraft. Mit Hilfe eines Kennungswanders kann man fast jede beliebige hohe Antriebskraft realisieren, jedoch sinkt die Drehzahl in gleichem Maße, was dazu führt, dass einem zwar viel Kraft zur Verfügung steht, man dafür aber nur langsam fahren kann. Eine Erfahrung, welche jeder schon mal gemacht hat, sofern er mit einem Mountainbike im ersten Gang gefahren ist. Man fährt dann sehr langsam, hat aber eine große Antriebskraft. Die Kraft alleine ist daher kein gutes Kriterium, um einen Antrieb zu klassifizieren.

Die physikalische Größe Arbeit ist das Produkt aus Kraft mal Weg. Arbeit erzeugen aber nur die Komponenten des Weges, die auch in die Richtung der Kraft gehen. Daher projiziert man die Richtung des Weges auf die Richtung der Kraft (Skalarprodukt):

$$W = F \cdot x.$$

In der Längsdynamik haben Weg und Widerstandskraft immer die gleiche bzw. entgegengesetzte Richtung, so dass im Weiteren auf den Vektorcharakter der Gleichung verzichtet werden kann. Die Arbeit beschreibt, wie viel Energie man verbraucht, wenn man beispielsweise 100 km gegen die Fahrwiderstände zurücklegt. Sie sagt aber nichts darüber aus, wie lange man dafür braucht. Daher ist die Arbeit selber auch noch kein Kriterium, welches den Antrieb ausreichend charakterisiert. Man muss die Zeit berücksichtigen, in welcher diese Arbeit verrichtet wird, diese Größe nennt man Leistung:

$$P = \frac{W}{t}.$$

Ersetzt man in dieser Gleichung die Arbeit durch das Produkt aus Kraft mal Weg

$$P = \frac{F \cdot x}{t} = F \cdot \frac{x}{t} = F \cdot v$$

und ersetzt den Quotienten aus Weg durch Zeit mit der Geschwindigkeit, erhält man einen Zusammenhang zwischen der Leistung und der Kraft. Die Leistung ist das Produkt aus Kraft mal Geschwindigkeit. Diese Gleichung lässt sich umschreiben, so dass man auch einen Zusammenhang zwischen Leistung und Moment erhält:

$$P = F \cdot v = F \cdot r \cdot \omega = M \cdot \omega.$$

Hierbei wird von einer schlupffreien Bewegung ausgegangen und daher nicht zwischen dem statischen und dynamischen Radhalbmesser unterschieden.

Die Leistung als Produkt aus Kraft mal Geschwindigkeit bzw. Moment mal Winkelgeschwindigkeit ist die geeignete Größe, um einen Antrieb zu beschreiben. Fährt man langsam, steht viel Kraft zur Verfügung, fährt man schnell, ist weniger Kraft verfügbar, doch das Produkt aus Kraft mal Geschwindigkeit bleibt konstant.

Geht man idealerweise davon aus, dass es keine Wirkungsgradverluste im Antriebsstrang gibt, ist auch die Leistung an den Antriebsrädern die gleiche wie die, die die Antriebsquelle abgibt:

$$P = M_{\mathrm{M}} \cdot \omega_{\mathrm{M}} = i \cdot M_{\mathrm{R}} \cdot \frac{1}{i} \cdot \omega_{\mathrm{R}} = M_{\mathrm{R}} \cdot \omega_{\mathrm{R}}.$$

Beispiel 3.2

Welche Leistung benötigt ein Fahrzeug mit der Masse 1400 kg, einem Luftwiderstandsbeiwert von 0,3, einer Stirnfläche von 2 m^2 und einem Rollwiderstandsbeiwert von 0,01, um 200 km/h zu fahren?

Mit Hilfe der Bedarfskraft wird die Kraft bestimmt, welche benötigt wird, um den Roll- und Luftwiderstand zu überwinden. Steigungs- und Beschleunigungswiderstand tauchen hier nicht auf:

$$F_{\mathrm{Bed}} = mg f_{\mathrm{R}} + \frac{1}{2} \varrho_{\mathrm{L}} c_{\mathrm{w}} A v^2$$

$$F_{\mathrm{Bed}} = 1400\,\mathrm{kg} \cdot 9{,}81\,\frac{\mathrm{m}}{\mathrm{s}^2} \cdot 0{,}01 + \frac{1}{2} \cdot 1{,}25\,\frac{\mathrm{kg}}{\mathrm{m}^3} \cdot 0{,}3 \cdot 2\,\mathrm{m}^2 \left(55{,}6\,\frac{\mathrm{m}}{\mathrm{s}}\right)^2$$

$$F_{\mathrm{Bed}} = 1297\,\mathrm{N}.$$

Die Bedarfsleistung bestimmt sich aus dem Produkt der Bedarfskraft mit der Geschwindigkeit:

$$P_{\mathrm{Bed}} = F_{\mathrm{Bed}} \cdot v = 1297\,\mathrm{N} \cdot 55{,}6\,\frac{\mathrm{m}}{\mathrm{s}} = 72.113\,\mathrm{W} = 72{,}1\,\mathrm{kW}.$$

Dieses ist die Leistung, welche an den Antriebsrädern anliegen muss. Auf Grund von Wirkungsgradverlusten wird die Antriebsquelle 10–15 % Leistung mehr produzieren müssen.

3.2.1 Ideales Lieferkennfeld

Nachdem die Leistung als passendes Kriterium zur Beschreibung eines Antriebs identifiziert wurde, wird analysiert, wie das Kennfeld des Antriebs idealerweise aussieht.

Dazu wird das Fahrwiderstandsdiagramm eingeführt, welches die Bedarfskraft eines Fahrzeugs über der Geschwindigkeit darstellt. Darin wird der Kraftverlauf einer idealen Antriebsquelle eingezeichnet, welcher aus Umstellen der Gleichung für die Leistung folgt:

$$F = \frac{P}{v}.$$

Die ideale Antriebskraft aus einer Antriebsquelle mit konstanter Leistung ist eine Hyperbel, welche bei der Geschwindigkeit 0 gegen Unendlich geht (unendlich viel Kraft) und sich für große Geschwindigkeiten asymptotisch der Geschwindigkeitsachse nähert (keine Kraft).

Das ideale Antriebskennfeld wird in der Kraft durch die Traktionsgrenze begrenzt. Abhängig vom Antriebskonzept (Vorderrad-, Hinterrad- oder Allradantrieb) gibt es eine Grenze, ab welcher keine Kraft mehr auf die Straße übertragen werden kann. Sofern das Fahrzeug keine Traktionskontrolle hat, würden die Antriebsräder durchdrehen. Für den Antrieb macht es keinen Sinn, bei niedrigen Geschwindigkeiten mehr Kraft zur Verfügung zu stellen, als die Traktionsgrenze erlaubt. Auf der Geschwindigkeitsachse gibt es ebenfalls eine Begrenzung. Der Schnittpunkt der Bedarfskraft mit der idealen Leistungshyperbel definiert die Höchstgeschwindigkeit in der Ebene. Üblicherweise ist es nicht sinnvoll über diese Geschwindigkeit hinaus noch Antriebskraft zur Verfügung zu stellen. Die ideale Antriebskennung, hat also die Form eines abgeschnittenen Schuhes, wie sie in Abb. 3.18 schraffiert dargestellt ist.

Das in Abb. 3.18 dargestellte Antriebskennfeld lässt sich auch in das Leistungskennfeld übertragen, siehe Abb. 3.19. Ist man anfänglich davon ausgegangen, dass der Antrieb über die gesamte Geschwindigkeit eine konstante Leistung zur Verfügung stellt, sieht man, dass bei niedrigen Geschwindigkeiten nicht die volle Leistung abgesetzt werden kann.

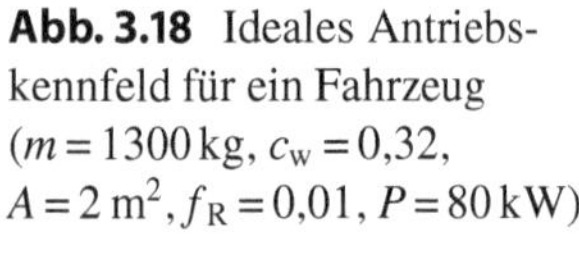

Abb. 3.18 Ideales Antriebskennfeld für ein Fahrzeug
($m = 1300\,\text{kg}$, $c_\text{w} = 0{,}32$,
$A = 2\,\text{m}^2$, $f_\text{R} = 0{,}01$, $P = 80\,\text{kW}$)

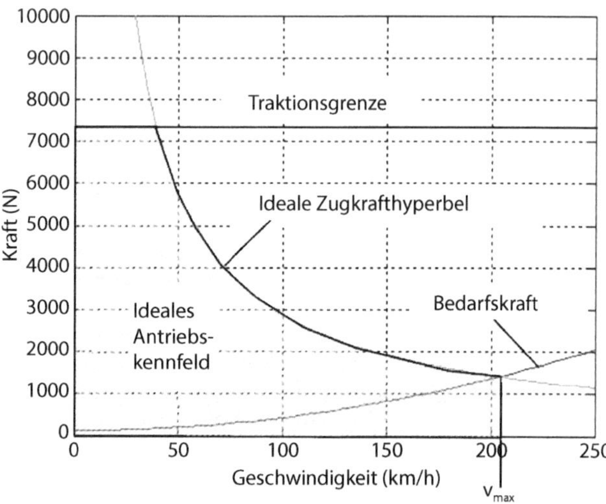

Abb. 3.19 Ideale Antriebskennung im Leistungsschaubild

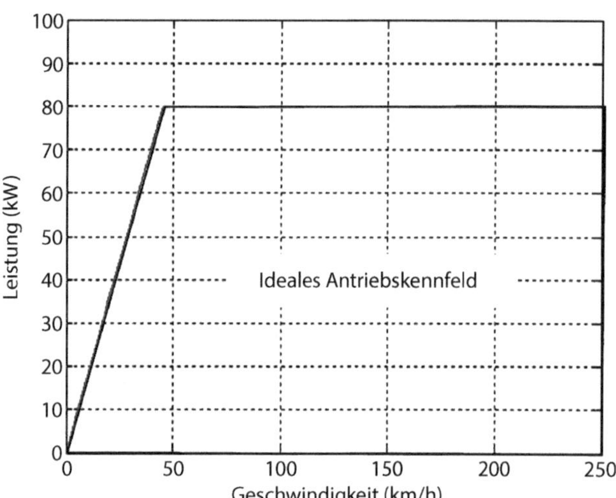

In der Abbildung ist dargestellt, dass erst bei ca. 40 km/h der Schnittpunkt zwischen der
Zugkrafthyperbel und der Traktionsgrenze liegt. Ab hier kann man die volle Leistung auf
die Fahrbahn absetzen. Das ideale Leistungskennfeld ist ein Rechteck mit einer linearen
Rampe zum Nullpunkt.

3.2.2 Antriebsauswahl

Für die Auswahl eines geeigneten Antriebs ist in erster Linie die für das betreffende
Fahrzeug erforderliche Leistung wichtig. Darüber hinaus existieren weitere wichtige Aus-
wahlkriterien:

Antriebskennung

Der Verlauf des Antriebsmoments über der Drehzahl ist ein wichtiges Kriterium. Denn anders als bei der im letzten Abschnitt idealisierten Antriebsquelle ist in den meisten Fällen die Leistung nicht konstant. Sie ändert sich über den Drehzahlbereich. Da die Drehzahl der Antriebsquelle im Fahrzeug über den Antriebsstrang mit den Antriebsrädern verbunden ist, bedeutet dieses auch, dass sich die Leistung über die Geschwindigkeit ändert. Eine Eigenschaft, welche bei Geschwindigkeiten über der Traktionsgrenze nicht geschätzt wird.

Betriebsverhalten

Auch das Betriebsverhalten, hier insbesondere das Anfahr- und Regelverhalten, ist interessant. Anfang der 70er Jahre sind Versuche mit Turbinen zum Antrieb von Fahrzeugen durchgeführt worden. Diese Turbinen reagierten sehr langsam auf den Fahrerwunsch. Das Drehmoment und die Drehzahl der Turbine reagierten erst nach einigen Sekunden auf die Anforderung des Fahrers nach mehr Leistung. In der Dynamik des heutigen Verkehrsgeschehens ist das fast undenkbar. Mit Einzug von Hybridfahrzeugen, welche neben einem elektrischen oder elektrochemischen Energiespeicher auch eine Antriebsquelle zur Erzeugung von elektrischer Energie benötigen, verschieben sich die Anforderungen an das Betriebsverhalten einer solchen Antriebsquelle.

Startverhalten

Viele Fahrzeuge werden sehr häufig am Tag gestartet. Mit Einzug der Start/Stopp-Automatik ist diese Anzahl drastisch gestiegen. Schon das in früheren Zeiten notwendige Vorglühen von Dieselfahrzeugen über mehrere Sekunden war ein merklicher Komfortverlust. Extrem war das Startverhalten von älteren Dieselfahrzeugen, welche in Sibirien bei extrem niedrigen Außentemperaturen im Einsatz waren. Dort musste in Extremfällen erst ein Feuer unter dem Motor entzündet werden, damit der Motor wieder lauffähig wurde.

Wirtschaftlichkeit

Ein ganz entscheidendes Kriterium für einen Antrieb ist die Wirtschaftlichkeit. Dabei geht es um die Kosten, die zum Betrieb eines Fahrzeugs notwendig sind, beginnend von der Anschaffung über die Unterhaltskosten bis zum Verkauf oder zur Entsorgung. Daher wird dieser Punkt in zwei Unterpunkte unterteilt:

Energieverbrauch, Wirkungsgrad, Vielstofffähigkeit Hierbei geht es um die Energiekosten, die zum Betrieb des Fahrzeugs notwendig sind: Wie viel Energie verbraucht der Antrieb, wie viel Energie kommt am Antriebsrad an, kann man alternative Kraftstoffe einsetzen?

Herstellungskosten, Wartungsaufwand, Lebensdauer Unter diesem Punkt fasst man zusammen, was der Antrieb kostet, wie lange man ihn einsetzen kann und welcher Wartungsaufwand betrieben werden muss.

Leistungsmasse und -volumen Dieser Punkt ist gerade für Nutzfahrzeuge von Bedeutung. Hier wird berücksichtigt, wie schwer ein Antrieb pro kW Leistung ist und welchen Bauraum man dafür zur Verfügung stellen muss. Die Peripherie um den Antrieb herum benötigt immer mehr Platz für Komponenten zur Abgasreinigung, so dass man anderen Platz verkleinern muss, z. B. die Kapazität der Kraftstoffbehälter.

Umweltbeeinflussung Dieser Punkt rückt bei der Antriebsauswahl immer stärker in den Fokus. Gesetzlich vorgeschrieben werden die Schadstoff- und Geräuschemission. Schadstoffarme Antriebsquellen, die die gesetzlichen Vorgaben unterschreiten, erfahren eine hohe Akzeptanz in der Gesellschaft. Die durch einen Antrieb erzeugten Schwingungen (und die daraus resultierenden Geräusche) definieren die Komforteigenschaften eines Fahrzeugs immens.

Eine Übersicht über mögliche Antriebsquellen zeigt Abb. 3.20. Diese unterteilt sich in Verbrennungsmotoren und Elektroantriebe. Die Verbrennungsmotoren unterscheiden sich hinsichtlich der Art der Verbrennung, ob diese innerhalb des Motors, wie beim Otto- und Dieselmotor, oder äußerlich stattfindet. Der populärste Vertreter der äußeren Verbrennung ist die Dampfmaschine. Bei der inneren Verbrennung unterscheidet man die Einzelzündung, wie beim Otto- und Dieselmotor, oder eine kontinuierliche Zündung, wie bei der Turbine.

Beim Elektromotor interessiert vor allem der leitungsunabhängige Antrieb. Die Energie muss durch Batterie (Energiespeicher) oder Brennstoffzelle (Energieerzeuger) zur Verfügung gestellt werden.

Besonderes Interesse sollte der letzten Zeile der Abb. 3.20 geschenkt werden. Der Hybridantrieb nutzt den Verbrennungsmotor zur Erzeugung von elektrischer Energie, Elektromotoren wandeln die elektrische Energie in mechanische Energie um. Diese Antriebsart kombiniert die Vorteile des Verbrennungsmotors mit denen des Elektroantriebs.

Verbrennungsmotor				Elektroantrieb
Innere Verbrennung			Äußere Verbrennung	Leitungsunabhängig
Einzelzündung	Kontinuierliche Zündung			
Otto-Motor Diesel-Motor Wankel-Motor	Gasturbine		Stirling-Motor Dampf-Motor	E-Motor mit Batterie oder Brennstoffzelle
Hybrid-Antriebe				

Abb. 3.20 Gliederung von Antriebsquellen

An dieser Stelle muss ein wichtiger Begriff zur Beschreibung von Antrieben eingeführt werden. Der innermotorische Wirkungsgrad η_M beschreibt das Verhältnis von Nutzarbeit am Antriebsausgang zur aufgewendeten Energie um die Nutzarbeit zu erhalten. Für einen Verbrennungsmotor bedeutet das:

$$\eta_M = \frac{\text{Nutzarbeit am Motorausgang}}{\text{Arbeitsinhalt des Betriebsstoffes}}.$$

Dieser innermotorische Wirkungsgrad ist nicht zu verwechseln mit dem Wirkungsgrad des Antriebsstranges.

3.2.2.1 Elektrische Antriebe

Ein Elektroantrieb hat eine nahezu ideale Antriebskennung, siehe Abb. 3.21. Radnabenmotoren können die benötigte Antriebskraft direkt den Rädern zur Verfügung stellen. Ihr größtes Drehmoment erreichen sie bei der Drehzahl Null, das bedeutet für ein Fahrzeug, dass diesem beim Anfahren mit der Geschwindigkeit Null das größte Drehmoment zur Verfügung steht.

Elektromotoren haben einen guten Wirkungsgrad für die Umwandlung von elektrischer Energie in mechanische Energie. Für eine nachhaltige Bewertung des Antriebs muss man aber auch den Wirkungsgrad bei der Entstehung der elektrischen Energie berücksichtigen. Teilweise kann der Elektroantrieb dieses selber, denn wie man im Lieferkennfeld Abb. 3.21 erkennen kann, liefert der Elektroantrieb auch negative Leistung. Er gibt nicht

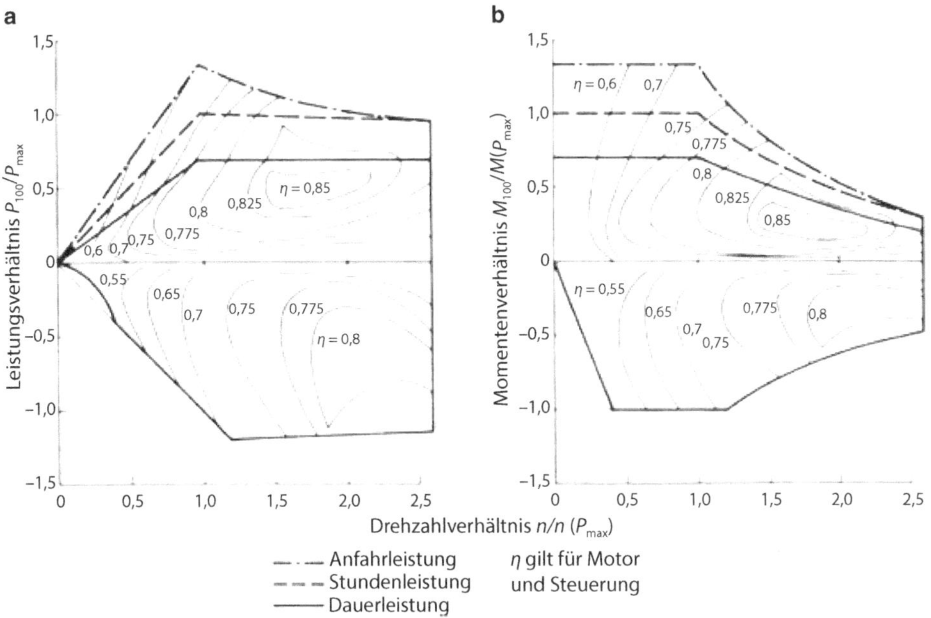

Abb. 3.21 Lieferkennfeld eines Elektroantriebs [5]

nur Leistung ab, sondern kann auch Energie generieren. Das heißt, in Verzögerungsphasen muss die Energie nicht durch die Reibungsbremsen in Wärmeenergie umgewandelt werden, welche über Konvektion in die Umwelt dann verloren geht, sondern kann ggf. wieder zurück gespeist werden. Diesen Prozess nennt man Rekuperation.

Schwachpunkt des Elektroantriebs ist die Speicherung der Energie. Batterien und Akkus erhöhen das Gewicht eines Fahrzeugs wesentlich und schränken die Reichweite eines Fahrzeugs deutlich ein. Hier muss man sagen, dass man durch den Verbrennungsmotor und seiner einfachen Art Energie zu speichern recht hohe Ansprüche an die Reichweite eines Fahrzeugs stellt.

Die Vorteile des Elektroantriebs hat Ferdinand Porsche bereits im Jahr 1900 zu schätzen gewusst. Auf der Pariser Weltausstellung präsentierte er ein Hybridfahrzeug, siehe Abb. 3.22.

Der Betrieb des Elektroantriebs verläuft lokal ohne Schadstoffemissionen und bietet somit für die Mobilität in urbaner Umgebung wichtige Vorteile. Er ist geräusch- und schwingungsarm. Das Start- und Betriebsverhalten ist hervorragend, die Herstellungskosten halten sich in Grenzen, auch das Leistungsgewicht und -volumen sind gut.

Man erkennt, dass der Elektroantrieb sehr gut zu den geforderten Eigenschaften eines Fahrzeugantriebs passt. Er hat ein nahezu ideales Antriebskennfeld und kann Bremsenergie zurückgewinnen, er lässt sich gut starten und regeln, produziert lokal keine Schadstoffe und hat ein gutes Schwingungsverhalten. Problematisch ist die Speicherung der Energie.

Abb. 3.22 Lohner-Porsche mit Elektroantrieb. (Bild: Dr. Ing. h.c. F. Porsche AG)

3.2.2.2 Verbrennungskraftmaschine

Das Lieferkennfeld der Verbrennungskraftmaschine, siehe Abb. 3.23, weicht stark von der Kennung des idealen Fahrzeugantriebs ab. Das Kennfeld beginnt erst bei einer Mindestdrehzahl, der Drehmomentverlauf ist steigend bis zum maximalen Moment, dann fällt er. Die maximale Leistung ist nur bei einer Drehzahl verfügbar. Der Wirkungsgrad ist deutlich schlechter als beim Elektroantrieb, jedoch berücksichtigt er den Gesamtwirkungsgrad vom Brennstoff zur mechanischen Energie. Der Wirkungsgrad ist vom Betriebspunkt abhängig, sein Maximum, der so genannte Bestpunkt, liegt bei ca. 30–40 %. Der Diesel-Motor hat tendenziell einen besseren Wirkungsgrad als ein Ottomotor, der Gasmotor ist schlechter als ein benzinbetriebener Ottomotor. Ohne eine ausreichende Wandlung des Kennfelds ist der Verbrennungsmotor nicht für den Einsatz im Fahrzeug geeignet.

Das Instationärverhalten des Verbrennungsmotors ist gut, es reagiert nahezu sofort auf Änderungen des Fahrerwunsches, auch das Startverhalten erfüllt alle Wünsche des Fahrers. Sein Leistungsgewicht und -volumen sind gut.

Der wesentliche Vorteil des Verbrennungsmotors liegt in der unproblematischen Speicherung der zum Betrieb nötigen Energie. Ein kg Superkraftstoff hat einen Energiegehalt von ca. 42 MJ. Die Bedeutung dieser Zahl wird an einem kleinen Beispiel aufgezeigt.

Beispiel 3.3

Wie viel Kraftstoff auf 100 km würde ein Fahrzeug ($m = 1300\,\text{kg}$, $f_R = 0,01$, $A = 1,8\,\text{m}^2$, $c_w = 0,4$) bei 120 km/h verbrauchen, wenn es den ganzen Energiegehalt des Kraftstoffes (42 MJ) umsetzen könnte?

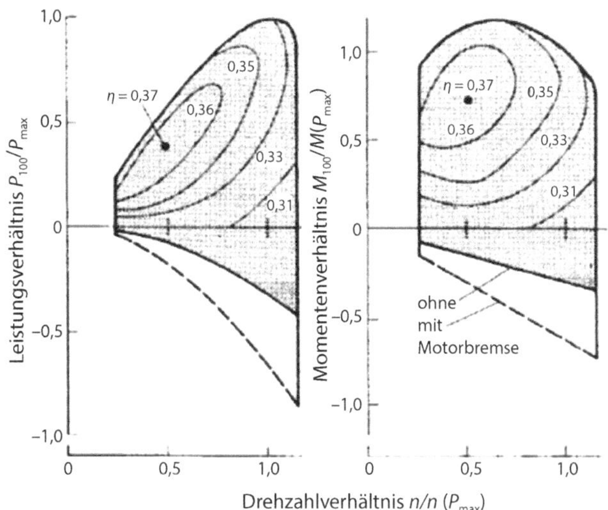

Abb. 3.23 Lieferkennfeld einer Verbrennungskraftmaschine [5]

Als erstes wird die Kraft bzw. Leistung, die dieses Fahrzeug benötigt, um 120 km/h in der Ebene zu fahren, bestimmt. Dabei wird der Antriebsstrang idealisiert, es wird ohne Wirkungsgradverlust gerechnet. Kraft mal Geschwindigkeit liefert die Leistung:

$$F = 1300\,\text{kg} \cdot 9{,}81\,\frac{\text{m}}{\text{s}^2} \cdot 0{,}01 + \frac{1}{2} \cdot 1{,}25\,\frac{\text{kg}}{\text{m}^3} \cdot 0{,}4 \cdot 1{,}8\,\text{m}^2 \cdot \left(33{,}3\,\frac{\text{m}}{\text{s}}\right)^2$$

$$F = 627\,\text{N}$$

$$P = 627\,\text{N} \cdot 33{,}3\,\frac{\text{m}}{\text{s}} = 21\,\text{kW}.$$

Die Zeit, um 100 km zurückzulegen, errechnet sich zu:

$$T = \frac{100\,\text{km}}{120\,\text{km/h}} = 0{,}83\,\text{h}.$$

Den Energiebedarf des oben beschriebenen Fahrzeugs kann man somit zu

$$W = P \cdot T = 17{,}4\,\text{kWh}$$

bestimmen. Diese Energie muss mit dem im Kraftstoff steckenden Energiegehalt in Verbindung gebracht werden. 43 MJ sind 43.000.000 J. Joule ist die SI-Einheit für Energie, welche aus den Basiseinheiten Kraft [N] mal Weg [m] gebildet wird. Ein Joule ist ein Newton mal einen Meter, was auch als Nm bezeichnet werden kann. Die SI-Einheit für Leistung ist Watt, gleichbedeutend mit Energie (Arbeit) pro Zeit, also Nm/s. Die Arbeit oder Energie kann also auch als Leistung mal Zeit dargestellt werden [Ws = Watt mal Sekunde], was häufig auch gemacht wird und eine sehr praxisnahe Einheit ist. (Läuft ein Heizlüfter eine Stunde mit einer Leistung 2000 W hat er einen Energieverbrauch von 2 Kilowattstunden [kWh] – ein Vielfaches der Wattsekunde. Auch die Energieversorger berechnen den Energieverbrauch in kWh.)

Der Energiegehalt eines Liters Superkraftstoffs soll in kWh umgerechnet werden:

$$43\,\text{MJ} = 43.000.000\,\text{J} = 43\,000\,000\,\text{Ws}$$

$$43.000.000\,\text{Ws} = 43.000\,\text{kWs} = 11{,}94\,\text{kWh}.$$

In einem kg Superkraftstoff ist so viel Energie vorhanden, dass man damit eine Stunde lang 11,94 kW Leistung produzieren kann. Bei einer Dichte von 740 g pro Liter hat ein Liter Superkraftstoff den Energiegehalt von 8,84 kWh.

Für das oben gerechnete Beispiel benötigt man 17,4 kWh Energie, was als Superkraftstoff

$$\frac{17{,}4\,\text{kWh}}{8{,}84\,\text{kWh/l}} = 1{,}97\,\text{l}$$

knapp 2 Litern Kraftstoff entsprechen würde. Berücksichtigt man den innermotorischen Wirkungsgrad von ca. 33 % liefert diese Rechnung einen Wert von ca. 6 l auf 100 km. In eine Diskussion um ein 2- oder 3-Liter-Auto kann man also nur eintreten, wenn man sich von heutigen Fahrzeugdimensionen wegbewegt oder den Wirkungsgrad des Antriebs auf nahezu 100 % bringt.

Will man den Energieverbrauch eines Verbrennungsmotors unabhängig von seinem Einsatz quantifizieren, so muss man auf einem Motorenprüfstand das abgegebene Drehmoment, die Drehzahl und den Kraftstoffverbrauch über den Zeitraum bestimmen, über den eine definierte Leistung abgegeben wurde. Das Ergebnis ist dann der spezifische Kraftstoffverbrauch, welcher angibt, wie viel Kraftoff der Motor benötigt, um eine bestimmte Arbeit (Leitung mal Zeit) zu generieren. Der spezifische Kraftstoffverbrauch wird in Gramm pro Kilowattstunde [g/kWh] gemessen. Bestwerte für den spezifischen Kraftstoffverbrauch liegen beim Dieselmotor bei 190 g/kWh, bei Ottomotoren bei 220 g/kWh. Dieser Bestwert wird nur in einem Betriebspunkt erreicht, in anderen Betriebszuständen wird der spezifische Kraftstoffverbrauch schlechter. Um den Bestpunkt herum kann man Linien gleichen spezifischen Kraftstoffverbrauchs darstellen, welche sich um den Bestpunkt scharen. In dem Diagramm, siehe Abb. 3.24, sieht das aus wie die Linien im Perlmutt einer Muschel, daher wird das Kraftstoffverbrauchsdiagramm auch Muscheldiagramm genannt.

Üblicherweise wird die Leistung oder das Drehmoment über der Motordrehzahl in diesem Diagramm aufgetragen. Bei den Motorenentwicklern ist es aber üblich, das Drehmoment durch den aussagekräftigeren effektiven Mitteldruck des Motors zu ersetzen. Den effektiven Mitteldruck des Motors erhält man, indem man den im Brennraum des Motors wirkenden Druck über ein Arbeitsspiel des Motors mittelt. Mit Hilfe dieser auf den ersten Blick sehr künstlichen Größe kann man aber die Eigenschaften eines Motors gut darstellen und eliminiert dabei die Größe des Hubraums und die Drehzahl.

Folgende zugeschnittene Gleichung beschreibt die Leistung eines Viertaktmotors:

$$P = \frac{p_{\text{me}} \cdot V_{\text{H}} \cdot n_{\text{M}}}{1200}$$

$$P\ [\text{kW}], \quad p_{\text{me}}\ [\text{bar}], \quad V_{\text{H}}\ [\text{l}], \quad n_{\text{M}}\ [\text{U/min}],$$

wobei p_{me} der effektive Mitteldruck [in bar], V_{H} der Hubraum [in Litern] und n_{M} die Drehzahl [in U/min] des Motors ist. An dieser Gleichung sieht man sehr anschaulich, wie die Leistung eines Motors gesteigert werden kann: entweder über mehr Hubraum, über höhere Drehzahlen oder einen größeren Mitteldruck. Der Mitteldruck beinhaltet das Ergebnis aller motorischen Maßnahmen, wie Brennraumgestaltung, Zündzeitpunkt oder Aufladung eines Motors. Für einen definierten Motor ist der effektive Mitteldruck proportional zum Drehmoment. Beim Herleiten dieses Zusammenhangs aus der oben genannten Gleichung

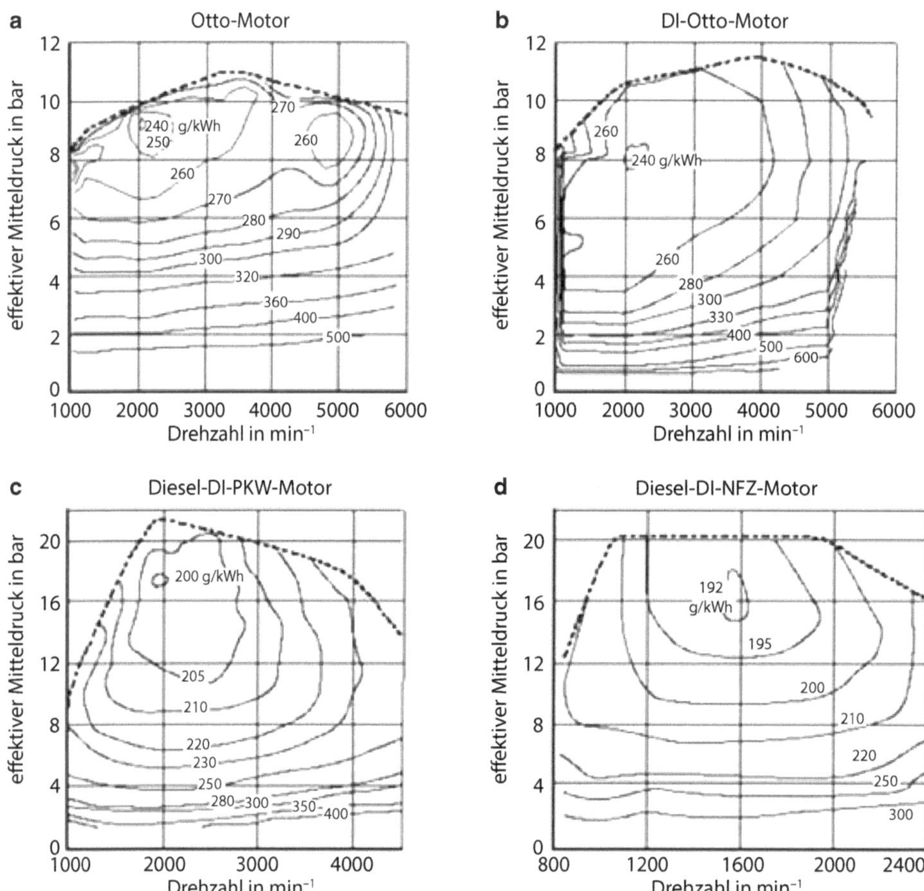

Abb. 3.24 Kraftstoffverbrauchsdiagramm von Verbrennungsmotoren mit unterschiedlichen Motorenkonzepten. Oben dargestellt sind Ottomotoren, **a** ein konventioneller Motor, **b** ein Ottomotor mit Direkteinspritzung. In der unteren Reihe ist **c** einen Pkw Dieselmotor, **d** ein Nutzfahrzeugdieselmotor zu sehen. Trotz unterschiedlichem Hubraum lassen sich diese Motoren über den effektiven Mitteldruck vergleichen [6]

muss berücksichtigt werden, dass diese eine „zugeschnittene" Gleichung ist und nicht mit SI-Einheiten rechnet. Damit wird das Umrechnen nicht ganz einfach. Stellt man die Leistung in kW durch das Drehmoment und die Drehzahl in U/min dar, erhält man

$$P = \frac{M_M \cdot 2\pi \cdot n_M}{1000 \cdot 60}$$

$$P\,[\text{kW}], \quad M_M[\text{Nm}], \quad n_M[\text{U/min}].$$

Diese Gleichung kann mit der „zugeschnittenen" Gleichung gleichsetzt werden

$$\frac{p_{me} \cdot V_H \cdot n_M}{1200} = \frac{M_M \cdot 2\pi \cdot n_M}{1000 \cdot 60}$$

$$p_{me}\ [\text{bar}], \quad V_H\ [\text{l}], \quad n_M\ [\text{U/min}], \quad M_M[\text{Nm}]$$

und man erhält

$$M_M = \frac{p_{me} \cdot V_H \cdot 50}{2\pi}$$

$$p_{me}\ [\text{bar}], \quad V_H\ [l], \quad M_M\ [\text{Nm}],$$

mit dem Motormoment [in Nm], dem effektiven Mitteldruck [in bar], V_H der Hubraum [in Litern].

Beispiel 3.4

Das Motorkennfeld eines VW 2,0 TDI Motors mit 125 kW bei 4200 U/min soll betrachtet werden. Dieser Motor entwickelt ein maximales Drehmoment von 350 Nm bei 1750 U/min. Es soll der effektive Mitteldruck bei 1750 U/min und bei 4200 U/min bestimmt werden.

Der eff. Mitteldruck bei Höchstleistung wird direkt aus Umstellen der ersten Gleichung bestimmt:

$$p_{me} = \frac{P \cdot 1200}{V_H \cdot n_M} = \frac{125\,\text{kW} \cdot 1200}{21 \cdot 4200\,\text{U/min}} = 17{,}9\,\text{bar.}$$

Für den Mitteldruck bei maximalem Drehmoment muss erst die Leistung beim maximalen Drehmoment berechnet werden. Danach kann der Mitteldruck bei 1750 U/min bestimmt werden.

$$P = \frac{350\,\text{Nm} \cdot 1750\,\text{U/min} \cdot 2\pi}{60.000} = 64{,}1\,\text{kW}$$

$$p_{me} = \frac{P \cdot 1200}{V_H \cdot n_M} = \frac{64{,}1\,\text{kW} \cdot 1200}{21 \cdot 1750\,\text{U/min}} = 22\,\text{bar.}$$

Alternative Berechnung mit der oben erarbeiteten Gleichung:

$$M_M = \frac{p_{me} \cdot V_H \cdot 50}{2\pi}.$$

Durch Umstellen nach p_{me} erhält man:

$$p_{me} = \frac{M_M \cdot 2\pi}{V_H \cdot 50} = \frac{350\,\text{Nm} \cdot 2\pi}{21 \cdot 50} = 22\,\text{bar.}$$

3.3   Kennungswandler

Als Beispiel für eine Kennungswandlung wird das Kennfeld des VW 2,0 TDI Motors, siehe Abb. 3.25 betrachtet. Der Motor beginnt seine Leistung bei 1000 U/min abzugeben und endet bei einer Drehzahl von 4500 U/min. Approximiert man aus dem Diagramm den Momentenverlauf erhält man die folgenden Werte: 210 Nm bei 1000 U/min, linear steigend bis 350 Nm bei 1750 U/min, konstant 350 Nm bis 2500 U/min, linear fallend auf 300 Nm bis 4200 U/min und 210 Nm bei 4500 U/min.

Das Fahrzeug (VW Passat Alltrack) hat laut Herstellerangabe eine Höchstgeschwindigkeit von 211 km/h. Das Übersetzungsverhältnis im letzten Gang ist mit 2,53 gegeben. Das Fahrzeug steht auf Reifen der Dimension 225/50 R 17, welche einen Radius von etwa 328 mm haben. Angaben über den statischen und dynamischen Halbmesser liegen nicht vor, so dass die Berechnungen mit dem Fertigungshalbmesser durchgeführt werden. Bei 211 km/h dreht sich das Antriebsrad 28,4 mal pro Sekunde, was 1706 U/min entspricht.

$$n_{\mathrm{R}} = \frac{v}{2\pi \cdot r} = \frac{211 \, \mathrm{km/h}}{3{,}6 \cdot (2\pi \cdot 0{,}328 \, \mathrm{m})} = 28{,}4 \, \frac{1}{\mathrm{s}}.$$

Der Motor dreht sich bei dieser Geschwindigkeit 2,53 mal so schnell, woraus sich eine Motordrehzahl von:

$$n_{\mathrm{M}} = i \cdot n_{\mathrm{R}} = 28{,}4 \, \mathrm{/s} \cdot 2{,}53 \cdot 60 \, \mathrm{s/min} = 4313 \, \mathrm{U/min}$$

ergibt. Bei Höchstgeschwindigkeit liegt die Motordrehzahl über der Nenndrehzahl.

Durch die Wandlung des Kennfelds mit dem Faktor 2,53 wird das Moment, welches die Antriebsquelle abgibt, um den Faktor 2,53 vergrößert, die Drehzahl um den Reziprok-Wert verringert. Dieses wirkt sich auf die Geschwindigkeit aus. Stellt man dieses im Fahrwiderstandsschaubild mit den Daten eines Passat Alltrack ($c_{\mathrm{w}} = 0{,}33$, $A = 2{,}34 \, \mathrm{m}^2$, $m = 1815 \, \mathrm{kg}$ und den angenommenen Werten von 0,01 für f_{R} und 89,5 % Wirkungsgrad für den Antriebsstrang) dar, erkennt man in Abb. 3.26, dass Geschwindigkeiten unter 50 km/h gar nicht gefahren werden können und nur wenig Überschusskraft zur Verfügung steht, um außer den Fahrwiderständen noch Steigungs- oder Beschleunigungswiderstand zu überwinden. Der Wirkungsgrad für den Antrieb ist nicht willkürlich gewählt. Wie man im Diagramm sieht, steht bei 4313 U/min (Drehzahl bei Höchstgeschwindigkeit) nicht mehr die maximale Leistung zur Verfügung, sondern, wenn man von einem linearen Abfall des Motormomentes bzw. der Antriebskraft zwischen 4200 U/min und 4500 U/min ausgeht, nur noch eine Antriebskraft von 2025 N. Als Bedarfskraft für eine Fahrt in der Ebene mit 211 km/h braucht das hier beschriebene Fahrzeug nur 1836 N, die Antriebsquelle liefert aber an der Schwungscheibe 2025 N. Die Differenz geht im Antriebsstrang verloren. Daraus lässt sich der Wirkungsgrad im letzten Gang bestimmen:

$$\eta = \frac{1836 \, \mathrm{N}}{2025 \, \mathrm{N}} = 0{,}895 \,\hat{=}\, 89{,}5 \, \%.$$

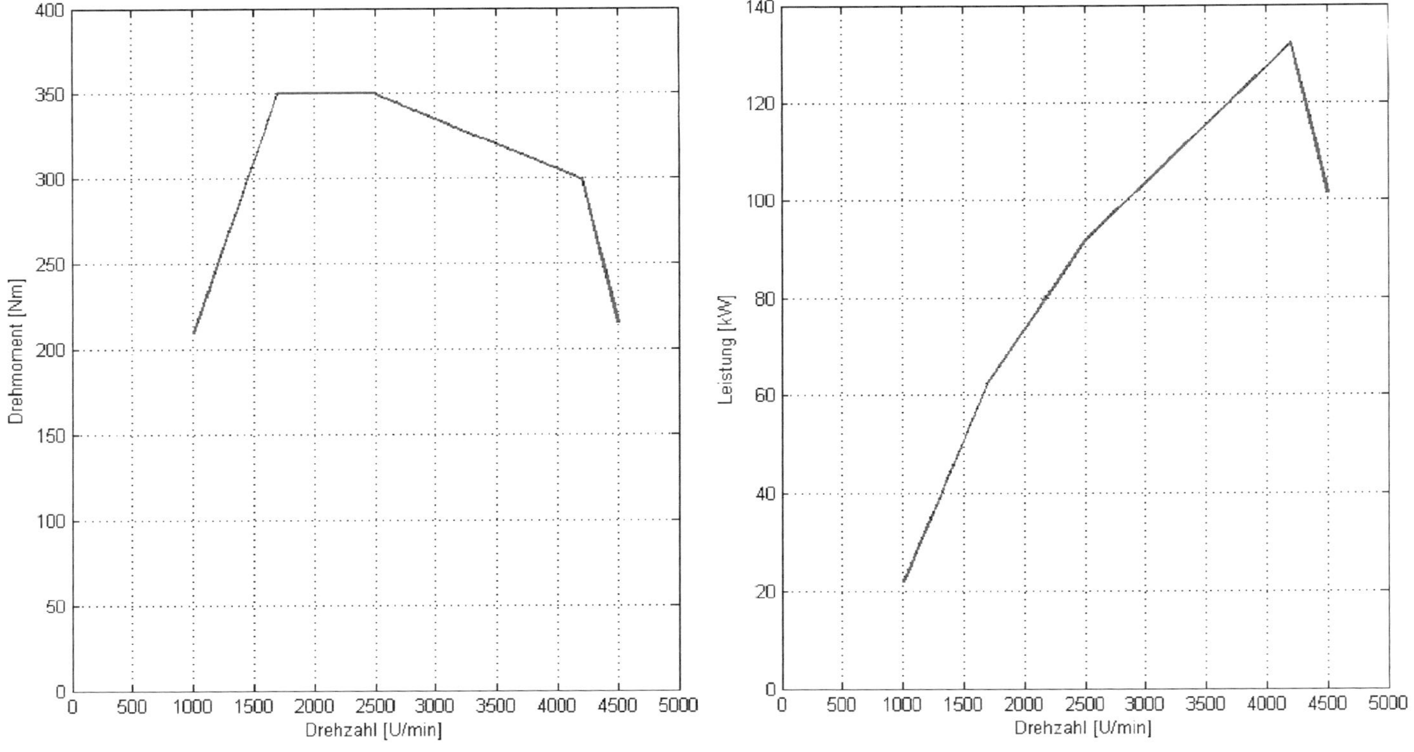

Abb. 3.25 Kennfeld des VW 2,0 TDI Motors (25 kW) nach [7]

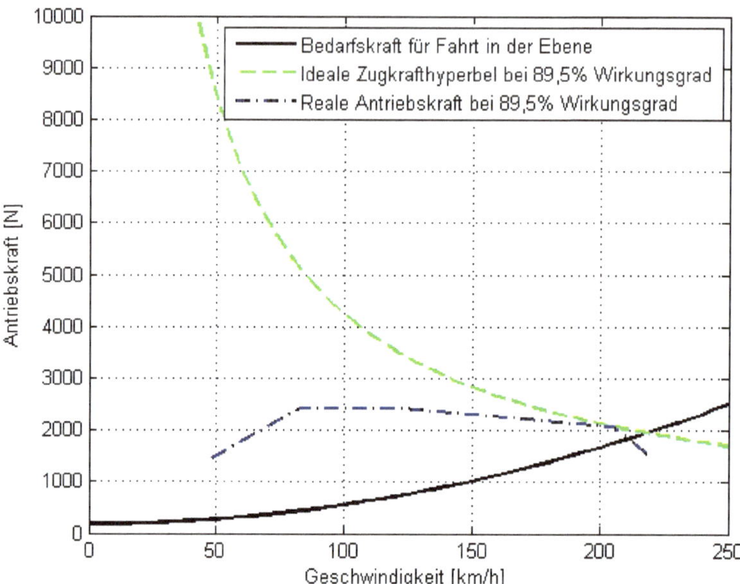

Abb. 3.26 Gewandeltes Antriebskennfeld für das beschriebene Fahrzeug (VW Passat Alltrack 2,0 TDI)

Zum Betrieb eines Fahrzeugs mit Verbrennungsmotor und der dazugehörigen Antriebs-charakteristik braucht man einen Kennungswandler, der zum einen das Moment wandeln kann, zum anderen aber auch die Drehzahl, um die Drehzahllücke zwischen Null und der Mindestdrehzahl des Antriebs zu schließen.

Üblicherweise wird dieser Kennungswandler über eine Reibungskupplung (Drehzahl-wandler) und ein Stufengetriebe (Momentenwandler) dargestellt. Es gibt aber auch an-dere Möglichkeiten, wie eine hydrodynamische Kupplung oder einen hydrodynamischen Wandler. In der Baumaschinentechnik findet man auch hydrostatische Wandler, welche aber über einen vergleichsweise schlechten Wirkungsgrad verfügen.

3.3.1 Momentenwandler

Der Momentenwandler hat die Aufgabe, dass für den Einsatz im Kfz ungeeignete Mo-torkennfeld dem Bedarfskennfeld, der idealen Zugkrafthyperbel, anzupassen. Ideal ist eine stufenlose Drehzahl-/Drehmomentwandlung, damit die vorhandene Motorleistung über den gesamten Geschwindigkeitsbereich verfügbar ist. Ggf. ist auch eine Drehrich-tungsumkehr erforderlich. Grenzen des Wandelbereichs sind die Traktionsgrenze und das Erreichen der Höchstgeschwindigkeit. Das Wandeln des Moments ist auf verschiedene Arten möglich, siehe Tab. 3.1.

Tab. 3.1 Übersicht Getriebebauarten

Getriebe				
Stufengetriebe		Stufenlose Getriebe		
Formschlüssig geschaltet	Kraftschlüssig geschaltet	Mechanisch	Elektrisch	Hydraulisch

Man unterscheidet die Getriebe nach der Art der Kennungswandlung, entweder werden das Moment und die Drehzahl stufenweise oder stufenlos gewandelt. Dieses ist aus fahrdynamischer Sicht die beste Lösung, denn so kann die Leistung, die meistens nur bei einer bestimmten Drehzahl zur Verfügung steht, bei jeder Geschwindigkeit abgerufen werden. Das stufenlose elektrische Getriebe ist der schon erwähnte Hybridantrieb. Hydraulische Lösungen, bei welchen der Verbrennungsmotor eine Hydraulikpumpe antreibt und ein Hydraulikmotor den von der Pumpe aufgebauten Druck wieder in Drehmoment und Drehzahl zurückwandelt, findet man in Baumaschinen. Diese sind wegen ihres schlechten Wirkungsgrads eher selten anzutreffen. Stufenlose mechanische Getriebe (CVT – Continuously Variable Transmission) findet man immer wieder auf dem Markt, meistens als Zugmittelgetriebe mit variierenden Radien.

In Abb. 3.27 ist das Audi CVT Getriebe abgebildet. Deutlich zu erkennen sind die Variatoren auf der Primär- und Sekundärseite. Durch Öldruck kann der Primärscheibensatz zusammengefahren werden, wodurch der Laschenkette ein größerer Radius aufgezwungen wird. In gleichem Maß muss der Sekundärscheibensatz auseinandergefahren werden, so dass die Laschenkette an einem kleineren Radius wirkt. Auf diese Art und Weise kann man nahezu beliebige Übersetzungsverhältnisse realisieren.

Nicht unerwähnt bleiben sollte auch die Variomatik Lösung der Firma DAF, welche schon in den 60er Jahren einen Antriebsstrang mit stufenlosem Getriebe aufgebaut hat.

Abb. 3.27 Audi CVT Getriebe. (Bild: Audi AG)

Abb. 3.28 DAF Variomatik [8]

Das Prinzip der stufenlosen Drehmomentwandlung ist das gleiche, doch geschieht es hier nicht im gekapselten Getriebe, sondern im Antriebsstrang beim Übertragen des Moments auf die Antriebsräder, siehe Abb. 3.28.

Bei den Stufengetrieben, welche das Motormoment in verschiedenen, festen Stufen wandeln, unterscheidet man formschlüssig und kraftschlüssig geschaltete Getriebe. Formschlüssig geschaltete Getriebe besitzen in jedem eingelegten Gang eine formschlüssige Verbindung mit dem Antriebsstrang, kraftschlüssig geschaltete Getriebe übertragen ihr Moment über Reibkupplungen. Kraftschlüssig geschaltete Getriebe findet man überwiegend in Automatikgetrieben, wo man über Planetengetriebe durch das Festbremsen und Freilassen bestimmter Getriebekomponenten die Übersetzung ändert.

Abbildung 3.29 zeigt schematisch die Funktionsweise eines Planetengetriebes. Auf der linken Seite können die Wellen angetrieben oder festgebremst werden, auf der rechten Seite können Moment und Drehzahl abgenommen werden. Treibt man beispielsweise die Welle für das Sonnenrad an und hält die Welle für das Hohlrad fest, kann man mit der Welle für den Planetenträger ein gewandeltes Moment übertragen. Löst man die Bremskupplung des Hohlrades und bremst dafür die Welle mit den Planetenträgern fest, kann man an dem Hohlwellenausgang ein gewandeltes Moment abnehmen, in diesem Fall auch mit Drehrichtungsumkehr. Durch das Hintereinanderschalten mehrerer Planetengetriebe kann man nahezu alle Übersetzungsstufen realisieren.

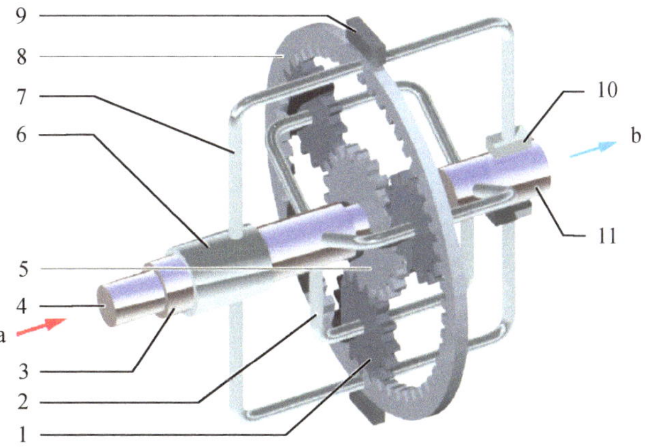

Abb. 3.29 Prinzip-Skizze eines Planetengetriebes [9]. Legende: **a** Antrieb, **b** Abtrieb, *1* Planetenräder, *2* Planetenradträger, *3* Antriebswelle für Planetenradträger, *4* Antriebswelle für Sonnenrad, *5* Sonnenrad, *6* Antriebswelle für Hohlrad, *7* Hohlradträger, *8* Hohlrad, *9* Bremsbacken, *10* Abtriebswelle für Hohlrad, *11* Abtriebswelle für Planetenradträger

In Europa kommt das formschlüssig geschaltete Stufengetriebe am häufigsten in Fahrzeugen zum Einsatz. Hier muss zum Schaltvorgang der Antriebsstrang getrennt werden, eine neue Übersetzungsstufe gewählt und dann der Antriebsstrang wieder geschlossen werden. In Fahrzeugen mit Standardantrieb, also Motor vorne, Antriebsachse hinten, stellt man das üblicherweise als Koaxialgetriebe dar, das heißt, die Eingangswelle fluchtet mit der Ausgangswelle.

An Abb. 3.30 ist die Wirkungsweise eines formschlussigen Stufengetriebes dargestellt. Auf der linken Seite wird das Moment über die Getriebeeingangswelle (1) in das Getriebe eingebracht. Die Getriebeausgangswelle ist in der Eingangswelle gelagert (3), diese sind aber nicht mit einander verbunden. Von der Eingangswelle (1) aus wird das Moment auf die Vorgelegewelle (2) übertragen. Diese überträgt das Moment dann über unterschiedliche Zahnradstufen zurück an die Getriebeausgangswelle (6). Dabei stehen immer alle Zahnräder miteinander im Eingriff, doch von jeder Zahnradstufe kann immer eins der Zahnräder frei drehen und ist nicht fest mit der Ausgangswelle verbunden. Diese Verbindungen werden erst durch synchronisierte Klauenkupplungen (4) realisiert, welche man aktiviert, wenn man einen Gang einlegt. Es kann immer nur ein Gang geschaltet sein. Die Gänge mit der hohen Übersetzung (1./2./Rückwärtsgang) liegen üblicherweise immer am Ausgang des Getriebes, da ab hier die Getriebeausgangswelle für hohe Momente und Kräfte dimensioniert sein muss.

Der Kraftfluss in Abb. 3.30 verläuft wie folgt: Wenn man im ersten Gang losfährt, muss das Zahnrad für den 1. Gang (vorletztes Zahnrad auf der Ausgangswelle, das letzte Zahnrad auf der Ausgangswelle ist der Rückwärtsgang) über die Klauenkupplung mit der Ausgangswelle verbunden sein. Nach dem Anfahren wird in den zweiten Gang geschaltet (Verschieben und Verdrehen der Schaltgabeln (5)), dazu wird die Klauenkupplung aus der Verbindung mit dem Zahnrad des 1. Gangs entfernt und das Zahnrad des 2. Ganges wird formschlüssig über die Klauenkupplung mit der Ausgangswelle verbunden. Beim Einlegen des Ganges sorgt eine Synchroneinrichtung für Drehzahlgleichheit von Welle und Kupplung. Dieses Vorgehen wiederholt sich bis zum 5. Gang. Dieser hat noch eine Beson-

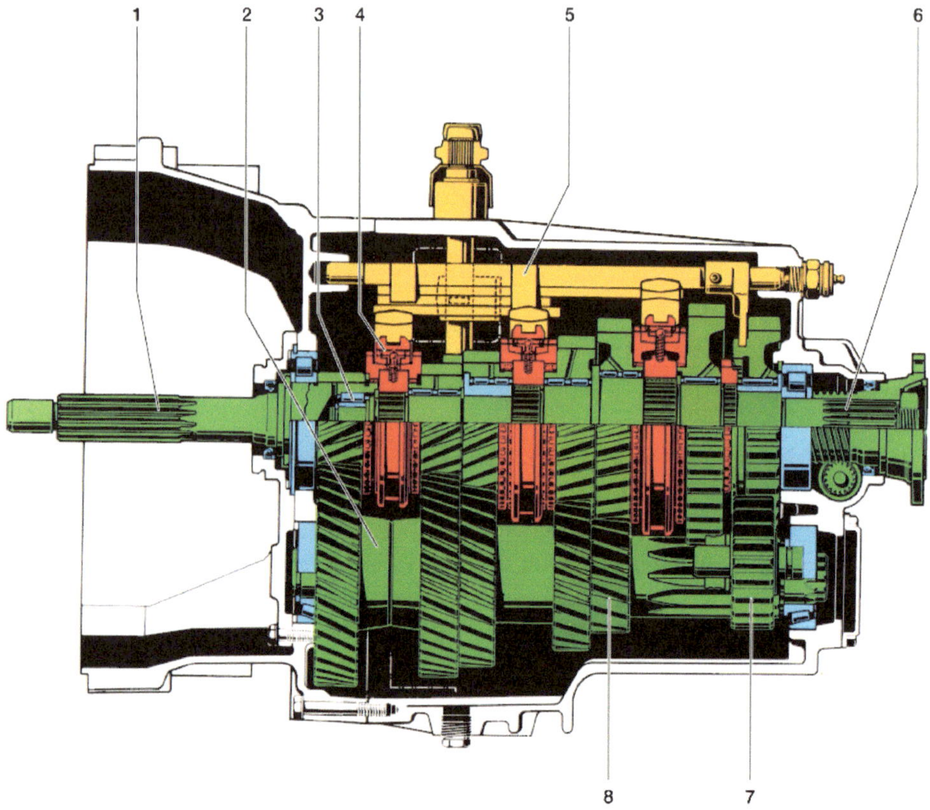

Abb. 3.30 ZF Koaxialgetriebe [9]

derheit, hier verbindet die Klauenkupplung die Eingangswelle mit der Ausgangswelle, es entsteht ein direkter Durchtrieb durchs Getriebe ohne Momentenwandlung. Dieses nennt man Direktgang und da keine Momente umgelenkt werden müssen, hat man in diesem Gang einen besonders guten Wirkungsgrad.

3.3.2 Drehzahlwandler

Zur Überwindung der Anfahrlücke ist ein Drehzahlwandler notwendig. Er muss in der Lage sein, bei laufendem Motor ein Moment auf das stehende Rad zu übertragen. Das Drehmoment ist dabei auf der Antriebs- und Abtriebsseite gleich groß. Ein Drehzahlwandler wandelt die Drehzahl durch Schlupf während des Kuppelvorgangs.

Neben der eigentlichen Aufgabe, dem Überwinden der Anfahrlücke, übernimmt der Drehzahlwandler häufig auch noch die Aufgabe der Trennkupplung zum Unterbrechen des Kraftschlusses bei formschlüssig geschalteten Getrieben. Auch wirkt diese als Sicher-

Abb. 3.31 Reibungskupplung [10]

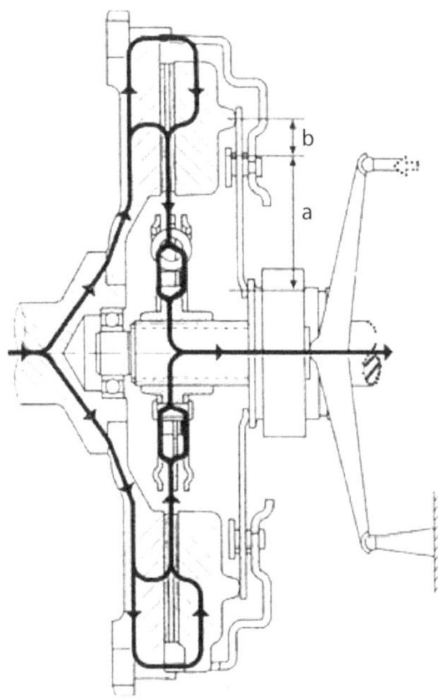

heitskupplung zur Begrenzung des motorseitigen Getriebelastkollektives und zur Dämpfung von Torsionsschwingungen.

Neben dem hydrodynamischen Wandler, wie er in Automatikgetrieben eingesetzt wird, ist die Reibungskupplung die häufigste Form des Drehzahlwandlers.

An Abb. 3.31 soll kurz die Wirkungsweise demonstriert werden. Auf der linken Seite sieht man das Ende der Kurbelwelle mit der Schwungscheibe. In der Kurbelwelle gelagert ist die Getriebeeingangswelle, auf welcher die Kupplungsmittnehmerscheibe sitzt. Diese berührt mit einer Reibfläche die Schwungscheibe, mit der anderen Reibfläche die Andrückplatte der Kupplung, welche mit dem Kupplungskorb verbunden ist und von der Membranfeder fest auf die Schwungscheibe gepresst wird. Tritt man auf das Kupplungspedal, nimmt man über ein axiales Ausrücklager die Federanpresskraft weg und die Schwungscheibe und Andrückplatte geben die Mittnehmerscheibe frei. Die Drehzahl der Getriebeeingangswelle ist unabhängig von der Motordrehzahl. Schließt am die Kupplung wieder, presst die Feder die Mitnehmerscheibe über die Andrückplatte gegen die Schwungscheibe und nach einem kurzen Rutschvorgang stellt sich wieder Drehzahlgleichheit zwischen Motorwelle und Getriebeeingangswelle ein.

Das Moment an einer Kupplung ist auf der Antriebsseite gleich groß wie das auf der Abtriebsseite, doch können die Drehzahlen sich insbesondere im Rutschvorgang stark unterscheiden. Da die Leistung aus Moment mal Winkelgeschwindigkeit gebildet wird hat man beim Einkuppelvorgang eine größere Leistung als an der langsamer drehenden Abtriebsseite. Die Differenz zwischen Eingangs- und Abtriebsleistung ist Verlustleistung und muss in Form von Wärme aus der Kupplung abgeführt werden.

Abb. 3.32 Skizze zur Analyse
einer Reibungskupplung

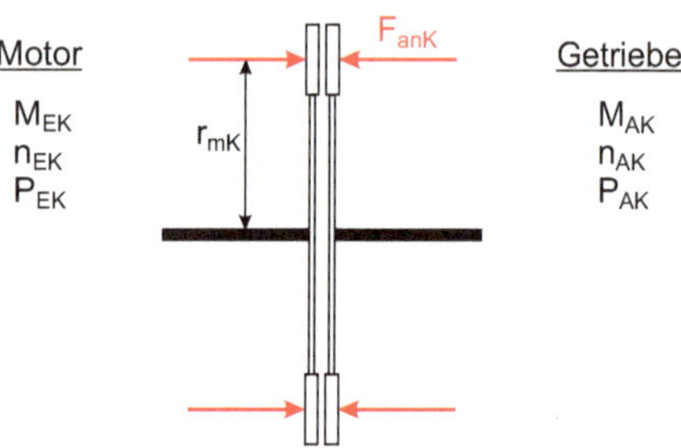

Mit der kleinen Skizze, Abb. 3.32, lässt sich das übertragbare Moment an einer Kupplung bestimmen. Die Reibflächen werden mit der Anpresskraft $F_{an,K}$ aufeinander gepresst, dabei können Sie die Reibkraft

$$F_{K,R} = \mu \cdot F_{an,K}$$

am mittleren Kupplungshalbmesser $r_{m,K}$ übertragen, wobei μ der Reibbeiwert der Mitnehmerscheibe auf dem Schwungrad ist. Hat die Kupplung mehrere Reibflächen, typischerweise zwei, wird an jeder Reibfläche eine Reibkraft gebildet. Mit z_K als Anzahl der Reibflächen bestimmt sich das übertragbare Moment der Kupplung zu:

$$M_{E,K} = M_{A,K} = M_K = \mu \cdot F_{an,K} \cdot r_{m,K} \cdot z_K.$$

Bei unterschiedlichen Eingangs- und Ausgangsdrehzahlen bestimmen sich die Eingangs- und Ausgangsleistung zu:

$$P_{E,K} = \omega_{E,K} \cdot M_K; \quad P_{A,K} = \omega_{A,K} \cdot M_K.$$

Für den eingangs beschriebenen Passat Alltrack soll das gewandelte Antriebskennfeld mit seinen sechs Gängen darstellt werden. Die Übersetzungsstufen sind gegeben:

$$i_1 = 15,15; \ i_2 = 8,98; \ i_3 = 5,69; \ i_4 = 3,94; \ i_5 = 3,03; \ i_6 = 2,53.$$

In Abb. 3.33 ist für alle Gangstufen mit dem gleichen Wirkungsgrad (89,5 %) gerechnet worden. Wie im Abschnitt Momentenwandler beschrieben, kann der Wirkungsgrad in den verschiedenen Gängen differieren. Das Antriebskennfeld zeigt eine maximale Antriebskraft von 14.469 N, bei einem Fahrzeug, welches mit einer Person beladen 1815 kg wiegt und über einen Allradantrieb verfügt, dürfte hier die Traktionsgrenze auf trockener Straße noch nicht erreicht sein. Man sieht, dass die ersten drei Gänge recht weit auseinander liegen und dadurch deutlich sichtbare Lücken zwischen der Antriebskraft in den Gängen eins bis drei und der idealen Zugkrafthyperbel entstehen. Die nächsten drei Gänge liegen dichter beieinander, die Lücken zur idealen Zugkrafthyperbel werden kleiner. Eine solche Antriebsauslegung sorgt bei einem Pkw dafür, dass man in den meistgefahrenen Gängen das Leistungspotential des Fahrzeugs fast vollständig ausschöpfen kann.

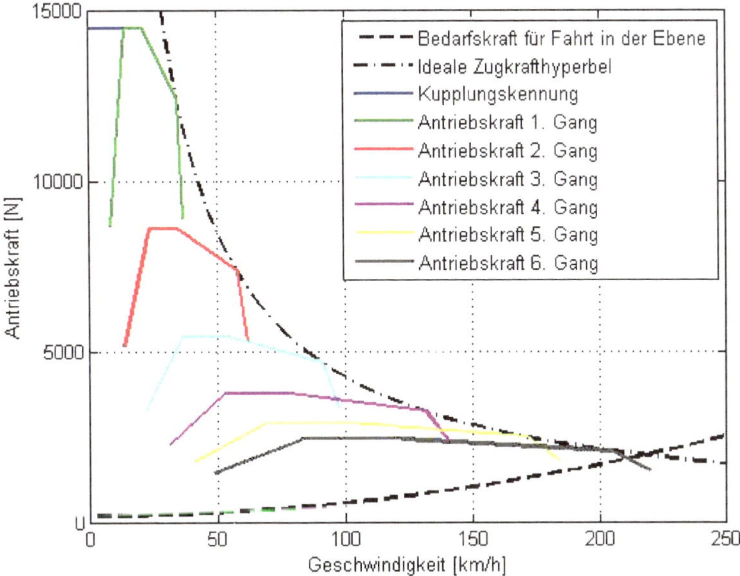

Abb. 3.33 Antriebskennfeld des VW Passat 2,0 (125 kW) TDI Alltrack

Ohne einen Drehzahlwandler könnte das Fahrzeug im 1. Gang den Geschwindigkeitsbereich zwischen 0 und 8,2 km/h nicht befahren. Durch den Einsatz einer Reibungskupplung wird dieser Bereich zugänglich gemacht. Wählt der Fahrer als Anfahrdrehzahl eine Drehzahl zwischen 1750 U/min und 2500 U/min, stehen ihm zum Anfahren die vollen 14.469 N zur Verfügung.

3.4 Fahrleistungen und Verbrauch

Nachdem eine Antriebsquelle für ein bestimmtes Fahrzeug gewählt wurde, kann man das reale Fahrzustandsdiagramm erstellen, wie es in Abb. 3.33 vorgestellt wurde. Die Einhüllende der Antriebskräfte stellt das reale Antriebskennfeld dar, also den Zusammenhang, bei welcher Geschwindigkeit man über welche Kraft verfügen kann, siehe Abb. 3.34.

Zur Überwindung der Anfahrlücke ist ein Drehzahlwandler notwendig. Er muss in der Lage sein, bei laufendem Motor ein Moment auf das stehende Rad zu übertragen. Das Drehmoment ist dabei auf der Antriebs- und Abtriebsseite gleich groß. Ein Drehzahlwandler wandelt die Drehzahl durch Schlupf während des Kuppelvorgangs.

Mit Kenntnis des realen Antriebskennfelds lassen sich Aussagen über die Höchstgeschwindigkeit in der Ebene, die Steig- und die Beschleunigungsfähigkeit treffen. Steht desweitern das Kraftstoffverbrauchsdiagramm zur Verfügung, kann man auch Aussagen über den Kraftstoffverbrauch machen. Diese Betrachtungen fasst man unter dem Oberbegriff *Fahrleistungen* zusammen, es wird analysiert, was ein Fahrzeug durch den Einsatz

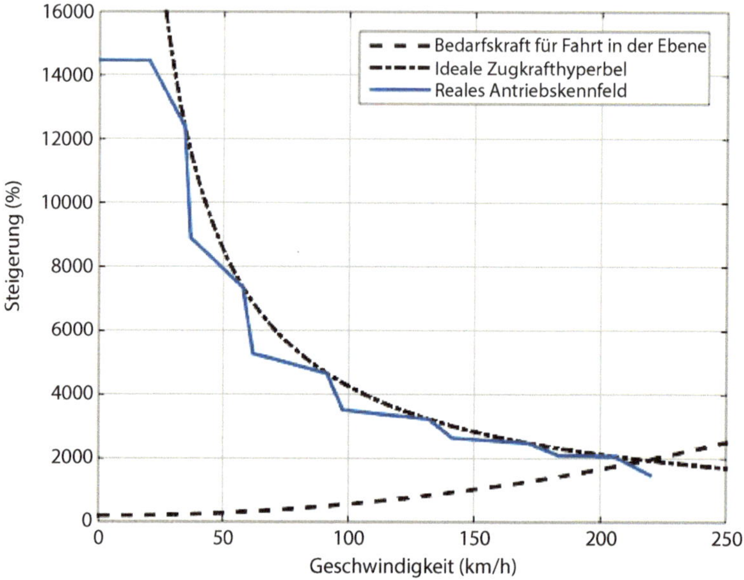

Abb. 3.34 Reales Antriebskennfeld des Passat 2,0 TDI

einer bestimmten Antriebsquelle zu leisten vermag. Im nächsten Kapitel unter dem Oberbegriff *Fahrgrenzen* wird analysiert, ob man diese Fahrleistungen realisieren kann, oder
ab wann der Rad-Fahrbahnkontakt die für diese Fahrleistungen notwendigen Kräfte nicht
mehr übertragen kann.

3.4.1 Höchstgeschwindigkeit

Die Höchstgeschwindigkeit eines Fahrzeugs wird durch den Schnittpunkt der durch den
Antrieb zur Verfügung gestellten Kraft und der Bedarfskraft zum Überwinden der Fahrwiderstände definiert. Man unterscheidet zwischen der theoretisch erreichbaren und der
real erzielbaren Höchstgeschwindigkeit eines Fahrzeugs. Im ersten Fall setzt man die maximale Leistung an den Antriebsrädern unter Berücksichtigung des Wirkungsgrads des
Kennungswandlers η_K mit der Leistung der Bedarfskraft gleich:

$$P_{An} = P_M \cdot \eta_K = F_{Bed} \cdot v_{max} = P_{Bed}$$

$$P_M \cdot \eta_K = \left[mg f_R + \frac{1}{2} \varrho_L c_w A v_{max}^2 + mg \sin(\alpha) \right] \cdot v_{max}.$$

Bestimmt man die Höchstgeschwindigkeit in der Ebene, entfällt der Steigungswiderstand. Für die Höchstgeschwindigkeit ergibt sich daraus eine kubische Gleichung aus

welcher man die Höchstgeschwindigkeit bestimmen kann:

$$mg f_{\mathrm{R}} \cdot v_{\max} + \frac{1}{2} \varrho_{\mathrm{L}} c_{\mathrm{w}} A v_{\max}^3 = P_{\mathrm{M}} \cdot \eta_{\mathrm{K}}.$$

Beispiel 3.5

Es soll die Höchstgeschwindigkeit eines Fahrzeugs mit den Daten $c_{\mathrm{w}} = 0{,}4$, $A = 1{,}8\,\mathrm{m}^2$, $m = 1400\,\mathrm{kg}$, $f_{\mathrm{R}} = 0{,}01$, Wirkungsgrad des Kennungswandlers $\eta_{\mathrm{K}} = 88\,\%$ bestimmt werden, wenn dieses mit einem Antrieb ausgestattet ist, welcher 85 kW leistet.

$$1400\,\mathrm{kg} \cdot 9{,}81\,\frac{\mathrm{m}}{\mathrm{s}^2} \cdot 0{,}01 \cdot v_{\max} + \frac{1}{2} \cdot 1{,}25\,\frac{\mathrm{kg}}{\mathrm{m}^3} \cdot 0{,}4 \cdot 1{,}8\,\mathrm{m}^2 \cdot v_{\max}^3 = 85.000\,\mathrm{W} \cdot \eta_{\mathrm{K}}$$

$$137\,\mathrm{N} \cdot v_{\max} + 0{,}45\,\frac{\mathrm{Ns}^2}{\mathrm{m}^2} \cdot v_{\max}^3 = 74.800\,\mathrm{W}$$

$$v_{\max} = 53{,}1\,\frac{\mathrm{m}}{\mathrm{s}}.$$

Als Höchstgeschwindigkeit erhält man 53,1 m/s bzw. 191 km/h. Bei dieser Vorgehensweise setzt man voraus, dass die maximale Antriebsleistung auch bei der

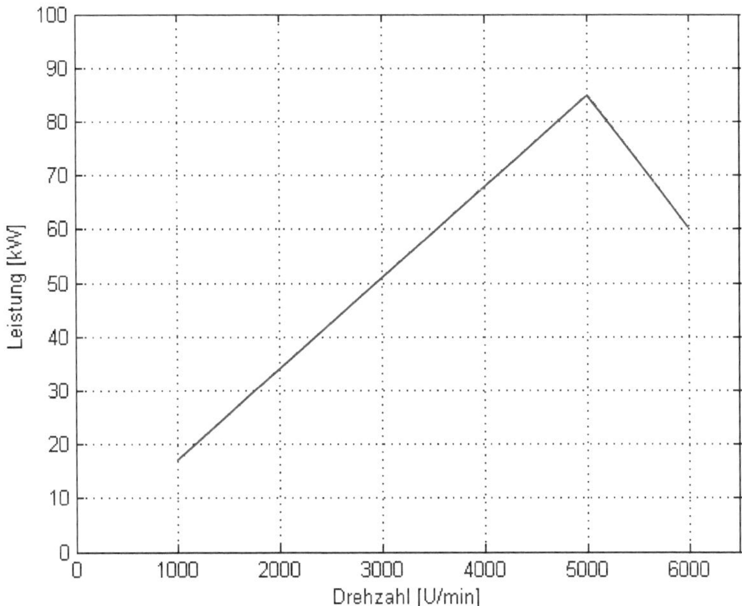

Abb. 3.35 Leistungskennung für das im Beispiel beschriebene Fahrzeug

Höchstgeschwindigkeit zur Verfügung steht. Das ist nicht selbstverständlich der Fall, denn bei einem Verbrennungsmotor steht üblicherweise die maximale Leistung nur bei einer Drehzahl zur Verfügung.

Um diesen Sachverhalt anschaulich darzustellen, betrachtet man das oben genannte Fahrzeug mit den Daten $c_\mathrm{w} = 0{,}4$, $A = 1{,}8\,\mathrm{m}^2$, $m = 1400\,\mathrm{kg}$, $f_\mathrm{R} = 0{,}01$, Wirkungsgrad des Kennungswandlers $\eta_\mathrm{K} = 88\,\%$ und der in Abb. 3.35 gegebenen Leistungskennung ($P = 17\,\mathrm{kW}$ bei 1000 U/min, $P_\mathrm{max} = 85\,\mathrm{kW}$ bei 5000 U/min, $P = 60\,\mathrm{kW}$ bei 6000 U/min). Der Reifenradius ist 0,3 m, die Übersetzung des Getriebes im letzten Gang ist 1 : 1, das Achsgetriebe hat eine Übersetzung von 3,7.

Aus Abb. 3.35 interessiert besonders die drehzahlabhängige Leistung. Zur Vereinfachung wird angenommen, dass die Leistung bis 5000 U/min linear mit der Drehzahl steigt. Dann kann man die Leistung auch geschwindigkeitsabhängig im letzten Gang darstellen. Für Geschwindigkeiten kleiner als 153 km/h (entspricht einer Motordrehzahl von 5000 U/min im letzten Gang) gilt der Zusammenhang:

$$P_\mathrm{M} = \frac{85.000\,\mathrm{W}}{5000\,\mathrm{U/min}} \cdot n_\mathrm{M}.$$

Bezeichnet man i als Gesamtübersetzungsverhältnis des Kennungswandlers erhält man den Zusammenhang zwischen Motordrehzahl und Geschwindigkeit

$$v = \frac{n_\mathrm{M}}{60 \cdot i} \cdot 2\pi \cdot r_\mathrm{dyn}; \quad \text{bzw.} \quad n_\mathrm{M} = \frac{v \cdot 60 \cdot i}{2\pi \cdot r_\mathrm{dyn}}$$

und die Leistung folgt zu

$$P_\mathrm{M} = \frac{85.000\,\mathrm{W}}{5000\,\mathrm{U/min}} \cdot \frac{v_\mathrm{max} \cdot 60 \cdot i}{2\pi \cdot r_\mathrm{dyn}} = 2002{,}2\,\frac{\mathrm{W\,s}}{\mathrm{m}} \cdot v_\mathrm{max} \cdot \eta_\mathrm{K}.$$

Die Gleichung für die geschwindigkeitsabhängige Leistung des Antriebs ist mit der Bedarfsleistung gleichzusetzen

$$137\,\mathrm{N} \cdot v_\mathrm{max} + 0{,}45\,\frac{\mathrm{N\,s}^2}{\mathrm{m}^2} \cdot v_\mathrm{max}^3 = 2002{,}2\,\frac{\mathrm{W\,s}}{\mathrm{m}} \cdot v_\mathrm{max} \cdot \eta_\mathrm{K}$$

und man erhält eine erreichbare Höchstgeschwindigkeit von 60 m/s, was 216 km/h entspricht. Dort gilt die Leistungsfunktion nicht mehr, sie war nur bis zu Geschwindigkeiten von 153 km/h gültig. Für Geschwindigkeiten über 153 km/h muss der zweite Abschnitt untersucht werden, wenn die Drehzahl höher als 5000 U/min und somit die Geschwindigkeit größer als 153 km/h ist. Die Motorleistung als Geschwindigkeitsfunktion ist dann wie folgt definiert:

$$P_{\mathrm{M}} = 85.000\,\mathrm{W} - \frac{25.000\,\mathrm{W}}{1000\,\mathrm{U/min}} \cdot (n_{\mathrm{M}} - 5000\,\mathrm{U/min})$$

$$P_{\mathrm{M}} = 85.000\,\mathrm{W} - \frac{25.000\,\mathrm{W}}{1000\,\mathrm{U/min}} \cdot \left(\frac{v \cdot 60 \cdot i}{2\pi \cdot r_{\mathrm{dyn}}} - 5000\,\mathrm{U/min} \right)$$

$$P_{\mathrm{M}} = 85.000\,\mathrm{W} - \frac{25.000\,\mathrm{W}}{1000\,\mathrm{U/min}} \cdot (117{,}8 \cdot v - 5000\,\mathrm{U/min}).$$

Gleichsetzten liefert:

$$0{,}88 \cdot \left[85.000\,\mathrm{W} - \frac{25.000\,\mathrm{W}}{1000\,\mathrm{U/min}} \cdot (117{,}8 \cdot v_{\mathrm{max}} - 5000\,\mathrm{U/min}) \right]$$

$$= 137\,\mathrm{N} \cdot v_{\mathrm{max}} + 0{,}45\,\frac{\mathrm{N}\,\mathrm{s}^2}{\mathrm{m}^2} \cdot v_{\mathrm{max}}^3.$$

Das Auflösen nach v_{max} ergibt eine real erreichbare Höchstgeschwindigkeit von 48,7 m/s, also 175 km/h.

Sie unterscheidet sich in diesem Beispiel um ca. 16 km/h von der theoretisch erreichbaren Höchstgeschwindigkeit (191 km/h), siehe oben.

Den Grund für diese geringere Höchstgeschwindigkeit kann man gut im Fahrzustandsdiagramm, Abb. 3.36, erkennen. Eingezeichnet ist die ideale Zugkrafthyperbel, welche die zur Verfügung stehende Kraft beschreibt, wenn die Leistung über die Drehzahl, bzw. die Geschwindigkeit konstant wäre. Sie hat einen Schnittpunkt mit der real installierten Antriebskennung bei der Drehzahl 5000 U/min, bzw. 153 km/h, da der Motor in diesem Punkt seine maximale Leistung abgibt. Die Annahme einer linear mit der Drehzahl ansteigenden Leistung führt zu einem konstanten Moment bzw. einer konstanten Antriebskraft. Über 5000 U/min fällt die Leistung, wodurch sich ein fallender Antriebskraftverlauf ergibt. Der Schnittpunkt der Antriebskennung mir der Bedarfskurve liefert die Höchstgeschwindigkeit, welche in diesem Fall bei 175 km/h liegt. Die theoretisch mögliche Höchstgeschwindigkeit liest man am Schnittpunkt der Bedarfskraft mit der idealen Zugkrafthyperbel ab. Will man diese erreichen, muss man den Antriebsstrang so konfigurieren, dass der Motor bei der theoretischen Höchstgeschwindigkeit genau mit der Nenndrehzahl dreht.

Bei der Auslegung des Antriebsstranges gibt es unterschiedliche Konzepte. Das eine und häufigste Konzept ist die oben beschriebene v_{max}-Auslegung. Hier möchte man mit dem Fahrzeug die maximal mögliche Höchstgeschwindigkeit erreichen. Weitere Auslegungsmöglichkeiten sind die unterdrehende oder überdrehende Auslegung. Bei der unterdrehenden Auslegung wird die Höchstgeschwindigkeit unterhalb der Nenndrehzahl

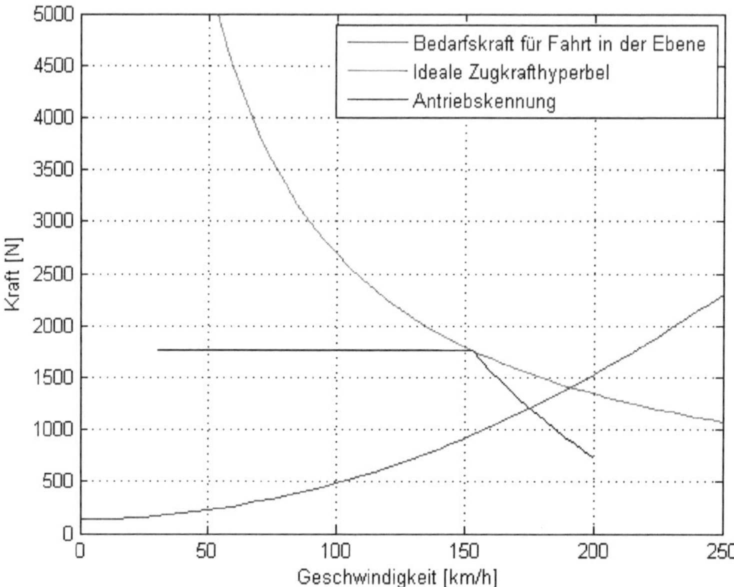

Abb. 3.36 Fahrzustandsdiagramm für das Fahrzeug mit der Leistungskennung aus (Abb. 3.25)

erreicht, das Fahrzeug fährt mit geringeren Drehzahlen als bei der v_{max}-Auslegung. Das macht das Fahrzeug ruhiger und hebt den Momentenbedarf bei gleicher Leistung. Üblicherweise hat diese Veränderung des Betriebspunktes ein Absenken des Kraftstoffverbrauchs zur Folge. Dem gegenüber steht die überdrehende Auslegung. Hier wird die Höchstgeschwindigkeit über der Nenndrehzahl erreicht. Das Fahrzeug fährt mit höherer Drehzahl als bei der v_{max}-Auslegung, hat dabei aber einen größeren Zugkraftüberschuss. Diese Auslegung kommt häufig bei Nutzfahrzeugen vor, diese erreichen ihre Höchstgeschwindigkeit gar nicht, da sie vom Gesetzgeber restringiert sind. Zum Transport von Ladung in Steigungen brauchen diese aber einen hohen Zugkraftüberschuss.

3.4.2 Steigfähigkeit

Zur Bestimmung der maximalen Steigfähigkeit muss die zur Verfügung stehende Antriebskraft mit den Fahrwiderständen inkl. des Steigungswiderstands im Gleichgewicht stehen.

$$F_{AN} = mg f_R + \frac{1}{2}\varrho_L c_w A v^2 + mg \sin(\alpha).$$

Möchte man das Potential an Steigfähigkeit eines Fahrzeugs in einem Diagramm darstellen, ordnet man die oben genannte Gleichung um und man erhält eine Funktion für

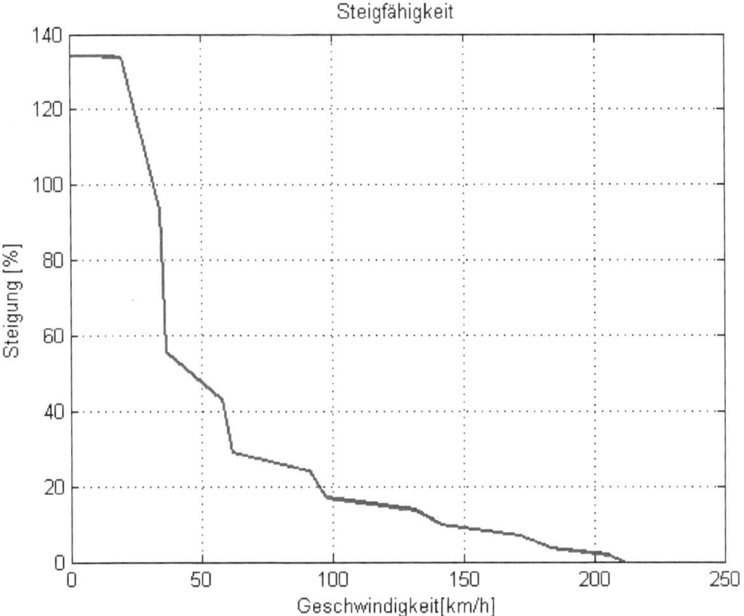

Abb. 3.37 Steigfähigkeit des Passat Alltrack

den maximalen Steigungswinkel über der Geschwindigkeit:

$$\sin(\alpha) = \frac{F_{\text{An}} - mg f_{\text{R}} - \frac{1}{2}\varrho_{\text{L}} c_{\text{w}} A v^2}{mg}.$$

Dieser Sachverhalt soll am Beispiel des Passats Alltrack, für welchen schon das reale Antriebskennfeld entwickelt wurde, dargestellt werden.

Aus der Abb. 3.37 kann man ablesen, dass die maximale Steigfähigkeit bei ca. 54° liegt, diese aber mit zunehmender Geschwindigkeit stark abnimmt. Die hohe Steigfähigkeit bei langsamen Geschwindigkeiten bedingt den Einsatz der Kupplung. In einer Steigung von 5°, dieses entspricht ca. 9 % Steigung, sinkt die Höchstgeschwindigkeit des Fahrzeugs auf ca. 150 km/h.

3.4.3 Beschleunigungsfähigkeit

Die maximale Beschleunigungsfähigkeit kann man, analog zur Steigfähigkeit, aus der Differenz der zur Verfügung stehenden Antriebskraft und den Fahrwiderständen bestimmen:

$$F_{\text{AN}} = mg f_{\text{R}} + \frac{1}{2}\varrho_{\text{L}} c_{\text{w}} A v^2 + \lambda \cdot m \cdot \ddot{x}.$$

Die mögliche Beschleunigung erhält man wieder durch das Umstellen der Gleichung
und dem Auflösen nach $\ddot{x}$:

$$\ddot{x} = \frac{F_{AN} - mg f_R - \frac{1}{2}\varrho_L c_w A v^2}{\lambda \cdot m}.$$

Auch dieses soll am Beispiel des Passat Alltrack veranschaulicht werden. Dazu müssen
noch Annahmen für die Drehmassenzuschlagsfaktoren in den einzelnen Gängen getroffen
werden. Folgende Drehmassenzuschlagsfaktoren können als Erfahrungswerte angenom-
men werden: $\lambda_1 = 1{,}4$; $\lambda_2 = 1{,}15$; $\lambda_3 = 1{,}1$; $\lambda_4 = 1{,}08$; $\lambda_5 = 1{,}04$; $\lambda_6 = 1{,}02$.

Aus Abb. 3.38 kann man die maximale Beschleunigungsfähigkeit von ca. $5{,}6\,\text{m/s}^2$ ablesen und sehen, dass die Beschleunigungsfähigkeit dann abnimmt. Bei $100\,\text{km/h}$ sinkt
diese schon auf ca. $1{,}5\,\text{m/s}^2$. Aus diesem Diagramm wird klar, warum man für die Beschleunigung eines Fahrzeugs nicht einen einzelnen Wert angibt, sondern die Wirkung
der Beschleunigung über einen bestimmten Zeitraum. Im folgenden Abschnitt wird gezeigt, wie man aus dem Beschleunigungsdiagramm die Zeit bestimmen kann, welche ein
Fahrzeug braucht um zum Beispiel von 0 auf $100\,\text{km/h}$ zu beschleunigen.

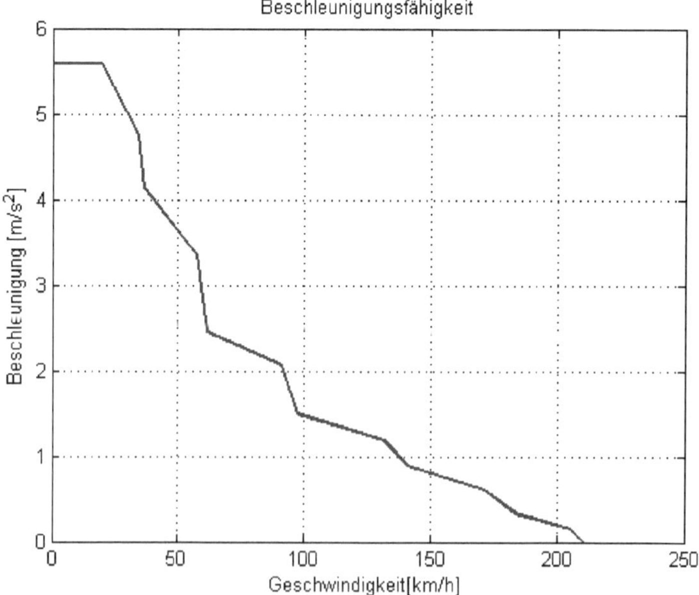

Abb. 3.38 Beschleunigungsfähigkeit des Passat Alltrack, mit angenommenen Drehmassenzuschlagsfaktoren

Beispiel 3.6

Welche Beschleunigung kann ein Fahrzeug mit den Daten $c_\mathrm{w} = 0{,}3$, $A = 2\,\mathrm{m}^2$, $m = 1400\,\mathrm{kg}$, $f_\mathrm{R} = 0{,}01$, Wirkungsgrad des Antriebstrangs 88 % und der in Abb. 3.39 gegebenen Leistungskennung im 1. Gang erreichen? Der Reifenradius beträgt 0,3 m, die Übersetzung des Getriebes im ersten Gang ist 3,5, das Achsgetriebe hat eine Übersetzung von 4,5, die „rotierende Masse" im ersten Gang entspricht 30 % des Fahrzeuggewichts.

Dem Diagramm kann man entnehmen, dass bei 2500 U/min das größte Drehmoment anliegt, da eine Hilfsgerade, die durch den Ursprung läuft und sich von der y-Achse dem Graphen nähert diesen Punkt (2500 U/min, 30 kW) als erstes „berühren" würde. In diesem Punkt ergibt sich ein Drehmoment von:

$$M = \frac{P}{\omega} = \frac{30.000\,\mathrm{W} \cdot 60\,\mathrm{s/m}}{2\pi \cdot 2500\,\mathrm{U/min}} \cdot 0{,}88 = 100{,}8\,\mathrm{Nm}.$$

Wählt der Fahrer diesen Betriebspunkt zum Einkuppeln, steht ihm während des ganzen Kupplungsvorgangs das Moment zur Verfügung. Seine Beschleunigung ergibt sich dann zu

$$\ddot{x} = \frac{M \cdot i}{r_\mathrm{stat} \cdot \lambda \cdot m} = \frac{100{,}8\,\mathrm{Nm} \cdot 3{,}5 \cdot 4{,}5}{0{,}3 \cdot 1{,}3 \cdot 1400\,\mathrm{kg}} = 2{,}91\,\mathrm{m/s}^2.$$

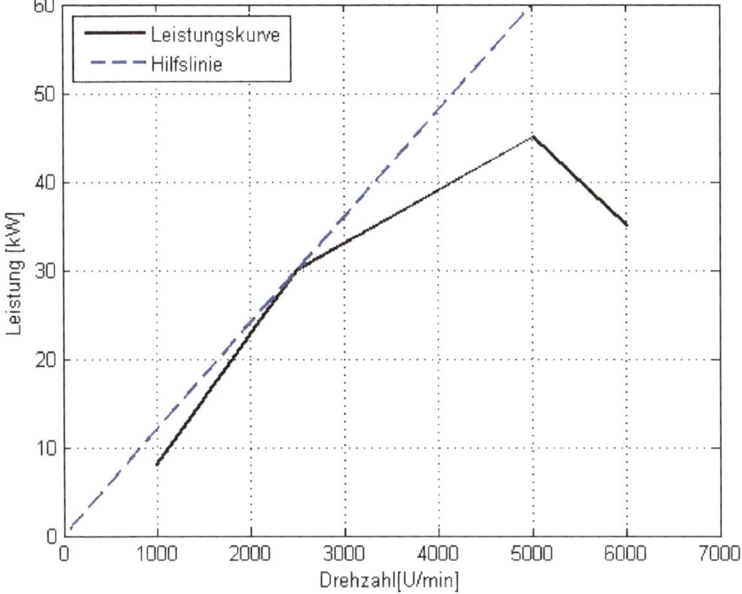

Abb. 3.39 Leistungskennung für das Beispiel

Roll- und Luftwiderstand wurden hier vernachlässigt. Berücksichtigt man den Rollwiderstand (im Anfahrvorgang ist der Luftwiderstand null), ergibt sich dieser zu

$$F_\text{R} = 1400\,\text{kg} \cdot 9{,}81\,\frac{\text{m}}{\text{s}^2} \cdot 0{,}01 = 137{,}34\,\text{N}$$

und die Antriebskraft zu

$$F_\text{A} = \frac{M \cdot i}{r_\text{stat}} = \frac{100{,}8\,\text{Nm} \cdot 3{,}5 \cdot 4{,}5}{0{,}3} - 137{,}34\,\text{N} = 5154{,}7\,\text{N}$$

und somit auch eine um 2,6 % verringerte Beschleunigung von 2,84 m/s^2.

3.4.4 Geschwindigkeit, Weg und Zeiten

Aus dem vorangegangenen Abschnitt wird deutlich, dass die Beschleunigung keine konstante Größe ist, sondern sich über die Geschwindigkeit ändert. Die Angabe eines einzelnen Beschleunigungswertes zur Charakterisierung der Fahrdynamik ist daher nicht sinnvoll. Üblicherweise werden Aussagen über Geschwindigkeiten oder Wege nach einer bestimmten Zeit gemacht.

Da die Beschleunigung eine Funktion der Geschwindigkeit ist, kann man die Geschwindigkeit nicht so einfach, wie in der Physik gelernt, bestimmen, indem die Beschleunigung über die Zeit integriert wird.

$$a = \frac{\mathrm{d}v}{\mathrm{d}t} \rightarrow \int \mathrm{d}v = \int a\,\mathrm{d}t \rightarrow v(t) = \int a\,\mathrm{d}t.$$

Die Beschleunigung ändert sich über der Zeit, doch ist dieser Zusammenhang nicht explizit gegeben. Was bekannt ist, ist die Beschleunigung als Funktion der Geschwindigkeit. Doch kann man die Definition der Beschleunigung nutzen, um die Geschwindigkeit zu ermitteln, indem die von der Geschwindigkeit abhängige Beschleunigung auf die Gleichungsseite gebracht wird, auf welcher nach der Geschwindigkeit integriert wird. Dieses Vorgehen, das Trennen der Veränderlichen, liefert dann als Ergebnis die Zeit als Funktion der Geschwindigkeit:

$$a(v) = \frac{\mathrm{d}v}{\mathrm{d}t} \rightarrow \int \mathrm{d}t = \int \frac{1}{a(v)}\,\mathrm{d}v \rightarrow t = \int \frac{1}{a(v)}\,\mathrm{d}v.$$

Durch Bilden der Umkehrfunktion erhält man $v(t)$ und kann die Geschwindigkeit nach der Zeit integrieren, um den Weg zu erhalten.

Am Beispiel des Passat Alltrack soll dieses demonstriert werden. Die maximal mögliche Beschleunigung (Beschleunigungsfähigkeit) als Funktion der Geschwindigkeit ist

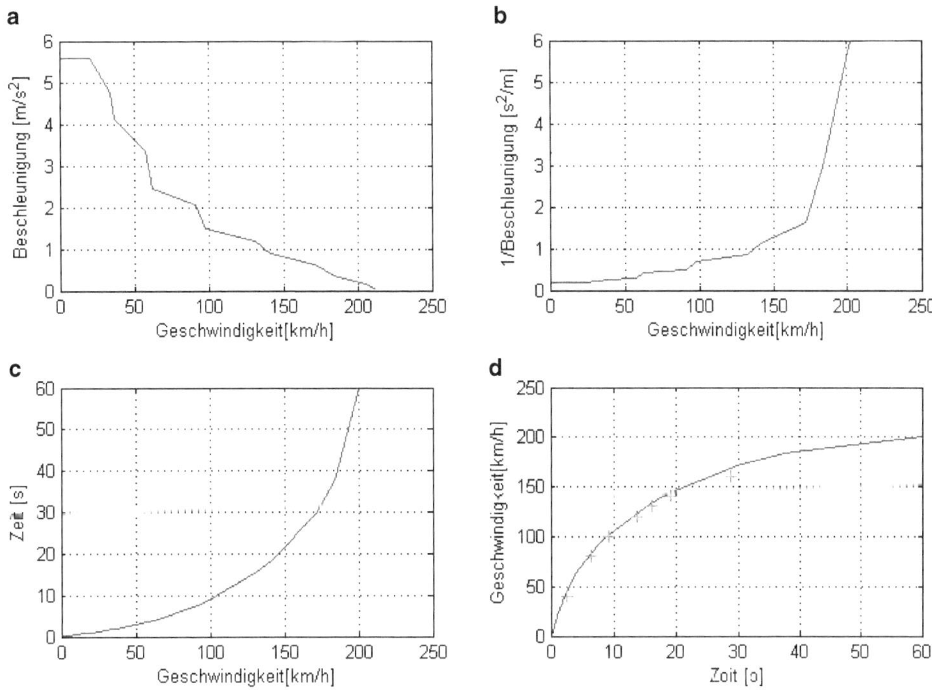

Abb. 3.40 Bestimmen der Geschwindigkeit-Zeit-Funktion aus der Beschleunigungsfähigkeit

bekannt, siehe Abb. 3.38. Dieser Zusammenhang ist unstetig, auch sind die Funktionen nicht bekannt, so dass sich hier eine numerische Integration anbietet. Dazu wird zuerst die Funktion $1/a(v)$ gebildet. Diese wird dann numerisch mit der Trapezregel über Stützpunkte integriert. Das Ergebnis liefert $t(v)$. Die Umkehrfunktion ist dann $v(t)$.

Abbildung 3.40 zeigt die Diagramme zu den Berechnungen am Passat Alltrack. Im vierten Diagramm, der Geschwindigkeit-Zeit-Funktion, sind die Messungen der Zeitschrift „AutoMotorSport" für das betrachtete Fahrzeug als Kreuze eingetragen. Unter Berücksichtigung der sehr einfachen Integration und der Annahmen für die Drehmassenzuschlagsfaktoren zeigt sich eine akzeptable Übereinstimmung.

3.4.5 Verbrauch

Ebenfalls unter dem Kapitel Fahrleistungen soll der Kraftstoffverbrauch bestimmt werden. Wenn dieser auch im eigentlichen Sinn kein Kriterium der Leistung ist, hat er großen Einfluss auf die Gestaltung des Antriebsstrangs und ist ein wesentliches Kriterium beim Kauf eines Kraftfahrzeuges.

Spricht man über den Verbrauch eines Kraftfahrzeuges, denkt man an den Verbrauch von Kraftstoff auf eine bestimmte Stecke. In Europa sind das üblicherweise 100 km. In anderen Ländern hat man sich an andere Definitionen gewöhnt, in den USA z. B. gibt man den Kraftstoffverbrauch in Miles per Gallone [MPG] an. Die Angabe bezieht sich also darauf, wie weit man mit einer bestimmten Menge Kraftstoff [1 Gallone sind 3,785 l] kommt.

Beispiel 3.7
Ein Fahrzeug verbraucht 8 l Kraftstoff auf 100 km. Wie groß ist der Verbrauch, gemessen in Miles per Gallone [eine Mile = 1,609 km; eine Gallone = 3,785 l]?

Mit 3,785 l kann das beschriebene Fahrzeug 3,875 l/8 l · 100 km, also 47,3 km weit fahren. Dies entspricht 47,3 km/1,609 km pro Mile, also 29,4 Miles per Gallone [MPG].

Der Verbrauch eines Kraftfahrzeuges wird in zwei Überlegungen getrennt: in den Energieverbrauch und den Kraftstoffverbrauch. Angesichts der prognostizierten Zunahme an Elektrofahrzeugen wird eine Größe benötigt, auf deren Grundlage die Betriebskosten der Fahrzeuge miteinander verglichen werden können.

3.4.5.1 Energieverbrauch

Für den Energieverbrauch eines Fahrzeuges müssen die Fahrwiderstände bestimmt werden und durch den Wirkungsgrad des Antriebsstranges geteilt werden. Das Ergebnis daraus, multipliziert mit der Geschwindigkeit, liefert die Leistung. Wenn die Leistung mit der Zeitdauer multipliziert wird, in der die Leistung abgerufen wird um einen bestimmten Weg zurückzulegen, erhält man die benötigte Energie:

$$W = \frac{F_{\text{Bed}} \cdot v}{\eta_{\text{K}}} \cdot t.$$

Ändern sich die Fahrwiderstände oder die Geschwindigkeit, ändert sich auch der Bedarf an Energie. In den ersten Überlegungen wird von konstanten Fahrzuständen ausgegangen, so dass der Energiebedarf über die betrachtete Strecke konstant ist. In Europa nimmt man als Vergleichsstrecke für den Kraftstoffverbrauch die Länge von 100 km, so dass diese 100 km durch die Fahrgeschwindigkeit im km/h geteilt werden muss, um die Zeit in Stunden zu erhalten, die die Energie gebraucht wird.

$$t\,[h] = \frac{100\,\text{km}}{v\,[\text{km/h}]}.$$

Die Bedarfskraft zur Überwindung der Fahrwiderstände folgt aus der Gleichung:

$$F_{\text{Bed}} = mg f_{\text{R}} + \frac{1}{2}\varrho_{\text{L}} c_{\text{w}} A v^2 + mg \sin(\alpha).$$

Der Beschleunigungswiderstand fehlt in dieser Gleichung, er führt zu nichtstationären Fahrzuständen. Die bestimmte Bedarfskraft wird durch den Wirkungsgrad des Kennungswandlers geteilt und mit der Geschwindigkeit multipliziert und es folgt die notwendige Antriebsleistung:

$$P_{AN} = \frac{F_{Bed} \cdot v}{\eta_K}.$$

Diese, multipliziert mit der Zeit t, bestimmt den Energieverbrauch eines Fahrzeugs:

$$W = P_{AN} \cdot t.$$

Bis zu diesem Zeitpunkt ist der Energieverbrauch allein aus der Fahrsituation bestimmt, der Einfluss der Antriebsquelle ist noch nicht berücksichtigt. Daher stellt der so bestimmte Energieverbrauch das Minimum der für diesen Fahrzustand benötigten Energie dar.

Beispiel 3.8

Bestimmen sie den Energieverbrauch für ein Fahrzeug mit den Daten $c_w = 0{,}32$, $A = 2{,}1\,\text{m}^2$, $m = 1500\,\text{kg}$, $f_R = 0{,}01$, $\eta_K = 88\,\%$ bei einer Fahrt mit konstant $130\,\text{km/h}$ in der Ebene!

Die Bedarfskraft bestimmt sich aus:

$$F_{Bed} = 1500\,\text{kg} \cdot 9{,}81\,\frac{\text{m}}{\text{s}^2} \cdot 0{,}01 + \frac{1}{2} \cdot 1{,}25\,\frac{\text{kg}}{\text{m}^3} \cdot 0{,}32 \cdot 2{,}1\,\text{m}^2 \cdot \left(\frac{130\,\text{km/h}}{3{,}6} \right)^2 = 695\,\text{N}.$$

Diese wird mit dem Wirkungsgrad und der Geschwindigkeit multipliziert, um die Antriebsleistung zu erhalten:

$$P_{AN} = \frac{F_{Bed} \cdot v}{\eta_K} = \frac{695\,\text{N} \cdot 36{,}1\,\frac{\text{m}}{\text{s}}}{0{,}88} = 28{,}5\,\text{kW}.$$

Bei einer Fahrt mit konstant $130\,\text{km/h}$ braucht ein Pkw ca. $28{,}5\,\text{kW}$ Antriebsleistung!

Den Energieverbrauch erhält man durch das Multiplizieren mit der Zeitdauer:

$$W = P_{AN} \cdot t = 28{,}5\,\text{kW} \cdot \frac{100\,\text{km}}{130\,\text{km/h}} = 21{,}9\,\text{kWh}.$$

Die Einheit kWh nutzen auch die Energieversorgungsunternehmen, zum Beispiel für die Stromrechnung. Auf dieser Basis lassen sich Elektrofahrzeuge und solche mit Verbrennungskraftmaschinen vergleichen. Wenn sich nichts Wesentliches am Gewicht, der Stirnfläche und dem c_w-Wert ändert, sollten beide Fahrzeugarten ungefähr den gleichen Energieverbrauch haben.

3.4.5.2 Kraftstoffverbrauch

Nachdem der Energieverbrauch bekannt ist, soll jetzt der Kraftstoffverbrauch eines Fahrzeugs mit Verbrennungsmotor bestimmt werden. Um diesen ermitteln zu können, benötigt man das im Kapitel Antriebskennung vorgestellte Verbrauchskennfeld, siehe auch Abb. 3.41, und Daten des Antriebsstrangs, um den Betriebspunkt zu definieren.

Zunächst muss die Drehzahl bestimmt werden, mit der der Motor arbeitet. Kennt man die Geschwindigkeit des Fahrzeugs, den dynamischen Radhalbmesser (falls nicht vorhanden den Fertigungshalbmesser) und die Übersetzung des Antriebsstrangs, kann die Motordrehzahl bestimmt werden:

$$n_{\mathrm{M}} = \frac{v \cdot 60 \cdot i}{2\pi \cdot r_{\mathrm{dyn}}}.$$

Als zweite Größe zum Ermitteln des Betriebspunktes benötigt man das Drehmoment oder den effektiven Mitteldruck. Das Drehmoment wird bestimmt, indem die Leistung durch die Winkelgeschwindigkeit des Motors geteilt wird:

$$M_{\mathrm{M}} = \frac{P_{\mathrm{AN}}}{2\pi \cdot n_{\mathrm{M}}}.$$

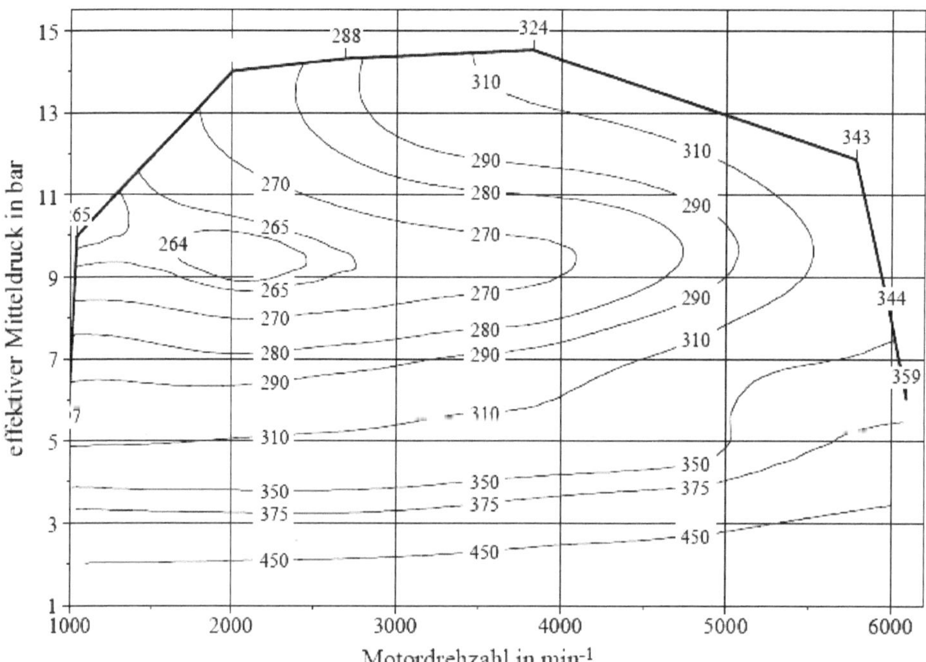

Abb. 3.41 Verbrauchskennfeld eines 1,8 l Ottomotor mit Turboaufladung und 110 kW [11]

Der effektive Mitteldruck wird bestimmt aus:

$$p_{\mathrm{me}} = \frac{P_{\mathrm{AN}} \cdot 1200}{v_{\mathrm{H}} \cdot n_{\mathrm{M}}}.$$

Vorsicht ist bei der zugeschnittenen Gleichung für den Mitteldruck geboten. Während für das Bestimmen des Moments die Leistung in Watt und die Drehzahl in 1/s einsetzt werden müssen, muss in der zugeschnittenen Gleichung die Leistung in kW, der Hubraum im Litern und die Drehzahl in U/min eingesetzt werden.

Aus dem Verbrauchskennfeld, wie zum Beispiel Abb. 3.41, kann mit Kenntnis der Drehzahl und des effektiven Mitteldrucks der Betriebspunkt des Motors bestimmt und sein spezifischer Kraftstoffverbrauch b_{e} in diesem Betriebspunkt abgelesen werden. Der spezifische Kraftstoffverbrauch, welcher die Einheit Gramm pro Kilowattstunde hat, muss mit dem Energiebedarf multipliziert und durch die Dichtes des Kraftstoffes geteilt werden, um den streckenbezogenen Kraftstoffverbrauch b_{L} in Litern auf 100 km bestimmen zu können:

$$b_{\mathrm{L}} = \frac{W \cdot b_{\mathrm{e}}}{\varrho_{\mathrm{K}}}.$$

Mit den im vergangenen Abschnitt gewonnenen Erkenntnissen kann der Kraftstoffverbrauch auch in der folgenden Gleichung angegeben werden:

$$b_{\mathrm{L}} = \frac{P_{\mathrm{AN}} \cdot 100\,\mathrm{km} \cdot b_{\mathrm{e}}}{v \cdot \varrho_{\mathrm{K}}}.$$

Auch hier muss man auf die Einheiten achten: P_{AN} wird in kW, b_{e} in kg/kWh, v in km/h und ρ_{K} in kg/dm^3 eingesetzt.

Beispiel 3.9
Das im letzten Abschnitt begonnene Beispiel soll um den Kraftstoffverbrauch vervollständigt werden. Dabei wird angenommen, dass in das Fahrzeug der Motor mit dem Kennfeld aus Abb. 3.41 verbaut ist. Zusätzlich werden noch Angaben über den Antriebsstrang benötigt: Der dynamische Radhalbmesser soll 0,3 m und die Gesamtübersetzung $i = 3,5$ betragen.

Als erstes ist der Betriebspunkt zu bestimmen, hierzu wird die Drehzahl und der effektive Mitteldruck des Fahrzeugs bei dem gegebenen Fahrzustand, also 130 km/h in der Ebene, benötigt. Die Antriebsleistung wurde mit 28,5 kW bereits bestimmt. Die Dichte des Kraftstoffs ist 0,75 kg/dm^3.

Die Drehzahl folgt zu:

$$n_{\mathrm{M}} = \frac{v \cdot 60 \cdot i}{2\pi \cdot r_{\mathrm{dyn}}} = \frac{\left(36,1\,\frac{\mathrm{m}}{\mathrm{s}}\right) \cdot 60 \cdot 3,5}{2\pi \cdot 0,3\,\mathrm{m}} = 4022\,\mathrm{U/min}$$

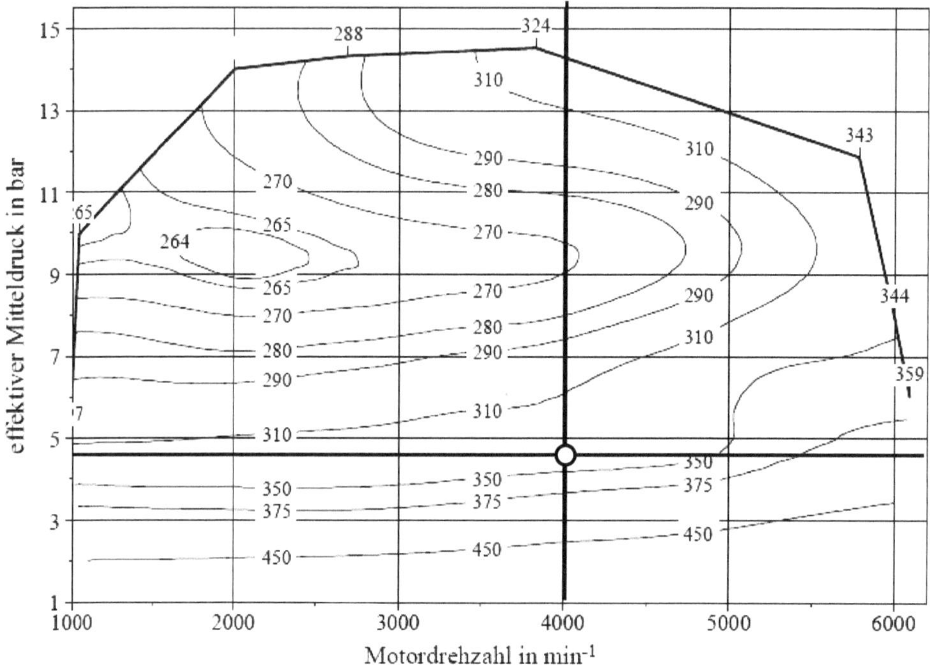

Abb. 3.42 Bestimmen des Betriebspunktes für den Kraftstoffverbrauch aus dem Beispiel nach [11]

und der effektive Mitteldruck aus:

$$p_{me} = \frac{P_{AN} \cdot 1200}{v_H \cdot n_M} = \frac{28,5\,\text{kW} \cdot 1200}{1,81 \cdot 4022\,\text{U/min}} = 4,7\,\text{bar.}$$

Mit diesen Werten wird aus dem Kraftstoffverbrauchsdiagramm der spezifische Kraftstoffverbrauch in diesem Betriebspunkt abgelesen:

In Abb. 3.42 wird der Betriebspunkt als Schnittpunkt der Linien bei 4022 U/min und 4,7 bar dargestellt. Der Wert liegt etwas über der 350 g/kWh Linie. Für dieses Beispiel wird der Wert 340 g/kWh angenommen.

Somit lässt sich der Kraftstoffverbrauch in diesem Betriebszustand bestimmen:

$$b_L = \frac{P_{AN} \cdot 100\,\text{km} \cdot b_e}{v \cdot \varrho_K} = \frac{28,5\,\text{kW} \cdot 100\,\text{km} \cdot 0,34\,\text{kg/kWh}}{130\,\text{km/h} \cdot 0,75\,\text{kg/dm}^3} = 9,9\,\text{l/100\,km.}$$

Dieses hier beschriebene Fahrzeug würde mit dem in Abb. 3.41 beschriebenen Motor und den Daten für den Antriebsstrang 9,9 Liter auf 100 km bei einer Fahrt mit konstant 130 km/h verbrauchen. Da es sich bei den Daten des Fahrzeugs ungefähr um die Daten eines Kompaktfahrzeugs handelt, dürfte der Verbrauch unangemessen hoch sein.

Im Folgenden sollen anhand dieses Beispiels Möglichkeiten analysiert werden, den Kraftstoffverbrauch zu senken. Ein Blick auf das Verbrauchkennfeld, Abb. 3.42, zeigt, dass es für den spezifischen Kraftstoffverbrauch vorteilhaft ist, den Betriebspunkt zu höherem Drehmoment bzw. effektivem Mitteldruck und geringerer Drehzahl zu verschieben, die Leistung muss dabei gleichbleiben. Dieses ist durchaus realisierbar, denn um den Fahrzustand erreichen zu können, ist die ermittelte Leistung erforderlich, hier 28,5 kW. Diese ist ebenfalls das Produkt aus Drehmoment und Winkelgeschwindigkeit. Senkt man die Winkelgeschwindigkeit, also die Drehzahl, muss das Drehmoment steigen, damit die gleiche Leistung erreicht wird.

$$M_\text{M} = \frac{P_\text{AN}}{2\pi \cdot n_\text{M}}.$$

Den gleichen Sachverhalt findet man auch in der Gleichung für den effektiven Mitteldruck wieder:

$$p_\text{me} = \frac{P_\text{AN} \cdot 1200}{v_\text{H} \cdot n_\text{M}}$$

$$p_\text{me}\ [\text{bar}],\ P_\text{AN}\ [\text{kW}],\ v_\text{H}\ [l],\ n_\text{M}\ [\text{U/min}]$$

sinkt die Drehzahl, wird der Mitteldruck (bei gleicher Leistung) größer, siehe Tab. 3.2.

In Abb. 3.42 kann man die Linie konstanter Leistung (28,5 kW) eintragen, um herauszufinden, bei welcher Drehzahl, und damit bei welcher Übersetzung, der günstigste Kraftstoffverbrauch erreicht wird. In der Tab. 3.2 stehen der jeweilige effektiven Mitteldruck und die dazugehörigen Drehzahlen, um 28,5 kW zu erreichen. Daraus wird die Linie gleicher Leistung im Verbrauchsdiagramm generiert.

In Abb. 3.43 ist die Linie der konstanten Leistung von 28,5 kW eingetragen. Bei der Drehzahl von ca. 1600 U/min und 12 bar schneidet diese die Kurve des maximalen Mitteldrucks (Drehmoment). Das bedeutet, dass Mitteldrücke von 12 bar unter 1600 U/min mit diesem Motor nicht zu erreichen sind. Die Linie der konstanten Leistung von 28,5 kW zeigt, dass bei ca. 2000 U/min und ca. 9,5 bar der spezifische Kraftstoffverbrauch minimal wird (264 g/kWh). Diesen Punkt kann man nicht bei jeder Leistung erreichen. Wählt man eine Übersetzung, bei der der Motor des Fahrzeugs bei 130 km/h mit 2000 U/min dreht, erhält man den günstigsten Kraftstoffverbrauch:

$$b_\text{L} = \frac{P_\text{AN} \cdot 100\,\text{km} \cdot b_\text{e}}{v \cdot \varrho_\text{K}} = \frac{28{,}5\,\text{kW} \cdot 100\,\text{km} \cdot 0{,}264\,\text{kg/kWh}}{130\,\text{km/h} \cdot 0{,}75\,\text{kg/dm}^3} = 7{,}7\,\text{l/100\,km}.$$

Tab. 3.2 Betriebspunkte gleicher Leistung

n_M [U/min]	1000	2000	3000	4000	5000	6000
p_{me} [bar]	19	9,5	6,3	4,75	3,8	3,2

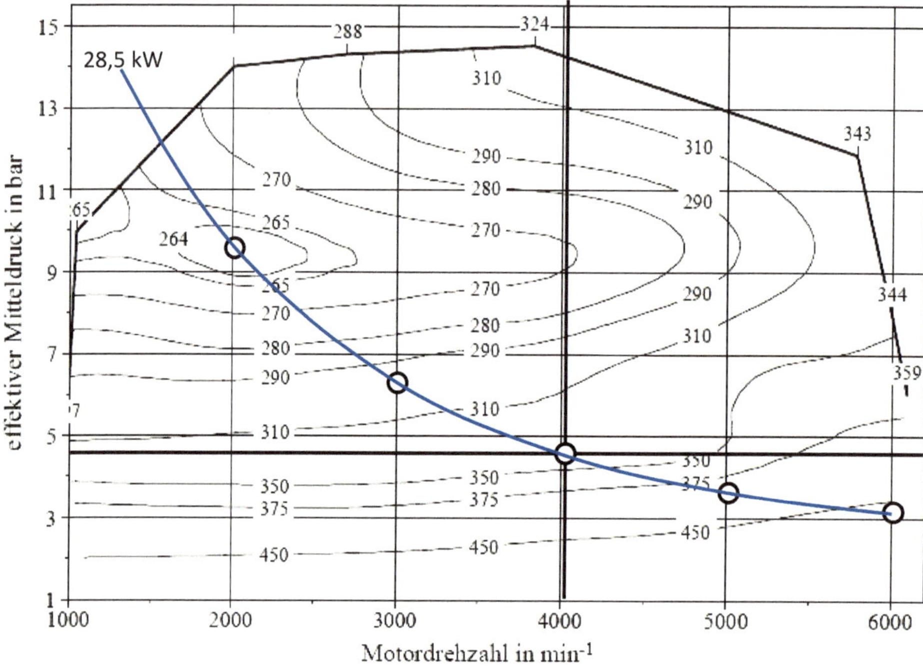

Abb. 3.43 Linie konstanter Leistung im Verbrauchsdiagramm nach [11]

Die dazu notwendige Übersetzung wäre

$$i = \frac{n_M \cdot 2\pi \cdot r_{dyn}}{v \cdot 60} = 1{,}74,$$

doch hätte das Fahrzeug wenig Überschusskraft um zu Beschleunigen oder eine Steigung zu überwinden. Auch die Höchstgeschwindigkeit wäre bei diesem Übersetzungsverhältnis beschränkt. Somit gilt es immer, einen Kompromiss zwischen Fahrleistung und Kraftstoffverbrauch zu finden.

3.4.5.3 Dynamischer Energie- und Kraftstoffverbrauch

Der dynamische Energieverbrauch ist aufwändiger zu bestimmen. Hier treten Beschleunigungs- und Bremsphasen auf, in denen sich sowohl die Bedarfskraft als auch die Geschwindigkeiten ändern. Eine genaue Bestimmung ist nur mit Simulationsprogrammen möglich. Mit einigen Vereinfachungen lassen sich aber auch hier Überschlagsrechnungen anstellen und das prinzipielle Vorgehen der Simulationsprogramme verstehen.

Der einfachste Fall ist das Zusammenfassen eines Fahrprofils in verschiedene Phasen gleichen Fahrzustands bei Vernachlässigung der Beschleuingungs- und Bremsphasen. Betrachtet man ein Fahrprofil, bei welchem 40 km mit 80 km/h, 30 km mit 120 km/h und 60 km mit 150 km/h zurückgelegt worden sind, ist es möglich, für jeden der Betriebszustände den streckenbezogenen Kraftstoffverbrauch b_L in l/100 km zu bestimmen. Ohne Berücksichtigung der Beschleunigungs- und Bremsphasen ergibt sich der Kraftstoffverbrauch für die ganze betrachtete Strecke zu:

$$b = \frac{P_\mathrm{AN}^{80\,\mathrm{km/h}} \cdot 40\,\mathrm{km} \cdot b_\mathrm{e}^{80\,\mathrm{km/h}}}{80\,\mathrm{km/h} \cdot \varrho_\mathrm{K}} + \frac{P_\mathrm{AN}^{120\,\mathrm{km/h}} \cdot 30\,\mathrm{km} \cdot b_\mathrm{e}^{120\,\mathrm{km/h}}}{120\,\mathrm{km/h} \cdot \varrho_\mathrm{K}}$$
$$+ \frac{P_\mathrm{AN}^{150\,\mathrm{km/h}} \cdot 60\,\mathrm{km} \cdot b_\mathrm{e}^{150\,\mathrm{km/h}}}{150\,\mathrm{km/h} \cdot \varrho_\mathrm{K}}\,.$$

Im vorliegenden Beispiel wäre es der Verbrauch für 130 km. Dies bedeutet, dass der ermittelte Verbrauch noch durch 1,3 geteilt werden muss, um den Kraftstoffverbrauch auf 100 km zu bestimmen:

$$b_\mathrm{L} = \frac{b}{1,3}\,.$$

Soll der Kraftstoffverbrauch auch in den Beschleunigungs- und Bremsphasen bestimmt werden, muss bei der Bedarfskraft der Beschleunigungswiderstand berücksichtigt werden. Der sich ändernden Geschwindigkeit, welche den Luftwiderstand und die Leistung ändert, wird Rechnung getragen, indem die mittlere Geschwindigkeit während der Beschleunigungsphase berücksichtigt wird. Näherungsweise kann man dann die Phase der Beschleunigung so berücksichtigen, als ob alles bei einer konstanten Geschwindigkeit/Drehzahl ablaufen würde. Weiterhin wird eine konstante Beschleunigung angenommen. Für genauere Ergebnisse sind die Beschleunigungsphasen in möglichst viele kurze Phasen aufzuteilen.

Beim Energieverbrauch ist zu berücksichtigen, dass Fahrzeuge mit einem Elektroantrieb Energie in einer Bremsphase zurückgewinnen können (Rekuperation), Verbrennungskraftmaschinen diese Möglichkeit aber nicht haben. Dies ist in einer ausreichend starken Bremsphase zu berücksichtigen.

Beispiel 3.10
In einem Fahrzeug mit den Daten $c_\mathrm{w} = 0{,}32$, $A = 2{,}1\,\mathrm{m}^2$, $m = 1500\,\mathrm{kg}$, $f_\mathrm{R} = 0{,}01$, $\eta_\mathrm{K} = 88\,\%$, $r_\mathrm{dyn} = 0{,}3\,\mathrm{m}$, $i_4 = 3{,}8$, $i_5 = 2{,}9$ wird bei einer Fahrt in der Ebene der in Abb. 3.44 dargestellte Geschwindigkeits-Zeit-Verlauf gemessen. Es soll der durchschnittliche Kraftstoffverbrauch auf 100 km unter Berücksichtigung der Beschleunigungs- und Bremsphasen bestimmt werden. Die Drehmassenzuschlagsfaktoren

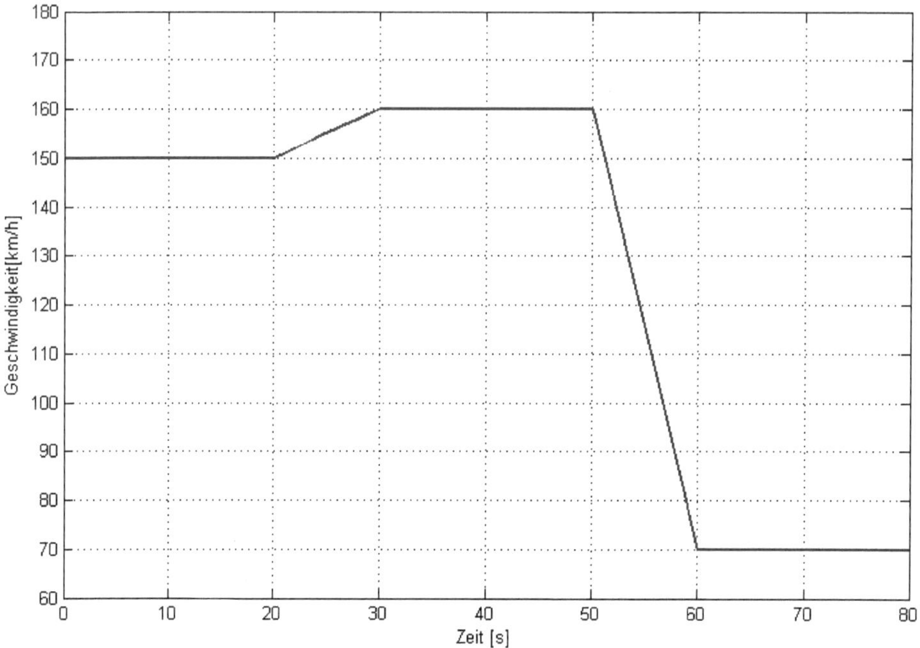

Abb. 3.44 Geschwindigkeits-Zeit-Verlauf

werden nicht berücksichtigt. Geschwindigkeiten unter 120 km/h werden im 4. Gang, über 120 km/h im 5. Gang gefahren. Die Dichte des Kraftstoffs beträgt 0,75 kg/dm^3. Gegeben ist das Kraftstoffverbrauchsdiagramm des 1,8 l-Motors in Abb. 3.41.

Aus Abb. 3.44 müssen die Beschleunigungen und Wege bestimmt werden. Eine Geschwindigkeitsänderung von 150 auf 160 km/h in 10 s entspricht einer Beschleunigung von 0,28 m/s^2, eine Geschwindigkeitsänderung von 160 auf 70 km/h in 10 s entspricht einer Verzögerung von 2,5 m/s^2. 20 s mit einer Geschwindigkeit 150 km/h entsprechen einem Weg von 833,3 m, 20 s mit 160 km/h sind 888,9 m und 20 s mit 70 km/h ergeben einen Weg von 388,9 m. In den Beschleunigungsphasen wird der Weg wie folgt berechnet:

$$ s = v_0 \cdot t + \frac{1}{2} a_0 t^2. $$

Der Weg während der Beschleunigung ergibt sich zu 430,5 m, in der Bremsphase zu 319,4 m. Insgesamt wird ein Weg von 2861 m zurückgelegt.

Als nächstes sind die Leistungen in den verschiedenen Phasen zu ermitteln. Für die Beschleunigungsphase wird mit dem Mittelwert von 155 km/h gerechnet, in der

Bremsphase wird eine gemittelte Geschwindigkeit von 115 km/h zugrunde gelegt.

$$P_{\text{AN}} = \frac{1}{\eta_{\text{K}}} \cdot \left[mgf_{\text{R}} + \frac{1}{2}\varrho_{\text{L}}c_{\text{w}}Av^2 + \lambda \cdot m \cdot \ddot{x} \right] \cdot v.$$

Zusätzlich zu der Leistung wird zum Bestimmen des Betriebspunkts auch die Drehzahl benötigt. Im Betriebspunkt wird der spezifische Kraftstoffverbrauch abgelesen. Beim Bestimmen der Drehzahlen muss die unterschiedliche Übersetzung berücksichtigt werden, wenn das Fahrzeug in verschiedenen Gängen fährt.

$$n_{\text{M}} = \frac{v \cdot 60 \cdot i}{2\pi \cdot r_{\text{dyn}}}.$$

Mit der Kenntnis von Leistung, Drehzahl und Hubraum kann der effektive Mitteldruck berechnet werden:

$$p_{\text{eff}} = \frac{P \cdot 1200}{V \cdot n}.$$

Aus der Abb. 3.45 können nun die spezifischen Kraftstoffverbräuche abgelesen werden. Für die Phase 4 – Verzögern – wird hier eine Null eingesetzt. Der Streckenkraftstoffverbrauch wird bestimmt aus:

$$b_{\text{L}} = \frac{P_{\text{AN}} \cdot 100\,\text{km} \cdot b_{\text{e}}}{v \cdot \varrho_{\text{K}}}.$$

Die Teilergebnisse sind in Tab. 3.3 zusammengefasst.

Der für die Strecke von 2861 m benötigten Kraftstoff berechnet sich aus:

$$b = \frac{0{,}8333\,\text{km}}{100\,\text{km}} \cdot 10{,}7\frac{1}{100\,\text{km}} + \frac{0{,}4305\,\text{km}}{100\,\text{km}} \cdot 15{,}8\frac{1}{100\,\text{km}}$$
$$+ \frac{0{,}8889\,\text{km}}{100\,\text{km}} \cdot 11{,}5\frac{1}{100\,\text{km}} + 0 + \frac{0{,}3889\,\text{km}}{100\,\text{km}} \cdot 5{,}8\frac{1}{100\,\text{km}}b$$
$$= 0{,}28\,\text{l}.$$

Und somit bestimmt sich der Streckenkraftstoffverbrauch zu:

$$b_{\text{L}} = \frac{100\,\text{km}}{2{,}861\,\text{km}} \cdot 0{,}281 = 9{,}86\frac{1}{100\,\text{km}}.$$

Tab. 3.3 Leistung, Drehzahl und Kraftstoffverbrauch für die verschiedenen Phasen

Phase	1	2	3	4	5
Leistung [kW]	41,7	65,6	49,3	−115,2	6,8
Drehzahl [U/min]	3846	3974	4103	3846	2352
P_{eff} [bar]	7,2	11,0	8,0	-	1,9
b_{e} [g/kWh]	290	280	280	0	450
Verbrauch b_{L} [l/100 km]	10,7	15,8	11,5	0	5,8

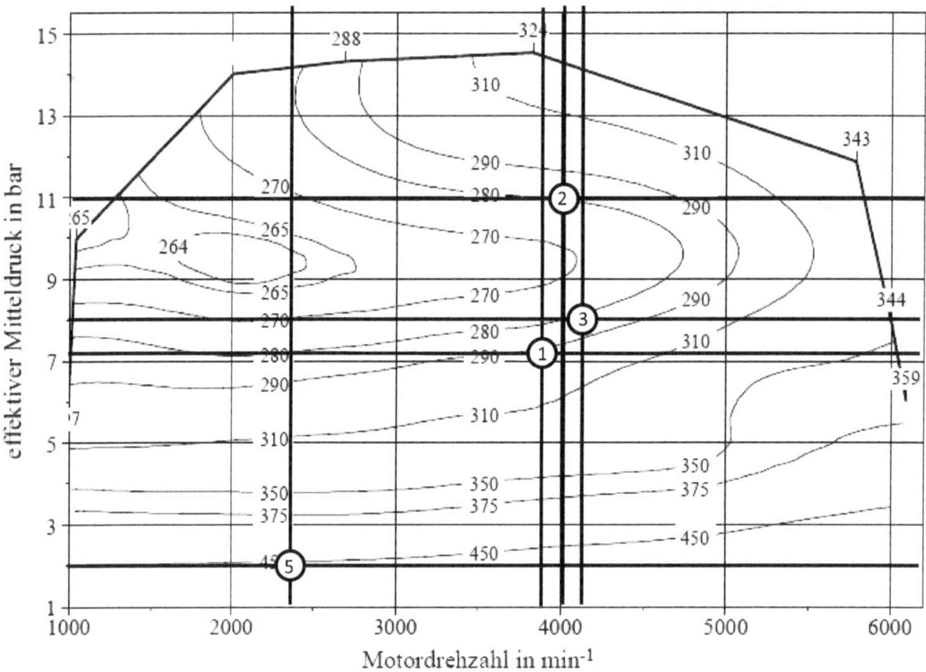

Abb. 3.45 Kraftstoffverbrauchskennfeld mit eingezeichneten Betriebspunkten nach [11]

3.5 Fahrgrenzen

Unter dem Begriff *Fahrgrenze* wird ein Fahrzustand verstanden, welcher gerade noch realisierbar ist, ohne den Kraftschluss zwischen Rad und Fahrbahn zu verlieren. Die Fahrgrenze wird vom Kamm'schen Kreis vorgegeben, also der maximalen übertragbaren Kraft zwischen Fahrbahn und Reifen.

In Abb. 3.46 ist die Grenze der übertragbaren Kräfte in Längs- (x-Richtung) und Querrichtung (y-Richtung) zu erkennen. Durch die vektorielle Addition dieser beiden Größen stellt sich die Grenze als Kreis dar. Die maximale Größe wird bestimmt durch den maximalen Kraftschlussbeiwert und die Kraft in z-Richtung, welche auf dem Rad lastet, also

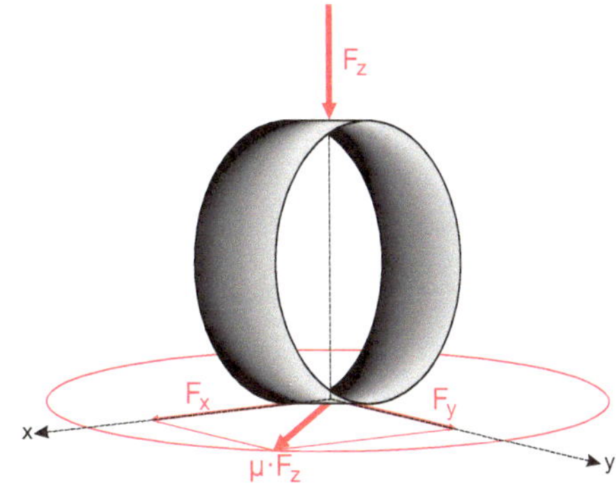

Abb. 3.46 Der Kamm'sche Kreis visualisiert die Zusammenhänge zwischen den übertragbaren Längs- und Querkräften

der Radlast. Es gilt der Zusammenhang:

$$\mu F_z = \sqrt{F_x^2 + F_y^2}.$$

Wichtig zur Bestimmung der Fahrgrenze sind der maximale Kraftschlussbeiwert und die Rad- bzw. Achslast.

Unter Einbeziehung der verschiedenen Fahrzustände (Steigungsfahrt, Beschleunigung, Kurvenfahrt) kann man die Radlasten mit den folgenden Gleichungen beschreiben:

$$F_{\mathrm{zvr}} = \frac{1}{2}\left(\frac{l_{\mathrm{h}}}{l}mg\cos(\alpha) - mg\sin(\alpha)\cdot\frac{z_{\mathrm{s}}}{l} - m\cdot\ddot{x}\cdot\frac{z_{\mathrm{s}}}{l}\right) - \frac{z_{\mathrm{s}}}{b}\frac{l_{\mathrm{h}}}{l}m\frac{v^2}{R}$$

$$F_{\mathrm{zvl}} = \frac{1}{2}\left(\frac{l_{\mathrm{h}}}{l}mg\cos(\alpha) - mg\sin(\alpha)\cdot\frac{z_{\mathrm{s}}}{l} - m\cdot\ddot{x}\cdot\frac{z_{\mathrm{s}}}{l}\right) + \frac{z_{\mathrm{s}}}{b}\frac{l_{\mathrm{h}}}{l}m\frac{v^2}{R}$$

$$F_{\mathrm{zhr}} = \frac{1}{2}\left(\frac{l_{\mathrm{v}}}{l}mg\cos(\alpha) + mg\sin(\alpha)\cdot\frac{z_{\mathrm{s}}}{l} + m\cdot\ddot{x}\cdot\frac{z_{\mathrm{s}}}{l}\right) - \frac{z_{\mathrm{s}}}{b}\frac{l_{\mathrm{v}}}{l}m\frac{v^2}{R}$$

$$F_{\mathrm{zhl}} = \frac{1}{2}\left(\frac{l_{\mathrm{v}}}{l}mg\cos(\alpha) + mg\sin(\alpha)\cdot\frac{z_{\mathrm{s}}}{l} + m\cdot\ddot{x}\cdot\frac{z_{\mathrm{s}}}{l}\right) + \frac{z_{\mathrm{s}}}{b}\frac{l_{\mathrm{v}}}{l}m\frac{v^2}{R}.$$

Dabei beschreibt der erste Summand mit dem Faktor 0,5 die Achslast und der zweite Summand eine Radlaständerung durch eine Kurvenfahrt, hier eine Rechtskurve.

Als weiteres Kriterium zur Beschreibung der Fahrgrenze wird der Kraftschlussbeiwert eingeführt, der Quotient zwischen der am Reifen wirkenden Längs- und Querkraft und der Radlast:

$$\mu = \frac{\sqrt{F_x^2 + F_y^2}}{F_z}.$$

Dieser ist nicht zu verwechseln mit dem maximalen Kraftschlussbeiwert, welcher die maximale Größe dieses Quotienten darstellt. Befindet sich das Fahrzeug nicht in einer Kurvenfahrt, wird von einem gleichen Kraftschlussbeiwert an den beiden Rädern einer

Achse ausgegangen. Ggf. wird noch zwischen den Kraftschlusswerten an Vorder- μ_v und Hinterachse μ_h unterschieden.

Analog zu dem Kapitel über Fahrleistungen werden nun die Fahrgrenzen für Höchstgeschwindigkeit, Steigungs- und Beschleunigungsfähigkeit betrachtet. Bei der Beschleunigungsfähigkeit interessiert besonders der Zustand der negativen Beschleunigung – das Bremsen. Während eine gute Beschleunigungsfähigkeit zu den „Nice-to-have"– Eigenschaften eines Fahrzeugs zählt, ist ein gutes Bremsverhalten, also ein kurzer und beherrschbarer Bremsweg, lebenswichtig.

3.5.1 Höchstgeschwindigkeit in der Ebene

Da zum Erreichen der Höchstgeschwindigkeit eine Antriebskraft in Längsrichtung erforderlich ist, lässt sich für diesen Fahrzustand der Kraftschlussbeiwert bestimmen. Dabei interessiert der Kraftschlussbeiwert an der Antriebsachse. Die Kraft in Längsrichtung wird durch die Bedarfskraft für die Höchstgeschwindigkeit in der Ebene definiert, die Radlast ergibt sich aus der Achslast. Bei Fahrten mit Höchstgeschwindigkeit wird beim Berechnen der Radlast auch der Auftrieb berücksichtigt, welcher sich durch die Kräfte der Luft auf das Fahrzeug, bzw. die Vorder- und Hinterachse einstellt. F_Lzv ist die Auftriebskraft an der Vorderachse, F_Lzh die an der Hinterachse. Diese setzen sich aus der Auftriebskraft und dem Nickmoment um die y-Achse zusammen.

$$F_\text{Lzv} = \frac{1}{2}\varrho_\text{L} \cdot \left(\frac{c_\text{A}}{2} + c_\text{M}\right) \cdot A \cdot v_\text{R}^2; \quad F_\text{Lzh} = \frac{1}{2}\varrho_\text{L} \cdot \left(\frac{c_\text{A}}{2} - c_\text{M}\right) \cdot A \cdot v_\text{R}^2.$$

Vereinfachend werden die Terme in den Klammern zu neuen Größen, dem Auftriebsbeiwert an der Vorderachse c_Av und an der Hinterachse c_Ah zusammengefasst.

Damit lässt sich der Kraftschlussbeiwert, zum Beispiel für eine angetriebene Hinterachse, bestimmen:

$$\mu_\text{h} = \frac{mgf_\text{R} + \frac{1}{2} \cdot \varrho_\text{L} \cdot c_\text{w} \cdot A v^2}{\frac{l_\text{v}}{l}mg - \frac{1}{2}\varrho_\text{L} \cdot c_\text{Ah} \cdot A \cdot v^2}.$$

Es wird davon ausgegangen, dass sich die Antriebskraft zu gleichen Teilen auf die Antriebsräder verteilt, genau wie sich die Achslast zu gleichen Teilen auf die Räder aufteilt. Somit kann in der Gleichung die ganze Antriebskraft und die volle Achslast eingesetzt werden. Ist dieses nicht der Fall, muss die Antriebskraft für ein Rad und die entsprechende Radlast gewählt werden.

Beispiel 3.11

Ein Fahrzeug mit den Daten: $c_\text{w} = 0{,}32$, $A = 2{,}1\,\text{m}^2$, $m = 1500\,\text{kg}$, $f_\text{R} = 0{,}01$, $l_\text{v}/l = 0{,}5$, $c_\text{Ah} = 0{,}15$ und einer Höchstgeschwindigkeit von $220\,\text{km/h}$ soll bezüglich seines

Kraftschlussbeiwertes bei Höchstgeschwindigkeit analysiert werden. Das betrachtete Fahrzeug wird über einen Hinterradantrieb angetrieben.

$$F_{\text{Bed}} = mg f_{\text{R}} + \frac{1}{2}\varrho_{\text{L}}c_{\text{w}}Av^2 = 1716\,\text{N}.$$

Um die Übersicht zu bewahren werden die Kräfte jeweils einzeln bestimmt. Die statische Achslast bestimmt sich zu

$$F_{\text{zh}} = \frac{l_{\text{v}}}{l}mg = 7358\,\text{N}$$

und der Auftrieb an der Hinterachse folgt aus

$$F_{\text{Lzh}} = \frac{1}{2}\varrho_{\text{L}} \cdot c_{\text{Ah}} \cdot A \cdot v^2 = 735\,\text{N}.$$

Somit ergibt sich der Kraftschlussbeiwert an der Hinterachse zu:

$$\mu_{\text{h}} = \frac{mg f_{\text{R}} + \frac{1}{2} \cdot \varrho_{\text{L}} \cdot c_{\text{w}} \cdot Av^2}{\frac{l_{\text{v}}}{l}mg - \frac{1}{2}\varrho_{\text{L}} \cdot c_{\text{Ah}} \cdot A \cdot v^2} = \frac{1716\,\text{N}}{7358\,\text{N} - 735\,\text{N}} = 0{,}26.$$

Diese 0,26 sind ein akzeptabler Wert, wenn man als maximalen Kraftschlussbeiwert auf einer Autobahn den Wert 1 als Referenz nimmt. Sinkt der maximale Kraftschlussbeiwert, z. B. durch eine glatte Fahrbahnoberfläche und ggf. Regen, können die Reserven des Kraftschlussbeiwertes, welche möglicherweise für ein Ausweichmanöver in Anspruch genommen werden sollen, knapp werden.

Interessant ist hier auch die Frage, bei welcher Geschwindigkeit die Kraftschlussgrenze, von z. B. 1 auf trockenem Asphalt erreicht würde.

$$\mu_{\text{h}} = \frac{mg f_{\text{R}} + \frac{1}{2}\varrho_{\text{L}}c_{\text{w}}Av^2}{\frac{l_{\text{v}}}{l}mg - \frac{1}{2}\varrho_{\text{L}} \cdot c_{\text{Ah}} \cdot A \cdot v^2} \overset{!}{=} 1.$$

Dazu wird die Gleichung nach der Geschwindigkeit aufgelöst:

$$mg f_{\text{R}} + \frac{1}{2}\varrho_{\text{L}}c_{\text{w}}Av^2 = \frac{l_{\text{v}}}{l}mg - \frac{1}{2}\varrho_{\text{L}} \cdot c_{\text{Ah}} \cdot A \cdot v^2$$

$$mg\left(\frac{l_{\text{v}}}{l} - f_{\text{R}}\right) = \frac{1}{2}\varrho_{\text{L}}(c_{\text{w}} + c_{\text{Ah}})Av^2$$

$$v = \sqrt{\frac{mg\left(\frac{l_{\text{v}}}{l} - f_{\text{R}}\right)}{0{,}5 \cdot \varrho_{\text{L}}(c_{\text{w}} + c_{\text{Ah}})A}} = 108\,\frac{\text{m}}{\text{s}}.$$

Der Kraftschlussbeiwert von 1 wird bei diesem Fahrzeug erst bei 108 m/s, also bei 389 km/h erreicht.

Für Extremfahrzeuge, wie z. B. den Bugatti Veyron, siehe Abb. 3.47, bedeutet das, dass ein erheblicher Aufwand getrieben werden muss, um ein Fahrzeug bei Geschwindigkeiten über 400 km/h fahrbar zu machen. Hierzu ein kleiner Ausschnitt aus den Internetseiten des Bugatti EB 16.4 Veyron:

„Die Höchstgeschwindigkeit von 407 km/h, die in den Fahrzeugpapieren eingetragen wird, ist sogar leicht untertrieben: Am 19. April 2005 registrieren die Zulassungsbehörden in mehreren Tests eine durchschnittliche Höchstgeschwindigkeit von 408,47 km/h. Jahrelang haben die Techniker akribisch Schritt für Schritt auf das Ziel hingearbeitet, die Schwelle von 400 Stundenkilometern zu knacken. Kein Windkanal kann diese Geschwindigkeit simulieren, deshalb wurden verschiedene Bodenhöhen, Veränderungen an Heckflügel, -spoiler und Unterboden nacheinander auf Highspeed-Teststrecken getestet und immer wieder verbessert. Am Ende belohnte die offizielle Messung den Ehrgeiz. Diese Hochgeschwindigkeit resultiert aus dem perfekten Zusammenspiel von Motorentechnologie, konsequentem Leichtbau, eigens entwickelten Reifen und der komplexen Balance zwischen Auftrieb und Abtrieb. Bei hohem Tempo ist für die Aerodynamik nicht nur ein niedriger Luftwiderstand entscheidend, sondern auch die präzise Abstimmung des Abtriebs, der das Auto stabil auf die Straße drückt. Zugleich erfüllt der Veyron als Serienfahrzeug ein Höchstmaß an Sicherheit, Zuverlässigkeit und Fahrbarkeit für den Kunden. Für die optimale Aerodynamik haben die Bugatti-Entwickler drei Konfigurationen entwickelt. Der Standard-Modus mit komplett eingefahrenem Heckflügel und -spoiler kommt bis 220 km/h zum Einsatz. Der Handling-Modus für höhere Geschwindigkeiten senkt die Nase des Sportwagens ab und fährt den monumentalen Heckflügel aus. Dies drückt den Wagen um 350 zusätzliche Kilo nach unten und bewahrt zugleich die Kurvendynamik des Veyron. Die Topspeed-Stufe schließlich für Geschwindigkeiten jenseits von 375 km/h muss vor dem Start mit dem Topspeed-Key aktiv freigegeben werden und der Supersportwagen wird auf Höchstgeschwindigkeiten eingestellt: Die Diffusorklappen vorne werden geschlossen, der Unterboden ist völlig plan, der Heckflügel schließt bündig mit der Karosserie ab und bildet eine Abrisskante. Die Abtriebswerte sind stark reduziert, um die ohnehin hohe Beanspruchung der Reifen möglichst gering zu halten. Das Auto wird von seinem Eigengewicht und dem Abtrieb sicher auf der Straße gehalten. Der Veyron startet

Abb. 3.47 Bugatti Veyron mit verstellbarem Heckspoiler, welcher eine Balance zwischen hohen Abtriebswerten für die Fahrdynamik und guten c_w-Werten zum Erreichen der Höchstgeschwindigkeit von 407 km/h darstellt. (Bild: [12])

direkt im Topspeed-Modus und erlaubt dem Fahrer nur einen eingeschränkten Lenkereinschlag. Beim ersten Bremsen wechselt der Bugatti-Sportwagen automatisch in die Handling-Stufe. Jedem aber, der auf langer, gerader Strecke kontinuierlich beschleunigt, beweist der Veyron seine Position als schnellstes Serienfahrzeug aller Zeiten." [12]

3.5.2 Steigfähigkeit

Das Kriterium der maximalen Steigfähigkeit wird meistens im Zusammenhang mit hochgeländegängigen Fahrzeugen interessant. Um die Grenze der Steigfähigkeit zu bestimmen, werden nur niedrige Geschwindigkeiten betrachtet, so dass der Luftwiderstand vernachlässigt werden kann. Die Bedarfskraft wird aus dem Rollwiderstand und dem Steigungswiderstand gebildet, wobei der Steigungswiderstand dominiert. Da hier Werte für große Winkel bestimmt werden sollen, muss mit dem Sinus-Wert statt dem Prozent-Wert gerechnet werden und bei der Achslast die Projektion mit dem Cosinus berücksichtigt werden:

$$F_{\text{Bed}} = mg \cos(\alpha) f_{\text{R}} + mg \sin(\alpha).$$

Die Radlast wird aus der Achslast bestimmt:

$$F_{\text{zv}} = \frac{l_{\text{h}}}{l} mg \cos(\alpha) - mg \sin(\alpha) \cdot \frac{z_{\text{s}}}{l}$$

$$F_{\text{zh}} = \frac{l_{\text{v}}}{l} mg \cos(\alpha) + mg \sin(\alpha) \cdot \frac{z_{\text{s}}}{l}.$$

Der Kraftschlusswert wird an den Antriebsachsen aus dem Quotienten der Bedarfskraft und der Radlast gebildet, beim Allradantrieb, siehe Abb. 3.48, muss man die Aufteilung des Antriebsmoments berücksichtigen.

$$\mu_{\text{v}} = \frac{mg \cos(\alpha) f_{\text{R}} + mg \sin(\alpha)}{\frac{l_{\text{h}}}{l} mg \cos(\alpha) - mg \sin(\alpha) \cdot \frac{z_{\text{s}}}{l}} = \frac{\cos(\alpha) f_{\text{R}} + \sin(\alpha)}{\frac{l_{\text{h}}}{l} \cos(\alpha) - \sin(\alpha) \cdot \frac{z_{\text{s}}}{l}}$$

$$\mu_{\text{h}} = \frac{\cos(\alpha) f_{\text{R}} + \sin(\alpha)}{\frac{l_{\text{v}}}{l} \cos(\alpha) + \sin(\alpha) \cdot \frac{z_{\text{s}}}{l}}.$$

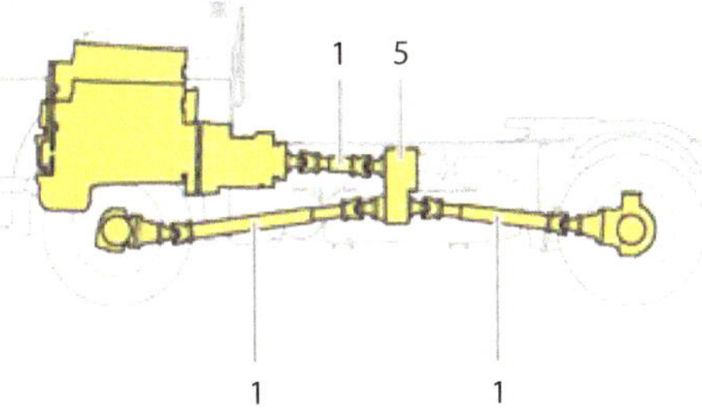

Abb. 3.48 Antriebsstrang eines Nutzfahrzeugs mit *1* – Antriebswellen, *5* – Verteilergetriebe [13]

Beispiel 3.12

Als Beispiel soll wieder das Fahrzeug mit den Daten: $m = 1500\,\text{kg}$, $f_R = 0{,}01$, $l_v/l = 0{,}5$ und $z_s/l = 0{,}35$ betrachtet werden. Es soll untersucht werden, welche Steigungen dieses Fahrzeug bei einem maximalen Kraftschlussbeiwert von $\mu = 1$ in Abhängigkeit des Antriebskonzepts befahren kann.

Die Bedarfskraft ist in allen Fällen gleich, nur die Achslasten der Antriebsachsen unterscheiden sich. Als erstes wird der Frontantrieb untersucht. Hier ist der Kraftschlussbeiwert an der Vorderachse maßgebend:

$$1 \overset{!}{=} \frac{\cos(\alpha)\,f_R + \sin(\alpha)}{\frac{l_h}{l}\cos(\alpha) - \sin(\alpha)\cdot\frac{z_s}{l}}$$

$$\left(\frac{l_h}{l} - f_R\right)\cos(\alpha) = \left(1 + \frac{z_s}{l}\right)\sin(\alpha)$$

$$\tan(\alpha) = \frac{\frac{l_h}{l} - f_R}{1 + \frac{z_s}{l}}.$$

Mit den Daten des oben genannten Fahrzeuges ergibt sich ein maximal befahrbarer Steigungswinkel von $20°$ bzw. $34\,\%$.

Wird der Heckantrieb analysiert, wird der maximal befahrbare Winkel größer, denn durch die Steigung wird die Hinterachse stärker belastet und kann bei gleichem Kraftschlussbeiwert mehr Antriebskraft zur Verfügung stellen:

$$1 \overset{!}{=} \frac{\cos(\alpha)\,f_R + \sin(\alpha)}{\frac{l_v}{l}\cos(\alpha) + \sin(\alpha)\cdot\frac{z_s}{l}}$$

$$\left(\frac{l_v}{l} - f_R\right)\cos(\alpha) = \left(1 - \frac{z_s}{l}\right)\sin(\alpha)$$

$$\tan(\alpha) = \frac{\frac{l_v}{l} - f_R}{1 - \frac{z_s}{l}}.$$

Der maximale Steigungswinkel wächst, bedingt durch den Heckantrieb, auf $37°$ oder $75\,\%$ Steigung.

Als letzte Antriebsvariante wird der Allradantrieb betrachtet. Hier wird die Antriebskraft auf beide Achsen verteilt. Die Summe aus den Achslasten muss der Gewichtskraft entsprechen, so dass die gesamte Gewichtskraft für die Traktion zur

Verfügung steht:

$$1 \overset{!}{=} \frac{\cos(\alpha)\, f_R + \sin(\alpha)}{\frac{l_v}{l}\cos(\alpha) + \sin(\alpha)\cdot\frac{z_s}{l} + \frac{l_h}{l}\cos(\alpha) - \sin(\alpha)\cdot\frac{z_s}{l}}$$

$$\cos(\alpha)\, f_R + \sin(\alpha) = \left(\frac{l_v}{l} + \frac{l_h}{l}\right)\cos(\alpha)$$

$$\tan(\alpha) = 1 - f_R.$$

Beim Allradantrieb beträgt der maximale Steigungswinkel 44,7°, bzw. 99 % Steigung.

Bei dieser Überlegung wird davon ausgegangen, dass beide Achsen den Kraftschlussbeiwert 1 haben. Dieses ist nur möglich, wenn die benötigte Antriebskraft in dem gleichen Verhältnis an die Vorder- und Hinterachse verteilt wird, wie das Verhältnis Achslast zur Gesamtgewichtskraft. In einer Steigung von 99 % stellen sich an der Vorderachse bzw. Hinterachse die folgenden Achslasten ein:

$$F_{zv} = 0,5 \cdot 14.715\,\text{N}\cos(44,7°) - 14.715\,\text{N}\cdot\sin(44,7°)\cdot 0,35 = 1605\,\text{N}$$

$$F_{zh} = 0,5 \cdot 14.715\,\text{N}\cos(44,7°) + 14.715\,\text{N}\cdot\sin(44,7°)\cdot 0,35 = 8852\,\text{N}.$$

Das bedeutet, auf einem Untergrund mit dem maximalen Kraftschlussbeiwert 1 kann man an der Vorderachse 1605 N in x-Richtung übertragen, an der Hinterachse 8852 N, was in der Summe 10.457 N ergibt und damit genau die Bedarfskraft für eine Fahrt in einer 99 %-Steigung. Würden mehr als 1605 N Antriebskraft an die Vorderachse geschickt, würde diese anfangen durchzudrehen. Es ist also wichtig, dass die Antriebskraft genau in dem Verhältnis

$$\frac{F_{xv}}{F_x} = \frac{1605\,\text{N}}{10.457\,\text{N}} = \frac{\mu \cdot F_{zv}}{\mu \cdot (F_{zv} + F_{zv})} = \frac{F_{zv}}{mg\cos(\alpha)}$$

auf die Achsen aufgebracht wird, wie auch die Gewichtskraft sich auf die Achsen aufteilt. In diesem Fall bzw. Fahrzustand wären das 15 % auf die Vorderachse und 85 % auf die Hinterachse. Wie man nachrechnen kann, wäre auf einem Untergrund mit einem kleineren Kraftschlussbeiwert eine andere Aufteilung der Antriebskräfte wünschenswert. Eine variable Aufteilung der Antriebskräfte wäre ideal. Dieses ist jedoch nicht ganz einfach, eine Aufteilung der Antriebskräfte bzw. des Antriebsmoments durch ein Kegelraddifferential im Verteilergetriebe hat immer die Aufteilung 50 % zu 50 % zur Folge. Das Kegelraddifferential ist eine Momentenwaage, das bedeutet, dass es immer gleich viel Moment an die beiden Achsen schickt. Hat eine Achse die Haftgrenze erreicht, kann die andere Achse auch nicht mehr Moment absetzen. Bedingt ist dieses durch das Kräftegleichgewicht am Kegelrad des antreibenden Differentialkorbs, Abb. 3.49 oben.

In Abb. 3.49 unten ist ein Planetenraddifferential dargestellt. Hier ist es möglich, durch das Kräftegleichgewicht am Planetenträger, die antreibenden Momente nicht nur im Verhältnis 50/50 zu verteilen, sondern man hat gestalterischen Spielraum. Typische Momentenverteilung mit einem Planetenraddifferential sind 35 % nach vorne und 65 % nach hinten. Veränderlich ist die Verteilung aber nicht.

3.5.3 Beschleunigungsfähigkeit

Auch bei der Beschleunigungsfähigkeit werden erst die Eigenschaften der unterschiedlichen Antriebskonzepte analysiert, bevor am Beispiel des Allradantriebs die Gedanken zur optimalen Antriebskraftverteilung vorgestellt werden.

Die Traktionsgrenze für die Beschleunigung wird wieder durch die Bedarfskraft und die Achslast mal den maximalen Kraftschlussbeiwert gebildet. Bei der Beschleunigung wird auch wieder von niedrigen Geschwindigkeiten ausgegangen, so dass der Luftwiderstand vernachlässigt werden kann. Zur Vereinfachung wird davon ausgegangen, dass die Beschleunigung in einem festen Gang analysiert wird, so dass der Drehmassenzuschlagsfaktor konstant bleibt.

$$F_{\text{Bed}} = mg f_{\text{R}} + \lambda m \cdot \ddot{x}$$

Die Achslast bestimmt sich zu:

$$F_{\text{zv}} = \frac{l_{\text{h}}}{l} mg - m \cdot \ddot{x} \cdot \frac{z_{\text{s}}}{l}$$

$$F_{\text{zh}} = \frac{l_{\text{v}}}{l} mg + m \cdot \ddot{x} \cdot \frac{z_{\text{s}}}{l}.$$

Den Kraftschlussbeiwert bei Vorderradantrieb kann man damit zu

$$\mu_{\text{v}} - \frac{mg f_{\text{R}} + \lambda m \cdot \ddot{x}}{\frac{l_{\text{h}}}{l} mg - m \cdot \ddot{x} \cdot \frac{z_{\text{s}}}{l}}$$

bestimmen, für Hinterradantrieb ergibt sich:

$$\mu_{\text{h}} = \frac{mg f_{\text{R}} + \lambda m \cdot \ddot{x}}{\frac{l_{\text{v}}}{l} mg + m \cdot \ddot{x} \cdot \frac{z_{\text{s}}}{l}}.$$

Der ideale Allradantrieb liefert:

$$\mu_{\text{v}} = \mu_{\text{h}} = \frac{mg f_{\text{R}} + \lambda m \cdot \ddot{x}}{mg}.$$

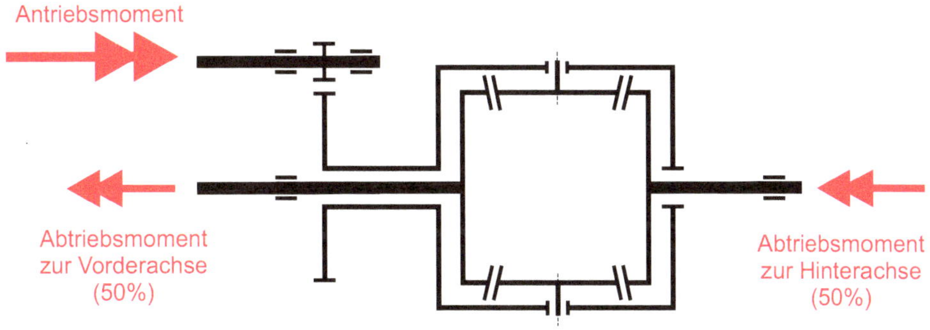

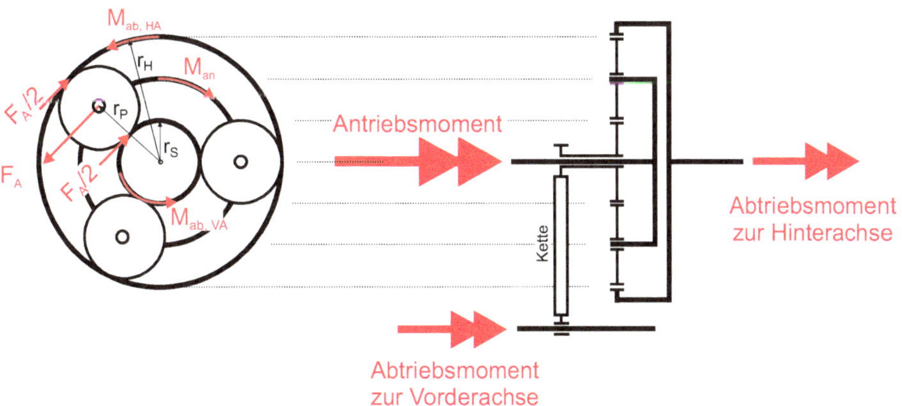

Abb. 3.49 Verschiedene Arten, das Antriebsmoment auf die Vorder- bzw. Hinterachse zu verteilen. *oben* Kegelraddifferential, *unten* Planetenraddifferential

Beispiel 3.13

Als Beispiel soll die Beschleunigungsfähigkeit des Fahrzeugs mit den Daten $m = 1500\,\mathrm{kg}$, $f_R = 0{,}01$, $l_v/l = 0{,}5$ und $z_s/l = 0{,}35$, bei verschiedenen Antriebskonzepten auf einem Untergrund mit dem Kraftschlussbeiwert 1 bestimmt werden. Der Drehmassenzuschlagsfaktor wird vernachlässigt und gleich 1 gesetzt, auch den

Kraftbedarf für den Rollwiderstand wird vernachlässigt, da er im Allgemeinen sehr viel kleiner ist als der Kraftbedarf für die Beschleunigung.

Als erstes wird der Frontantrieb analysiert. Oben gezeigte Gleichung liefert:

$$\mu_{\mathrm{v}} \overset{!}{=} 1 = \frac{\ddot{x}}{\frac{l_{\mathrm{h}}}{l} g - \ddot{x} \cdot \frac{z_{\mathrm{s}}}{l}}$$

$$\ddot{x} + \ddot{x} \cdot \frac{z_{\mathrm{s}}}{l} = \frac{l_{\mathrm{h}}}{l} g$$

$$\ddot{x} = \frac{\frac{l_{\mathrm{h}}}{l} g}{1 + \frac{z_{\mathrm{s}}}{l}}.$$

Einsetzen der Zahlenwerte weist für das frontgetriebene Fahrzeug den Beschleunigungswert von $3{,}6\,\mathrm{m/s}^2$ aus.

Das gleiche Vorgehen wird auf das Fahrzeug mit Heckantrieb angewendet. Es ergibt sich:

$$\mu_{\mathrm{h}} \overset{!}{=} 1 = \frac{\ddot{x}}{\frac{l_{\mathrm{v}}}{l} g + \ddot{x} \cdot \frac{z_{\mathrm{s}}}{l}}$$

$$\ddot{x} - \ddot{x} \cdot \frac{z_{\mathrm{s}}}{l} = \frac{l_{\mathrm{v}}}{l} g$$

$$\ddot{x} = \frac{\frac{l_{\mathrm{v}}}{l} g}{1 - \frac{z_{\mathrm{s}}}{l}}.$$

Setzt man die Zahlenwerte für das heckgetriebene Fahrzeug ein, erhält man eine mögliche Beschleunigung von $7{,}5\,\mathrm{m/s}^2$. Durch die dynamische Achslastverteilung beim Beschleunigungsvorgang bietet der Heckantrieb deutliche Vorteile bezüglich des Beschleunigungsvermögens.

Beim Allradantrieb ergibt die Summe aus vorderer und hinterer Achslast die Gewichtskraft. Zum Erzeugen der Traktionskraft steht also das ganze Fahrzeuggewicht zur Verfügung und die maximale Beschleunigungsfähigkeit ergibt sich aus:

$$\mu_{\mathrm{v}} = \mu_{\mathrm{h}} = \mu = \frac{m g f_{\mathrm{R}} + \lambda m \cdot \ddot{x}}{m g}.$$

Wird der Rollwiderstand, die Drehträgheit (Drehmassenzuschlagsfaktor $= 1$) und ein möglicher Unterschied zwischen dem maximalen Kraftschlussbeiwert an den Achsen vernachlässigt, bestimmt sich die maximale Beschleunigung zu:

$$\mu = \frac{m \cdot \ddot{x}}{m g} \rightarrow \ddot{x} = \mu \cdot g.$$

Die maximale Beschleunigung oder Verzögerung ist gleich dem maximalen Kraftschlussbeiwert μ mal der Erdbeschleunigung g. Dieser maximale Beschleunigungswert stellt allerdings einen Idealfall dar, welcher schwer zu erreichen ist, denn die Antriebskräfte müssen genauso verteilt sein, dass jeweils an den Achsen der gleiche Kraftschlussbeiwert erreicht wird. Da sich die Achslasten durch die Beschleunigung ändern, müsste sich auch die Verteilung der Antriebskraft auf die Vorder- und Hinterachse ändern.

Für das Fahrzeug in diesem Beispiel würde sich als maximale Beschleunigung auf einem Untergrund mit dem maximalen Kraftschlussbeiwert von 1 die Beschleunigung von $9,81 \, \text{m/s}^2$ einstellen. Dieses jedoch nur, wenn die Antriebskraft im Verhältnis der Achslasten auf die Achsen verteilt wird. In diesem Fall wäre das:

$$F_{zv} = \frac{l_h}{l} mg - m \cdot \ddot{x} \cdot \frac{z_s}{l}; \quad F_{zh} = \frac{l_v}{l} mg + m \cdot \ddot{x} \cdot \frac{z_s}{l}$$

$$F_x = F_{xv} + F_{xh} = \mu \cdot F_{zv} + \mu \cdot F_{zh}$$

$$F_x = m \cdot \ddot{x} = \mu \cdot \left(\frac{l_h}{l} mg - m \cdot \ddot{x} \cdot \frac{z_s}{l} \right) + \mu \cdot \left(\frac{l_v}{l} mg + m \cdot \ddot{x} \cdot \frac{z_s}{l} \right).$$

Durch das Dividieren mit der Gewichtskraft wird diese Gleichung dimensionslos und unabhängig von der Masse:

$$\frac{F_x}{mg} = \mu \cdot \frac{\ddot{x}}{g} = \mu \cdot \left(\frac{l_h}{l} - \frac{\ddot{x}}{g} \cdot \frac{z_s}{l} \right) + \mu \cdot \left(\frac{l_v}{l} + \frac{\ddot{x}}{g} \cdot \frac{z_s}{l} \right).$$

Für dieses Beispiel mit der maximalen Beschleunigung von $\frac{\ddot{x}}{g} = 1$ erhält man:

$$\frac{F_x}{mg} = \mu \cdot \left(0,5 - \frac{\ddot{x}}{g} \cdot 0,35 \right) + \mu \cdot \left(0,5 + \frac{\ddot{x}}{g} \cdot 0,35 \right) = \mu \cdot (0,15 + 0,85).$$

Die Antriebskräfte müssen zu 15 % auf die Vorderachse und 85 % auf die Hinterachse verteilt werden.

3.5.4 Tangentialkraftdiagramm

Dem Thema der Antriebs- bzw. Bremskraftverteilung wird einen ganzer Abschnitt gewidmet, da diese Thematik ein wichtiger Baustein in der Fahrdynamik ist. Beim Beschleunigen sorgt eine optimale Antriebskraftverteilung für das Erreichen der maximalen Fahrleistungen, bei der negativen Beschleunigung, der Verzögerung, ist die Verteilung der Bremskräfte mitentscheidend für die Stabilität und den Bremsweg des Fahrzeugs.

Die Verteilung der Antriebs- bzw. Bremskräfte auf die Vorder- bzw. Hinterachse soll in einem Diagramm dargestellt werden. Unter dem Begriff Tangentialkraft wird die Antriebs- und Bremskraft zusammengefasst. Das Tangentialkraftdiagramm stellt den optimalen Zusammenhang zwischen den Tangentialkräften dar, also das Verhältnis der Antriebs- bzw. Bremskräften zueinander. Das Ganze soll dimensionslos und unabhängig von der Masse darstellt werden, daher wird der folgenden Zusammenhang erarbeitet: Gesucht wird eine Funktion, welche die optimale Hinterachstangentialkraft liefert, wenn eine Vorderachstangentialkraft vorgegeben wird:

$$\frac{F_{xh}}{mg} = f\left(\frac{F_{xv}}{mg}\right).$$

Das optimale Kräfteverhältnis stellt sich ein, wenn an der Vorder- und Hinterachse gleichzeitig der gleiche Kraftschluss erreicht wird. Ein Gegenbeispiel wäre eine Bremsung, bei welcher durch die dynamische Achslastverlagerung die Vorderachse einen Kraftschlussbeiwert von 0,6, die Hinterachse aber schon einen von 0,8 hat. Fährt man mit diesem Fahrzeug auf einem Untergrund mit einem maximalen Kraftschlussbeiwert von 0,8, erreicht die Hinterachse die Blockiergrenze, während die Vorderachse noch Potential für mehr Bremskraft hat. Entweder man verschenkt Bremskraft, indem man nicht stärker bremst, was einen längeren Bremsweg zur Folge hat, oder man überbremst die Hinterachse, wodurch diese die Fähigkeit zur Übertragung von Seitenkräften verliert und nur noch mit dem Gleitkraftschlussbeiwert verzögert und bringt die Vorderachse an die Kraftschlussgrenze. Die Bremsung wird in jedem Fall nicht optimal. Das Tangentialkraftdiagramm visualisiert den Zusammenhang des optimalen Verhältnisses der Tangentialkräfte.

Ausgehend von dem Zusammenhang, dass die Summe der Tangentialkräfte an Vorder- und Hinterachse gleich der Trägheitskraft ist:

$$\frac{F_{xv}}{mg} + \frac{F_{xh}}{mg} = \frac{\ddot{x}}{g}$$

und der Eigenschaft, dass bei einer optimalen Beschleunigung/Verzögerung folgender Zusammenhang gilt:

$$\frac{\ddot{x}}{g} - \mu,$$

sowie den Definitionen für die dynamischen Achslasten:

$$F_{zv} = \frac{l_h}{l}mg - m \cdot \ddot{x} \cdot \frac{z_s}{l}; \quad F_{zh} = \frac{l_v}{l}mg + m \cdot \ddot{x} \cdot \frac{z_s}{l},$$

erhält man nach einigen Umformungen eine Gleichung zur Bestimmung der Tangentialkräfte:

$$\frac{F_{xh}}{mg} = \frac{l_h}{2z_s} - \frac{F_{xv}}{mg} - \sqrt{\left(\frac{l_h}{2z_s}\right)^2 - \frac{l}{z_s} \cdot \frac{F_{xv}}{mg}}.$$

In diese Gleichung müssen die Kräfte vorzeichenrichtig eingesetzt werden, was dazu führt, dass beim Bremsen der Radiant nicht negativ wird. Beim Beschleunigen sieht das anders aus, die Tangentialkraft ist positiv und der Radiant kann negativ werden. Um dieses Thema nicht mit komplexen Zahlen zu beladen, wird die Umkehrfunktion gebildet und man erhält für den Fall der Beschleunigung folgenden Zusammenhang:

$$\frac{F_{xv}}{mg} = -\frac{l_v}{2z_s} - \frac{F_{xh}}{mg} + \sqrt{\left(\frac{l_v}{2z_s}\right)^2 + \frac{l}{z_s} \cdot \frac{F_{xh}}{mg}}.$$

Dieser Zusammenhang kann in dem Tangentialkraftdiagramm visualisiert werden. Als Zahlenwerte werden die Schwerpunktlagen aus dem vorher behandelten Beispiel $l_v/l = 0{,}5$ und $z_s/l = 0{,}35$ übernommen. Die Gleichungen lauten dann

$$\frac{F_{xv}}{mg} = -0{,}714 - \frac{F_{xh}}{mg} + \sqrt{(0{,}714)^2 + 2{,}857 \cdot \frac{F_{xh}}{mg}} \quad \text{für} \quad \frac{F_{xh}}{my} \geq 0$$

und

$$\frac{F_{xh}}{mg} = 0{,}714 - \frac{F_{xv}}{mg} - \sqrt{(0{,}714)^2 - 2{,}857 \cdot \frac{F_{xv}}{mg}} \quad \text{für} \quad \frac{F_{xv}}{my} \leq 0.$$

Abbildung 3.50 visualisiert den Zusammenhang der optimalen Tangentialkraftverteilung. Dargestellt sind alle vier Quadranten der Kraftverteilung, interessant ist nur der erste und dritte Quadrant, in dem die Tangentialkräfte die gleichen Vorzeichen haben. Das bedeutet, beide Achsen bremsen oder treiben an. Ein Mischbetrieb macht keinen Sinn. Im ersten Quadranten ist die Antriebskraftverteilung dargestellt. Ausgehend vom Nullpunkt sieht man, dass sich die Antriebskraft in einem bestimmten Verhältnis auf die Achsen verteilt. Je größer die Kräfte werden, desto größer wird die Beschleunigung. Die hintere Achslast steigt und somit auch das Potential, Kräfte zu übertragen. Das Diagramm zeigt, dass die Steigung der Kurve immer flacher wird und schließlich fällt. Dies bedeutet, dass der Anteil der Antriebskraft, welche an die Vorderachse geleitet werden sollte, immer weniger wird. Schließlich schneidet die Funktion sogar die Abszisse. Diesem Punkt (*A* in Abb. 3.50) kann man eine anschauliche Deutung geben. Es ist der Punkt, bei welchem ein Fahrzeug mit der Vorderachse den Bodenkontakt verliert, da das Rad keine negativen Kräfte übertragen kann. Bei Pkw ist dieser Zustand kaum möglich, beim Motorrad kann man dieses durchaus beobachten (Wheelie). In diesem Punkt kann die Vorderachse keine Tangentialkraft absetzen, die ganze Antriebskraft wird über die Hinterachse übertragen.

Im dritten Quadranten findet man einen ähnlichen Punkt. Hier sind beide Kräfte negativ, das Fahrzeug bremst. Die Verteilung der Bremskräfte verhält sich jetzt ähnlich, nur dass mit steigenden Kräften jetzt der Anteil der Bremskräfte zurückgehen muss, welche über die Hinterachse übertragen werden sollen. Hier gibt es einen Schnittpunkt mit der Ordinate (*B* in Abb. 3.50). Dieser bedeutet, dass alle Bremskräfte über die Vorderachse

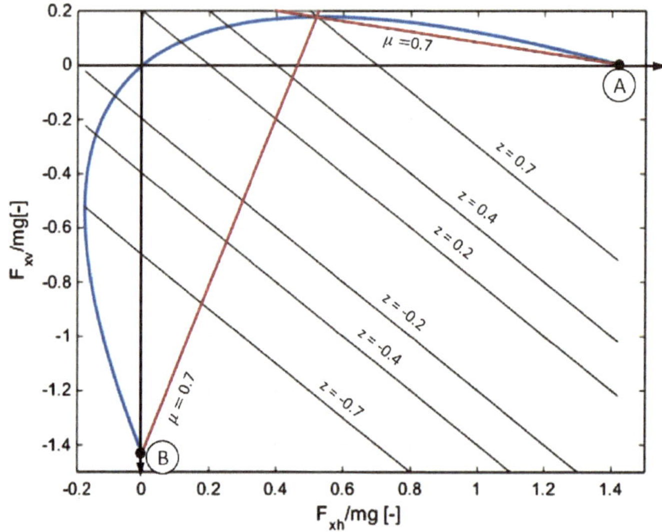

Abb. 3.50 Tangentialkraftdiagramm eines Fahrzeugs mit der Schwerpunktlage $l_v/l = 0{,}5$ und $z_s/l = 0{,}35$

übertragen werden, die Hinterachse verliert Bodenkontakt und kann keine Tangentialkraft mehr übertragen. Auch diesen Punkt kann man beim Motorrad beobachten (Stoppie). In seltenen Fällen tritt dieses auch bei Sattelzugmaschinen auf, welche ohne Auflieger fahren, siehe Abb. 3.51. Diese haben einen hohen Schwerpunkt und kurzen Radstand, so dass in Ausnahmesituationen dieser Fall eintreten kann. Die so genannte Tilt-Prevention sensiert dieses und wirkt dem entgegen.

Zur weiteren Verwendung des Diagramms werden darin noch verschiedene Hilfslinien eingetragen, so zum Beispiel Linien konstanter Beschleunigung oder Linien konstanten Kraftschlusses an den Achsen.

Abb. 3.51 Versuchsfahrt mit einer Sattelzugmaschine zum Test der Tilt-Prevention-Funktion. Die Vorderachsbremsen sind so leistungsstark, dass der unbeladene LKW an der Hinterachse die Bodenhaftung verliert. (Bild: Knorr Bremse AG)

Linien konstanter Beschleunigung lassen sich leicht in das Diagramm einarbeiten, denn es gilt der Zusammenhang:

$$\frac{F_{xv}}{mg} + \frac{F_{xh}}{mg} = \frac{\ddot{x}}{g}.$$

Diese Gleichung lässt sich umstellen und liefert für jede auf die Erdbeschleunigung bezogene Beschleunigung eine Geradengleichung:

$$\frac{F_{xv}}{mg} = \frac{\ddot{x}}{g} - \frac{F_{xh}}{mg} = z - \frac{F_{xh}}{mg}.$$

Im weiteren Verlauf wird die auf die Erdbeschleunigung bezogene, dimensionslose Beschleunigung *bezogene Beschleunigung* genannt und durch den Buchstaben z repräsentiert.

Für eine Beschleunigung von $0{,}7\,g$ folgt also die Gleichung:

$$\frac{F_{xv}}{mg} = 0{,}7 - \frac{F_{xh}}{mg}.$$

Diese Gleichungen stellen sich als Diagonalen im Tangentialkraftschaubild dar.

Linien gleichen Kraftschlusses an einer Achse sind etwas aufwändiger zu bestimmen. Dazu wird zuerst die Vorderachse betrachtet. Durch die dynamische Achslastverteilung ändert sich bei stärkerer Bremsung die Vorderachslast, was den Kraftschluss ändert. Linien konstanten Kraftschlusses ergeben sich aus der Definition:

$$\frac{F_{xv}}{mg} = \mu \cdot \left(\frac{l_h}{l} - \frac{\ddot{x}}{g} \cdot \frac{z_s}{l} \right).$$

Der Kraftschluss ändert sich, wenn sich die Beschleunigung ändert. Dieses wird von der Tangentialkraft an der Hinterachse verursacht. Daher kann die bezogene Beschleunigung ersetzt werden durch:

$$\frac{\ddot{x}}{g} = \frac{F_{xv}}{mg} + \frac{F_{xh}}{mg}.$$

Oben genannte Gleichung wird nach F_{xv} aufgelöst:

$$\frac{F_{xv}}{mg} = \mu \cdot \left(\frac{l_h}{l} - \left(\frac{F_{xv}}{mg} + \frac{F_{xh}}{mg} \right) \cdot \frac{z_s}{l} \right)$$

$$\frac{F_{xv}}{mg} = \frac{\mu \cdot \left(\frac{l_h}{l} - \frac{z_s}{l} \cdot \frac{F_{xh}}{mg} \right)}{1 + \mu \cdot \frac{z_s}{l}}.$$

Diese Geradengleichung liefert Linien konstanten Kraftschlusses an der Vorderachse. Wie am Zähler dieser Gleichung zu erkennen ist, gehen alle Linien gleichen Kraftschlusses durch den Punkt, der die Bedingung:

$$\frac{l_h}{l} = \frac{z_s}{l} \cdot \frac{F_{xh}}{mg}, \quad \text{also} \quad \frac{F_{xh}}{mg} = \frac{l_h}{l} \cdot \frac{l}{z_s}$$

erfüllt. Das ist genau der Punkt *A* aus Abb. 3.50, bei welchem die Vorderachse den Bodenkontakt verliert. Unabhängig vom Kraftschlussbeiwert gehen alle Linien gleichen Kraftschlusses an der Vorderachse durch diesen Punkt. Somit lassen sich die Linien gleichen Kraftschlusses in einem Tangentialkraftdiagramm leicht konstruieren. Es reicht, wenn zwei Punkte auf der Linie gleichen Kraftschlusses bekannt sind. Der eine Punkt ist Punkt *A* aus Abb. 3.50. Der zweiten Punkt ist der Schnittpunkt der Tangentialkraftfunktion mit der Linie konstanter Beschleunigung. Für eine bezogene Beschleunigung von beispielsweise 0,7 benötigt man eine optimale Antriebskraftverteilung, so dass an beiden Achsen gleichzeitig der Kraftschlussbeiwert 0,7 erreicht wird. Das heißt, die Linie konstanten Kraftschlussbeiwerts von 0,7 an Vorder- und Hinterachse geht durch diesen Schnittpunkt. Beliebige Linien gleichen Kraftschlussbeiwertes an der Vorderachse lassen sich auf diese Art konstruieren.

Analog ist das Vorgehen für Linien gleichen Kraftschlusses an der Hinterachse. Ausgehend von der Gleichung für die übertragbare Kraft an der Hinterachse:

$$\frac{F_{xh}}{mg} = \mu \cdot \left(\frac{l_v}{l} + \frac{\ddot{x}}{g} \cdot \frac{z_s}{l} \right)$$

liefert das analoge Vorgehen:

$$\frac{F_{xh}}{mg} = \frac{\mu \cdot \left(\frac{l_v}{l} + \frac{z_s}{l} \cdot \frac{F_{xv}}{mg} \right)}{1 - \mu \cdot \frac{z_s}{l}}.$$

Auch hier weist der Zähler im Fall der Bremsung $-F_{xv}$ wird negativ $-$ eine Nullstelle auf, welche unabhängig von dem Kraftschluss ist. Es muss gelten:

$$\frac{l_v}{l} = -\frac{z_s}{l} \cdot \frac{F_{xv}}{mg}, \quad \text{also} \quad \frac{F_{xv}}{mg} = -\frac{l_v}{l} \cdot \frac{l}{z_s}.$$

Das ist genau der Punkt *B* aus Abb. 3.50, bei welcher die Hinterachse den Bodenkontakt verliert. Unabhängig vom Kraftschlussbeiwert gehen alle Linien gleichen Kraftschlusses an der Hinterachse durch diesen Punkt. Man kann die Linien gleichen Kraftschlusses an der Hinterachse auf die gleiche Art konstruieren, wie es für die Vorderachse beschrieben wurde.

Sofern ein Planetenraddifferential das Verteilergetriebe darstellt, hat man die Freiheit, die Antriebsmomente in fast beliebiger Weise an die Vorder- und Hinterachse zu verteilen. Hat man aber einmal ein Verhältnis gewählt, so bleibt es konstant. Eine solche konstante Antriebs- oder Bremskraftverteilung kann als Linie durch den Ursprung darstellt werden, die Steigung entspricht dem Verhältnis der Antriebs- bzw. Bremskräfte.

Abbildung 3.52 zeigt den ersten Quadranten des Tangentialkraftdiagramms. Hier sind die Linien konstanter Beschleunigung eingezeichnet. Durch den unterschiedlichen Maßstab auf der Abszisse und Ordinate verlaufen diese im Bild nicht wirklich diagonal. Die Linie konstanten Kraftschlusses von 0,5 für die Vorderachse geht durch den Wheelie-Punkt

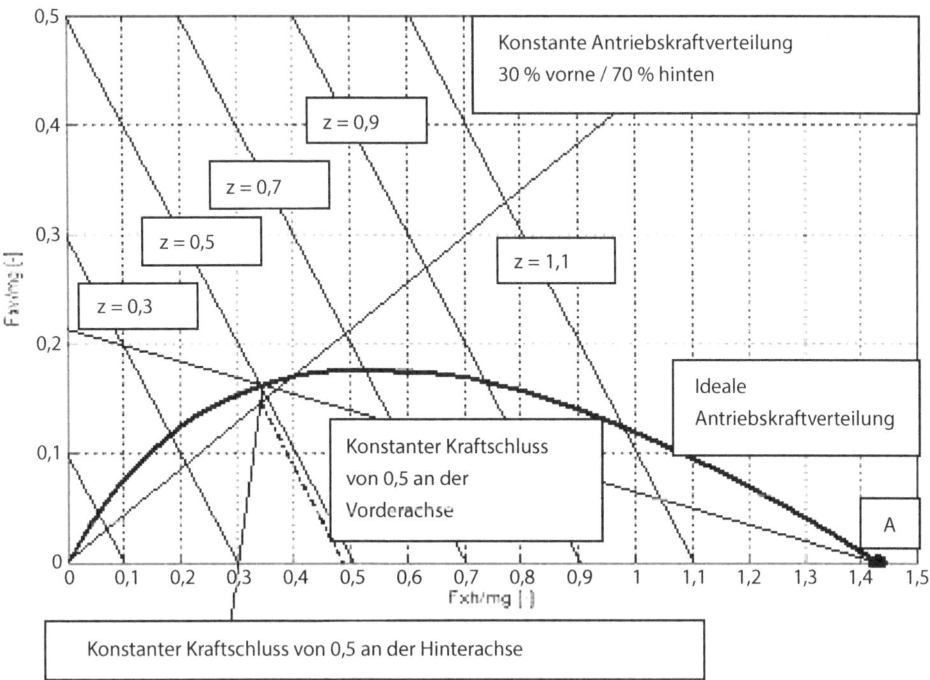

Abb. 3.52 Antriebskraftdiagramm – erster Quadrant des Tangentialkraftdiagramms – mit Linien gleichen Kraftschlusses für den Wert 0,5, der Linie der installierten Antriebskraftverteilung von 30/70 und Linien gleicher Beschleunigung. Die Linie der idealen Antriebskraftverteilung ist die dick ausgezeichnet Linie

(A) und den Schnittpunkt der idealen Antriebskraftverteilung mit der Linie für die konstante bezogene Beschleunigung von 0,5. Von dem gleichen Schnittpunkt aus können die Linie des konstanten Kraftschluss von 0,5 für die Hinterachse gezeichnet werden, indem der Schnittpunkt mit dem Stoppie-Punkt (nicht in Abb. 3.52 sichtbar) verbunden wird.

Der Nutzen des Diagramms liegt darin, dass man zum einen ablesen kann, welche Antriebskraftverteilung benötigt wird, um ein Fahrzeug mit dieser Schwerpunktlage zum Beispiel mit $0{,}9\,g$, also $8{,}83\,\text{m/s}^2$ zu beschleunigen. Ein Blick in Abb. 3.52 lässt die Koordinatenwerte am Schnittpunkt der idealen Antriebskraftverteilung mit der Linie für die Beschleunigung von $z = 0{,}9$ ablesen. Als Wert für F_{xh}/mg wird ca. 0,73 ausgewiesen, für F_{xv}/mg wird der Wert 0,17 ausgewiesen. Die Hinterachse braucht also einen Antriebskraftanteil (im Folgenden wird der Antriebskraftanteil auf die Hinterachse als i bezeichnet) von:

$$i = \frac{\frac{F_{xh}}{mg}}{\frac{F_{xv}}{mg} + \frac{F_{xh}}{mg}} = \frac{\frac{F_{xh}}{mg}}{\frac{\ddot{x}}{g}} = \frac{0{,}73}{0{,}9} = 81{,}1\,\%.$$

Für andere Beschleunigungen lässt sich der Antriebskraftanteil auf die gleiche Art bestimmen. Es wäre also wünschenswert für die Fahrdynamik, wenn man die Zuweisung des Antriebsanteils auf die einzelnen Achsen dynamisch gestalten könnte.

Ein weiterer Nutzen des Diagramms ist das Darstellen der Beschleunigungsgrenze. Beschleunigt das Fahrzeug immer stärker, so wird das durch ein Fortschreiten auf der Linie der konstanten Antriebskraftverteilung dargestellt, denn so wurde die Aufteilung der Antriebskräfte auf Vorder- und Hinterachse gewählt. Zur Verdeutlichung wird angenommen, das Fahrzeug bewege sich auf einer nassen Straße mit einem maximalen Kraftschlussbeiwert von 0,5. Dieser Wert ist nicht zufällig gewählt, denn im Diagramm sind schon die Linien konstanten Kraftschlusses bei einem Kraftschlusswert von 0,5 eingezeichnet. Im Diagramm ist zu erkennen, dass die Beschleunigung zunimmt. Dieses kann an den Werten der diagonalen Linien für die Beschleunigung abgelesen werden. Kurz vor der Linie für den bezogenen Beschleunigungswert von $z = 0{,}5$, was die maximal mögliche Beschleunigung wäre, wird die Linie des konstanten Kraftschlusses von 0,5 an der Hinterachse geschnitten. Ein größerer Kraftschluss kann nicht realisiert werden, so dass die Beschleunigung hier endet, denn mehr Kraft kann nicht übertragen werden. Das Verteilerdifferential stellt auch bei durchdrehender Hinterachse der Vorderachse nicht mehr Moment zur Verfügung. Es ist zu erkennen, dass mit dieser Antriebskraftverteilung nicht der maximal mögliche Beschleunigungswert erreicht wird. Im Diagramm kann eine zur Linie $z = 0{,}5$ parallele Linie durch den Schnittpunkt der konstanten Antriebskraftverteilung mit der Linie konstanten Kraftschlusses von 0,5 an der Hinterachse gelegt werden (*strichpunktierte Linie* in Abb. 3.52). Am Schnittpunkt dieser Linie mit der Abszisse kann die in diesem Fall mögliche Beschleunigung ablesen werden, hier ca. $0{,}48\,g$.

Somit hilft das Tangentialkraftdiagramm die Fahrgrenzen des beschleunigten Fahrzeugs zu analysieren. Im vergangenen Abschnitt wurde der Antriebsfall untersucht, noch wichtiger sind aber das Verzögern eines Fahrzeugs und die Aufteilung der Bremskräfte. Der dritte Quadrant des Tangentialkraftdiagramms wird auch Bremskraftverteilungsdiagramm genannt.

3.5.5 Bremsvorgang

Die Bremsanlage eines Kraftfahrzeuges hat mehrere Aufgaben. Sie fungiert als Festhaltebremse, um das Fahrzeug gegen unerwünschtes Wegrollen zu sichern. In bestimmten Betriebsfällen arbeitet sie als Beharrungsbremse und verhindert das unerwünschte Beschleunigen des Fahrzeugs bei Talfahrt. Diese Funktionalität braucht man besonders beim Transport von schweren Gütern, also beim Lkw. Die dritte Aufgabe einer Bremse ist die Verzögerungsbremsung, um die Geschwindigkeit des Fahrzeugs ggf. bis zum Stillstand zu verringern.

Beim Pkw werden meistens alle Aufgaben von der Betriebsbremse übernommen, diese ist als Scheiben- oder Trommelbremse konzipiert und so dimensioniert, dass diese bei einer Gefällefahrt ausreichend Wärme abgeben kann. Damit dient sie auch als Beharrungsbremse. Die Festhaltefunktion wird häufig durch eine zusätzliche Ansteuerung der gleichen Bremse realisiert. In Automatikgetrieben findet sich häufig eine zusätzliche Festhaltebremse, in Form einer Parkklinke, welche das Getriebe im Stillstand blockiert.

Die unterschiedlichen Aufgaben können auch von verschiedenen Bauteilen übernommen werden. Beim Lkw, welcher aufgrund seiner großen Masse viel Bremsenergie generiert, die in Form von Wärme abgeführt werden muss, reicht der Wärmeabfuhr über eine Radbremse nicht aus. Daher sind diese mit zusätzlichen Dauerbremsanlagen ausgestattet. Das können einfache Staudruckbremsen sein, bei denen im Abgasstrom des Motors Klappen geschaltet werden, um das Motorbremsmoment zu erhöhen. Effektiver arbeiten diese Staudruckbremsen, wenn sie durch Eingriffe in die Motormechanik unterstützt werden, wie zum Beispiel das kurzzeitige Öffnen des Auslassventils in der Verdichtungsphase des Motors oder das Verstellen des Turboladers in der Art, dass er viel Frischgas in den Motor pumpt und im Abgastrakt einen hohen Gegendruck erzeugt. In einigen Fällen werden im Lkw auch Retarder eingesetzt. Das sind mit dem Antriebsstrang verbundene Pumpen, die gegen feststehende Turbinen arbeiten und damit Bewegungsenergie in Wärmeenergie umwandeln, siehe Abb. 3.53.

Die Kinetik eines Fahrzeuges beim Bremsen würde, wie im letzten Abschnitt beschrieben, eine maximal mögliche Abbremsung der Größe $z = \mu$ definieren, wenn das Fahrzeug als Massepunkt idealisiert wird.

Analysiert man den in Abb. 3.54 schematisch dargestellten Bremsvorgang, so erhält man für die Normalkraft, also die Summe aller vier Radlasten:

$$N = m \cdot g$$

und für die Summe der Bremskräfte, hier dargestellt als Reibungskraft R:

$$R = m \cdot \ddot{x},$$

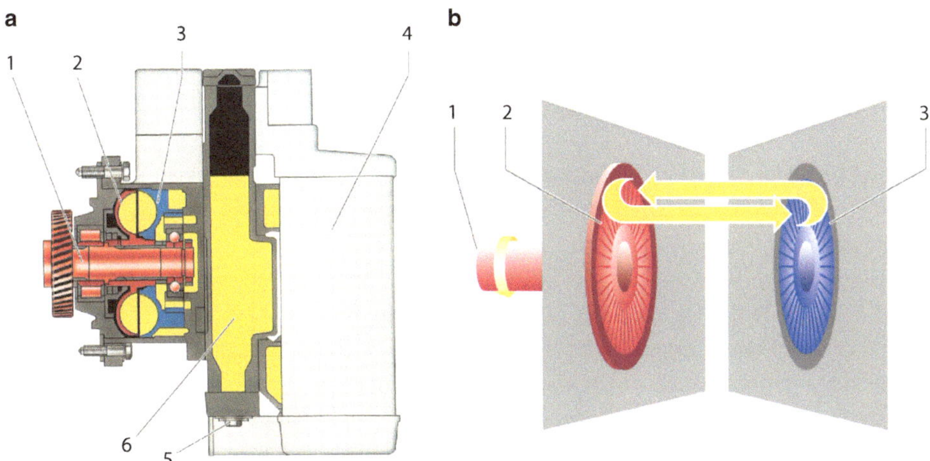

Abb. 3.53 Retarder für einen Lkw Antriebsstrang, *1* – Antriebswelle, *2* – Rotor (Pumpe) mit der Antriebswelle verbunden, *3* – Stator (feststehende Turbine) fest mit Getriebegehäuse verbunden, *4* – Wärmetauscher, *5* – Ölablassschraube, *6* – Öl-Vorratsbehälter [13]

Abb. 3.54 Analyse des
Bremsvorgangs, vereinfacht
am Ein-Massen-Modell

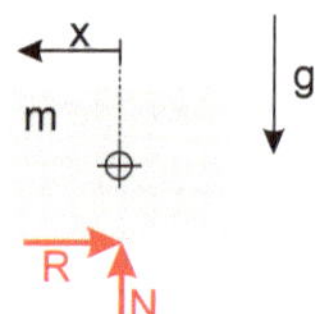

weiterhin gilt, analog zum Coulomb'schen Reibungsgesetz, eine Obergrenze für die übertragbare Kraft in x-Richtung:

$$R = \mu_{\text{max}} \cdot N = \mu_{\text{max}} \cdot m \cdot g.$$

Die Gleichung in x-Richtung definiert, dass die Kraft R so groß ist wie die Masse mal ihrer Beschleunigung, die Obergrenze der Kraft R ist durch die Gewichtskraft mal dem maximalen Kraftschlussbeiwert gegeben. Gleichsetzen liefert:

$$m \cdot \ddot{x} = \mu_{\text{max}} \cdot m \cdot g,$$

bzw.:

$$\ddot{x} = \mu_{\text{max}} \cdot g \rightarrow z = \frac{\ddot{x}}{g} = \mu_{\text{max}}.$$

In dieser einfachen Überlegung wird vorausgesetzt, dass alle Räder den gleichen Kraftschuss haben. Dieses wird aber, aufgrund der dynamischen Achslasten, selten der Fall sein. Zur Beurteilung eines Bremsvorgangs wird daher der Gütegrad eingeführt. Er beschreibt wie viel Prozent des maximal möglichen Verzögerungswertes tatsächlich bei einer Bremsung erreicht wird:

$$\text{Gütegrad} = \frac{\frac{\ddot{x}}{g}}{\mu_{\text{max}}} = \frac{\ddot{x}}{g \cdot \mu_{\text{max}}} \cdot 100\,\%.$$

Bei der Aufteilung der Bremskräfte auf die Vorder- und Hinterachse muss bestimmt werden, welche Achse zuerst überbremst werden soll, im Fall dass der maximale Kraftschlussbeiwert überschritten wird.

Blockiert die Vorderachse zuerst, geht die Lenkfähigkeit verloren, da ein blockiertes Rad keine Seitenkräfte übertragen kann. In diesem Betriebspunkt kann die Hinterachse noch Seitenführungskräfte übernehmen. Blockiert die Hinterachse zuerst, kann diese keine Seitenführungskräfte mehr übernehmen. Da auf realen Straßen immer seitliche Störkraftkomponenten auf das Fahrzeug einwirken, hat man, siehe Abb. 3.55, im Fall der blockierten Hinterachse keine Seitenführungskraft mehr zur Verfügung, welche einer unkontrollierten Gierbewegung (Schleudern) des Fahrzeugs entgegen wirken kann. Im Fall der blockierten Vorderachse bleibt eine Seitenführungskraft an der Hinterachse erhalten, welche ein rückstellendes Moment verursacht, so dass das Fahrzeug nicht schleudert. Die Lenkfähigkeit geht aber verloren.

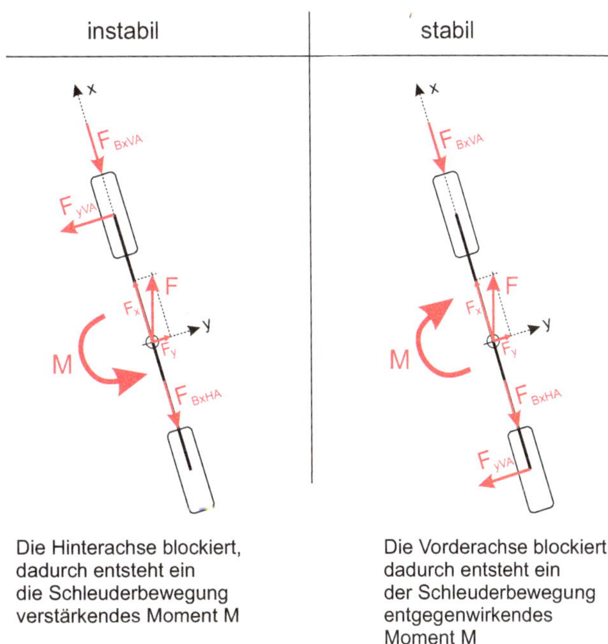

Abb. 3.55 Definition des stabilen und instabilen Bremsverhaltens

Das Fahrzeug mit blockierter Vorderachse befindet sich in einem so genannten „stabilen Fahrzustand", da der durch die Störkraft generierten Gierbewegung ein rückdrehendes Moment entgegenwirkt. Bei blockierter Hinterachse wird das durch die Störkraft generierte Moment verstärkt und das Fahrzeug fängt an zu schleudern, es befindet sich in einem „instabilen Fahrzustand".

Daher ist für die Auslegung einer Bremse zu berücksichtigen, dass in jedem Fall zuerst die Vorderachse den maximalen Kraftschlussbeiwert erreicht. Das Fahrzeug ist dann nicht mehr lenkfähig, aber richtungsstabil. Im Falle einer Kollision trifft man idealerweise frontal auf ein Hindernis, was, bedingt durch die größere Knautschzone in Längsrichtung, der günstigere Fall ist als das seitliche Auftreffen auf ein Hindernis.

Um diesen Sachverhalt zu visualisieren, wird aus dem Tangentialkraftdiagramm der dritte Quadrant betrachtet, welcher die negativen Tangentialkräfte darstellt. Die Darstellung des dritten Quadranten wird in der Form umgewandelt, dass jetzt von Bremskräften gesprochen wird, so dass das Vorzeichen vernachlässigt werden kann und nur noch Beträge für die Bremskräfte und Verzögerungen angeben werden. Die Achsen sind jetzt vertauscht, auf der Abszisse sind die auf das Fahrzeuggewicht bezogenen Bremskräfte an der Vorderachse dargestellt, die Ordinate zeigt die bezogenen Bremskräfte an der Hinterachse, siehe Abb. 3.56. Diese Darstellung nennt man das Bremskraftverteilungsdiagramm. Man sieht, wie die Bremskräfte an der Hinterachse erst steigen, dann aber durch die dynamische Achslastverteilung bis zum Wert Null, dem Stoppie-Punkt, sinken. In diesem Punkt können Bremskräfte nur noch von der Vorderachse übertragen werden. Linien kon-

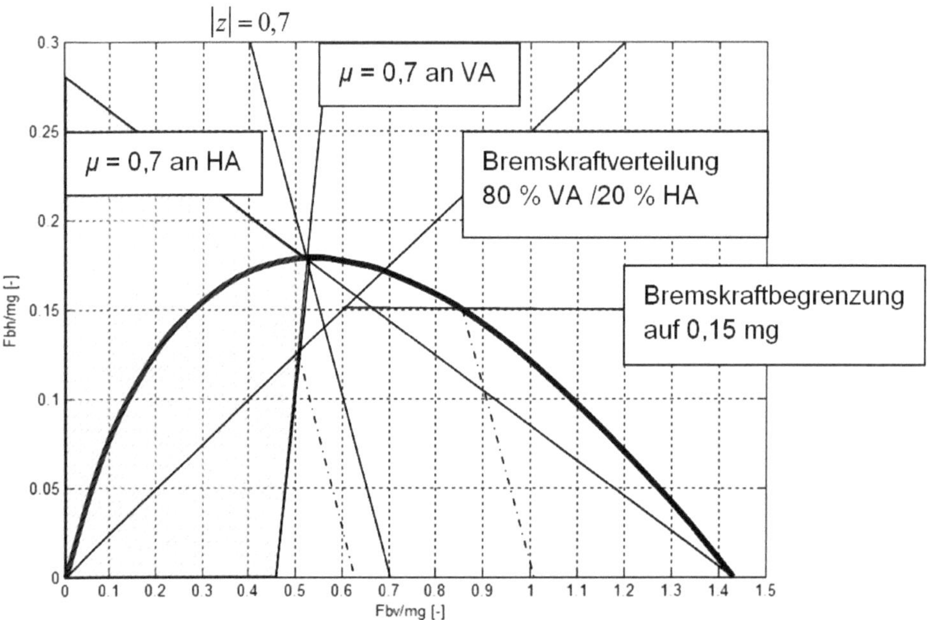

Abb. 3.56 Bremskraftverteilungsdiagramm eines Fahrzeugs mit der Schwerpunktlage $l_\mathrm{v}/l = 0{,}5$, $z_\mathrm{s}/l = 0{,}35$

tanter Verzögerung liegen wieder diagonal in dem Diagramm und die Linien konstanten Kraftschlusses an Vorder- und Hinterachse können, wie im Abschnitt Tangentialkraftdiagramm beschrieben, konstruiert werden. Für die bezogene Verzögerung von 0,7 und die konstanten Kraftschlüsse von 0,7 sind diese in das Diagramm eingezeichnet.

Der Schnittpunkt der Linien kontanten Kraftschlusses von 0,7 fällt mit dem Schnittpunkt der idealen Bremskraftverteilung (fette Linie) und der Linie für konstante Verzögerung von 0,7 zusammen, da diese Verzögerung nur möglich ist, wenn an beiden Achsen der Kraftschlusswert 0,7 erreicht wird. Unterhalb der Linien konstanten Kraftschlusses von 0,7 ist der Kraftschluss kleiner als 0,7, daher zeigt die schraffierte Fläche in Abb. 3.56 den Bereich möglicher Bremskraftverteilung, in denen keine der Achsen blockiert, wenn der Kraftschlussbeiwert größer als 0,7 ist. Der höchste Verzögerungswert wird genau am Schnittpunkt mit der idealen Bremskraftverteilung erreicht.

Für die Bremsenauslegung mit der Forderung nach stabilem Fahrverhalten (die Vorderachse soll also zuerst blockieren) bedeutet das, dass die Bremskraftverteilung unterhalb der Kurve der idealen Bremskraftverteilung liegen muss. Dieses ist für verschiedene Betriebspunkte kaum möglich, daher werden häufig Bremskraftbegrenzer für die Hinterachse eingebaut, welche die Bremskraft an der Hintearchse auf einen bestimmten Wert begrenzen.

In Abb. 3.56 wird der Verlauf einer Bremsung mit der installierten Bremskraftverteilung von 80 % auf die Vorderachse und 20 % auf die Hinterachse dargestellt. Es ist zu erkennen, dass bei einer bezogenen Verzögerung von ca. 0,62 (strichpunktierte Linie) die Linie konstanten Kraftschlusses von 0,7 an der Vorderachse überschritten wird. Hier würde, wie gefordert, die Vorderachse blockieren, während die Hinterachse noch Kraftschlussreserven hat. Für die Bremsgüte gilt:

$$\text{Gütegrad} = \frac{\ddot{x}}{g \cdot \mu} \cdot 100\,\% = \frac{0{,}62}{0{,}7} \cdot 100\,\% = 88{,}6\,\%.$$

Es werden also nur 88,6 % der theoretisch möglichen Verzögerung erreicht. Bei einem Fahrzeug mit dieser idealen Bremskraftverteilung wäre es sinnvoll, die hintere Bremskraft auf $0{,}15 \cdot m \cdot g$ zu begrenzen. Dann wären auch Bremsungen auf einem Untergrund mit einem maximalen Kraftschlussbeiwert von 1 möglich, ohne dass eine der Achsen blockiert.

Beispiel 3.14

Für ein Fahrzeug mit einem Gesamtgewicht von 1500 kg und einer Schwerpunktlage von $\frac{l_v}{l} = 0{,}52$ und $\frac{z_s}{l} = 0{,}3$ soll das Bremskraftverteilungsdiagramm aus der Betrachtung der dynamischen Radlasten dargestellt und analysiert werden.

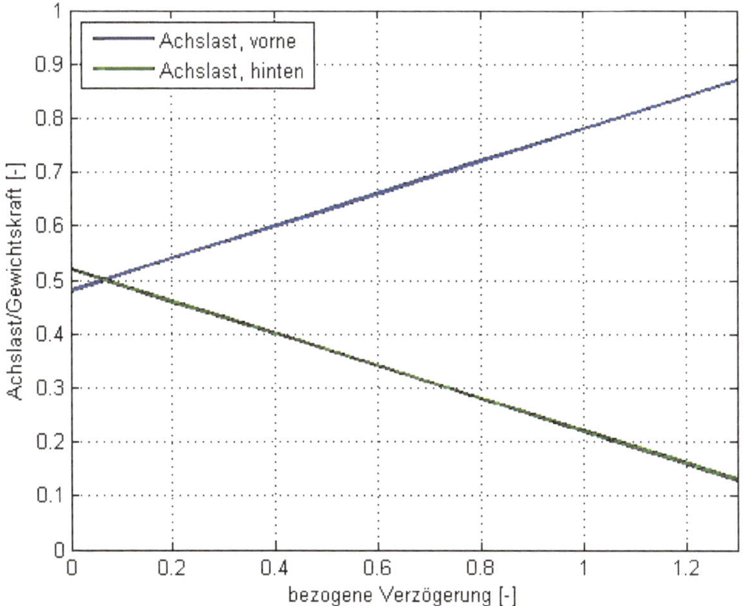

Abb. 3.57 Dynamische Achslasten bezogen auf die Gewichtskraft

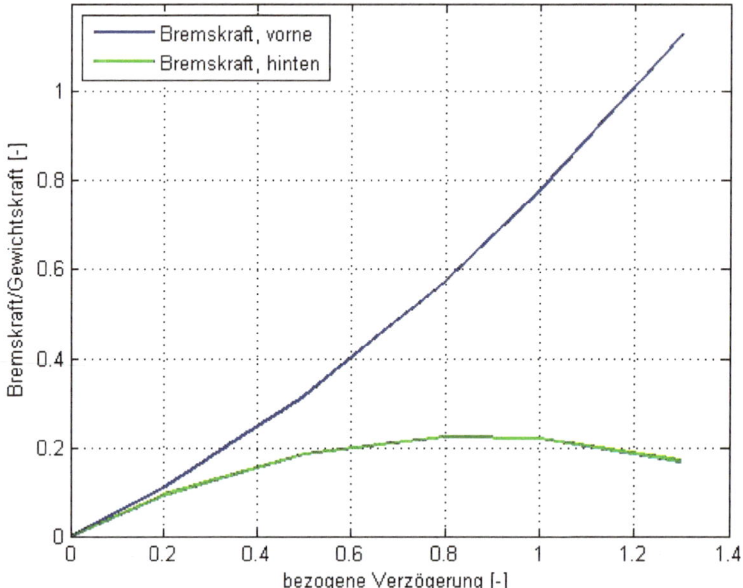

Abb. 3.58 Bremskräfte, dargestellt über der Verzögerung

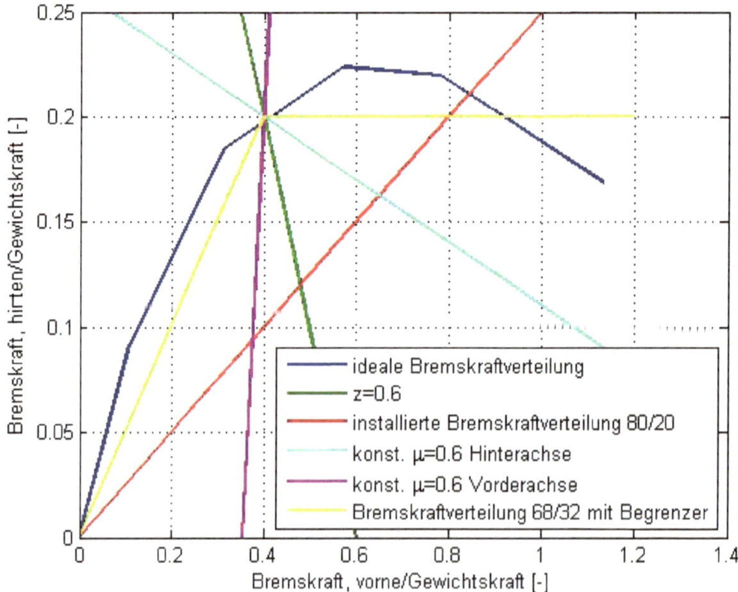

Abb. 3.59 Bremskraftverteilungsdiagramm

Verzögert das o. g. Fahrzeug, ändern sich die Radlasten wie folgt:

$$\frac{F_{zv}}{mg} = \frac{l_H}{l} - \frac{z_s}{l}\frac{\ddot{x}}{g} = 0{,}48 - 0{,}0306\,\frac{s^2}{m}\cdot \ddot{x}$$

$$\frac{F_{zH}}{mg} = \frac{l_v}{l} + \frac{z_s}{l}\frac{\ddot{x}}{g} = 0{,}52 + 0{,}0306\,\frac{s^2}{m}\cdot \ddot{x}.$$

Den Zusammenhang zeigt Abb. 3.57.

Zur Kontrolle sind hier die Ergebnisse für die bezogenen Beschleunigungen für 0/0,2/0,5/0,8/1/1,3 explizit angegeben:

$$\frac{F_{zv}}{mg} = 0{,}48/0{,}54/0{,}63/0{,}72/0{,}78/0{,}87$$

$$\frac{F_{zH}}{mg} = 0{,}52/0{,}46/0{,}37/0{,}28/0{,}22/0{,}13.$$

Bei einer idealen Verzögerung kann jede Achse die Achslast mal den maximalen Kraftschlussbeiwert übertagen. Bei einer idealen Verzögerung ist $\mu = \frac{\ddot{x}}{g}$:

$$\frac{F_{xv}}{mg} = \mu \cdot \frac{F_{zv}}{mg} \qquad \frac{F_{xH}}{mg} = \mu \cdot \frac{F_{zH}}{mg}$$

$$\frac{F_{xv}}{mg} = 0/0{,}108/0{,}315/0{,}576/0{,}780/1{,}131$$

$$\frac{F_{xH}}{mg} = 0/0{,}092/0{,}180/0{,}224/0{,}220/0{,}169.$$

Diesen Zusammenhang zeigt Abb. 3.58. Das Bremskraftverteilungsdiagramm erhält man, indem die auf die Gewichtskraft bezogenen hinteren Bremskräfte über den auf die Gewichtskraft bezogenen vorderen Bremskräften aufträgt, siehe Abb. 3.59.

Der „Stoppie"-Punkt liegt nicht mehr im dargestellten Bereich. Für die weitere Analyse ist seine Lage aber durchaus interessant. Der Schnittpunkt der idealen Bremskraftverteilung mit der Abszisse liegt bei:

$$\frac{F_{xv}}{mg} = \frac{l_v}{l}\cdot\frac{l}{z_s} = \frac{0.52}{0{,}3} = 1{,}733.$$

Eine konstante Verzögerung von $z = 0{,}6$ wird im Diagramm durch eine Gerade vom Punkt (0,6/0) und (0,4/0,2) dargestellt. Eine konstante Bremskraftverteilung von 80 % vorne zu 20 % hinten ist im Diagramm eine Gerade durch den Ursprung und z. B. den Punkt (0,8/0,2).

Mit Hilfe des Diagramms lässt sich ein Bremsvorgang auf einem Untergrund mit einem maximalen Kraftschlussbeiwert von beispielsweise 0,6 untersuchen. Die Linien konstanten Kraftschlusses verlaufen vom Schnittpunkt der $z = 0,6$-Linie mit der Linie der idealen Bremskraftverteilung einmal zum „Stoppie"-Punkt (Linie des konstanten Kraftschlusses von 0,6 an der Hinterachse) und zum „Wheelie"-Punkt (Linie des konstanten Kraftschlusses von 0,6 an der Vorderachse). Beide Punkte sind im Diagramm nicht dargestellt, daher kann man ihre Lage nur abschätzen. Zu sehen ist aber, dass die Linie der konstanten Bremskraftverteilung von 80/20 als erstes die Linie des konstanten Kraftschlusses an der Vorderachse schneidet. Die Vorderachse erreicht somit zuerst die Kraftschlussgrenze, wie es für ein stabiles Bremsverhalten gefordert wird, an der Hinterachse wird Bremspotential verschenkt.

Verändert man die Bremskraftverteilung von 80 % zu 20 % auf 68 % zu 32 %, so kann man bei niedrigeren Kraftschlussbeiwerten bessere Gütegrade erreichen, überbremst aber schnell (ab $z = 0,6$) die Vorderachse. Der Gesetzgeber schreibt vor, dass dieses bis zu einem Wert von $z = 0,82$ nicht der Fall sein darf, somit müsste das Fahrzeug für eine Bremskraftverteilung von 68/32 mit einem Bremskraftbegrenzer ausgestattet sein, welcher die Bremskraft an der Hinterachse ab dem Wert $\frac{F_{xH}}{mg} = 0,2$ auf den Wert 0,2 begrenzt.

Literatur

1. Michelin: Reifen – Rollwiderstand und Kraftstoffersparnis (2005)

2. Barth, R.: Luftkräfte am Fahrzeug Deutsche Kraftfahrforschung und Straßenverkehrstechnik, Bd. 184. VDI, Düsseldorf (1966)

3. Hucho, W.: Aerodynamik des Automobils, 5. Aufl. Vieweg Verlag, Wiesbaden (2005)

4. http://www.nabholz.de/uploads/pics/reifenbezeichnung.jpg, aufgerufen am 18.06.2012

5. Mitschke, M., Wallentowitz, H.: Dynamik der Kraftfahrzeuge, 5. Aufl. Springer Vieweg Verlag, Wiesbaden (2014)

6. Tschöke, H., Heinze, H.: Einige unkonventionelle Betrachtungen zum Kraftstoffverbrauch von PKW. Magdeburger Wissenschaftsjournal 1-2/2001: 11–18 (2001)

7. „Grenzgänger" Test VW Passat Alltrack 2,0 TDI. AutoMotorSport, 09/12, S. 54

8. http://de.wikipedia.org/wiki/Variomatic#mediaviewer/File:Wheels,_axles,_and_suspension.jpg, aufgerufen am 24.02.2015, 11:30 Uhr.

9. MAN: Grundlagen der Nutzfahrzeugtechnik. Kirschbaum-Verlag (2006)

10. Winkelmann, S., Harmuth, H.: Schaltbare Reibkupplungen, Konstruktionsbücher Bd. 34. Springer (1984)

11. Rüden, K.: Beitrag zum Downsizing von Fahrzeug-Ottomotoren. Fakultät V, Verkehrs- und Maschinensysteme (2004)

12. http://www.cars-and-autos.info/bugatti-cars/index.htm aufgerufen am 03.09.2012, 11:45 Uhr
13. MAN: Grundlagen der Nutzfahrzeugtechnik. Kirschbaum-Verlag, Bonn (2006)
14. Gescheidle, G.: Fachkunde Kraftfahrzeugtechnik, 28. Aufl. Verlag Europa Lehrmittel, Haan-Gruiten (2004)

4.1 Einführung in die Querdynamik

Dem Fahrer eines Fahrzeugs obliegt nicht nur die Steuerung bzw. Regelung der Fahrgeschwindigkeit, er muss bei der Fahrtverlaufbestimmung auch Kursänderungen in Querrichtung realisieren, um den gewünschten Sollkurs einzuhalten. Regelungstechnisch betrachtet man den Fahrer als *Regler*, das Fahrzeug stellt die *Regelstrecke* dar.

Die Eigenschaften der Regelstrecke *Fahrzeug* müssen den Fähigkeiten des Reglers *Fahrer* angepasst sein. Die Güte dieser Anpassung wird durch den Begriff *Fahrverhalten* charakterisiert. Ein befriedigendes Fahrverhalten folgt nach [1] aus den Anforderungen:

Es soll ein kausaler, sinnvoller und überschaubarer Zusammenhang zwischen einer Lenkradwinkeländerung und der Kursänderung des Fahrzeugs bestehen. Regelungstechnisch ist das das Übertragungsverhalten der Regelstrecke *Fahrzeug*.

Der Fahrer braucht eine sinnvolle Rückmeldung des Fahrzeugs über den Fahrzustand an ihn. Dieses kann zum Beispiel das Anwachsen des Reifengeräusches sein, oder die Änderung der Lenkmomentcharakteristik, wenn das Fahrzeug sich den Fahrgrenzen (Erreichen des physikalischen Grenzbereichs) nähert.

Wirken auf das Fahrzeug Störungen wie Spurrillen oder Seitenwind, sollten diese nur möglichst geringe und gut ausregelbare Störungen verursachen (Eigenstabilität der Regelstrecke).

Die physikalischen Grenzen des Fahrzeugs wie Querbeschleunigung und Kurvengeschwindigkeit sollten im Hinblick auf die Fahrsicherheit hoch sein (Stabilitätsreserven der Regelstrecke Fahrzeug).

In der Querdynamik wird mit Blick auf diese Anforderungen der Wirkmechanismus des querdynamischen Fahrzeugverhaltens analysiert, also der *Regler* Fahrzeug untersucht.

Im Gegensatz zur Längsdynamik, wo es als einzigen Freiheitsgrad die translatorische Bewegung in Längsrichtung gibt, muss für die Querdynamik die translatorische Bewegung in die Querrichtung sowie die Rotation um die Fahrzeughochachse (Gieren) eingeführt werden. Um aus einer ungestörten Gradeausfahrt in den Zustand der Querbe-

© Springer Fachmedien Wiesbaden 2015

S. Breuer, A. Rohrbach-Kerl, *Fahrzeugdynamik*, ATZ/MTZ-Fachbuch,

DOI 10.1007/978-3-658-09475-1_4

wegung bzw. Drehung zu gelangen, bedient man sich üblicherweise der drehbar am Fahrzeug angebrachten Vorderräder. Nachfolgend werden zunächst die kinematischen Lenkeigenschaften beschreiben, bevor die grundsätzlichen, physikalischen Zusammenhänge der querdynamischen Fahrzeugbewegung analysiert werden.

4.2 Grundlagen der Querdynamik

4.2.1 Lenkkinematik

Wird einem Fahrzeug eine Bewegung in Querrichtung aufgezwungen, gibt man über das Lenkrad einen Lenkimpuls, welcher die Räder an der Vorderachse schräg zur Längsachse des Fahrzeugs anstellt. Bei niedrigen Geschwindigkeiten folgt das Fahrzeug in der Art einer Schlepplenkung den Vorderrädern, man spricht dann von seitenkraftfreier Kurvenfahrt. Bei schnellerer Fahrt erzeugen die Vorderräder durch den aufgezwungenen Schräglauf eine Seitenkraft, welche das Fahrzeug in die Querrichtung beschleunigt.

Zuerst wird bei seitenkraftfreier Kurvenfahrt der Zusammenhang zwischen Lenkwinkel und Kurvenradius untersucht. Im Folgenden wird eine Kurve immer als Kreis mit dem Radius R vereinfachend betrachtet. Auch wenn dieses nur den Sonderfall einer Kurve darstellt, können mit dieser Vereinfachung schon viele Eigenschaften analysiert werden.

In der Abb. 4.1 wird ein Fahrzeug dargestellt, welches sich seitenkraftfrei und damit auch schräglaufwinkelfrei auf einem Kreis mit dem Mittelpunkt M und dem Radius R bewegt. Wird das Fahrzeug als ein starrer Körper betrachtet, kann die momentane Bewegung nach den Gesetzen der Mechanik als eine Kreisbewegung um einen Momentanpol mit dem Radius R beschrieben werden. Die Bewegungsrichtungen der Punkte auf dem

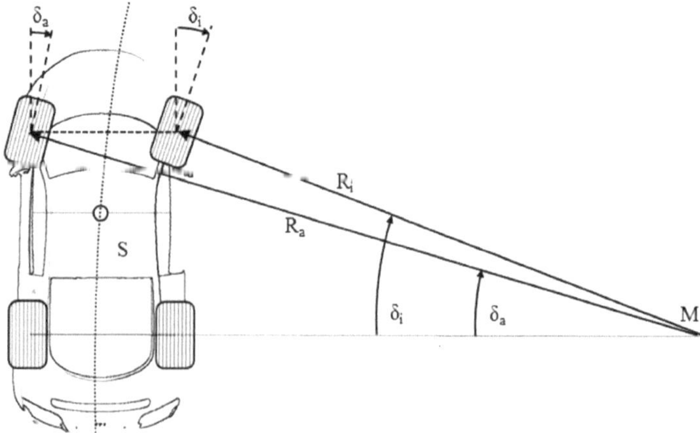

Abb. 4.1 Geometrische Bedingung für schräglauf- und seitenkraftfreies Abrollen der Räder bei langsamer Kurvenfahrt

starren Körper müssen dabei senkrecht auf den Strahlen zum Momentanpol stehen. Dieses bedeutet, dass die Räder der Hinterachse eine Geschwindigkeit senkrecht zum Polstrahl haben. Auch die Räder der Vorderachse brauchen eine Geschwindigkeit senkrecht zum Polstrahl. Da diese auf unterschiedlichen Radien liegen, haben die gelenkten Vorderräder auch unterschiedliche Richtungen. Das kurvenäußere Rad muss unter einem geringeren Winkel abrollen als das kurveninnere Rad. Diesen Winkel, also die Schrägstellung des gelenkten Vorderrads gegen die Längsrichtung des Fahrzeugs, bezeichnet man als Lenkwinkel δ, nicht zu verwechseln mit Lenkradwinkel, der später noch eingeführt wird. An dieser Stelle genügt der Hinweis, dass der Lenkwinkel proportional zum Lenkradwinkel ist. Um Kraft beim Lenken zu sparen, verkleinert das Lenkgetriebe den Lenkradwinkel um den Faktor 15 bis 20.

Die unterschiedlichen Lenkwinkel an der Lenkachse werden mechanisch, durch ein Lenktrapez realisiert, wie es in Abb. 4.2 zu sehen ist.

Die Verschiebung eines Spurstangenkopfes reicht aus, um bei passender Auslegung die beiden Räder unterschiedlich stark einzuschlagen.

Außer dem inneren Lenkwinkel δ_i und dem äußeren Lenkwinkel δ_a wird noch der Lenkwinkel δ eingeführt. Dieser Wert ist der Mittelwert aus den beiden Lenkwinkeln:

$$\delta = \frac{\delta_a + \delta_i}{2}.$$

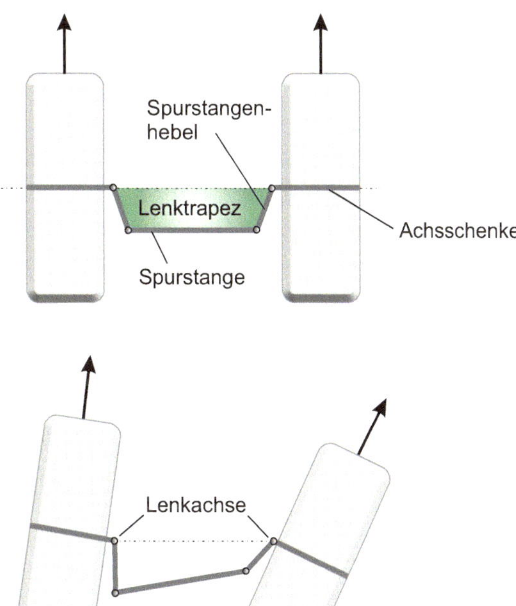

Abb. 4.2 Lenktrapez zur Anlenkung der Vorderräder. Die unterschiedlichen Lenkwinkel an dem kurveninneren und kurvenäußeren Rad stellen sich aufgrund der Kinematik ein

Durch geschickte Modellbildung wird der Aufwand verringert und im Weiteren mit dem Lenkwinkel δ gearbeitet. Aus o. g. Gleichung kann aber jederzeit wieder auf den inneren und äußeren Lenkwinkel zurückgerechnet werden.

4.2.2   Fahrzeugmodellierung

Um den Aufwand der Berechnungen zu verringern kann man das Fahrzeug hinsichtlich seiner unterschiedlichen Kurveneigenschaften mitteln und als ein Einspurmodell zusammenfassen.

Für die in Abb. 4.3 dargestellte Modellbildung wird angenommen, dass der Gesamtschwerpunkt des Fahrzeugs auf Fahrbahnhöhe liegt. Dadurch entstehen keine Radlastunterschiede zwischen dem kurveninneren und kurvenäußeren Rad. Die Reifeneigenschaften der Reifen auf einer Achse sind damit identisch. Die Radaufstandspunkte werden achsweise zusammengeführt und liegen zusammen mit dem Fahrzeugschwerpunkt in der Fahrzeugmitte. Somit besteht das Fahrzeug als Einspurmodell gedanklich nur aus einem Vorderrad und einem Hinterrad, welches aber jeweils die Eigenschaften beider Reifen einer Achse hat, also zum Beispiel die doppelte Schräglaufsteifigkeit. Auf Grund der Schwerpunktlage wankt das Fahrzeug nicht.

Mit Hilfe dieses Fahrzeugmodells wird die Kurvenfahrt mit Seitenkraft analysiert. Die Seitenkraft entsteht durch die Zentripetalbeschleunigung, welche notwendig ist, um einen Körper auf einer Kreisbahn zu führen. Die Größe dieser Beschleunigung ist

$$a_{\mathrm{y}} = \frac{v^2}{R} = R \cdot \omega^2.$$

Sie wirkt auf den Schwerpunkt und ist auf den Kurvenmittelpunkt gerichtet. Im Koordinatensystem weist die Kraft in die y-Richtung. Die Zentripetalbeschleunigung ist proportional zum Quadrat der Geschwindigkeit und antiproportional zum Kurvenradius. Die

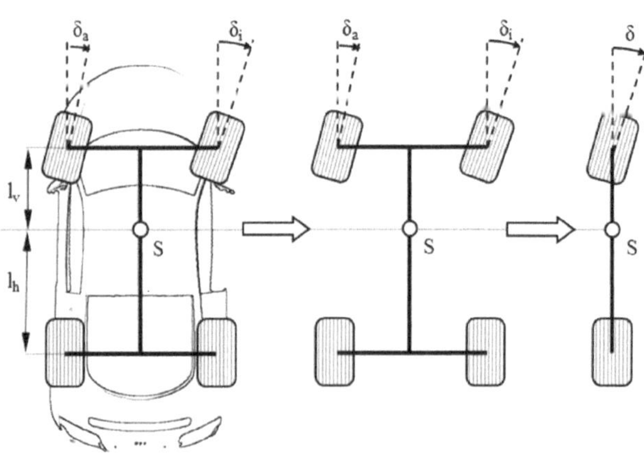

Abb. 4.3 Übergang vom Fahrzeugmodell zum Einspurmodell

Winkelgeschwindigkeit kann aus

$$\omega = \frac{v}{R}$$

dem Quotienten der Geschwindigkeit durch den Kurvenradius bestimmt werden, so dass man die Querbeschleunigung auch als Produkt aus dem Quadrat der Winkelgeschwindigkeit und dem Kurvenradius bestimmen kann. Die bei der Kurvenfahrt wirkende Seitenkraft F_y bestimmt man aus der Fahrzeugmasse mal der Querbeschleunigung:

$$F_y = ma_y = m \cdot \frac{v^2}{R}.$$

Dabei wird das Prinzip von d'Alembert angewendet und die Seitenkraft als Trägheitskraft angesetzt. Ihre Richtung ist der Beschleunigung entgegengesetzt und entspricht der Erfahrung, welche man mit einem Fahrzeug bei einer schnellen Kurvenfahrt macht: Auf den Fahrer wirkt eine Kraft, welche vom Kurvenmittelpunkt nach außen gerichtet ist. Das Fahrzeug kann dieser Kraft nur über die Kontaktfläche der Reifen entgegenwirken. Die Reifen können diese Seitenkraft nur generieren, wenn sie unter einem Schräglaufwinkel abrollen. Das bedeutet, dass sowohl die Reifen an der Vorder- als auch an der Hinterachse unter einem Schräglaufwinkel abrollen. Dieser Schräglaufwinkel muss dem Anteil der Seitenkraft entsprechen, welcher von der entsprechenden Achse aufgebracht werden muss. Es wird daher zwischen dem vorderen (α_v) und dem hinteren Schräglaufwinkel (α_h), siehe Abb. 4.4 unterschieden.

In Abb. 4.4 ist das Einspurmodell bei einer Kurvenfahrt um den Kurvenmittelpunkt M mit dem Radius R dargestellt. Das Fahrzeug bewegt sich mit der Geschwindigkeit v, welche im Schwerpunkt, senkrecht zum Polstrahl, angetragen ist. Die Geschwindigkeiten an der Vorder- und Hinterachse unterscheiden sich in Größe und Richtung von der Schwerpunktgeschwindigkeit, auch diese stehen senkrecht auf den Polstrahlen. Um die erforderliche Seitenkraft an der Vorderachse zu generieren, muss diese mit dem vorderen

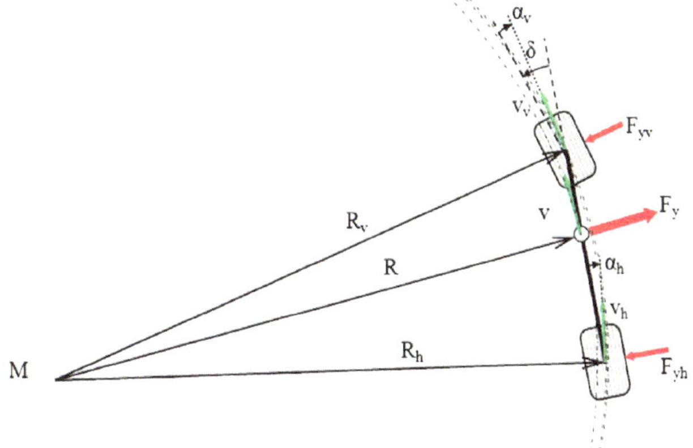

Abb. 4.4 Einspurmodell, dargestellt in einer Linkskurve mit dem Radius R um den Kreismittelpunkt M

Schräglaufwinkel (α_v) abrollen, auch die hintere Achse läuft mit dem hintern Schräglauf-winkel (α_h) ab, um die notwendige Seitenkraft aufzubauen.

Die vordere Achse übernimmt

$$F_\mathrm{yv} = \frac{l_\mathrm{h}}{l} \cdot F_\mathrm{y}$$

die hintere Achse:

$$F_\mathrm{yh} = \frac{l_\mathrm{v}}{l} \cdot F_\mathrm{y}.$$

Um zu verstehen, was an den Reifen während der Kurvenfahrt passiert, wird der Fall betrachtet, dass mit einem Fahrzeug zuerst mit geringer Geschwindigkeit um eine Kurve gefahren wird, also seitenkraftfrei, um dann die Geschwindigkeit mit geringer Längsbe-schleunigung langsam zu erhöhen.

Abbildung 4.5 zeigt das Einspurmodell bei seitenkraftfreier Kurvenfahrt. Alle Körper-punkte des Fahrzeuges bewegen sich um den Momentanpol M, die Reifen rollen senkrecht zur Richtung ihrer Drehachsen ab. Dafür ist es notwendig, dass das Vorderrad um den Lenkwinkel δ_A eingeschlagen wird. Den Lenkwinkel bei seitenkraftfreier Kurvenfahrt be-zeichnet man als Ackermannlenkwinkel.

Dieser Begriff geht auf den Erfinder der Achsschenkel-Lenkung zurück, bei der je-des Vorderrad einer Achse für sich gedreht wird, und wurde 1816 von dem Deutschen Georg Lankensperger als Hofwagner in München erfunden. Er ließ diese Lenkungsart, im Gegensatz zu der damals gebräuchlichen Drehschemellenkung, in England von dem Kunsthändler Rudolph Ackermann patentieren, weshalb sie dort unter dem Begriff „A-Steering" geführt wurde. Der theoretisch richtige Winkel zur Anlenkung der Vorderräder wird daher Ackermannwinkel genannt, obwohl die Ehre der Namensgebung eigentlich Herrn Lankensperger zugestanden hätte.

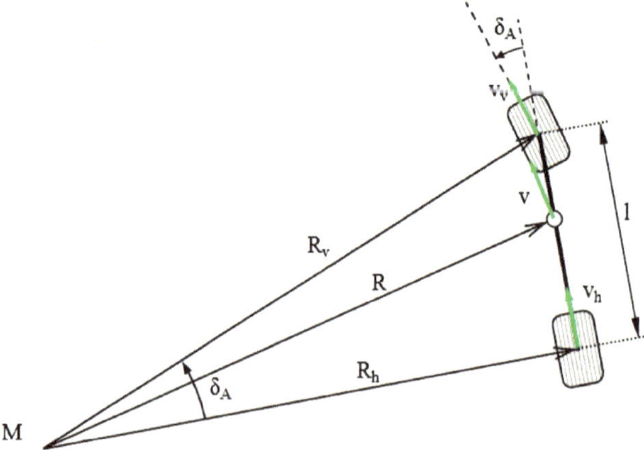

Abb. 4.5 Einspurmodell bei seitenkraftfreier Kurvenfahrt

Ein Blick auf Abb. 4.5 zeigt, wie der Ackermannlenkwinkel bestimmt wird. Da die Abrollrichtung der Hinterräder senkrecht auf dem Radius der Hinterachse zum Momentanpol steht und die Abrollrichtung des Vorderrades senkrecht auf dem Radius der Vorderachse zum Momentanpol steht, taucht der Ackermannlenkwinkel zwischen den Polstrahlen zur Vorder- und Hinterachse auf. Mit Kenntnis des Radstands l lässt sich der Ackermannlenkwinkel bestimmen:

$$\delta_A = \arctan\left(\frac{l}{R_h}\right).$$

Für kleine Winkel ist der Tangens ungefähr gleich dem Sinus eines Winkels und genau so groß wie der Winkel im Bogenmaß. Auch unterscheiden sich R_h und R nur minimal, so dass man den Ackermannlenkwinkel vereinfacht durch

$$\delta_A = \frac{l}{R}$$

bestimmen kann.

Beispiel 4.1

Wie groß wird der Fehler beim Bestimmen des Ackermannlenkwinkels durch die Vereinfachung für kleine Winkel, wenn man mit einem Fahrzeug mit den Daten $l = 2{,}8$ m, $l_v/l = 0{,}5$ eine Kurve mit einem Radius von 100 m befährt?

Exakte Lösung:

$$\delta_A = \arctan\left(\frac{l}{R_h}\right) = \arctan\left(\frac{2{,}8\,\text{m}}{\sqrt{(100\,\text{m})^2 - (1{,}4\,\text{m})^2}}\right)$$
$$= 1{,}60402° \quad \text{bzw.} \quad 0{,}028003\,\text{rad}$$

Näherungslösung:

$$\delta_A = \frac{l}{R} = \frac{2{,}8\,\text{m}}{100\,\text{m}} = 0{,}028\,\text{rad} \quad \text{bzw.} \quad 1{,}60428°.$$

Abweichung:

$$|\Delta| = \frac{1{,}60402° - 1{,}60428°}{1{,}60402°} = 0{,}016\,\%.$$

Beispiel 4.2

Wie groß muss der maximale Lenkwinkel eines Fahrzeugs mit den Daten $l = 2{,}8$ m, $l_v/l = 0{,}5$, Spurbreite $1{,}6$ m sein, wenn es einen Wendekreis (Spurkreisdurchmesser) von 12 m hat? Radius des zu befahrenden Kreises:

$$R = 0{,}5 \cdot 12\,\text{m} - 0{,}5 \cdot 1{,}6\,\text{m} = 5{,}2\,\text{m}$$

$$R_h = \sqrt{l^2 - l_h^2} = \sqrt{(5{,}2\,\text{m})^2 - (1{,}4\,\text{m})^2} = 5\,\text{m}$$

$$\delta_A = \arctan\left(\frac{l}{R_h}\right) = \arctan\left(\frac{2{,}8\,\text{m}}{5\,\text{m}}\right) = 29{,}2°.$$

Für eine seitenkraftfreie Kurvenfahrt muss das Vorderrad um den Ackermannlenkwinkel eingeschlagen werden und das ganze Fahrzeug befährt eine Kurve mit dem Radius R.

Steigert man die Geschwindigkeit, so müssen die Reifen Seitenkräfte übertragen. Dieses können die Reifen nur, wenn sie unter einem Schräglaufwinkel abrollen.

Abbildung 4.6 zeigt das Vorderrad des Einspurmodells unter Seitenkrafteinfluss. Die Seitenkraft kann vom Vorderrad nur aufgebracht werden, wenn es unter einem Schräglaufwinkel abrollt. In der Darstellung stellt α_v diesen Winkel dar. Um auf dem gleichen Kurvenradius zu fahren, muss eine Lenkwinkelkorrektur vorgenommen werden. Um diese zu bestimmen wird zunächst das Hinterrad des Einspurmodells betrachtet, siehe Abb. 4.7.

Auch das Hinterrad muss eine Seitenkraft aufnehmen und rollt daher mit dem hinteren Schräglaufwinkel α_h ab. Die Bewegung des Fahrzeugs erhält man, indem die Polstrahlen senkrecht zu den Geschwindigkeiten an der Vorder- und Hinterachse eingezeichnet werden. Ausgehend von der seitenkraftfreien Kurvenfahrt verschiebt sich, bei unverändertem Lenkwinkel, der Momentanpol von M_A nach M, siehe Abb. 4.8. Der Winkel zwischen der Verlängerung der Hinterachse und einer Senkrechten auf die Geschwindigkeit am Vorderrad mit dem Schräglaufwinkel α_v ergibt sich zu $\delta_A - \alpha_v$. Zusätzlich neigt sich der Polstrahl

Abb. 4.6 Vorderrad des Einspurmodells bei Kurvenfahrt mit Seitenkraft

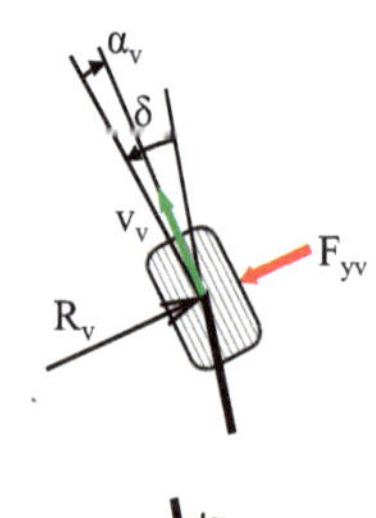

Abb. 4.7 Hinterrad des Einspurmodells bei Kurvenfahrt mit Seitenkraft

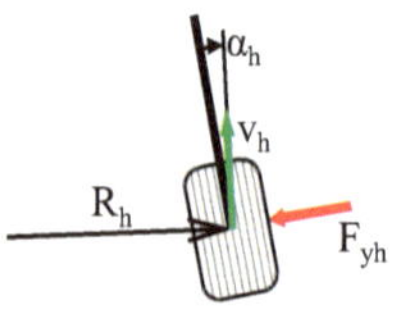

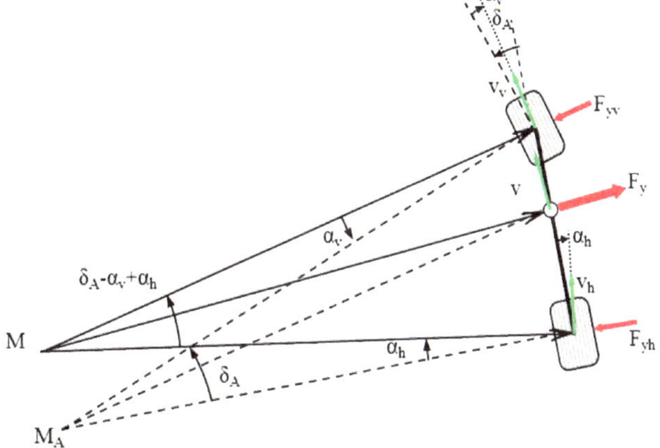

Abb. 4.8 Verschiebung des Momentanpols durch Schräglaufwinkel

auf die Senkrechte zur Richtung der Geschwindigkeit an der Hinterachse um den Winkel α_h. Der Winkel zwischen den Polstrahlen auf die Geschwindigkeiten an Vorder- und Hinterrad beim Fahren mit Seitenkräften ergibt sich zu:

$$\delta_\mathrm{A} - \alpha_\mathrm{v} + \alpha_\mathrm{h}.$$

Zur weiteren Analyse der Kurvenfahrt eines Fahrzeugs wird die Größe β, der Schwimmwinkel des Fahrzeugs, eingeführt, siehe Abb. 4.9.

Der Schwimmwinkel β beschreibt den Winkel zwischen der Längsachse des Fahrzeugs und der Richtung der Schwerpunktgeschwindigkeit v des Fahrzeugs. Mithilfe dieses Winkels lässt sich nun die Bewegung des Fahrzeugs übertragen auf die Bewegung eines starren Körpers, welcher eine Translation und eine Rotation ausführt. Alle Punkte auf dem starren Körper lassen sich dann aus einer Translation und einer Rotation um den Schwerpunkt beschreiben. Wird dieses auf die Bewegung eines Fahrzeugs bzw. des Einspurmodells

Abb. 4.9 Definition des Schwimmwinkels am Einspurmodell

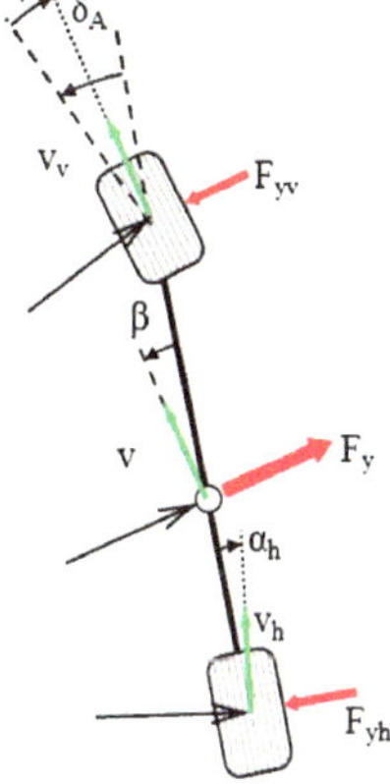

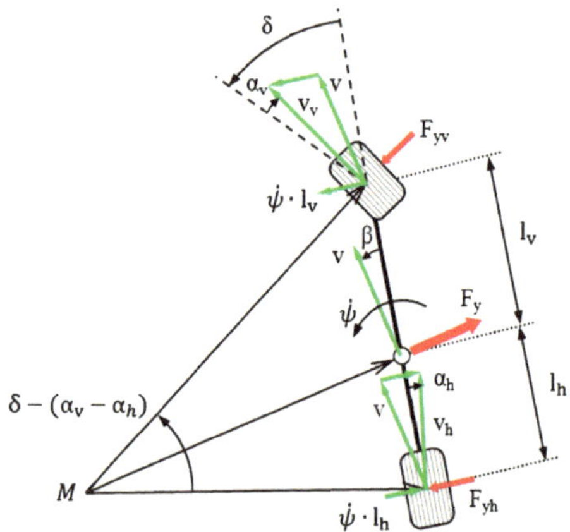

Abb. 4.10 Kinematik am Einspurmodell

übertragen, kann man die Bewegung des Fahrzeugs durch seine Schwerpunktgeschwindigkeit v und der Giergeschwindigkeit (Drehung um die z-Achse) $\dot{\psi}$ beschreiben.

Dazu wird Abb. 4.10 betrachtet. In dieser Abbildung können sehr gut die unterschiedlichen Geschwindigkeiten an der Vorder- und Hinterachse analysiert werden. Das ganze Fahrzeug bewegt sich translatorisch mit der Schwerpunktgeschwindigkeit v. Dabei dreht sich das Fahrzeug um den Schwerpunkt mit der Giergeschwindigkeit $\dot{\psi}$. Dieses führt dazu, dass die Schwerpunktgeschwindigkeit v an der Vorderachse mit der Geschwindigkeit $\dot{\psi} \cdot l_v$ überlagert wird. Gleiches passiert an der Hinterachse, nur hat da die überlagernde Geschwindigkeit die Größe $\dot{\psi} \cdot l_h$. Beide Geschwindigkeiten sind in Abb. 4.10 abgebildet und addieren sich vektoriell zur Geschwindigkeit an der Vorderachse v_v und der Geschwindigkeit an der Hinterachse v_h.

Zur Analyse der Kinematik an der Vorder- bzw. Hinterachse wird Abb. 4.11: betrachtet und die Winkel an der Vorderachse analysiert: Zwischen der Fahrzeuglängsachse (x) und der Schwerpunktgeschwindigkeit v liegt der Schwimmwinkel β. Die Geschwindigkeit an der Vorderachse v_v weist in eine um den Winkel $\dot{\psi} \cdot l_v / v$ geänderte Richtung. Zusätzlich addiert sich noch der Schräglaufwinkel an der Vorderachse α_v dazu.

Die Summe dieser Winkel ergibt den Lenkwinkel δ:

$$\delta = \alpha_v + \frac{\dot{\psi} \cdot l_v}{v} + \beta.$$

Aus der Abb. 4.11, rechter Teil, erkennt man, dass der Schwimmwinkel β plus der Schräglaufwinkel hinten α_h gleich der durch die Giergeschwindigkeit $\dot{\psi}$ verursachten Winkeländerung der Geschwindigkeiten sein muss. Es gilt also:

$$\beta + \alpha_v = \frac{\dot{\psi} \cdot l_h}{v}.$$

Für die weiteren Betrachtungen macht es Sinn, diese Gleichungen nach den Schräglaufwinkeln umzustellen, da diese sich durch den Schwimmwinkel und die Giergeschwin-

Abb. 4.11 *Links*: Kinematik der Winkel an der Vorderachse; *rechts* Kinematik der Winkel an der Hinterachse

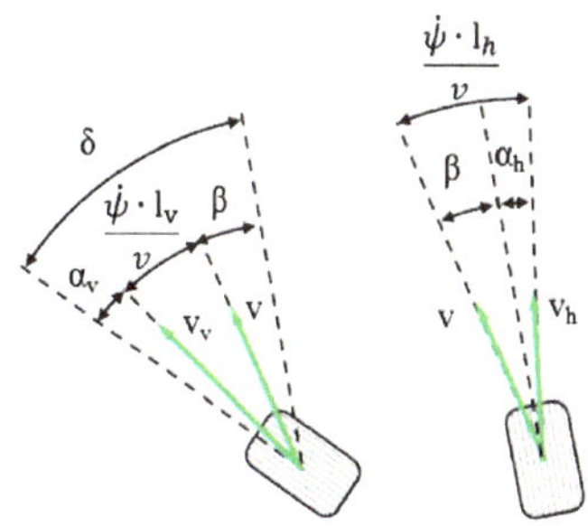

digkeit einstellen:

$$\alpha_{\mathrm{v}} = \delta - \frac{\dot{\psi} \cdot l_{\mathrm{v}}}{v} - \beta$$

$$\alpha_{\mathrm{h}} = \frac{\dot{\psi} \cdot l_{\mathrm{h}}}{v} - \beta.$$

An dieser Stelle wird erneut Bezug auf die Darstellung der Zentripetalkraft genommen. Bisher galt für die Zentripetalkraft:

$$F_{\mathrm{y}} = ma_{\mathrm{y}} = m \cdot \frac{v^2}{R}.$$

Dabei wird die Kenntnis des Kurvenradius vorausgesetzt. Im Zuge des Zeitalters digitaler Karten ist es heutzutage möglich, den augenblicklichen Kurvenradius unter Ausnutzung des momentanen Standortes zu bestimmen, doch derzeit wird in der Fahrwerkstechnik noch die Zentripetalbeschleunigung durch die im Fahrzeug ermittelten Größen bestimmt. Diese sind die Gier- und die Schwimmwinkelgeschwindigkeit, gemessen von einem Drehratensensor.

Bei einer Fahrt auf einer Kurve mit konstantem Radius lässt sich die auf das Fahrzeug wirkende Beschleunigung durch den folgenden Ausdruck beschreiben:

$$\mathbf{a} = \dot{\mathbf{v}} + \boldsymbol{\omega} \times \mathbf{v}.$$

Dabei bezeichnet **a** den Vektor der Beschleunigungen, **v** ist der Vektor der Geschwindigkeiten und ω der Vektor der Winkelgeschwindigkeiten. Der Punkt über v bedeutet die zeitliche Ableitung dieser Größe. Abbildung 4.12 stellt den Zusammenhang bildlich dar.

Ein Fahrer im Fahrzeug realisiert die Geschwindigkeit und deren Änderung in Längsrichtung und kann die Giergeschwindigkeit $\dot{\psi}$ bestimmen. Mit diesen Größen lässt sich die Zentripetalbeschleunigung berechnen, siehe hierzu Abb. 4.13. Der Geschwindigkeitsvektor hat keinen Anteil in z-Richtung und lässt sich wie folgt darstellen:

$$\mathbf{v} = \begin{pmatrix} v \cdot \cos \beta \\ v \cdot \sin \beta \\ 0 \end{pmatrix}.$$

Abb. 4.12 Kurvenfahrt auf einem konstanten Radius. Das Fahrzeug bewegt sich unter dem Schwimmwinkel β auf einer Kreisbahn mit der Geschwindigkeit v senkrecht zum Radius. Dabei dreht sich das Fahrzeug um seine eigene Achse (Gieren)

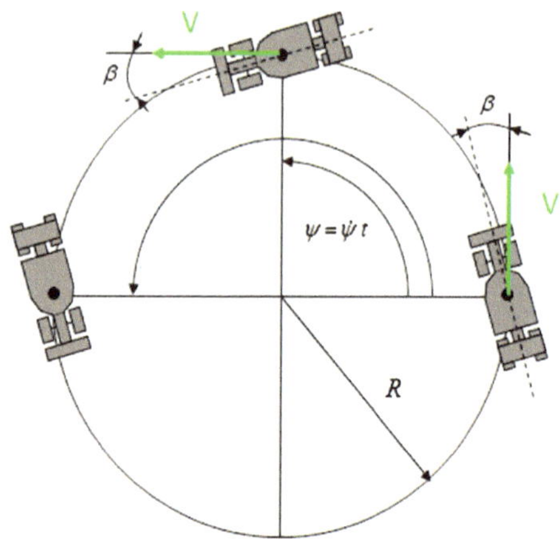

Bei der Bestimmung der zeitlichen Ableitung wird berücksichtigt, dass sich sowohl v als auch β ändern können:

$$\dot{\mathbf{v}} = \begin{pmatrix} \dot{v} \cdot \cos\beta - v \cdot \dot{\beta} \cdot \sin\beta \\ \dot{v} \cdot \sin\beta + v \cdot \dot{\beta} \cdot \cos\beta \\ 0 \end{pmatrix}.$$

Der Vektor der Winkelgeschwindigkeit hat nur einen Anteil, welcher die Drehung um die z-Achse beschreibt. Dieses ist die Giergeschwindigkeit:

$$\boldsymbol{\omega} = \begin{pmatrix} 0 \\ 0 \\ \dot{\psi} \end{pmatrix}.$$

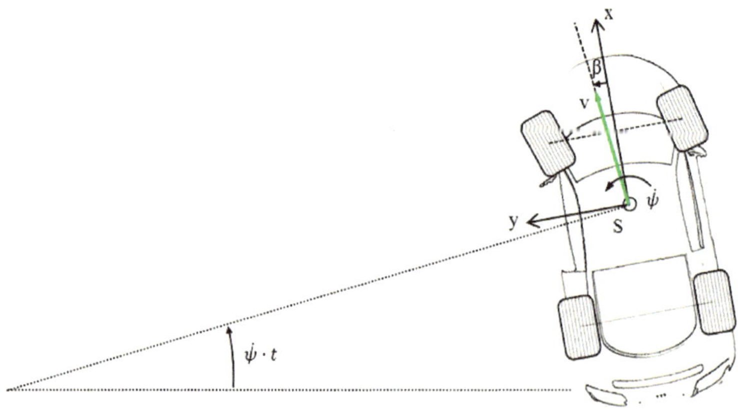

Abb. 4.13 Kreisfahrt, betrachtet in einem fahrzeugfesten Koordinatensystem. Beobachtet werden die Geschwindigkeit unter dem Schwimmwinkel β und die Giergeschwindigkeit $\dot{\psi}$

Das Vektorprodukt ergibt sich zu

$$\boldsymbol{\omega} \times \mathbf{v} = \begin{pmatrix} 0 \\ 0 \\ \dot{\psi} \end{pmatrix} \times \begin{pmatrix} v \cdot \cos \beta \\ v \cdot \sin \beta \\ 0 \end{pmatrix} = \begin{pmatrix} -\dot{\psi} \cdot v \cdot \sin \beta \\ \dot{\psi} \cdot v \cdot \cos \beta \\ 0 \end{pmatrix}$$

und damit die Beschleunigung **a** zu:

$$\mathbf{a} = \begin{pmatrix} \dot{v} \cdot \cos \beta - v \cdot \dot{\beta} \cdot \sin \beta - \dot{\psi} \cdot v \cdot \sin \beta \\ \dot{v} \cdot \sin \beta + v \cdot \dot{\beta} \cdot \cos \beta + \dot{\psi} \cdot v \cdot \cos \beta \\ 0 \end{pmatrix}.$$

Geht man von einer stationären Kurvenfahrt aus, dann bleibt der Betrag der Geschwindigkeit konstant, der Schwimmwinkel ändert sich nicht und ist klein. Die Beschleunigungskomponente in x-Richtung wird daher sehr klein und kann vernachlässigt werden, und die Beschleunigungskomponente in y-Richtung kann vereinfacht durch

$$a_y = v \cdot (\dot{\beta} + \dot{\psi})$$

beschrieben werden. Dieser Ausdruck ist äquivalent zur Zentripetalbeschleunigung, gebildet aus der Geschwindigkeit zum Quadrat dividiert durch den Kurvenradius:

$$a_y = \frac{v^2}{R}.$$

Das Einspurmodell in der hier vorgestellten Form ist ein lineares Modell und hat seine Grenze da, wo der lineare Bereich verlassen wird. Das bedeutet eine Beschränkung auf kleine Lenkwinkel. Die genaue Grenze ist von der Anforderung an die Genauigkeit der Ergebnisse abhängig, üblicherweise liegt die Grenze der Gültigkeit bei einer Querbeschleunigung von etwa $4\,\mathrm{m/s^2}$.

Beispiel 4.3

Wie groß sind die Giergeschwindigkeit und die Querbeschleunigung eines Fahrzeugs bei einer Fahrt mit $100\,\mathrm{km/h}$ auf einer Kreisbahn mit einem Radius von $200\,\mathrm{m}$?

Die Querbeschleunigung lässt sich einfach aus der Gleichung:

$$a_y = \frac{v^2}{R} = \frac{(100/3{,}6\,\mathrm{m/s})^2}{200\,\mathrm{m}} = 3{,}86\,\mathrm{m/s^2}$$

bestimmen. Die Giergeschwindigkeit folgt aus der Kurvenwinkelgeschwindigkeit:

$$\dot{\psi} = \frac{v}{R} = \frac{\frac{100}{3{,}6}\,\mathrm{m/s}}{200\,\mathrm{m}} = 0{,}139\,\frac{\mathrm{rad}}{\mathrm{s}} \,\hat{=}\, 8\,\frac{^\circ}{\mathrm{s}}.$$

Mit Hilfe der Giergeschwindigkeit und dem Wissen, dass bei einer konstanten Kurvenfahrt die Schwimmwinkelgeschwindigkeit Null ist, lässt sich die Querbeschleunigung auch aus dem Produkt aus Geschwindigkeit mal Gierwinkelgeschwindigkeit bestimmen:

$$a_\mathrm{y} = v \cdot (\dot{\beta} + \dot{\psi}) = 27{,}8\,\mathrm{m/s} \cdot 0{,}139\,\mathrm{rad/s} = 3{,}86\,\mathrm{m/s^2}.$$

Bewegungsgleichung Einspurmodell Mit Hilfe der bis hierher gesammelten Erkenntnisse ist es möglich, die Bewegungsgleichungen für das Einspurmodell aufzustellen. Diese werden unabhängig von Beschleunigungen in Längsrichtung aufgestellt. Die Ergebnisse können getrennt voneinander bestimmt und dann überlagert werden. Die Bewegungsgleichung für das Einspurmodell liefert den Schwimmwinkel und die Giergeschwindigkeit des Fahrzeugs.

Abbildung 4.14 zeigt ein Fahrzeug, vereinfacht als Einspurmodell, welches in der Mechanik durch einen starren Körper dargestellt werden kann. An diesem Körper greifen drei Kräfte an. Die Seitenkraft an der Vorderachse F_yv. Die Seitenkraft im Schwerpunkt F_y, verursacht durch die Zentripetalbeschleunigung auf das ganze Fahrzeug. An der Hinterachse wirkt die Seitenkraft F_yh. Alle Kräfte zeigen in unterschiedliche Richtungen. Beim Aufstellen der Gleichgewichtsbedingung in y-Richtung müssen diese Kräfte jeweils in die y-Richtung projiziert werden. Die Kraft F_y zum Beispiel steht um den Winkel ß geneigt zur y-Richtung. In normalen Fahrsituationen ist der Winkel β sehr klein. Die Projektion der Kraft F_y in die y-Richtung wird mit dem Cosinus des Winkels β durchgeführt. Da der Cosinus für kleine Winkel sich nur unwesentlich von Eins unterscheidet, kann man für kleine Winkel auf die Projektion verzichten.

An der Vorderachse müsste die Kraft F_yv um den Lenkwinkel δ auf die y-Richtung projiziert werden. Auch dieser Winkel ist üblicherweise sehr klein, so dass man im Rahmen

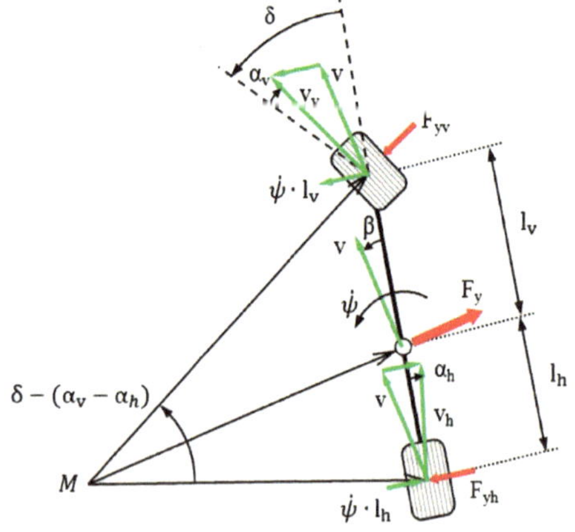

Abb. 4.14 Einspurmodell, dargestellt in einer Linkskurve zur Analyse der Kräfte während einer Kurvenfahrt

des linearen Einspurmodells auf die Projektion verzichten kann. Daraus ergibt sich ein
einfacher Zusammenhang zwischen den Kräften quer zur Fahrtrichtung:

$$F_{yv} - F_y + F_{yh} = 0.$$

In Worten bedeutet dies, dass die Summe der Seitenkräfte an der Vorder- und Hinterachse genau so groß sein muss, wie die auf das Fahrzeug wirkende Querbeschleunigung
mal der Fahrzeugmasse. In diesem Fall herrscht Gleichgewicht, das heißt, das Fahrzeug
verbleibt auf einer Kreisbahn mit konstantem Radius.

Mit dem Drallsatz liefert die Mechanik eine weitere Gleichung, um das dynamische
Verhalten eines Fahrzeugs am Einspurmodell zu untersuchen. Der Drallsatz besagt, dass
das Trägheitsmoment mal der Winkelbeschleunigung gleich dem auf den Körper wirkenden Moment sein muss. Dabei beziehen sich sowohl das Trägheitsmoment als auch das
Moment auf die gleiche Achse. Hier wird die z-Achse durch den Fahrzeugschwerpunkt als
Bezugsachse gewählt. Ein Blick auf Abb. 4.14 mit den zuvor genannten Vereinfachungen
bzgl. der Projektionen liefert:

$$\Theta_{sz} \cdot \ddot{\psi} = F_{yv} \cdot l_v - F_{yh} \cdot l_h.$$

Wobei Θ_{sz} das Trägheitsmoment des Fahrzeugs um die z-Achse durch den Fahrzeugschwerpunkt ist. Die positive Richtung der Gierbeschleunigung und der Momente ist
gegen den Uhrzeigersinn angenommen worden und in der Abbildung durch den Drehsinn von $\dot{\psi}$ definiert.

Beispiel 4.4

Schätzen Sie das Trägheitsmoment um die z-Achse eines Fahrzeugs mit einer Masse
von 1700 kg ab!

Für den Fall, dass keine exakten Daten aus einer Messung oder Berechnung zur
Verfügung stehen, kann man sich dadurch behelfen, dass man das Fahrzeug durch
einen Körper, dessen Trägheitsmomente man berechnen kann, ersetzt, in diesem Fall
beispielsweise durch ein Rechteck mit homogener Masseverteilung. Für die Masse des Rechtecks werden typische Fahrzeugabmessungen, wie zum Beispiel eine
Länge von 4,8 m und eine Breite von 1,8 m gewählt. Damit ergibt sich als Trägheitsmoment:

$$\vartheta_Z = \frac{m}{12} \cdot \left(a^2 + b^2\right)$$

$$\vartheta_Z = \frac{1700\,\text{kg}}{12} \cdot \left((4{,}8\,\text{m})^2 + (1{,}8\,\text{m})^2\right) = 3775\,\text{kg}\,\text{m}^2.$$

Dabei ist davon auszugehen, dass die Masse homogen über den Ersatzkörper
verteilt ist. Das dürfte nicht der Fall sein. Eine zweite Abschätzung kann man vor-
nehmen, indem man sich die Masse als Punktmassen, verteilt auf die Vorder- und

Hinterachse vorstellt. Bei einem Radstand von 2,8 m liefert das zum Beispiel ein Massenträgheitsmoment von:

$$\vartheta_Z = m \cdot r^2$$
$$\vartheta_Z = 1700\,\text{kg} \cdot (1{,}4\,\text{m})^2 = 3332\,\text{kg}\,\text{m}^2.$$

In [3] wird eine Näherungsformel vorgeschlagen, welche aus der Masse, der Fahrzeuglänge, dem Radstand, sowie einem Korrekturfaktor das Massenträgheitsmoment bestimmt:

$$\vartheta_Z = 0{,}1269 \cdot \text{Masse} \cdot \text{Fahrzeuglänge} \cdot \text{Radstand}$$
$$\vartheta_Z = 0{,}1269 \cdot 1700\,\text{kg} \cdot 4{,}8\,\text{m} \cdot 2{,}8\,\text{m} = 2899\,\text{kg}\,\text{m}^2.$$

Mit den o. g. Näherungen liegt man etwas über den tatsächlichen Werten.

Es stehen zwei Gleichungen aus der Mechanik zur Verfügung, um die Gier- und Schwimmbewegung des Fahrzeugs zu beschreiben. Diese Gleichungen enthalten mehrere Unbekannte, welche eliminiert werden können. Beide Gleichungen enthalten jeweils die Seitenkraft vorne und hinten. Diese sind für den Schräglaufwinkel an den Achsen verantwortlich. Geht man von einer auf etwa $4\,\text{m/s}^2$ begrenzten Querbeschleunigung aus, lässt sich der Zusammenhang zwischen Radseitenkraft und Schräglaufwinkel linearisieren, siehe Abb. 4.15.

Abbildung 4.15 zeigt diesen Zusammenhang in Abhängigkeit von der Radlast, hier als Hochkraft F_N bezeichnet. In der Abbildung ist der linearisierte Zusammenhang für eine Radlast von 5500 N dargestellt. Bis etwa 3° Schräglaufwinkel beschreibt die eingetragene Gerade recht gut den Zusammenhang zwischen Schräglaufwinkel und Seitenkraft. Darüber hinaus ändert sich die Steigung so stark, dass eine Linearisierung erst ungenau, dann falsch wird. Üblicherweise erhält man für Querbeschleunigungen bis $4\,\text{m/s}^2$ eine gute Linearisierung. Die Steigung der Geraden wird Schräglaufseitensteifigkeit genannt und durch c bezeichnet. Da sich die Schräglaufseitensteifigkeiten an der Vorder- und Hinterachse unterscheiden können, bezeichnet c_v die vordere und c_h die hintere Schräglaufseitensteifigkeit. In Abb. 4.15 ist die Schräglaufseitensteifigkeit abweichend von der hier gewählten Nomenklatur mit c_x bezeichnet und hat einen Zahlenwert von $726\,\text{N/}°$.

Den Zusammenhang zwischen Schräglaufwinkel und Seitenkraft kann jetzt einfach mit den Gleichungen

$$F_{yv} = c_v \cdot \alpha_v \quad \text{bzw.} \quad F_{yh} = c_h \cdot \alpha_h$$

beschrieben werden.

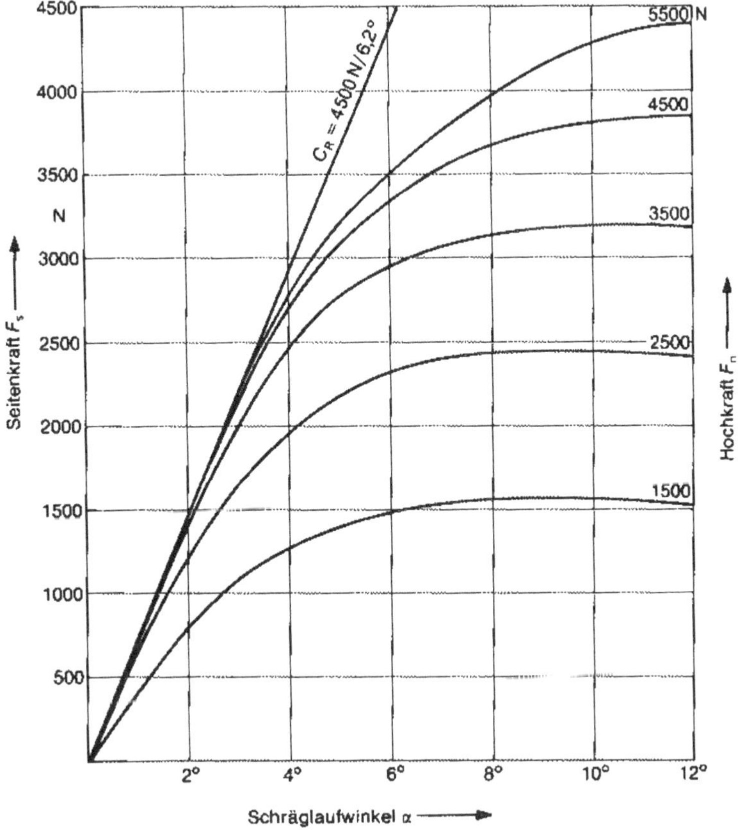

Abb. 4.15 Zusammenhang zwischen der Seitenkraft und dem Schräglaufwinkel in Abhängigkeit von der Radlast in z-Richtung (Hochkraft F_N) [2]

Die beiden Gleichungen aus der Mechanik kann man gemeinsam mit der Definition für die Zentripetalkraft, demnach wie folgt umschreiben:

$$c_v \cdot \alpha_v + c_h \cdot \alpha_h - m \cdot v \cdot (\dot{\beta} + \dot{\psi}) = 0$$
$$\Theta_{sz} \cdot \ddot{\psi} - (c_v \cdot \alpha_v) \cdot l_v + (c_h \cdot \alpha_h) \cdot l_h = 0.$$

Aus der Abb. 4.11 wurde der Zusammenhang zwischen dem Schräglaufwinkel und dem Schwimmwinkel sowie der Giergeschwindigkeit hergeleitet, welcher hier verwendet werden soll:

$$\alpha_v = \delta - \frac{\dot{\psi} \cdot l_v}{v} - \beta$$
$$\alpha_h = \frac{\dot{\psi} \cdot l_h}{v} - \beta.$$

Die erste Gleichung liefert:

$$c_\mathrm{v} \cdot \left[\delta - \frac{\dot{\psi} \cdot l_\mathrm{v}}{v} - \beta\right] + c_\mathrm{h} \cdot \left[\frac{\dot{\psi} \cdot l_\mathrm{h}}{v} - \beta\right] - m \cdot v \cdot (\dot{\beta} + \dot{\psi}) = 0.$$

Gleiches Vorgehen wird mit der zweiten Gleichung durchgeführt:

$$\Theta_\mathrm{sz} \cdot \ddot{\psi} - c_\mathrm{v} \cdot l_\mathrm{v} \cdot \left[\delta - \frac{\dot{\psi} \cdot l_\mathrm{v}}{v} - \beta\right] + c_\mathrm{h} \cdot l_\mathrm{h} \cdot \left[\frac{\dot{\psi} \cdot l_\mathrm{h}}{v} - \beta\right] = 0.$$

Diese Gleichungen werden nach den Fahrzustandsvariablen β und $\dot{\psi}$ umgestellt und die Störgröße, welche in diesem Fall der Lenkwinkel ist, auf die rechte Seite gebracht:

$$m \cdot v \cdot \dot{\beta} + \frac{1}{v} \cdot \left[m \cdot v^2 + c_\mathrm{v} \cdot l_\mathrm{v} - c_\mathrm{h} \cdot l_\mathrm{h}\right] \cdot \dot{\psi} + \left[c_\mathrm{v} + c_\mathrm{h}\right] \cdot \beta = c_\mathrm{v} \cdot \delta$$

$$\Theta_\mathrm{sz} \cdot \ddot{\psi} + \frac{1}{v} \cdot \left[c_\mathrm{v} \cdot l_\mathrm{v}^2 + c_\mathrm{h} \cdot l_\mathrm{h}^2\right] \cdot \dot{\psi} - \left[c_\mathrm{h} \cdot l_\mathrm{h} - c_\mathrm{v} \cdot l_\mathrm{v}\right] \cdot \beta = c_\mathrm{v} \cdot l_\mathrm{v} \cdot \delta.$$

Dieses Vorgehen liefert zwei gekoppelte, inhomogene Differentialgleichungen zur Bestimmung des Schwimm- und des Gierwinkels. Auf der rechten Seite steht der Lenkwinkel. Er hat die Charakteristik einer Störfunktion. Wäre die rechte Seite Null, erhielte man eine homogene Differentialgleichung, deren eine Lösung die triviale Lösung wäre. Denn ein möglicher Fahrzustand ohne Lenkwinkelvorgabe wäre die reine Geradeausfahrt bei welcher der Schwimmwinkel und die Giergeschwindigkeit konstant Null sind.

Mit Hilfe der Bewegungsgleichungen für das Einspurmodell lässt sich das Fahrverhalten eines Fahrzeugs, also die Reaktion auf eine Lenkwinkelvorgabe, voraussagen. Interessant sind die Fahrzeug- und Fahrzustandsparameter, die die Reaktion bestimmen. Gibt man auf der rechten Seite einen Lenkwinkel δ oder dessen zeitlichen Verlauf vor, benötigt man als weitere Angabe für den Fahrzustand lediglich die Fahrzeuggeschwindigkeit. Als Fahrzeugparameter bestimmen, neben der Masse und dem Trägheitsmoment des Fahrzeugs, die Lage des Schwerpunktes, der Radstand sowie die Reifenschräglaufsteifigkeit an der Vorder- und Hinterachse die Fahrzeugreaktion. Mit diesen Größen ist die Antwort des Systems definiert.

4.2.3 Stationäres Lenkverhalten

Auch wenn mit den Bewegungsgleichungen für das Einspurmodell ein wichtiges Werkzeug zur Analyse der Kurvenfahrt zur Verfügung steht, kann man einige Fahrzustände anhand der Geometrie des Einspurmodells effektiv untersuchen. Dieses Vorgehen liefert anschauliche und nachvollziehbare Ergebnisse im Vergleich zu einer numerischen Lösung der Bewegungsgleichungen des Einspurmodells.

Abb. 4.16 Einspurmodell bei
seitenkraftfreier Kurvenfahrt

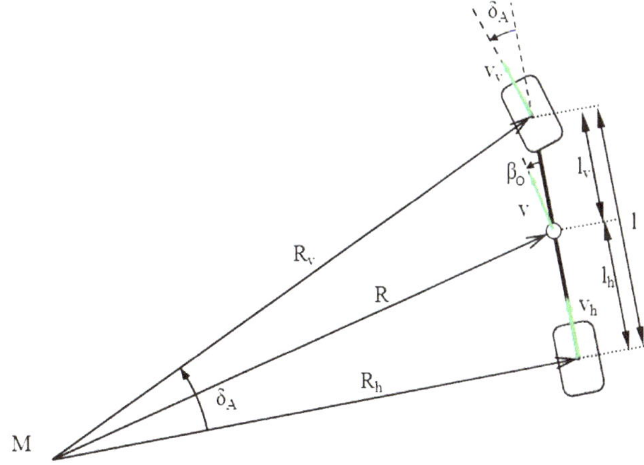

Am einfachsten Kurvenmodell, der stationären Kreisfahrt, werden der Lenkwinkel und
der Schwimmwinkel bestimmt. Es wird mit der seitenkraftfreien Kreisfahrt begonnen. Zusätzlich sind hier der Schwimmwinkel β_0 und die Schwerpunktkoordinaten eingetragen,
siehe Abb. 4.16.

Mit einfachem geometrischem Grundverständnis lässt sich für diesen Fall der Lenkwinkel, welcher δ_A – Ackermannlenkwinkel (wie beschrieben) genannt wird, bestimmen:

$$\tan(\delta_A) = \frac{l}{R_h}.$$

Für kleine Winkel, wie sie bei der Kurvenfahrt auftauchen, lässt sich dieser Ausdruck
(wie beschrieben) vereinfachen:

$$\delta_A = \frac{l}{R}.$$

Der Tangens ist für kleine Winkel näherungsweise gleich dem Sinus und der Sinus eines kleinen Winkels ist ungefähr genau so groß wie der Winkel selber im Bogenmaß. Auch
ist der Kurvenradius des Fahrzeugschwerpunktes für kleine Lenkwinkel näherungsweise
gleich dem Kurvenradius der Hinterachse.

Auf die gleiche Art und Weise kann auch der Schwimmwinkel β_0 bestimmt werden.
Den Tangens dieses Winkels kann man durch den Quotienten aus l_h zu R_h darstellen:

$$\tan(\beta_0) = \frac{l_h}{R_h}.$$

Auch dieser Ausdruck lässt sich für kleine Winkel vereinfachen:

$$\beta_0 = \frac{l_h}{R}.$$

Beispiel 4.5

Bestimmen Sie für ein Fahrzeug mit einem Radstand von 2,6 m und einer Schwerpunktlage von $l_h/l = 0{,}4$ den Ackermannlenkwinkel δ_A und den Schwimmwinkel β_0 bei einer Kreisfahrt mit einem Radius von 200 m!

$$\delta_A = \arctan\left[\frac{l}{R_h}\right] = \arctan\left[\frac{2{,}6\,\text{m}}{\sqrt{(200\,\text{m})^2 - (2{,}6\,\text{m} \cdot 0{,}4)^2}}\right] = 0{,}74481°.$$

Näherungsweise:

$$\delta_A = \left[\frac{l}{R}\right] = \frac{2{,}6\,\text{m}}{200\,\text{m}} = 0{,}013\,\text{rad} \triangleq 0{,}74484°$$

$$\beta_0 = \arctan\left[\frac{l_h}{R_h}\right] = \arctan\left[\frac{2{,}6\,\text{m} \cdot 0{,}4}{\sqrt{(200\,\text{m})^2 - (2{,}6\,\text{m} \cdot 0{,}4)^2}}\right] = 0{,}297939°.$$

Näherungsweise:

$$\beta_0 = \frac{l_h}{R} = \frac{1{,}04\,\text{m}}{200\,\text{m}} = 0{,}0052\,\text{rad} \triangleq 0{,}297938°.$$

Die hier bestimmten Winkel δ_A und β_0 gelten nur bei seitenkraftfreier Kurvenfahrt. Mit Zunahme der Geschwindigkeit steigt die Querbeschleunigung und das schlupfbehaftete Abrollen der Reifen muss berücksichtigt werden.

Treten bei der Fahrt Seitenkräfte auf, können die Reifen diesen nur auf die Straße übertragen, indem sie unter Schräglauf abrollen, siehe Abb. 4.15. Dann gilt die in Abb. 4.16 dargestellte Geometrie nicht mehr, da weder die Vorder- noch die Hinterachse senkrecht zu ihrer Drehachse abrollen. Abbildung 4.17 zeigt die durch die Seitenkraft veränderte Geometrie. Der Polstrahl zur Vorderachse ist jetzt um den Winkel $\delta - \alpha_v$ zur Senkrechten auf die Fahrzeuglängsachse geneigt, der zur Hinterachse um den Winkel α_h. Der Lenkwinkel wird jetzt mit δ, also ohne den Index A und der Schwimmwinkel mit β ohne den Index 0 verwendet, um zu kennzeichnen, dass der allgemeine Fall einer seitenkraftbehafteten Kurvenfahrt vorliegt.

Die anfangs beschriebene seitenkraftfreie Kurvenfahrt ist ein Sonderfall. Um den Lenkwinkel δ und den Schwimmwinkel β bestimmen zu können, müssen zwei Hilfslinien in Abb. 4.17 eintragen werden. Um die Darstellung nicht unübersichtlich werden zu lassen, wird mit Abb. 4.18 die gleiche Abbildung betrachtet, in welcher die Hilfslinien eingezeichnet sind, dafür aber die Kräfte und Geschwindigkeiten nicht dargestellt sind.

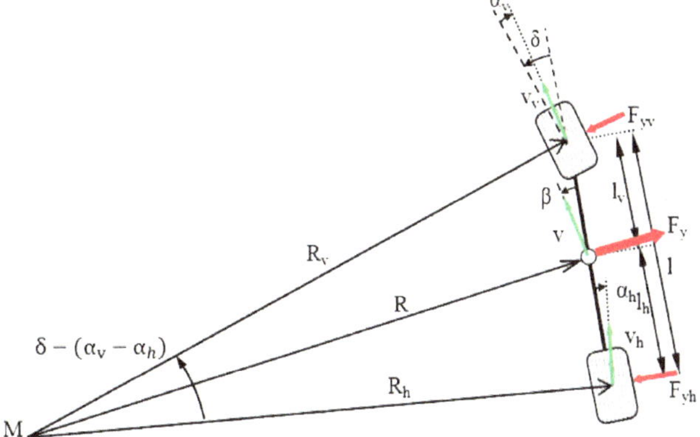

Abb. 4.17 Darstellung des Einspurmodells bei Kurvenfahrt mit Seitenkraft

Die erste Hilfslinie, welche eingetragen wurde, reicht von der Vorderachse (A) bis zum Polstrahl von der Hinterachse zum Kurvenmittelpunkt (B), auf welchem die Hilfslinie senkrecht steht. Die Hilfslinie bildet zur Fahrzeuglängsachse den Winkel α_h (Wechselwinkel). Für das Dreieck Kurvenmittelpunkt (M), Vorderachse (A), Schnittpunkt Hilfslinie mit Verbindungslinie Hinterrad/Kurvenmittelpunkt (B) lassen sich jetzt einfache trigonometrische Beziehungen angeben. Es gilt:

$$\sin(\delta - \alpha_v + \alpha_h) = \frac{\text{Gegenkathete}}{R_h}.$$

Die Länge der Gegenkathete, welche die eingetragene Hilfslinie ist, lässt sich auch aus Abb. 4.18 bestimmen. Betrachtet man das Dreieck Vorderachse (A), Hinterachse und den Schnittpunkt Hilfslinie mit Verbindungslinie Hinterrad/Kurvenmittelpunkt (B) lässt sich die Länge der Hilfslinie bestimmen. Diese ergibt sich aus der Länge des Radstands l mal dem Cosinus des eingeschlossenen Winkels α_h:

$$\text{Länge der Hilfslinie} = l \cdot \cos(\alpha_h).$$

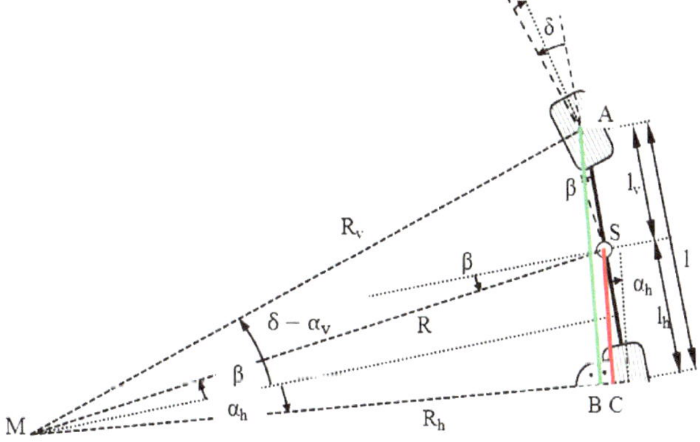

Abb. 4.18 Geometrie am Einspurmodell zur Bestimmung von Lenk- und Schwimmwinkel

Somit ergibt sich für das Dreieck MAB:

$$\sin(\delta - \alpha_v + \alpha_h) = \frac{l \cdot \cos(\alpha_h)}{R_h}.$$

Für kleine Winkel, wie sie beim linearen Einspurmodell erwartet werden, kann vereinfachend angenommen werden, dass der Unterschied zwischen dem Kurvenradius des Schwerpunkts und dem Kurvenradius der Hinterachse vernachlässigbar klein ist. Der Cosinus eines kleinen Winkels wird mit Eins angenommen und der Sinus eines kleinen Winkels entspricht dem Winkel im Bogenmaß. Daher kann die Gleichung vereinfacht darstellt werden durch:

$$\delta - \alpha_v + \alpha_h = \frac{l}{R}$$

und der Lenkwinkel ergibt sich zu:

$$\delta = \frac{l}{R} + \alpha_v - \alpha_h.$$

Der Ausdruck l/R entspricht dem Ackermannlenkwinkel δ_A bei seitenkraftfreier Kurvenfahrt. Somit lässt sich der Lenkwinkel bei Kurvenfahrt mit Seitenkräften wie folgt darstellen:

$$\delta = \delta_A + \alpha_v - \alpha_h.$$

Beispiel 4.6

Wie groß ist der Lenkwinkel eines Fahrzeugs mit einem Radstand von 2,6 m, einer Masse von 1400 kg, einer Schwerpunktlage von $l_v/l = 0,4$ sowie einer Reifenschräglaufsteifigkeit am Vorder- und Hinterrad von je 700 N/°, wenn das Fahrzeug eine Kurve (Radius 200 m) mit der Geschwindigkeit 100 km/h durchfährt?

Bei einer Kurvenfahrt mit 100 km/h auf einer Kurve mit einem Radius von 200 m entsteht eine Querbeschleunigung von:

$$a_y = \frac{v^2}{R} = \frac{\left(\frac{100}{3,6}\frac{m}{s}\right)^2}{200\,m} = 3{,}858\,\frac{m}{s^2}.$$

Und somit eine Seitenkraft von

$$F_y = m \cdot \frac{v^2}{R} = 1400\,kg \cdot \frac{\left(\frac{100}{3,6}\frac{m}{s}\right)^2}{200\,m} = 5401\,N.$$

Davon entfallen auf die Vorderachse:

$$F_{yv} = \frac{l_h}{l} \cdot m \cdot \frac{v^2}{R} = 0{,}6 \cdot 5401\,N = 3241\,N.$$

Und auf die Hinterachse:

$$F_{yh} = \frac{l_v}{l} \cdot m \cdot \frac{v^2}{R} = 0{,}4 \cdot 5401\,\text{N} = 2160\,\text{N}.$$

Diese Seitenkräfte verursachen einen vorderen Schräglaufwinkel von:

$$\alpha_v = \frac{1}{2} \cdot \frac{F_{yv}}{c_v} = \frac{1620\,\text{N}}{700\frac{\text{N}}{\circ}} = 2{,}31°$$

pro Rad und an der Hinterachse:

$$\alpha_h = \frac{1}{2} \cdot \frac{F_{yh}}{c_h} = \frac{1080\,\text{N}}{700\frac{\text{N}}{\circ}} = 1{,}54°.$$

Somit bestimmt sich der Lenkwinkel zu:

$$\delta = \frac{l}{R} + \alpha_v - \alpha_h = \frac{2{,}6\,\text{m}}{200\,\text{m}} \cdot \frac{180°}{\pi} + 2{,}31° - 1{,}54° = 0{,}75° + 0{,}77° = 1{,}52°.$$

Den Schwimmwinkel β kann auf ähnliche Art bestimmt werden. Hier nutzt man die zweite Hilfslinie, welche vom Schwerpunkt (S) lotrecht auf die Verbindungslinie vom Kurvenmittelpunkt (M) zur Hinterachse zeigt und dort den Schnittpunkt C bildet. Die Länge dieser Linie kann mit

$$\overline{SD} = l_h \cdot \cos\alpha_h$$

bestimmt werden. Betrachten man das Dreieck MSC, gilt der Zusammenhang:

$$R \cdot \sin(\alpha_h + \beta) = \overline{SD} = l_h \cdot \cos\alpha_h.$$

Mit den Vereinfachungen für kleine Winkel entwickelt sich diese Gleichung zu:

$$\alpha_h + \beta = \frac{l_h}{R}$$

und β wird bestimmt zu:

$$\beta = \frac{l_h}{R} - \alpha_h.$$

Die seitenkraftfreie Kurvenfahrt ist ein Sonderfall der Kurvenfahrt. Betrachtet man den Lenkwinkel δ, wird deutlich, dass dieser aus dem Ackermannlenkwinkel und den Schräglaufwinkeln vorne und hinten gebildet wird. Bei einer seitenkraftfreien Kurvenfahrt ergeben sich keine Schräglaufwinkel unter welchen die Räder abrollen. Auch ist der Lenkwinkel δ gleich dem Ackermannlenkwinkel δ_A. Ebenso entwickelt sich der Schwimmwinkel β aus dem Schwimmwinkel β_0 bei seitenkraftfreier Kurvenfahrt zu β durch die

Subtraktion des hinteren Schräglaufwinkels α_h, welcher erst bei Seitenkrafteinfluss existiert.

Es gibt also einen kontinuierlichen Übergang von der seitenkraftfreien auf die seitenkraftbehaftete Kurvenfahrt.

Beispiel 4.7

Wie groß ist der Schwimmwinkel eines Fahrzeugs mit einem Radstand von 2,6 m, einer Masse von 1400 kg, einer Schwerpunktlage von $\frac{l_v}{l} = 0{,}4$ und einer Reifenschräglaufsteifigkeit an Vorder- und Hinterrad von je 700 N/°, wenn das Fahrzeug eine Kurve (Radius 200 m) mit der Geschwindigkeit 100 km/h durchfährt?

Bei einer Kurvenfahrt mit 100 km/h auf einer Kurve mit einem Radius von 200 m entsteht eine Seitenkraft von

$$F_y = m \cdot \frac{v^2}{R} = 1400 \, \text{kg} \cdot \frac{\left(\frac{100}{3{,}6} \, \frac{\text{m}}{\text{s}}\right)^2}{200 \, \text{m}} = 5401 \, \text{N}.$$

Davon entfallen auf die Hinterachse:

$$F_{yh} = \frac{l_v}{l} \cdot m \cdot \frac{v^2}{R} = 0{,}4 \cdot 5401 \, \text{N} = 2160 \, \text{N}.$$

Diese Seitenkraft verursachen einen hinteren Schräglaufwinkel von:

$$\alpha_h = \frac{1}{2} \cdot \frac{F_{yh}}{c_h} = \frac{1080 \, \text{N}}{700 \frac{\text{N}}{\circ}} = 1{,}54°.$$

Der Schwimmwinkel bestimmt sich zu:

$$\beta = \frac{l_h}{R} - \alpha_h = \frac{0{,}6 \cdot 2{,}6 \, \text{m}}{200 \, \text{m}} \cdot \frac{180°}{\pi} - 1{,}54° = -1{,}096°.$$

4.2.4 Eigenlenkverhalten

Das Eigenlenkverhalten beschreibt die Änderung des Lenkverhaltens eines Fahrzeugs beim Auftreten von Seitenkräften, wie es beispielweise der Fall ist, wenn man einen Kreis mit konstantem Radius mit unterschiedlichen Geschwindigkeiten befährt.

Befährt man eine Kurve mit konstantem Radius und erhöht dabei die Geschwindigkeit, wird eine Lenkbewegung am Lenkrad nötig, damit man auf dem gleichen Kurvenradius bleibt. Diese Lenkbewegung kann zwei unterschiedliche Richtungen haben. Entweder muss weiter in die Kurve hinein- oder aus der Kurve herausgelenkt werden. Ersteres heißt

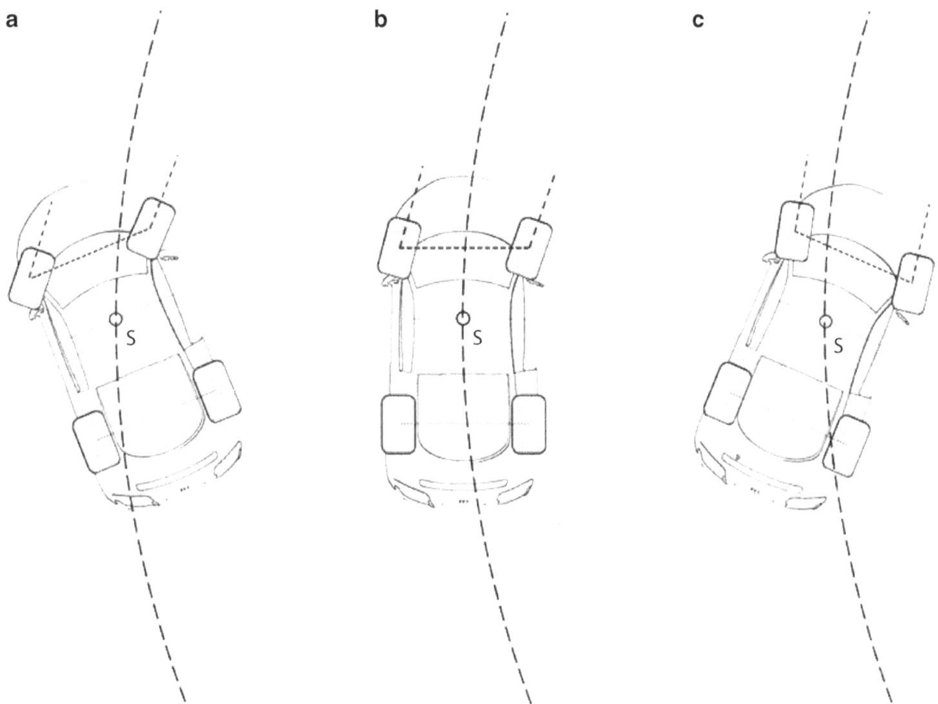

Abb. 4.19 Darstellung des unter- (**a**), neutralen (**b**) und übersteuernden (**c**) Fahrverhaltens eines Fahrzeugs, erkennbar an der Stellung der Vorderräder im Vergleich zur Fahrzeuglängsachse

in der Fahrzeugtechnik *untersteuern*, zweites *übersteuern*. Abbildung 4.19 zeigt den Unterschied an einem durch eine Kurve fahrenden Fahrzeug. In der Abbildung auf der linken Seite muss der Fahrer in die Kurve einlenken, um auf der Fahrbahn zu bleiben, auf der rechten Abbildung muss der Fahrer aus der Kurve herauslenken, um auf der Fahrbahn zu bleiben.

Das Untersteuern ist die natürlichere Lenkbewegung und sollte für ein Fahrzeug realisiert werden.

Die Änderung des Lenkwinkels beim Übergang von sehr langsamer, also seitenkraftfreier Kurvenfahrt, auf schnellere Kurvenfahrt mit Seitenkräften kann man mit den erarbeiteten Kenntnissen über den Lenkwinkel beschreiben. Der Ackermannlenkwinkel für die seitenkraftfreie Kurvenfahrt

$$\delta_A = \frac{l}{R}$$

unterscheidet sich vom Lenkwinkel für die seitenkraftbehaftete Kurvenfahrt

$$\delta = \frac{l}{R} + \alpha_v - \alpha_h$$

nur durch die Differenz der Schräglaufwinkel. Ist der Schräglaufwinkel an der Vorderachse größer als der Schräglaufwinkel an der Hinterachse, zeigt das Fahrzeug ein untersteuerndes Fahrverhalten, sind die Schräglaufwinkel gleich groß ist das Fahrverhalten neutral, ist der hintere Schräglaufwinkel größer, wird der Lenkwinkel kleiner und das Fahrzeug zeigt ein übersteuerndes Fahrverhalten.

$$\alpha_v - \alpha_h > 0 \quad \text{untersteuernd}$$
$$\alpha_v - \alpha_h = 0 \quad \text{neutral}$$
$$\alpha_v - \alpha_h < 0 \quad \text{übersteuernd.}$$

Da die Schräglaufwinkel eine Reaktion der Reifen auf die einwirkenden Seitenkräfte sind, kann man den Schräglaufwinkel durch den Quotienten aus Seitenkraft durch Schräglaufseitensteifigkeit der Reifen darstellen. Dabei ist zu berücksichtigen, dass die Parameter c_v und c_h die Schräglaufseitensteifigkeit der ganzen Achse berücksichtigen. Üblicherweise ist es der doppelte Wert der Reifenschräglaufsteifigkeit.

$$\alpha_v = \frac{F_{yv}}{c_v} = \frac{l_h}{l} \cdot \frac{mv^2}{R} \cdot \frac{1}{c_v}$$
$$\alpha_h = \frac{F_{yh}}{c_h} = \frac{l_v}{l} \cdot \frac{mv^2}{R} \cdot \frac{1}{c_h}.$$

Die Differenz der Schräglaufwinkel ergibt sich zu:

$$\alpha_v - \alpha_h = \frac{mv^2}{R \cdot l} \cdot \left[\frac{l_h}{c_v} - \frac{l_v}{c_h} \right].$$

Das Eigenlenkverhalten eines Fahrzeugs hängt nach dem linearen Einspurmodell von der Schwerpunktlage in Längsrichtung und der Reifenschräglaufsteifigkeit ab, da der Ausdruck in der Klammer bestimmt, ob ein die Schräglaufwinkeldifferenz positiv, negativ oder Null wird. Der Quotient vor der Klammer ändert die Größe des Betrags.

4.2.5 Eigenlenkgradient

Das Eigenlenkverhalten ist eine Eigenschaft des Fahrzeugs und unabhängig vom Fahrer und dem Fahrzustand. Somit ist die Definition des Lenkverhaltens über den Schräglaufwinkel nicht sinnvoll. Da die Seitenkraft linear mit der Querbeschleunigung wächst und der Schräglaufwinkel für kleine Winkel proportional zur Seitenkraft ist, ändert sich auch der Lenkwinkel, ausgehend vom Ackermannlenkwinkel, proportional.

$$\delta = \delta_A + k \cdot a_y.$$

Der Proportionalitätsfaktor k ist nur noch von Parametern des Fahrzeug abhängig und beschreibt das Eigenlenkverhalten objektiver. In der DIN 70 000 wird dieser Proportionalitätsfaktor mit dem Begriff Eigenlenkgradient (EG) bezeichnet, welcher ab jetzt auch hier verwendet wird.

In der Definition der DIN 70 000 für den Eigenlenkgradient taucht ein weiterer Lenkwinkel auf, der so genannte Lenkradwinkel δ_H. Dieser ist der Winkel, welchen ein Fahrer am Lenkrad einstellt, um einen bestimmten Lenkwinkel δ der Räder zu erreichen, siehe Abb. 4.20.

Vereinfachend wird angenommen, dass zwischen dem Lenkradwinkel und dem Lenkwinkel ein festes Übersetzungsverhältnis (i_s) herrscht. Das Übersetzungsverhältnis liegt zwischen 15 und 20, das heißt, der Lenkradwinkel (δ_H) ist 15 bis 20 mal so groß wie der Lenkwinkel (δ) am Rad. Üblicherweise ist das Übersetzungsverhältnis nicht konstant. Steht das Lenkrad in Geradeausstellung, hat man eine größere Übersetzung, um das Fahrzeug bei schneller Fahrt durch kleine Lenkbewegung auf Kurs zu halten. Werden die Lenkwinkel größer, sinkt das Übersetzungsverhältnis, um den Kraftaufwand zu reduzieren und die Positionierung unempfindlicher zu machen, siehe Abb. 4.21.

In der DIN 70 000 ist der Eigenlenkgradient wie folgt definiert: Der Eigenlenkgradient ist die Differenz zwischen dem Verhältnis des Lenkradwinkel-Querbeschleunigungsgradienten zur Gesamtlenkübersetzung und dem Ackermannlenkwinkel-Querbeschleunigungsgradienten.

$$\mathrm{EG} = \frac{1}{i_s}\frac{\mathrm{d}\delta_H}{\mathrm{d}a_y} - \frac{\mathrm{d}\delta_A}{\mathrm{d}a_y}\left[\frac{\mathrm{rads}^2}{m}\right].$$

Die Einheit des Eigenlenkgradienten ist Winkel (im Bogenmaß) durch Beschleunigung. Durch Trennen der Veränderlichen und Integration erhält man mit

$$\delta = \frac{\delta_H}{i_s}$$

aus der Definition für den Eigenlenkgradient:

$$\delta = \delta_A + \mathrm{EG} \cdot a_y.$$

Es wird deutlich, dass der Eigenlenkgradient dem Proportionalitätsfaktor k entspricht und die Steigung bzw. die Änderung des Lenkwinkels angibt. Damit lässt sich das Eigen-

Abb. 4.20 Definition des Lenkrad (δ_H)- und des Lenkwinkels (δ_i und δ_a, bzw. δ)

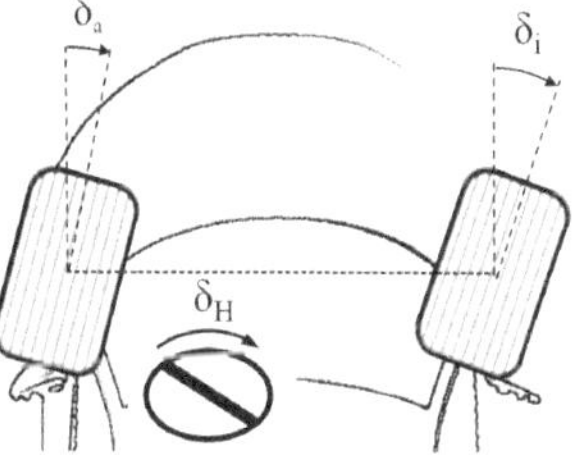

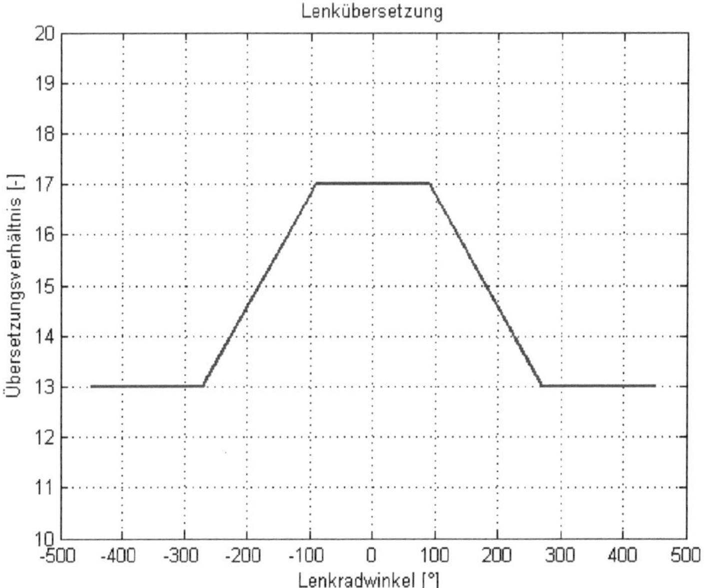

Abb. 4.21 Typischer Verlauf einer Lenkübersetzung (Standardlenkung)

lenkverhalten eines Fahrzeugs definieren durch:

$$EG > 0 \quad \text{untersteuernd}$$
$$EG = 0 \quad \text{neutral}$$
$$EG < 0 \quad \text{übersteuernd.}$$

Die Größe des Eigenlenkgradienten kann man auch aus den Bewegungsgleichungen für das Einspurmodell entwickeln:

$$m \cdot v \cdot \dot{\beta} + \frac{1}{v} \cdot \left[m \cdot v^2 + c_\mathrm{v} \cdot l_\mathrm{v} - c_\mathrm{h} \cdot l_\mathrm{h} \right] \cdot \dot{\psi} + \left[c_\mathrm{v} + c_\mathrm{h} \right] \cdot \beta = c_\mathrm{v} \cdot \delta$$

$$\Theta_{\mathrm{sz}} \cdot \ddot{\psi} + \frac{1}{v} \cdot \left[c_\mathrm{v} \cdot l_\mathrm{v}^2 + c_\mathrm{h} \cdot l_\mathrm{h}^2 \right] \cdot \dot{\psi} - \left[c_\mathrm{h} \cdot l_\mathrm{h} - c_\mathrm{v} \cdot l_\mathrm{v} \right] \cdot \beta = c_\mathrm{v} \cdot l_\mathrm{v} \cdot \delta.$$

Wendet man diese auf eine stationäre Kreisfahrt an, verschwindet die Schwimmwinkelgeschwindigkeit $\dot{\beta}$ und die Gierbeschleunigung $\ddot{\psi}$. Die Giergeschwindigkeit kann mit

$$\dot{\psi} = \frac{v}{R}$$

ersetzt werden. Damit enthalten die beiden Gleichungen nur noch die Unbekannten δ und β. Löst man die erste Gleichung nach β auf und setzt diese in die zweite Gleichung ein, kann man nach einigen Umformungen den Lenkwinkel δ darstellen als:

$$\delta = \frac{l}{R} + \frac{m \cdot (c_h \cdot l_h - c_v \cdot l_v)}{l \cdot c_v \cdot c_h} \cdot \frac{v^2}{R},$$

bzw.

$$\delta = \delta_A + \frac{m \cdot (c_h \cdot l_h - c_v \cdot l_v)}{l \cdot c_v \cdot c_h} \cdot a_y.$$

Ein Koeffizientenvergleich liefert den Eigenlenkgradienten:

$$EG = \frac{m \cdot (c_h \cdot l_h - c_v \cdot l_v)}{l \cdot c_v \cdot c_h}.$$

Der Eigenlenkgradient wird in der Theorie des linearen Einspurmodells durch die Fahrzeugeigenschaften Masse, Schwerpunktlage in Längsrichtung, Radstand und Achsenschräglaufsteifigkeit (doppelte Reifenschräglaufsteifigkeit) bestimmt. Das Vorzeichen des Eigenlenkgradienten wird allein durch den Ausdruck in der Klammer bestimmt, so dass gefolgert werden kann:

$$c_h \cdot l_h - c_v \cdot l_v > 0 \quad \text{untersteuernd}$$
$$c_h \cdot l_h - c_v \cdot l_v = 0 \quad \text{neutral}$$
$$c_h \cdot l_h - c_v \cdot l_v < 0 \quad \text{übersteuernd}.$$

Bei gleicher Schräglaufseitensteifigkeit wird das Eigenlenkverhalten des Fahrzeugs nur durch die Lage des Schwerpunkts bestimmt. Liegt der Schwerpunkt näher an der Vorderachse ($l_h > l_v$), untersteuert das Fahrzeug. Eine Tendenz, welche sich bei einem frontgetriebenen Fahrzeug einstellt, da diese üblicherweise aufgrund des Antriebskonzepts eine höhere Achslast vorne haben. Fahrzeuge mit Heckantrieb tendieren aufgrund der Achslastverteilung eher zum Übersteuern. Ein Fahrzeug, welches neutral ausgelegt ist, könnte durch Schwankungen des Schwerpunkts aufgrund von variierenden Beladungszuständen mal unter- und mal übersteuern, welches für den Fahrer eine Herausforderung ist. Ideal wird ein Fahrzeug so ausgelegt, dass es leicht untersteuert und auch durch unterschiedliche Beladungen im Bereich des Untersteuerns bleibt. Ggf. kann bei schwerer Beladung ein Erhöhen des Luftdrucks an der Hinterachse die Schräglaufsteifigkeit erhöhen und mithelfen, die gewünschte Eigenlenkeigenschaft zu erhalten.

4.2.6 Gierverstärkungsfaktor

Eine weitere wichtige Größe zur Charakterisierung des Fahrverhaltens ist der Gierverstärkungsfaktor. Er beschreibt die Reaktion des Fahrzeugs auf eine Lenkwinkelvorgabe und wird auch durch die Begriffe Gierreaktion, Kreisfahrtwert oder Übertragungswert beschrieben.

Diese Gierreaktion wird unterschiedlich ausfallen, abhängig von der Geschwindigkeit, mit welcher gefahren wird. Der Gierverstärkungsfaktor wird durch den Quotienten aus der Giergeschwindigkeit und dem Lenkradwinkel gebildet. Mit

$$\delta = \frac{\delta_H}{i_s} = \delta_A + \text{EG} \cdot a_y$$

und

$$\dot{\psi} = \frac{v}{R}$$

erhält man:

$$\frac{\dot{\psi}}{\left(\frac{\delta_H}{i_s}\right)} = \frac{\left(\frac{v}{R}\right)}{\delta_A + \text{EG} \cdot a_y} = \frac{v}{R \cdot \left(\frac{l}{R} + \text{EG} \cdot \frac{v^2}{R}\right)}$$

$$\frac{\dot{\psi}}{\left(\frac{\delta_H}{i_s}\right)} = \frac{v}{l + \text{EG} \cdot v^2}.$$

Diese Funktion zeigt ein sehr unterschiedliches Verhalten für einen positiven oder negativen Eigenlenkgradienten und damit für unter- oder übersteuernde Fahrzeuge. Übersteuernde Fahrzeuge haben eine Nullstelle im Nenner und damit eine Polstelle, an welcher der Gierverstärkungsfaktor unendlich wird. Das bedeutet, dass auf eine kleine Lenkwinkelvorgabe eine unendlich große Reaktion folgt, was nicht wünschenswert ist.

Abbildung 4.22 stellt den Funktionsverlauf des Gierverstärkungsfaktors über der Geschwindigkeit für zwei unterschiedliche Fahrzeuge dar. Das untersteuernde Fahrzeug hat die Daten: $m = 1500\,\text{kg}$, $l_v/l = 0{,}4$, $c_v = c_h = 1000\,\text{N/m} \Rightarrow \text{EG} = 0{,}00524\,\text{rad}\,\text{s}^2/\text{m}$, das übersteuernde: $m = 1500\,\text{kg}$, $l_v/l = 0{,}51$, $c_v = c_h = 1000\,\text{N/m} \Rightarrow \text{EG} = -0{,}00052\,\text{rad}\,\text{s}^2/\text{m}$. Der unterschiedliche Verlauf für unter- bzw. übersteuernde Fahrzeuge ist deutlich erkennbar. Die Nullstelle im Nenner verursacht eine Polstelle an welcher die Gierreaktion unendlich groß wird (hier: 264 km/h). Die dazugehörige Geschwindigkeit nennt man kritische Geschwindigkeit (v_Krit). Da alle heutigen Fahrzeuge untersteuernd ausgelegt werden, hat die kritische Geschwindigkeit nur noch eine theoretische Bedeutung.

Der Gierverstärkungsfaktor eines Fahrzeugs mit neutralem Fahrverhalten wird in Abb. 4.22 durch eine Gerade mit der Steigung $1/l$:

$$\frac{\dot{\psi}}{\left(\frac{\delta_H}{i_s}\right)} = \frac{1}{l} \cdot v$$

dargestellt.

Interessant ist der Verlauf des untersteuernden Fahrzeugs. Sie zeigt ein Maximum (hier bei: 82,3 km/h). Die dazugehörige Geschwindigkeit wird als Charakteristische Geschwindigkeit (v_Ch) bezeichnet. Man erhält diese, indem man den Ort des Maximums sucht.

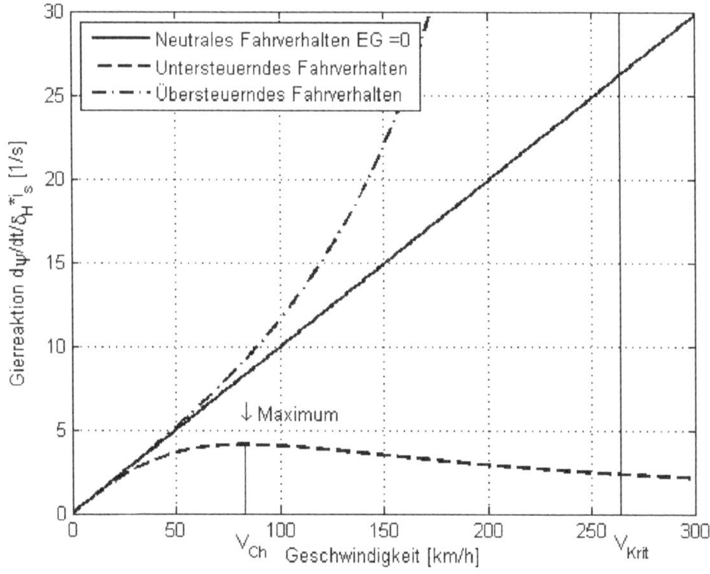

Abb. 4.22 Darstellung des Gierverstärkungsfaktors über der Geschwindigkeit für Fahrzeuge mit unterschiedlichem Eigenlenkverhalten

Daher muss die Funktion für den Gierverstärkungsfaktor nach der Geschwindigkeit differenziert werden, um den Ort des Extremwertes zu bestimmen:

$$\frac{d\left(\frac{\dot{\psi}}{\left(\frac{\delta_H}{i_s}\right)}\right)}{dv} = \frac{1 \cdot (l + \mathrm{EG} \cdot v^2) - v \cdot (2\mathrm{EG}v)}{(l + \mathrm{EG} \cdot v^2)^2}.$$

Für die Lage des Extremwertes interessiert nur die Nullstelle des Zählers:

$$l - \mathrm{EG} \cdot v^2 = 0.$$

Somit erhält man die Charakteristische Geschwindigkeit v_{ch} als Geschwindigkeit, bei welcher der Gierverstärkungsfaktor maximal wird, für ein untersteuerndes Fahrzeug zu:

$$v_{\mathrm{Ch}} = \sqrt{\frac{l}{\mathrm{EG}}}.$$

Den maximalen Gierverstärkungsfaktor erhält man durch Einsetzen der Charakteristischen Geschwindigkeit in die Funktion für den Gierverstärkungsfaktor:

$$\left.\frac{\dot{\psi}}{\left(\frac{\delta_H}{i_s}\right)}\right|_{v_{\mathrm{ch}}} = \frac{\sqrt{\frac{l}{\mathrm{EG}}}}{l + \mathrm{EG} \cdot \frac{l}{\mathrm{EG}}} = \frac{v_{\mathrm{Ch}}}{2l}.$$

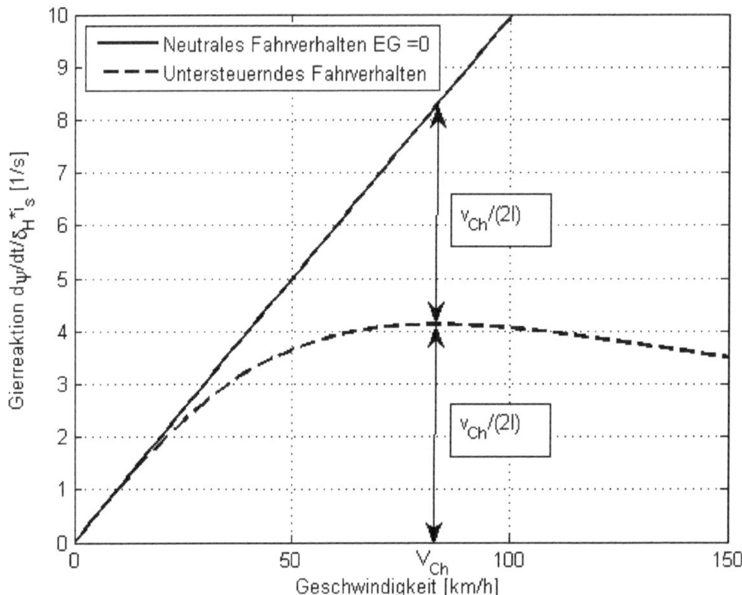

Abb. 4.23 Das Maximum der Gierempfindlichkeit eines untersteuernden Fahrzeugs ist genau halb so groß wie die Gierempfindlichkeit eines Fahrzeugs mit neutralem Fahrverhalten bei der Charakteristischen Geschwindigkeit (v_{ch})

Er ist genau halb so groß wie er bei einem neutralen Fahrzeugverhalten wäre, siehe Abb. 4.23.

Die Charakteristische Geschwindigkeit hat eine praktische Bedeutung für das Fahrzeug. Bei dieser Geschwindigkeit ist die Lenkempfindlichkeit des Fahrzeugs maximal. Die Charakteristische Geschwindigkeit sollte so gewählt werden, dass diese zwischen 80 und 100 km/h liegt. Somit würde das Fahrzeug auf kurvigen Landstraßen die größte Lenkempfindlichkeit ausspielen, was der Fahrer positiv bemerken wird. Bei höheren Geschwindigkeiten, beispielsweise auf der Autobahn, nimmt die Lenkempfindlichkeit dann wieder ab.

Da sich die Charakteristische Geschwindigkeit im Fahrversuch leicht bestimmen lässt, siehe Abschn. 4.2.7 kann man aus ihr auch mit geringem Aufwand den Eigenlenkgradienten bestimmen.

Beispiel 4.8
Zwischen welchen Werten sollte der Eigenlenkgradient liegen, damit bei einem untersteuernden Fahrzeug mit 2,8 m Radstand die Charakteristische Geschwindigkeit im favorisierten Bereich liegt?

Die Charakteristische Geschwindigkeit sollte zwischen 80 und 100 km/h, also 22,2 und 27,8 m/s liegen. Sie wird bestimmt aus dem Radstand und dem Eigenlenkgradienten:

$$v_{\text{ch}} = \sqrt{\frac{l}{\text{EG}}}.$$

Somit folgt der Eigenlenkgradient aus

$$\text{EG} = \frac{v_{\text{ch}}^2}{l} = \frac{2{,}8\,\text{m}}{(22{,}2\,\text{m/s})^2} = 0{,}0057\frac{\text{rad}\cdot\text{s}^2}{\text{m}},$$

bzw.

$$\text{EG} = \frac{v_{\text{ch}}^2}{l} = \frac{2{,}8\,\text{m}}{(27{,}8\,\text{m/s})^2} = 0{,}0036\frac{\text{rad}\cdot\text{s}^2}{\text{m}}.$$

Bei dem vorgegebenen Radstand sollte der Eigenlenkgradient zwischen den o. g. Werten liegen! Umgerechnet in Grad pro Beschleunigung bedeutet das zwischen 0,33 und $0,21\,\frac{^\circ\text{s}}{\text{m}}$. Bei einer Querbeschleunigung von 4 m/s^2 und einer Lenkübersetzung von 16 bedeutet das, dass der Fahrer um ca. 20° in die Kurve einlenken muss.

4.2.7 Fahrmanöver

Eine der aussagekräftigsten Testmethoden in der Fahrdynamik ist die stationäre Kreisfahrt. Sie liefert Daten für den Vergleich und die Entwicklung von Fahrzeugen. Neben der Querbeschleunigung werden verschiedene fahrdynamische Größen erfasst, aus welchen sich zum Beispiel der Eigenlenkgradient bestimmen lässt.

Um stationäre Größen bei der Kreisfahrt zu ermitteln, gibt es zwei unterschiedliche Testverfahren. Einmal das Fahren auf einem Kreis mit konstantem Radius, oder das Fahren mit konstanter Geschwindigkeit auf einem sich ändernden Radius.

Bei dem Testverfahren auf einem konstanten Radius werden die Geschwindigkeit und damit auch die Querbeschleunigung entweder stufenweise oder kontinuierlich erhöht. Diese Methode wird wegen der meistens begrenzten Größe des Prüfgeländes häufig angewandt. Messtechnisch erfasst werden dabei neben der Geschwindigkeit und der Querbeschleunigung der Lenkradwinkel, der Wankwinkel, der Schwimmwinkel und das Lenkradmoment. Letzteres ist wichtig, da es dem Fahrer eine direkte Rückmeldung liefert. Abbildung 4.24 zeigt ermittelte Messwerte für ein Fahrzeug aus einer Messung von A. Zomotor [2].

Der Lenkradwinkel steigt mit zunehmender Querbeschleunigung linear an, ab ca. 4 m/s^2, dieser Wert begrenzt auch das lineare Einspurmodell, wächst der Lenkradwinkel stärker und ist nicht mehr linear. Die Eigenschaft, dass der Lenkradwinkel mit

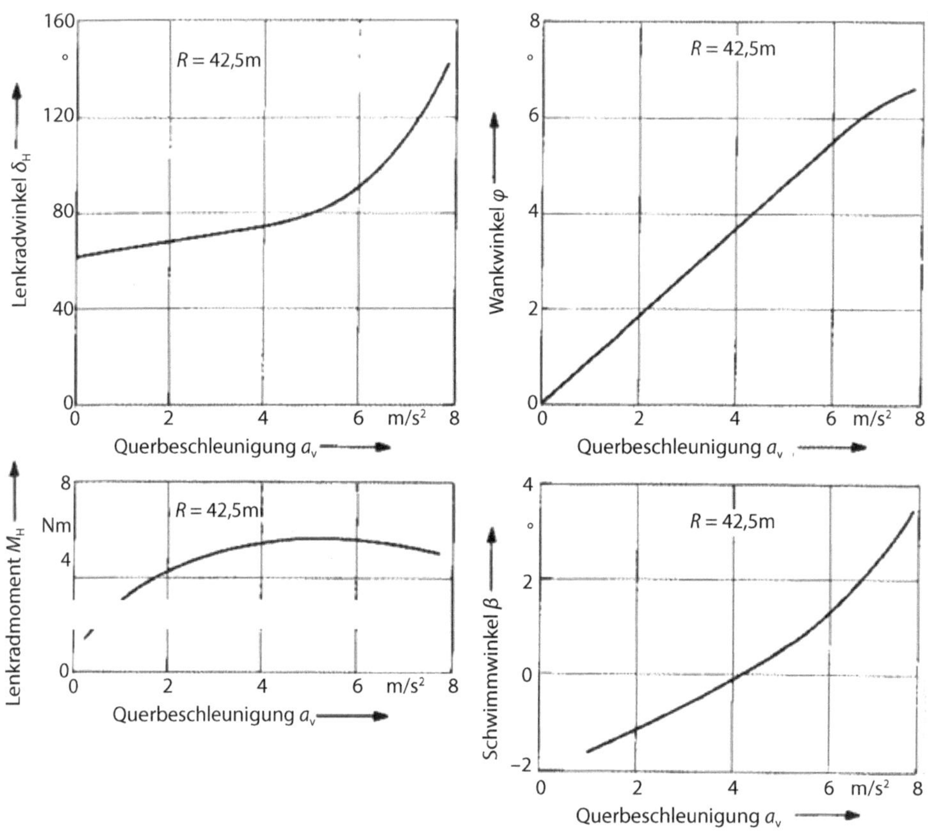

Abb. 4.24 Messwerte, aufgenommen während einer stationären Kreisfahrt auf konstantem Radius [2]

zunehmender Querbeschleunigung vergrößert werden muss, zeigt ein untersteuerndes Eigenlenkverhalten des Fahrzeugs an.

Neben dem Wankwinkel, welcher das Neigen des Fahrzeugs um die x-Achse beschreibt, ist der Schwimmwinkel β dargestellt. Auch dieser wächst bis zu einer Querbeschleunigung von $4\,\mathrm{m/s^2}$ linear an. Das Lenkmoment gibt dem Fahrer eine wichtige Rückmeldung über den Fahrzustand. Ab ca. $4\,\mathrm{m/s^2}$ wächst der Lenkwinkel nicht mehr linear zur Querbeschleunigung an und der Zuwachs an erforderlichem Lenkmoment wird immer geringer oder sogar negativ, was dem Fahrer anzeigt, dass er sich dem Grenzbereich der Fahrzeugquerbeschleunigung nähert.

Die zweite der beschriebenen Methoden, das Fahren mit konstanter Geschwindigkeit auf einem sich ändernden Kreisradius liefert andere Diagramme. Hier wird die Darstellung des Lenkwinkels über der Querbeschleunigung dargestellt, siehe Abb. 4.25. Im linken Diagramm bleibt die Geschwindigkeit des Fahrzeugs konstant, eine Änderung der Querbeschleunigung wird durch das Ändern des Kurvenradius herbeigeführt. Ein neutrales

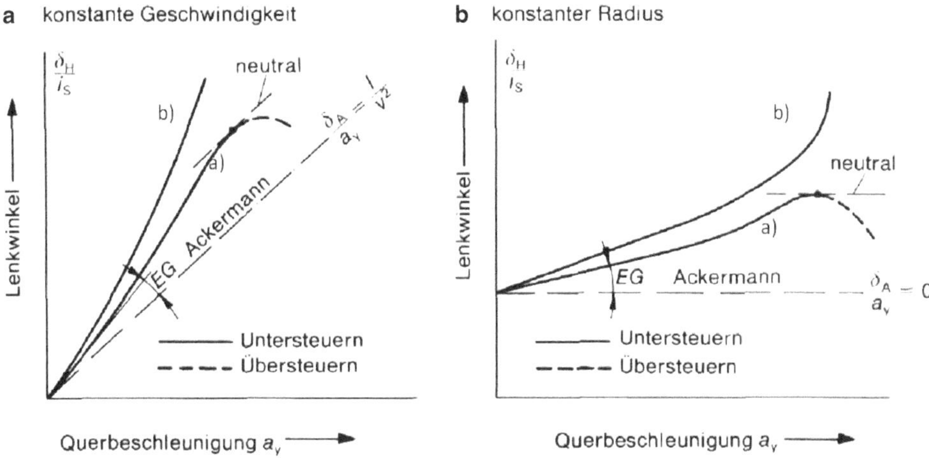

Abb. 4.25 Lenkwinkel über Querbeschleunigung, **a** ermittelt durch Kurvenfahrt mit konstanter Geschwindigkcit auf sich änderndem Radius, **b** durch Kurvenfahrt mit zunehmender Geschwindigkeit auf konstantem Radius [2]

Fahrverhalten hätte das Fahrzeug, wenn der Eigenlenkgradient Null wäre und der Fahrer immer den Ackermannlenkwinkel einstellen müsste. Diese Linie ist in dem Diagramm mit der Aufschrift „Ackermann" dargestellt. Sie ergibt sich, indem die Querbeschleunigung in die Bestimmungsgleichung für den Ackermannlenkwinkel

$$\delta_A = \frac{l}{R}$$

(mit l = Radstand und R = Kurvenradius) „eingearbeitet" wird. Somit kann diese Linie in dem Diagramm über der Querbeschleunigung eintragen werden. Die Querbeschleunigung steht über die folgende Beziehung mit dem Kurvenradius in Zusammenhang

$$a_y = \frac{v^2}{R} \quad \text{also} \quad R = \frac{v^2}{a_y}$$

und der Ackermannlenkwinkel kann durch

$$\delta_A = \frac{l}{v^2} \cdot a_y$$

beschrieben werden. Bei konstanter Geschwindigkeit ergibt sich eine Gerade durch den Ursprung. Ein untersteuerndes Fahrzeug erkennt man daran, dass die Steigung der Kurve im Diagramm größer ist als die Steigung der Gerade für den Ackermannlenkwinkel. Im linken Diagramm sind zwei unterschiedliche Verläufe dargestellt. Beide beschreiben ein untersteuerndes Fahrzeug. Verlauf a) stellt ein Fahrzeug dar, welches im Grenzbereich sein

Eigenlenkverhalten ändert. Zu erkennen ist das daran, dass die Steigung des Lenkwinkels eine Steigung annimmt, die kleiner ist als die des Ackermannwinkels. Das Fahrzeug mit dem Verhalten, welches durch den Verlauf b) dargestellt wird, bleibt auch im Grenzbereich untersteuernd.

Das rechte Diagramm in Abb. 4.25 stellt das Verhalten von Fahrzeugen bei einer Fahrt auf einem konstanten Radius mit unterschiedlichen Geschwindigkeiten dar. Hier kann direkt der Ackermannlenkwinkel abgelesen werden, da der Radius konstant bleibt:

$$\delta = \delta_A + \mathrm{EG} \cdot a_y.$$

Der Ackermannwinkel kann bei der Querbeschleunigung Null abgelesen werden. Dargestellt sind wieder zwei unterschiedliche Eigenlenkverhalten. Beide verhalten sich bei geringen Querbeschleunigungen untersteuernd, denn bei wachsender Querbeschleunigung muss man stärker einlenken. Der Verlauf a) zeigt aber im Grenzbereich einen Übergang auf ein übersteuerndes Verhalten, da der Eigenlenkgradient, also die Steigung des Lenkwinkels über der Querbeschleunigung, immer kleiner wird und schließlich sogar negativ. Verlauf b) zeigt ein Fahrzeugverhalten, welches auch im Grenzbereich untersteuernd bleibt.

Abbildung 4.26 zeigt Zahlenwerte für den Eigenlenkgradienten und stellt dessen Änderung durch Variation der Schwerpunktlage dar. Es handelt sich hierbei um ein Fahrzeug mit einer Masse von 1860 kg und einem Radstand von 2,8 m auf einer Kreisbahn mit 42 m Radius.

Gut erkennbar ist die Gültigkeit der Linearität des Eigenlenkverhaltens für Querbeschleunigungen bis ca. 4 m/s^2 auf einer Fahrbahn mit einem Kraftschlussbeiwert von 0,8. Auf einer glatten Fahrbahn (Kraftschlussbeiwert 0,25) erreicht man den Grenzbereich viel früher, wie im linken Teil der Abb. 4.26 dargestellt ist. Das Eigenlenkverhalten des hecklastigen Fahrzeugs zeigt auf dem niedrigen Reibwert ein anders Verhalten im Grenzbereich als auf dem höheren Reibwert. Dieses Verhalten lässt sich nicht alleine aus dem linearen Einspurmodell erklären. Die Größenordnung des Eigenlenkgradienten liegt bei ca. 0,005 rad s^2/m und sollte immer in der Einheit Winkel im Bogenmaß mal Sekunde zum Quadrat durch Meter angegeben werden.

Bestimmt man den Eigenlenkgradienten aus den Reifenschräglaufsteifigkeiten, sind diese häufig in Newton pro Grad angegeben und man erhält den Eigenlenkgradient in der Einheit °s^2/m. Soll damit der Lenkwinkel bei einer vorgegebenen Querbeschleunigung bestimmt werden, ist zu berücksichtigen, dass der Ackermannlenkwinkel in Bogenmaß vorliegt, weshalb der Eigenlenkgradient auch in Bogenmaß umrechnet werden muss.

Wie in Abschn. 4.2.7 angesprochen, lässt sich die Charakteristische Geschwindigkeit mit wenig Aufwand durch ein Fahrmanöver bestimmen. Dafür wird die stationäre Kreisfahrt auf einer Kurve mit konstantem Radius und veränderlicher Geschwindigkeit gewählt. Die Charakteristische Geschwindigkeit erreicht man genau zu dem Zeitpunkt, wenn der Lenkwinkel so groß ist wie der doppelte Ackermannwinkel, siehe Abb. 4.27.

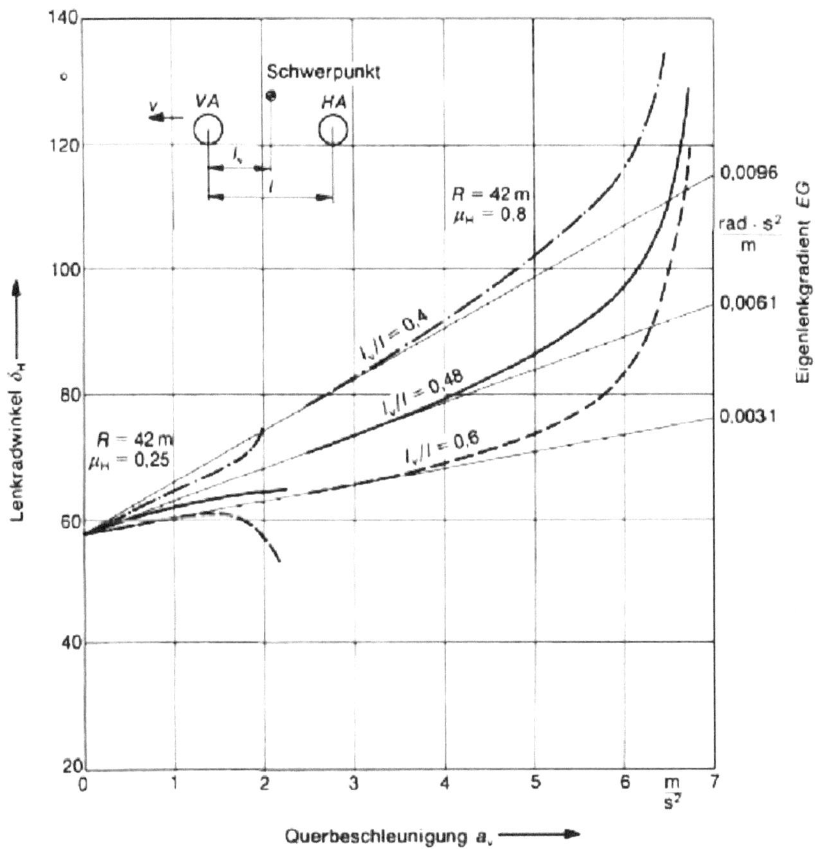

Abb. 4.26 Darstellung des Lenkverhaltens eines Fahrzeugs bei unterschiedlicher Schwerpunktlage [2]

Der zur Charakteristischen Geschwindigkeit gehörende Lenkwinkel δ_{ch} bestimmt man aus:

$$\delta_{ch} = \delta_A + EG \cdot \frac{v_{ch}^2}{R},$$

mit

$$v_{ch} = \sqrt{\frac{l}{EG}},$$

erhält man

$$\delta_{ch} = \delta_A + EG \cdot \frac{l}{EG \cdot R},$$

bzw.:

$$\delta_{ch} = \delta_A + \frac{l}{R} = 2 \cdot \delta_A.$$

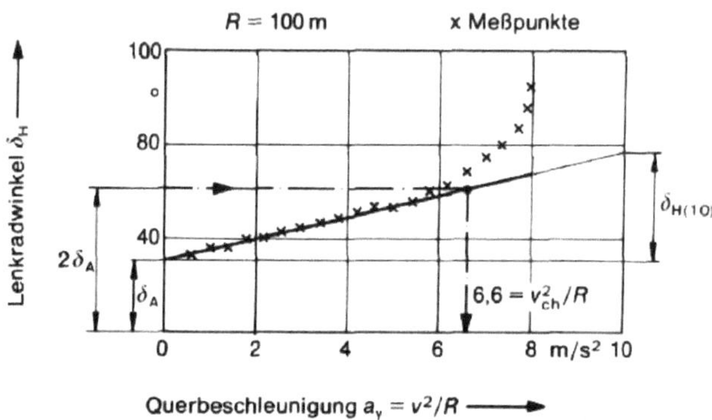

Abb. 4.27 Bestimmung der Charakteristischen Geschwindigkeit und des Eigenlenkgradienten bei einer Kurvenfahrt auf einer Kreisbahn mit dem Radius $R = 100$ m [2]

Somit lässt sich aus der Messung, dargestellt in Abb. 4.27, leicht die Charakteristische Geschwindigkeit bestimmen. Der doppelte Ackermannlenkwinkel wird bei einer Querbeschleunigung von 6,6 m/s² erreicht, dieses entspricht auf einer Kreisbahn mit dem Radius 100 m einer Geschwindigkeit von 26,7 m/s, bzw. 92,5 km/h. Den Eigenlenkgradienten kann man entweder durch die Steigung des linearisierten Funktionszusammenhangs zwischen Lenkwinkel und Querbeschleunigung bestimmen (wenn die Lenkübersetzung bekannt ist, oder, mit Kenntnis des Radstands, aus der Charakteristischen Geschwindigkeit).

Beispiel 4.9

Bestimmen Sie den Eigenlenkgradienten aus der Messung in Abb. 4.27, wenn das Fahrzeug einen Radstand von 2,6 m hat!

Bei einer Charakteristischen Geschwindigkeit von 26,7 m/s und einem Radstand von 2,6 m lässt sich der Eigenlenkgradient berechnen:

$$v_{ch} = \sqrt{\frac{l}{EG}} \rightarrow EG = \frac{l}{v_{ch}^2}$$

$$\rightarrow EG = \frac{2,6\,\text{m}}{(26,7\,\text{m/s})^2} = 0,0036\,\frac{\text{rad s}^2}{\text{m}}.$$

Mit Kenntnis des Radstandes und des Kurvenradius lässt sich auch der Ackermannwinkel berechnen:

$$\delta_A = \frac{l}{R} = \frac{2,6\,\text{m}}{100\,\text{m}} = 0,026\,\text{rad} \triangleq 1,49°$$

und aus dem Diagramm die Lenkübersetzung abschätzen. Ohne Querbeschleunigung lässt sich ein Lenkradwinkel von ca. 30° ablesen, die Lenkübersetzung liegt also bei ca. 20. Unter der Annahme einer konstanten Lenkübersetzung lässt sich aus dem Lenkradwinkelgradienten der Eigenlenkgradient bestimmen:

$$EG = \frac{60° - 30°}{6,6\,\text{m/s}^2} \cdot \frac{\pi}{180°} \cdot \frac{1}{20} = 0,004\,\frac{\text{rad s}^2}{\text{m}}.$$

Ein Vergleich mit dem oben berechneten Eigenlenkgradienten zeigt im Rahmen der Ablesegenauigkeit eine akzeptable Übereinstimmung.

Beispiel 4.10

Für einen PKW-Reifen besteht der in Abb. 4.28 aufgezeigte Zusammenhang zwischen der Radseitenkraft und dem Schräglaufwinkel.

Welche Schräglaufwinkel stellen sich an der Vorder- und Hinterachse ein, wenn das Fahrzeug ($l_\text{h}/l = 0{,}6$, $z_\text{s}/l = 0{,}22$, $m = 1500\,\text{kg}$, Spurweite $= 1{,}8\,\text{m}$, $l = 2{,}6\,\text{m}$) eine Kurve mit dem Radius $100\,\text{m}$ durchfährt? Die Abhängigkeit von der Geschwindigkeit ist in einem Diagramm darzustellen. Vereinfachend wird angenommen, dass sich die Achskräfte, wie beim Einspurmodell, zu gleichen Teilen auf die Räder einer Achse verteilen.

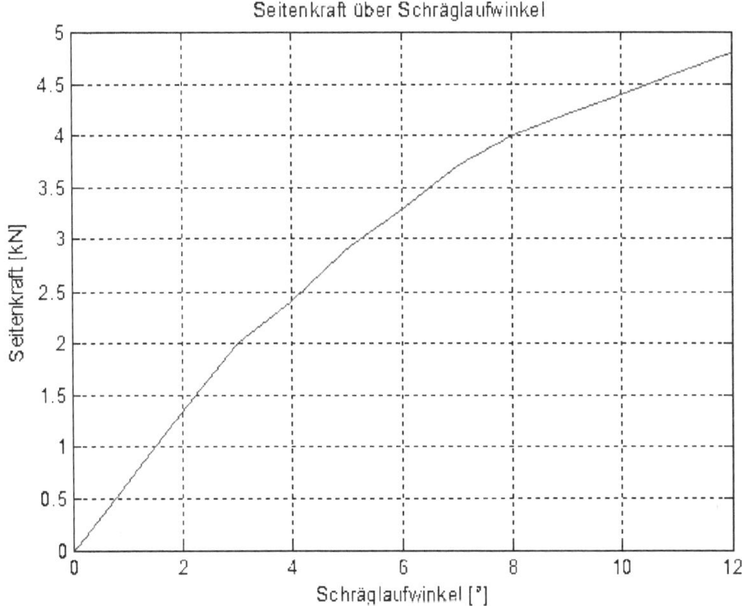

Abb. 4.28 Seitenkraft über Schräglaufwinkel

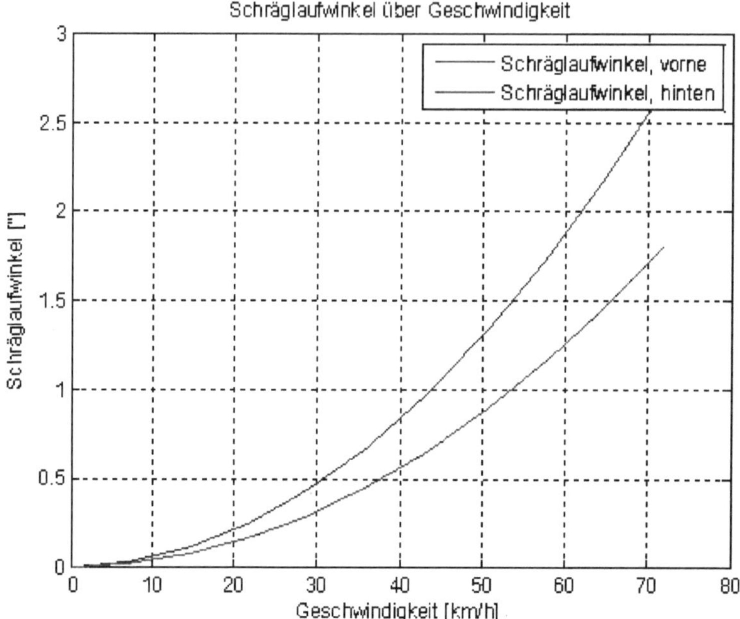

Abb. 4.29 Schräglaufwinkel über Geschwindigkeit

Wie groß muss der Lenkwinkel im Falle einer Kurvenfahrt ($R = 100\,\text{m}$) ohne Einfluss der Seitenkraft gewählt werden?

Welcher Radius stellt sich bei stationärer Kreisfahrt mit $v = 20\,\text{m/s}$ und dem oben berechneten Lenkwinkel ein, wenn der durch die Seitenkraft verursachte Reifenschräglauf berücksichtigt wird?

Bei welcher Geschwindigkeit würde das Fahrzeug umkippen ($R = 100\,\text{m}$), welcher Kraftschlussbeiwert müsste dann wirken?

Als Grenzwert für die Kurvenfahrt wird das Erreichen einer Querbeschleunigung von $4\,\text{m/s}^2$ angesehen, ab hier gelten die Linearisierungen für die Reifenschräglaufsteifigkeit nicht mehr.

$$4\,\frac{\text{m}}{\text{s}^2} = \frac{v^2}{100\,\text{m}} \Rightarrow v = \sqrt{400\,\text{m}^2/\text{s}^2} = 20\,\text{m/s}.$$

Die zur Kurvenfahrt erforderliche Seitenkraft folgt aus den Anteilen der Zentripetalkraft auf die Achsen bzw. auf jeweils einen Reifen:

$$F_{\text{sv}} = \frac{1}{2} \cdot \frac{l_\text{h}}{l} \cdot m \cdot \frac{v^2}{R} = \frac{1}{2} \cdot 0{,}6 \cdot 1500\,\text{kg} \cdot \frac{v^2}{100\,\text{m}} = 4{,}5\,\frac{\text{kg}}{\text{m}} \cdot v^2$$

$$F_{\text{sh}} = \frac{1}{2} \cdot \frac{l_\text{v}}{l} \cdot m \cdot \frac{v^2}{R} = \frac{1}{2} \cdot 0{,}4 \cdot 1500\,\text{kg} \cdot \frac{v^2}{100\,\text{m}} = 3\,\frac{\text{kg}}{\text{m}} \cdot v^2.$$

Aus dem Schräglaufwinkel-Seitenkraft-Schaubild (Abb. 4.28) erhält man zu jeder Seitenkraft den benötigten Schräglaufwinkel, zum Beispiel bei 40 km/h:

$$F_{sv}^{40} = 4{,}5\frac{kg}{m} \cdot \left(\frac{40\,m}{3{,}6\,s}\right)^2 = 556\,N \rightarrow \alpha_v = 0{,}83°$$

$$F_{sh}^{40} = 3\frac{kg}{m} \cdot \left(\frac{40\,m}{3{,}6\,s}\right)^2 = 370\,N \rightarrow \alpha_h = 0{,}55°.$$

Vollzieht man dies für die weiteren Geschwindigkeiten, ergibt sich das in Abb. 4.29 dargestellte Bild.

Lenkwinkel im Falle einer Kurvenfahrt ($R = 100\,m$) ohne Einfluss der Seitenkraft:

$$\delta_A = \frac{l}{R} = \frac{2{,}6\,m}{100\,m} = 0{,}026 \,\hat{=}\, 1{,}49°.$$

Bei einem Lenkwinkel von 1,49° und der Berücksichtigung der Schräglaufwinkeldifferenz bei 20 m/s stellt sich mit der Schräglaufwinkelsteifigkeit (667 N/° aus o. g. Abbildung, bzw. 38.216 N/rad) für den Lenkwinkel der folgende Zusammenhang dar:

$$\delta = 1{,}49° = 0{,}026\,rad = \frac{2{,}6\,m}{R} + \frac{1500\,kg \cdot (0{,}6 - 0{,}4)}{38.216\,N/\,rad} \cdot \frac{\left(20\,\frac{m}{s}\right)^2}{R}$$

$$= \frac{2{,}6\,m}{R} + \frac{3{,}14\,m}{R}$$

$$R = \frac{5{,}74\,m}{0{,}026} = 220{,}8\,m.$$

Beim Vergleich der beiden Fahrsituationen fährt der Fahrer mit der Geschwindigkeit von 20 m/s auf einem deutlich größeren Radius. Um auf dem gleichen Radius zu bleiben muss der Fahrer in die Kurve hineinlenken. Das Fahrzeug zeigt also untersteuerndes Verhalten, wie man es auch schon an der positiven Differenz der Schräglaufwinkel bzw. dem positiven Eigenlenkgradient erkennen kann.

Bei welcher Geschwindigkeit würde das Fahrzeug umkippen ($R = 100\,m$), welcher Kraftschlussbeiwert müsste dann wirken?

Wenn die kurveninnere Radlast negativ wird, kippt das Fahrzeug um, denn zwischen Fahrbahn und Reifen können in vertikaler Richtung nur positive Kräfte übertragen werden. Als Grenze wird der Zustand gesucht, in welchem die kurveninnere Radlast Null wird. Das Momentengleichgewicht um den äußeren Radaufstandspunkt liefert:

$$F_{zr} \cdot b - mg \cdot \frac{b}{2} + m\frac{v^2}{R} \cdot z_s = 0.$$

Abb. 4.30 Freikörperbild bei
Kurvenfahrt

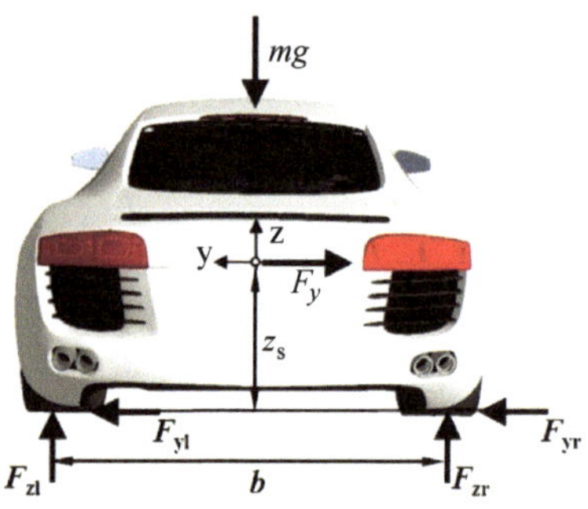

Für $F_{zr} = 0$ gilt, siehe Abb. 4.30:

$$mg \cdot \frac{b}{2} = m\frac{v^2}{R} \cdot z_s \Rightarrow v = \sqrt{\frac{1}{2}g \cdot b \cdot R},$$

hier:

$$v = \sqrt{\frac{1}{2}9{,}81\,\frac{\mathrm{m}}{\mathrm{s}^2} \cdot 1{,}8\,\mathrm{m} \cdot 100\,\mathrm{m}} = 29{,}7\,\frac{\mathrm{m}}{\mathrm{s}} \triangleq 107\,\mathrm{km/h}.$$

Dabei tritt eine Seitenkraft auf von:

$$F_y = 1500\,\mathrm{kg} \cdot \frac{\left(29{,}7\,\frac{\mathrm{m}}{\mathrm{s}}\right)^2}{100\,\mathrm{m}} = 13.231\,\mathrm{N}.$$

Bei einer Gewichtskraft von

$$F_G = 1500\,\mathrm{kg} \cdot 9{,}81\,\frac{\mathrm{m}}{\mathrm{s}^2} = 14.715\,\mathrm{N}$$

muss ein Kraftschlussbeiwert von mindestens

$$\mu = \frac{13.231\,\mathrm{N}}{14.715\,\mathrm{N}} = 0{,}9$$

vorliegen.

Literatur

1. Reif, K.: Bremsen und Bremsregelsysteme. Vieweg + Teubner, Wiesbaden (2010)

2. Zomotor, A.: Fahrwerkstechnik: Fahrverhalten. Vogel Buchverlag, Würzburg (1991)

3. Reimpell, J., Betzler, J.: Fahrwerkstechnik: Grundlagen, 5. Aufl. Vogel Verlag, Würzburg (2005)

In den letzten Jahrzehnten hat sich die Bremsanlage eines Fahrzeugs stark weiterentwickelt und ubernimmt jetzt im Fahrzeug eine Reihe von Funktionen, die der Fahrzeugsicherheit, aber auch der Fahrleistung dienen. Aus der Idee eines Rad-Blockierverhinderers, welche Ende der 1970er Jahre realisiert wurde, ist eine ganze Familie von Regelsystemen erwachsen, welche das Fahren sicherer machen.

1979 wurde das Antiblockiersystem (ABS) erstmalig in die Serie eingeführt. Es sollte das Blockieren einzelner Räder verhindern, um die Lenkfähigkeit zu erhalten und den Bremswerg zu verkürzen.

1986 führte man die Antischlupfregelung (ASR) der Antriebsräder ein, um das Durchdrehen einzelner oder beider Antriebsräder zu verhindern. Dazu wird entweder das durchdrehende Rad mit einem Bremsmoment beaufschlagt oder das Motormoment verringert.

1995 erschien erstmalig das elektronische Stabilitätsprogramm (ESP) in Serie auf dem Markt, um Schleuderbewegungen des Fahrzeugs durch den Aufbau von Giermomenten entgegenzuwirken. Dazu muss radselektiv Bremsmoment aufgebaut werden, um wahlweise an Vorder- oder Hinterachse ein Moment um die Hochachse zu erzeugen.

Diese Entwicklung führt sich fort durch die Entwicklung verschiedener Bremszusatzfunktionen, wie zum Beispiel eine „Bremsscheibenwischer"-Funktion (Brake Disc Wiping (BDW)), welche bei Nässe in regelmäßigen Abständen die Bremsbeläge an die Bremsscheiben anlegt, um den Nässefilm auf den Scheiben zu minimieren und im Einsatzfall schneller Bremsmoment aufzubauen zu können. Eine weitere Funktion ist die elektronische Bremskraftverteilung (EBV), welche eine bedarfsgerechte Ansteuerung der Fahrzeugbremsen ermöglicht. Eine andere Anwendung ist der Hydraulische Bremsassistent (Hydraulic Brake Assistant (HBA)), welcher, wenn er eine Notbremsung erkennt, den hydraulischen Druck in der Bremsanlage so schnell wie möglich auf das für eine optimale Bremsung nötige Druckniveau anhebt. Ein Durchschnittsfahrer tritt in einer solchen Situation zu zaghaft auf die Bremse, was den Bremsweg bzw. die Kollisionsgeschwindigkeit erhöht. Zu den neueren Bremsregelsystemen zählt auch die Anfahrhilfe am Berg (Hill Hold Control (HHC)), welche das Zurückrollen beim Anfahren am Berg verhindert.

© Springer Fachmedien Wiesbaden 2015
S. Breuer, A. Rohrbach-Kerl, *Fahrzeugdynamik*, ATZ/MTZ-Fachbuch,
DOI 10.1007/978-3-658-09475-1_5

Bei der elektrohydraulischen Bremse (Sensotronic Brake Control (SBC)) wird die mechanische Betätigung des Bremspedals elektronisch erfasst und an ein Steuergerät gesendet (Brake by Wire). Aus einer Reihe von Eingangssignalen kann das Steuergerät auf den Fahrzustand schließen und sendet an jede Radbremse den optimalen Bremsdruck. So kann man die Bremsdrücke in den Radbremszylindern unabhängig vom Fahrereinfluss regeln. Bei Ausfall der Elektronik wird über eine hydraulische Rückfallebene gebremst.

5.1 Antiblockiersystem

Das Verhalten und die Reaktion eines Menschen sind auf die ihm typischen Bewegungsabläufe abgestimmt. Mit Hilfe des Kraftfahrzeugs ist es ihm möglich, ein Vielfaches der natürlich auftretenden Geschwindigkeiten zu erreichen. Dadurch kommt der Mensch zwangsläufig in Grenzbereiche seines Reaktionsvermögens. Durch Training kann man das Reaktionsvermögen verbessern, doch scheint diese Methode nicht für den „Normalfahrer" geeignet zu sein. Seit vielen Jahren konzentriert sich die Entwicklung von Fahrzeugen auf die Beherrschbarkeit des Fahrzeugs auch in Grenzsituationen. Einen besonderen Fall stellt dabei der Bremsvorgang dar: In einer Paniksituation tritt der „Normalfahrer" zu stark auf das Bremspedal, die Räder blockieren, wodurch sich der Bremsweg verlängert und das Fahrzeug seine Lenkbarkeit verliert. An dieser Stelle setzt ein automatischer Blockierverhinderer ein, welchen überwiegend unter dem Markennamen Antiblockiersystem (ABS) bekannt ist. Dieser erkennt, aufgrund von Raddrehzahlsensoren, frühzeitig die Blockierneigung und sorgt über die Regelung des Bremsdruckes dafür, dass keins der Räder blockiert.

5.1.1 System

Ein Antiblockiersystem baut auf den Komponenten einer konventionellen Bremsanlage auf, welche aus dem Bremspedal, ggf. einem Bremskraftverstärker, dem Hauptbremszylinder und der Radbremse besteht, siehe Abb. 5.1. Zusätzlich braucht die Bremsanlage für eine ABS-Bremsung Sensoren für die Raddrehzahl, ein Steuergerät und ein Hydroaggregat, welches die Regelung des Bremsdruckes übernimmt. Über eine Kontrolllampe wird der Fahrer über den Zustand des ABS-Systems informiert.

Die Raddrehzahlsensoren erfassen die Winkelgeschwindigkeit der Räder ca. 44 mal pro Radumdrehung und stellen somit die wesentliche Eingangsgröße für die ABS-Regelung dar. Sie liefern ihre Information an das Bremssteuergerät. Mit Hilfe der Winkelgeschwindigkeit bzw. der Raddrehzahlsignale kann der Schlupf zwischen Rad und Fahrbahn bestimmt werden. Dieser ist ein Indikator für die Blockierneigung eines Rades.

Das Steuergerät ist der Regler des Bremsvorgangs. Es verarbeitet die Informationen der Raddrehzahlsensoren. Die im Steuergerät abgelegten Steuer- und Regelalgorithmen

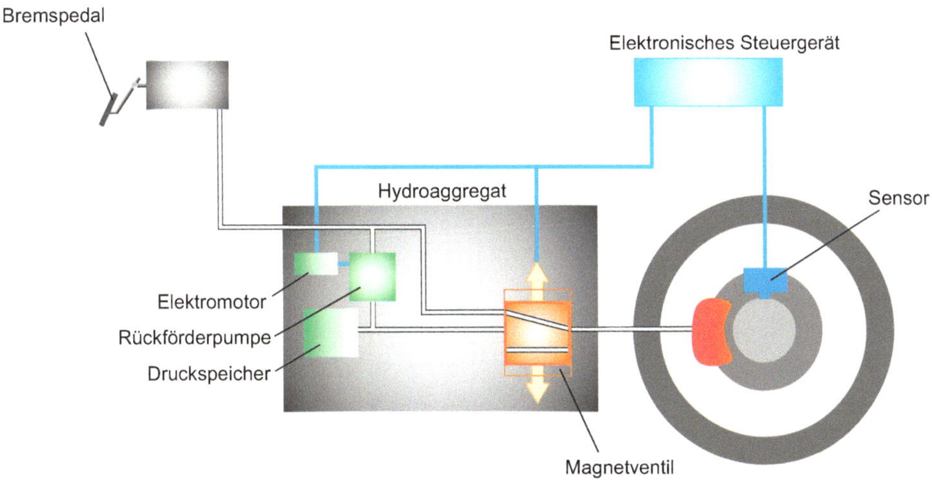

Abb. 5.1 Aufbau einer Bremsanlage mit automatischem Blockierverhinderer

bestimmen wesentlich die Güte des Bremsvorgangs, da es die Ansteuersignale für das Hydroaggregat ausgibt.

Im Hydroaggregat wird der Bremsdruck manipuliert. Bekommt es keine Impulse des Steuergerates, so leitet es den Bremsdruck, wie in einer konventionellen Bremsanlage, direkt an die Radbremszylinder, welche die Bremsbeläge an die Scheibenbremse pressen, dort eine Umfangskraft, bzw. ein Bremsmoment erzeugen. Mit zunehmendem Bremsschlupf tritt der ABS-Regelfall ein. Ein Magnetventil trennt die Verbindung zwischen Radbremszylinder und Hauptbremszylinder. Es wird kein weiterer Druck auf die Radbremszylinder gegeben. Vergrößert sich der Bremsschlupf trotzdem, gibt das Steuergerät den Befehl zum Druckabbau. Die im Hydraulikblock integrierte Rückförderpumpe baut den Hydraulikdruck kontrolliert ab. Der Bremsdruck sinkt und das Rad blockiert nicht mehr.

Dabei muss das ABS die umfangreichen Anforderungen erfüllen, siehe auch [1], welche im Folgenden einzeln aufgelistet sind:

- Unabhängig davon, ob der Fahrer abrupt auf die Bremse tritt oder den Bremsdruck langsam steigert, soll das ABS den Kraftschlussbeiwert zwischen Reifen und Fahrbahn optimal ausnutzen, um den Bremsweg möglichst klein zu halten. Dabei hat die Lenkstabilität Vorrang vor einer Verkürzung des Bremsweges.
- Ändert sich der Kraftschlussbeiwert zwischen Rad und Fahrbahn, muss sich die Regelung des Bremsdruckes möglichst schnell darauf anpassen. Typische Beispiele dafür sind das Bremsen beim Durchfahren von Pfützen oder das Bremsen auf trockener Straße mit örtlich begrenzten Eisflächen (zugefrorene Pfützen). Auch bei diesen Manövern gilt es die Lenkstabilität zu erhalten.

- Beim Bremsen auf Fahrbahnen mit unterschiedlichen maximalen Kraftschlussbeiwerten, dem sogenannten μ-Split-Bremsen, treten, bedingt durch die großen Unterschiede in den Bremskräften auf der linken und rechten Fahrzeugseite, Giermomente um die Hochachse (z-Achse) des Fahrzeugs auf. Diese Giermomente dürfen nur so langsam erzeugt werden, dass ein normaler Fahrer diese durch Gegenlenken kompensieren kann.
- Während einer Bremsung bei Kurvenfahrt wird der Kraftschlussbeiwert eines Reifens gleichzeitig durch Quer- und Längskräfte beansprucht. Soweit es physikalisch möglich ist, gilt es auch in diesem Zustand die Lenkstabilität zu erhalten und einen möglichst kurzen Bremsweg zu ermöglichen.
- Mögliche Radlastschwankungen verändern das Bremskraftpotential eines Rades. Auch auf diese muss das Regelverhalten angepasst werden.
- Aquaplaning, das Aufschwimmen der Räder bei wasserbedeckter Fahrbahn, muss vom Bremsregelsystem erkannt und berücksichtigt werden.
- Die Bremsregelung muss im gesamten Geschwindigkeitsbereich bis zu einer unteren Geschwindigkeitsgrenze von 2,5 km/h wirksam sein. Man geht davon aus, dass ein Blockieren bei Geschwindigkeiten unterhalb von 2,5 km/h unkritisch ist.
- Der Einfluss des Motors auf die Antriebsräder muss bei einer Bremsung mit eingekuppeltem Motor berücksichtigt werden.
- Das Fahrzeug darf nicht zu Schwingungen, verursacht durch die Bremsregelung, angeregt werden.
- Das System muss sich selber überwachen. Erkennt es einen Fehler, der die einwandfreie Funktion des ABS beeinträchtigen könnte, wird das ABS abgeschaltet und der Fahrer durch eine Kontrolllampe informiert.

5.1.2 Mechanik des gebremsten Rades

Die auf ein Fahrzeug wirkenden Kräfte müssen über die Reifen auf die Fahrbahn übertragen werden. Dabei handelt es sich um Kräfte, die in alle drei Richtungen wirken können. Die Kräfte in z-Richtung bestimmen die Radlast, abhängig von dieser können Kräfte in x- (Längs-) und y- (Quer-) Richtung übertragen werden. Die Größe der übertragbaren Kräfte hängt von dem maximalen Kraftschlussbeiwert μ ab. Dieser, multipliziert mit der Radlast, gibt das Maximum der vektoriellen Addition aus Längs- und Querkräften vor.

$$\mu F_z = \sqrt{F_x^2 + F_y^2}.$$

Diesen Zusammenhang kann man in einem Diagramm darstellen, welches die Form eines Kreises hat. Dieser Zusammenhang wird in der Fahrdynamik „Kamm'scher Kreis" genannt, siehe Abb. 5.2.

Die Größe des Kraftschlussbeiwertes ist vom Schlupf, beim Bremsvorgang vom Bremsschlupf, abhängig. Um Kompatibilität zu den folgenden Abbildungen aus der

Abb. 5.2 Kamm'scher Kreis –
Zusammenspiel von Längs-
und Querkräften

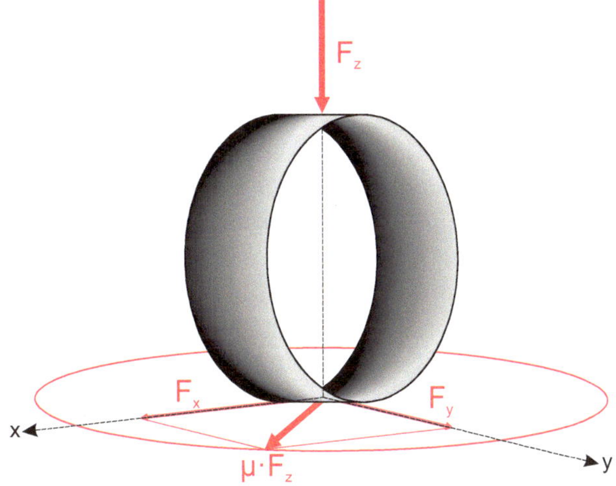

Literatur [1] zu schaffen wird dieser jetzt mit λ bezeichnet.

$$\lambda = \frac{v_{R,x} - R_{dyn} \cdot \omega_R}{v_{R,x}}.$$

$v_{R,x}$ ist die translatorische Geschwindigkeit des Rades in x-Richtung, R_{dyn} der dynamische Radhalbmesser und ω_R die Winkelgeschwindigkeit des Rades.

Die übertragbare Längskraft ist eine Funktion des Bremsschlupfes, siehe Abb. 5.3. Dargestellt ist hier der Kraftschlussbeiwert, bezeichnet als Reibungszahl μ_{HF} aus der Literatur [1] für verschiedene Rad/Fahrbahn Konfigurationen. Die Kurve *1* stellt den Verlauf auf trockenem Beton, *2* auf nassem Asphalt dar. *3* zeigt einen Reifen auf lockerem Schnee und *4*

Abb. 5.3 Möglicher Kraftschlussbeiwert μ_{HF} in
Abhängigkeit des Brems-
schlupfes [2]

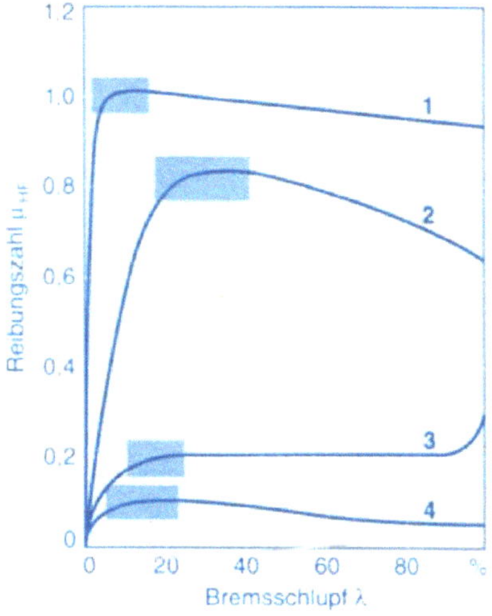

auf Glatteis. Während die Kurven *1,2* und *4* ein Maximum bei einem Bremsschlupf kleiner als 40 % haben, hat der Reifen auf losem Schnee sein Maximum bei 100 % Bremsschlupf. Ein aufgeschobener Schneekeil sorgt hier für zusätzliche Bremswirkung. Die Vorteile des ABS liegen hier lediglich in dem Erhalt der Lenkbarkeit. Die eingezeichneten dunklen Flächen zeigen den Bereich, in welchem eine Bremsung mit ABS-Reglereingriff regeln soll. Optimal wäre eine Regelung auf den Punkt mit der horizontalen Tangente, da hier das Maximum erreicht wird. Beim Überschreiten dieses Punktes gelangt man, außer auf Kurve 3, in den instabilen Bereich, der Kraftschlussbeiwert bzw. die Reibungszahl fällt und der Schlupf vergrößert sich.

Befindet man sich während des Bremsvorgangs in einer Kurve, wird das Rad gleichzeitig mit Querkräften beaufschlagt. Wird der Kraftschlussbeiwert in Längsrichtung wie Reif [1] als Reibungszahl μ_{HF} und den Kraftschlussbeiwert in Querrichtung als μ_S bezeichnet, zeigt Abb. 5.4 die Abhängigkeit dieser beider Größen über den Bremsschlupf. Dargestellt sind die Kurven für 2° und 10° Schräglaufwinkel. Auch hier zeigt die dunkle Fläche den ABS-Regelbereich für eine Bremsung mit 2° Schräglaufwinkel, die helle Fläche zeigt den Regelbereich bei 10° Schräglaufwinkel.

Bremst man in einer Kurve mit großem Schräglaufwinkel (z. B. 10°) und damit großer Querbeschleunigung, so greift das ABS frühzeitig ein. Es lässt z. B. nur einen Bremsschlupf von 10 % zu, so dass hier noch fast die maximal mögliche Quer- bzw. Seitenkraft (gestrichelte Linie in Abb. 5.4) übertragen werden kann. In dem Maße, in dem die Bremsung die Geschwindigkeit und damit die Seitenkraft verringert, erlaubt das ABS zunehmend größere Bremsschlupfwerte. Da die Seitenkraft bei gleichem Radius quadratisch mit der Geschwindigkeit abnimmt, kann man das sinkende Potential an Seitenkraftbeiwert in Kauf nehmen. Für diesen Fall braucht das Bremssteuergerät auch Informationen über den Lenkwinkel bzw. die Querbeschleunigung.

Abb. 5.4 Haftreibungszahl und Kraftschlussbeiwert in Abhängigkeit vom Bremsschlupf [2]

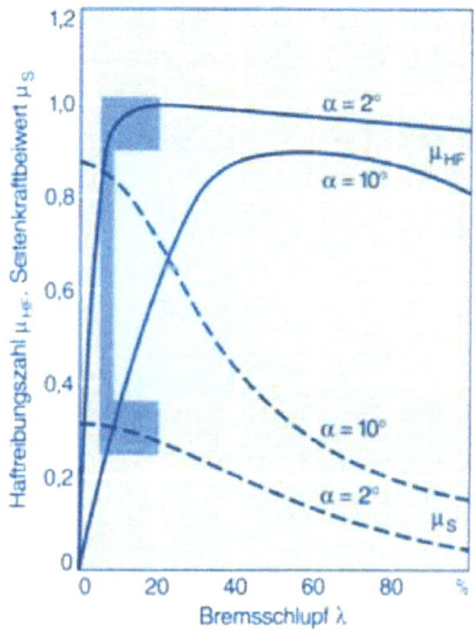

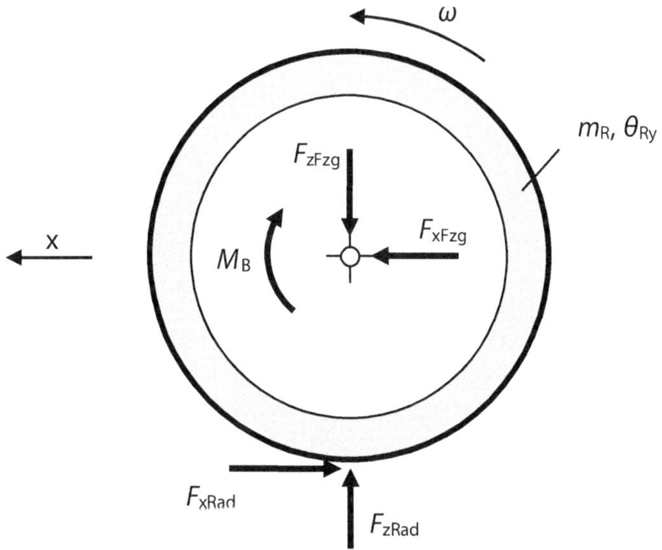

Abb. 5.5 Mechanik des gebremsten Rades, M_B – Bremsmoment, x – Bewegungsrichtung, ω – Radwinkelgeschwindigkeit, F_{xRad} – Bremskraft am Rad, F_{zRad} – Radlast, F_{zFzg} – Kontaktkraft zum Fahrzeug in z-Richtung, F_{xFzg} – Kontaktkraft zum Fahrzeug in x-Richtung

Bei einer Kurvenbremsung wachsen die Bremskräfte bedingt durch die quadratische Abhängigkeit der Seitenkräfte von der Geschwindigkeit sehr schnell an, so dass der Bremsweg nur wenig länger ist als bei einer reinen Geradeausfahrt.

Die Bewegungsgleichung für das verzögernde Rad erhält man aus der Abb. 5.5. Das massebehaftete Rad (Masse m_R, Trägheitsmoment um die Drehachse (y) θ_{Ry}) wird an der Radnabe durch die Kontaktkräfte zum Fahrzeug in x- und z-Richtung belastet. Der Einfachheit halber wird angenommen, dass jedes Rad ein Viertel der Fahrzeugmasse m_{Fzg} trägt und diese auch verzögert.

Das zweite Newton'sche Gesetz liefert die Bewegungsgleichung in die x-Richtung:

$$m_R \ddot{x} = F_{xFzg} - F_{xRad}.$$

Aus der Maximalbedingung für den Kraftschluss erhält man:

$$F_{xRad} = \mu \cdot F_{zRad}.$$

Das Gleichgewicht in die z-Richtung bestimmt:

$$F_{zRad} = F_{zFzg} + m_R \cdot g.$$

Die Winkelbeschleunigung des Rades folgt aus dem Momentensatz:

$$\vartheta_{Ry} \cdot \dot{\omega} = -M_B + F_{xRad} \cdot R_{stat}.$$

Mit ϑ_{Ry} – Trägheitsmoment des Rades, M_B – Bremsmoment, $\dot{\omega}$ – Winkelbeschleunigung, F_{xRad} – Bremskraft am Rad, R_{stat} – statischer Radhalbmesser. Für ein rollendes Rad gilt die Beziehung:

$$\dot{\omega} = \frac{\ddot{x}}{R_{dyn}}.$$

Damit kann aus dem Momentensatz die Bremskraft in Abhängigkeit der Beschleunigung bestimmt werden:

$$F_{xRad} = \frac{\vartheta_{Ry} \cdot \ddot{x}}{R_{stat} \cdot R_{dyn}} + \frac{M_B}{R_{stat}}.$$

Da die Beschleunigung beim Bremsen negativ ist, erkennt man aus dieser Gleichung, dass die Bremskraft durch die Trägheit des Rades verkleinert wird.

Aus dem Schwerpunktsatz erhält man nun die Verzögerung des an das Fahrzeug gebundenen Rades:

$$m_R \ddot{x} = F_{xFzg} - \left(\frac{\vartheta_{Ry} \cdot \ddot{x}}{R_{stat} \cdot R_{dyn}} + \frac{M_B}{R_{stat}} \right)$$

$$\left(m_R + \frac{\vartheta_{Ry}}{R_{stat} \cdot R_{dyn}} \right) \ddot{x} = F_{xFzg} - \frac{M_B}{R_{stat}}.$$

Mit der oben getroffenen Vereinfachung, dass in x-Richtung nur die Kraft übertragen wird, welche man zur Verzögerung eines Viertels der Fahrzeugmasse (m_F) benötigt, erhält man:

$$\left(\frac{m_F}{4} + m_R + \frac{\vartheta_{Ry}}{R_{stat} \cdot R_{dyn}} \right) \ddot{x} = -\frac{M_B}{R_{stat}}.$$

Dabei gilt aber, dass die vom Rad auf die Straße übertragbare Kraft in x-Richtung immer kleiner oder gleich dem maximalen Kraftschlussbeiwert mal der Radlast sein muss:

$$F_{xRad} = \frac{\vartheta_{Ry} \cdot \ddot{x}}{R_{stat} \cdot R_{dyn}} + \frac{M_B}{R_{stat}} \leq \mu \cdot F_{zRad} = \mu \cdot g \cdot \left(m_R + \frac{m_F}{4} \right).$$

Veränderungen der Radlast durch die Dynamik sind hier nicht berücksichtigt. Wird das Bremsmoment so groß, dass diese Ungleichung nicht mehr erfüllt wird, sinkt der Kraftschlussbeiwert auf den niedrigeren „Gleitbeiwert" und das Fahrzeug verliert seine Fähigkeit, Seitenführungskräfte zu übertragen.

Durch das Messen der Raddrehzahl erhält man Informationen über die Winkelgeschwindigkeit und -beschleunigung eines Rades. Da ein Rad beim Bremsen immer Schlupf aufweist, kann man im Bremsfall aus der Raddrehzahl nur die Fahrzeuggeschwindigkeit „schätzen". Die Fahrzeuggeschwindigkeit wird Referenzgeschwindigkeit (v_{Ref}) genannt und stellt während einer ABS-Bremsung eine äußerst wichtige Größe dar. Ein Bestimmen der Referenzgeschwindigkeit über GPS-Daten ist möglich, doch gibt es Fälle in denen das GPS-Signal nicht zur Verfügung steht und auch in diesen Situationen (z. B. im Tunnel) muss eine ABS-Bremsung möglich sein.

Die einfachste Methode, die Referenzgeschwindigkeit zu ermitteln, ist das Messen der vier Raddrehzahlen und das Mitteln der Radgeschwindigkeiten. Doch diese Methode alleine stößt schon an ihre Grenzen, wenn eins der Räder einen zu niedrigen Luftdruck aufweist. Dadurch würde sich der dynamische Radhalbmesser verkleinern und dieses Rad läuft mit höherer Drehzahl als die anderen Räder. Eine solche Information wird genutzt, um den Fahrer über den zu niedrigen Luftdruck zu informieren, sie wird aber auch im Steuergerät abgelegt, um die Raddrehzahl zu korrigieren. Ändert der Fahrer den Luftdruck wieder auf den vorgegebenen Wert, registriert das Steuergerät diese Änderung über die Raddrehzahlsensoren sofort und löscht den Eintrag. Um die Referenzgeschwindigkeit zu bestimmen, bedient sich die Regelung der Gradienten der Geschwindigkeiten an den Rädern, also der Winkelbeschleunigung oder -verzögerung. Bei einer Abbremsung ohne Blockieren einzelner Räder sollten diese Gradienten annähernd gleich sein. Leider sind diese auch alle gleich, wenn alle vier Räder des Fahrzeugs schlagartig blockieren. Dieser Tatsache treten moderne ABS-Steuergeräte entgegen, indem sie die Räder nicht gleichzeitig regeln, sondern mit einem definierten Zeitversatz. Weiterhin wird aus den Radverzögerungen die Fahrzeugverzögerung bestimmt. Diese kann nur in bestimmten Grenzen liegen. Werden diese überschritten, kann davon ausgegangen werden, dass ein Rad mit einer solchen Verzögerung eine Blockierneigung zeigt. Aus der Fahrzeugverzögerung wird durch Integration über die Zeit auch ein Vergleichswert für die Referenzgeschwindigkeit bestimmt. Neuere ABS-Generationen verfügen über einen Beschleunigungssensor auch in x-Richtung, welcher die Fahrzeugverzögerung bestimmt, und damit die Referenzgeschwindigkeit recht genau bestimmen kann. Kommt die Logik eines Steuergerät zu dem Schluss, dass möglicherweise die Referenzgeschwindigkeit nicht stimmt, kann es den Bremsdruck an einem Rad reduzieren und über den Drehzahlsensor dieses Rades beobachten, wie das Rad sich verhält um so Rückschlüsse auf die Fahrzeuggeschwindigkeit ziehen.

5.1.3 Typischer ABS-Radregelzyklus

Soll ein Fahrzeug z. B. in einer Notsituation maximal verzögert werden, tritt der Fahrer auf das Bremspedal und erzeugt Bremsdruck, welcher an den Radbremsen in ein Radbremsmoment umgesetzt wird. An diesem Rad wird die Raddrehzahl gemessen und daraus eine Radumfangsgeschwindigkeit (v_R) und -beschleunigung bestimmt.

Abbildung 5.6 zeigt die zeitlichen Verläufe der verschiedenen Geschwindigkeiten, der Radumfangsbeschleunigung und des Bremsdruckes beispielhaft.

Im Bremssteuergerät ist ein Wert ($-a$) als Verzögerungsschwelle für die aktuelle Fahrsituation hinterlegt. Überschreitet die Radverzögerung diesen Wert, könnte eine Blockierneigung des Rades vorliegen, daher wird kein weiterer Bremsdruck mehr aufgebaut. Aus der Rad- und Referenzgeschwindigkeit und der Verzögerung ($-a$) wird eine Schlupfschaltschwelle λ_1 bestimmt. Bei konstantem Druck wird ermittelt, wie sich das Rad weiterhin verhält. In Abb. 5.6 entspricht dieses der Phase zwei. In dem betrachteten Fall unterschreitet am Ende der Phase zwei die Radumfangsgeschwindigkeit v_R die Schlupf-

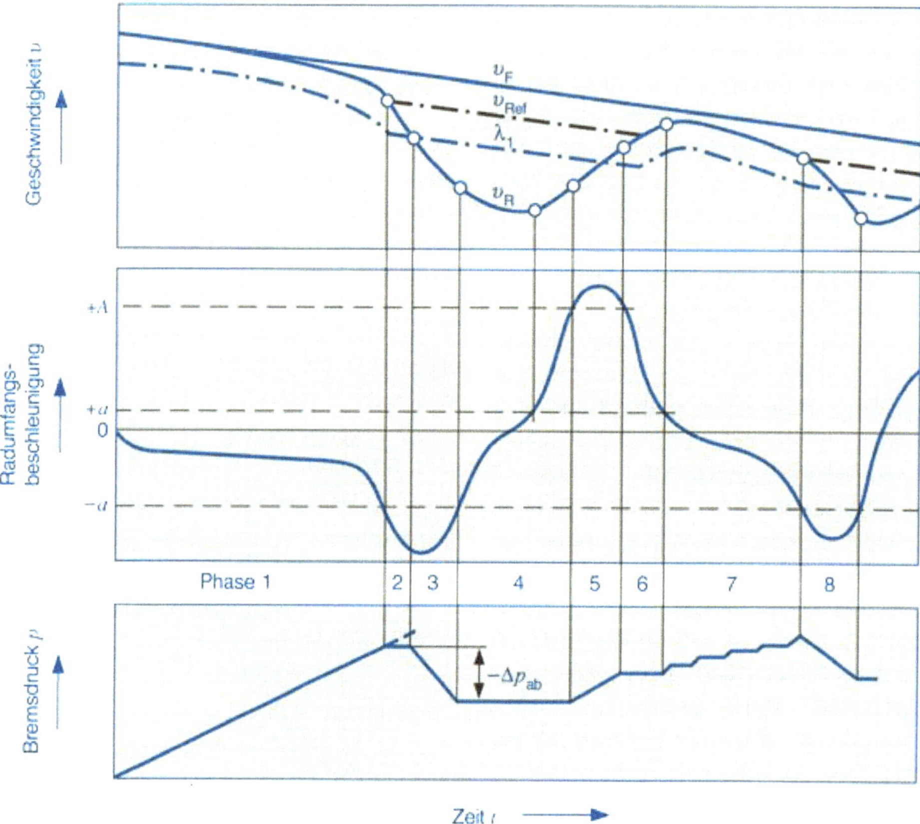

Abb. 5.6 Bremsregelung während einer ABS-Bremsung [2]

schaltschwelle λ_1, das Steuergerät gibt den Befehl zum Druckabbau, so lange bis die Verzögerung $-a$ unterschritten wird (Ende Phase drei). In der nun folgenden Phase vier wird der Druck konstant gehalten, die Radumfangsbeschleunigung nimmt zu. Am Ende der Phase vier übersteigt die Radumfangsbeschleunigung den Schwellenwert $+A$ und es wird wieder Druck aufgebaut, bis der Schwellenwert $+A$ unterschritten wird (Phase fünf). In der sechsten Phase wird der Druck konstant gehalten, bis die Umfangsbeschleunigung unter den Schwellenwert von $+a$ sinkt. Dieses wird als Indikator genommen, dass das Rad wieder im stabilen Bereich ist und in der Phase sieben wird Druck aufgebaut, bis die Schaltschwelle $-a$ wieder überschritten wird und der nächste Zyklus folgt. (Erläuterung nach [1])

Der in Abb. 5.6 dargestellte Bremsvorgang sollte als ein möglicher Regelzyklus angesehen werden. Erkennt das Steuergerät einen niedrigen Reibwert, wird es seine Strategie anpassen. Ebenfalls unterscheidet es zwischen angetriebenen und nicht angetriebenen Achsen. Angetriebene Achsen verhalten sich bei eingekuppeltem Antriebsstrang sehr viel träger als nicht angetriebene Achsen, siehe hierzu [2].

Abb. 5.7 Entstehung des Giermoments beim Bremsen auf Fahrbahnen mit unterschiedlichen Reibwerten

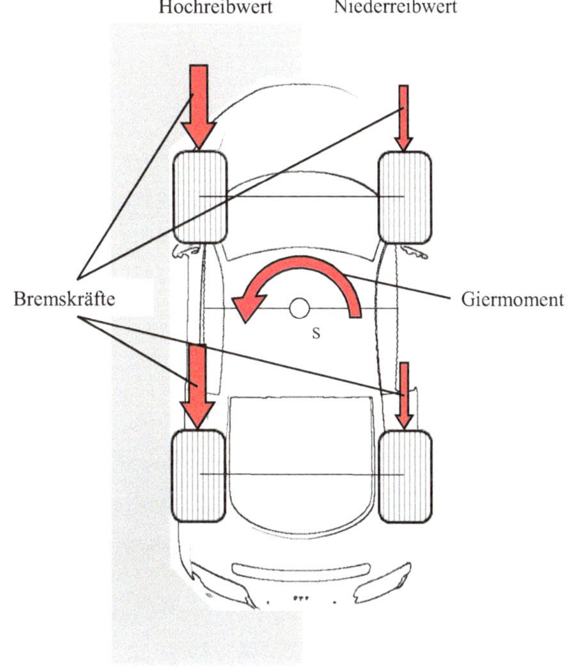

5.1.4 Giermomentaufbauverzögerung

Beim Bremsen auf Fahrbahnen mit großen Reibwertunterschieden zwischen der linken und rechten Fahrzeugseite („μ-Split"), verursachen die unterschiedlichen Bremskräfte ein Moment um die z-Achse, siehe Abb. 5.7. Das Fahrzeug will sich um die z-Achse drehen, der Fahrer muss mit einer Lenkbewegung dagegenhalten.

Bei einer ABS-Bremsung, insbesondere bei kleinen Fahrzeugen mit einem geringen Trägheitsmoment um die z-Achse, kann der Aufbau des Giermoments sehr schnell entstehen und der Fahrer müsste so schnell reagieren, dass er überfordert wäre. Daher benötigen manche Fahrzeuge eine Giermomentenaufbauverzögerung (GMA), um sie auch bei Panikbremsungen auf unterschiedlichen Fahrbahnoberflächen beherrschbar zu machen. Fahrdynamisch ist dies lösbar, indem man an dem Vorderrad, welches sich auf der Seite mit dem großen Reibwert befindet, den Druck im Radzylinder verzögert aufbaut. Das Giermoment wächst langsamer und der Fahrer hat Zeit zu reagieren.

Beispiel 5.1
Bei einer Vollbremsung bei 120 km/h blockiert eins der Räder (siehe Abb. 5.8) ($r_{\mathrm{dyn}} = 0{,}31$ m; $r_{\mathrm{stat}} = 0{,}29$ m) mit einer Radlast von 4000 N. Der Kraftschlussbeiwert des „rutschenden" Rades beträgt 0,6. Der Bremsdruck wird weggenommen. Wie

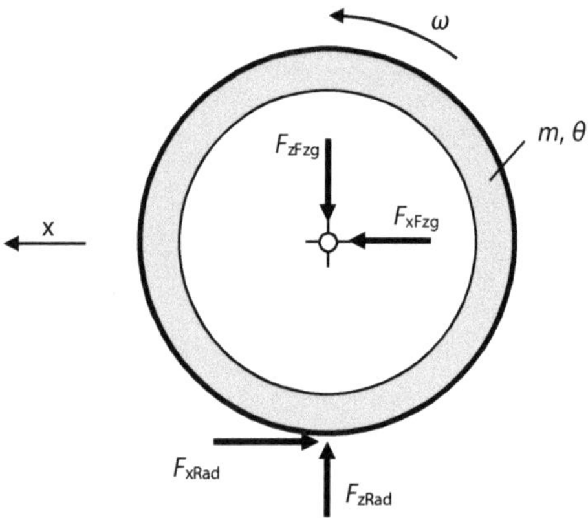

Abb. 5.8 Kräfte am beschleunigten Rad

lange braucht das Rad mit einem Trägheitsmoment von $1\,\mathrm{kgm^2}$, um wieder auf eine Umfangsgeschwindigkeit von 120 km/h zu beschleunigen? Welchen Weg legt das Fahrzeug dabei zurück?

Bei einer Radlast von 4000 N erzeugt das rutschende Rad eine Reibungskraft von 2400 N. Da es blockiert war, startet es mit einer Winkelgeschwindigkeit von Null, 120 km/h entsprechen einer Winkelgeschwindigkeit von

$$\omega^{120} = \frac{120\,\mathrm{m}}{3{,}6\,\mathrm{s} \cdot 2\pi \cdot 0{,}31\,\mathrm{m}} \cdot 2\pi = 107{,}5\,\mathrm{rad/s}.$$

Das Rad muss also von Null auf eine Winkelgeschwindigkeit von 107,5 rad/s beschleunigt werden. Dafür steht die Reibungskraft von 2400 N zur Verfügung. Es gilt also:

$$2400\,\mathrm{N} \cdot 0{,}29\,\mathrm{m} = 1\,\mathrm{kg\,m^2} \cdot \dot{\omega} \Rightarrow \dot{\omega} = 696\,\mathrm{rad/s^2}.$$

Bei einer Winkelbeschleunigung von 696 rad/s^2 dauert die Beschleunigung:

$$t = \frac{107{,}5\,\mathrm{rad/s}}{696\,\mathrm{rad/s^2}} = 0{,}15\,\mathrm{s}.$$

Das Fahrzeug legt dabei einen Weg von:

$$s = 33{,}3\,\frac{\mathrm{m}}{\mathrm{s^2}} \cdot 0{,}15\,\mathrm{s} = 5{,}14\,\mathrm{m}$$

zurück. An dieser Aufgabe ist das Potential zu erkennen, wenn man ein Rad nicht bis zum Stillstand blockiert. Das Fahrzeug legt über 5 m mit rutschendem Rad zurück!

5.2 Antischlupfregelung ASR

Die Antischlupfregelung ist eine konsequente Weiterentwicklung des ABS-Systems. Diese baut auf das Hydraulikaggregat auf, welches in der Lage ist, unabhängig vom Fahrer Bremsdruck bereitzustellen. Weiterhin kann das Bremssteuergerät mit dem Motorsteuergerät kommunizieren. Damit sind schon wesentliche Komponenten vorhanden, mit welchen das Durchdrehen der Räder bei zu viel Antriebsmoment verhindert werden kann. Auch das Durchdrehen der Räder im Beschleunigungsfall ist sicherheitskritisch, da keine Seitenkräfte mehr abgesetzt werden können und das Fahrzeug instabil und lenkunfähig wird. Das ASR hat die Aufgabe, einzelne Räder am Durchdrehen zu hindern.

Für die Antriebsschlupfregelung spielt es zunächst keine Rolle, ob es sich um ein front- oder heckgetriebenes Fahrzeug handelt. Abbildung 5.9 zeigt ein heckgetriebenes Fahrzeug, Erkenntnisse lassen sich aber auf ein frontgetriebenes Fahrzeug übertragen. Das Motormoment wird im Getriebe in das Moment an der Kardanwelle M_{Kar} gewandelt. Das Achsausgleichsgetriebe ist eine Momentenwaage und verteilt das Kardanmoment zu gleichen Teilen auf die Antriebswellen zu den Rädern (M_{Rad}). Ohne Eingriff einer Quersperre oder ASR-Regelung gilt:

$$M_{\mathrm{Rad}} = \frac{M_{\mathrm{Kar}}}{2} = M_{\mathrm{Str}}.$$

Das Radmoment M_{Rad} ist das halbe Kardanmoment M_{Kar} und gleich dem auf die Straße absetzbaren Straßenmoment M_{Str}.

Liefert der Antrieb ein Kardanmoment, welches mehr als doppelt so groß ist, wie das auf die Straße absetzbare Moment, wird der maximale Kraftschluss an den Rädern überschritten und diese drehen durch. Das bedeutet, sie arbeiten mit großem Antriebsschlupf, die Seitenführungskräfte gehen verloren und der Kraftschlussbeiwert sinkt. Über den Un-

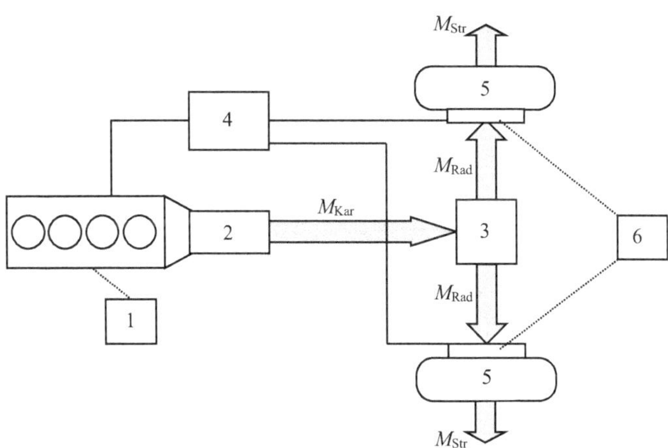

Abb. 5.9 Schematische Darstellung eines Antriebsstrangs: *1* – Motor, *2* – Getriebe, *3* – Achsausgleichsgetriebe, *4* – Bremssteuergerät, *5* – Antriebsräder, *6* – Bremse

terschied der Raddrehzahlen zwischen den angetriebenen und den nicht angetriebenen Achsen lässt sich dieser Zustand leicht sensieren. Das ASR kann diesem Zustand auf zwei Arten entgegenwirken, entweder gibt das Bremssteuergerät ein Signal an das Motorsteuergerät und dieses verringert das Antriebsmoment, oder die Bremsen werden mit Druck beaufschlagt und die Antriebsräder auf eine bestimmte Drehzahl, bei welcher man den größten Kraftschlussbeiwert erwartet, eingebremst. In der Realität geschieht meistens beides gleichzeitig, um schnell agieren zu können.

Beim Ottomotor kann der Motoreingriff entweder über eine Drosselklappenverstellung, über eine Zündwinkelverstellung oder über das Ausblenden einzelner Einspritzimpulse realisiert werden. Die Drosselklappenverstellung, der so genannte Luftpfad, ist eine recht langsame Regelgröße, die Verstellung des Zündwinkels (Zündpfad) oder das Ausblenden der Einspritzimpulse zeigt deutlich schneller Wirkung. Welche der Eingriffsmöglichkeiten zum Einsatz kommt ist hersteller- und motorabhängig. Beim Dieselmotor wird das Motormoment über die Reduzierung der Einspritzmenge gedrosselt.

Einen weiteren wichtigen Einsatzfall zeigt das ASR beim Anfahren auf einem Untergrund mit deutlich unterschiedlichen Kraftschlussbedingungen auf den beiden Fahrzeugseiten, die so genannte μ-Split-Situation. Durch das als Momentenwaage arbeitende Achsausgleichsgetriebe kann nur das geringere des absetzbaren Straßenmomentes übertragen werden. Bekommt das Achsausgleichsgetriebe mehr Drehmoment, fängt das Rad auf der Seite mit dem geringeren Reibwert an durchzudrehen. Dieser Zustand zeigt sich deutlich beim Anfahren am Berg, wenn eines der Räder auf Schnee oder Eis steht. Ein gezielter Bremseneingriff auf der Niederreibwertseite erhöht das absetzbare Moment $M_{\text{B,Niederreibwert}}$ an der Momentenwaage auf dieser Seite. Durch das Ausgleichsgetriebe kann nun auch an der Hochreibwertseite mehr Moment angesetzt werden:

$$M_{\text{Str,Hochreibwert}} = M_{\text{Str,Niederreibwert}} + M_{\text{B,Niederreibwert}}.$$

Die asymmetrische ASR-Regelung ist nur durch den Einsatz der Bremse möglich. Sensiert das Steuergerät, dass insgesamt zu viel Moment an den Antriebsrädern ankommt, also beide Seiten zum Durchdrehen neigen, wird auch in diesem Fall motorseitig das Antriebsmoment verringert.

Ganz neu ist eine Weiterentwicklung des ASR zum Torque-Vectoring. Unter diesem Begriff versteht man das radselektive Verteilen des Antriebsmoments. Bei einer Kurvenfahrt verhält sich ein Fahrzeug agiler, wenn das Einlenken in die Kurve durch ein Giermoment in diese Richtung unterstützt wird. Dieses kann man erreichen, indem man das Antriebsrad auf der kurvenäußeren Seite mit mehr Antriebsmoment versieht als das kurveninnere Rad, siehe Abb. 5.10.

Beim Torque Vectoring muss das Bremssteuergerät dem Motorsteuergerät einen Befehl senden, dass dieses das Motormoment um genau den gleichen Betrag anhebt, wie es Antriebsmoment auf der kurveninneren Seite „wegbremst". Dadurch bleibt der Antriebsmomentenwunsch des Fahrers erhalten, das Fahrzeug lenkt aber dynamischer in die Kurve ein. Diese Strategie beansprucht die Bremsanlage und erhöht den Kraftstoffverbrauch.

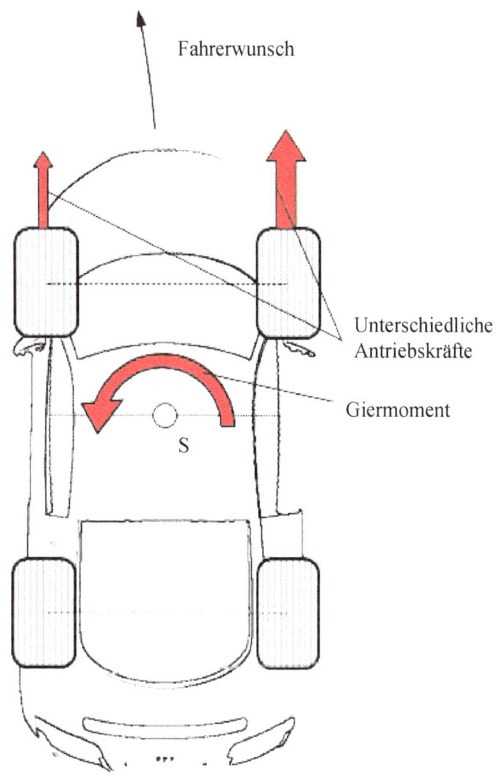

Abb. 5.10 Aufbau eines Giermoments zur Unterstützung des Fahrerwunsches (Torque Vectoring)

5.3   Elektronisches Stabilitäts-Programm ESP

Der Begriff Elektronisches Stabilitäts-Programm bezeichnet die Fahrdynamikregelung, welche weit über die Aufgaben von Antiblockiersystems (ABS) und Antriebsschlupfregelung (ASR) hinausgehen. Durch den gezielten radselektiven Einsatz von Brems- oder Antriebskräften soll die Neigung zum Schleudern eines Fahrzeugs bei Kurvenfahrt herabgesetzt bzw. ganz verhindert werden. Dieses ist jedoch nur innerhalb der physikalischen Grenzen möglich.

Das Elektronische Stabilitäts-Programm (ESP) wurde von Bosch für die Mercedes S-Klasse 1995 in Serie eingeführt. Die Abkürzung ESP ist ein eingetragenes Warenzeichen der Daimler AG. In der neutralen Sprachregelung sollte man den Begriff ESC (Electronic Stability Control) oder Fahrdynamikregelung verwenden, da jeder Hersteller einen eigenen Namen verwendet.

Bei BMW, Jaguar und Mazda nennen man es DSC (Dynamic Stability Control), bei Honda heißt das System VSA (Vehicle Stability Assist), Toyota benutzt das Kürzel VSC (Vehicle Stability Control), Porsche nennt sein System PSM (Porsche Stability Management), Ferrari nennt es CST (Controllo Stabilità e Trazione), Maserati MSP (Maserati Stability Program) und Volvo DSTC (Dynamic Stability and Traction Control) [2].

5.3.1 Funktionsweise

Damit eine Fahrdynamikregelung auf kritische Fahrsituationen reagieren kann, vergleicht das System bis zu 150-mal pro Sekunde den Fahrerwunsch mit dem Fahrzustand. Aus dem Lenkwinkelsensor, der Gaspedalstellung oder dem Druck in der Bremsanlage bestimmt das Steuergerät den Fahrerwunsch, der sich in der Information niederschlägt, ob der Fahrer schneller oder langsamer fahren und welchen Kurvenradius er befahren möchte. Aus den Informationen des Motormanagements, den ABS-Drehzahlsensoren und dem Gierratensensor kann man bestimmen, wie sich das Fahrzeug verhält. Im Steuergerät wird die Information zwischen Fahrerwunsch und Ist-Zustand verglichen, tritt eine wesentliche Abweichung des berechneten Fahrzustandes vom Fahrerwunsch auf, greift die Fahrdynamikregelung ein.

Zeigt der Ist-Zustand eine Tendenz zum Übersteuern (die Gierrate ist zu hoch), wird durch Abbremsen des kurvenäußeren Vorderrades ein Giermoment erzeugt, welches dieser Neigung entgegen wirkt, siehe Abb. 5.11. Die Radposition spielt dabei eine wichtige Rolle. Für das durch den Bremseneingriff erzeugte Giermoment spielt es keine Rolle, ob diese selektive Bremskraft am kurvenäußeren Vorder- oder Hinterrad erzeugt wird. Berücksichtigt man jedoch, dass das gebremste Rad Potential verliert, um Seitenkräfte zu

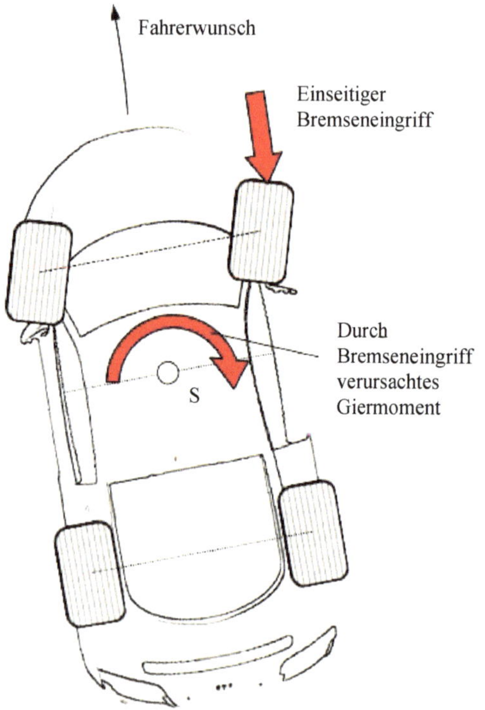

Abb. 5.11 Bremseingriff der Fahrdynamikregelung bei übersteuerndem Fahrzeug

übertragen, wirkt dieses am Vorderrad ebenfalls dem Übersteuern entgegen. Am Hinterrad würde der Verlust an Seitenführungskraft das Übersteuerverhalten verstärken.

Eine Tendenz zum Untersteuern (Gierrate zu niedrig) wird durch Abbremsen des kurveninneren Hinterrades korrigiert, siehe Abb. 5.12.

Auch in diesem Fall spielt die Radposition, an welcher gebremst wird, eine große Rolle. Der Verlust an Seitenführungskraft an der Hinterachse wirkt dem Untersteuern entgegen.

Die in Abb. 5.11 und 5.12 gezeigten Möglichkeiten bezeichnet man als *kraftgesteuert*. Es gibt weitere Möglichkeiten, die sich zum Teil *schlupfgesteuert* nennen. Beim Übersteuern kann man zum Beispiel die Vorderachse „abschießen". Das bedeutet, dass man am kurvenäußeren Rad bewusst viel Schlupf aufbaut und damit ein Untersteuern des Fahrzeugs bewirkt. Dieser Eingriff ist hart und unkomfortabel und wird erst als letzte Möglichkeit gewählt. Komfortabler ist das „Entbremsen" des hinteren kurveninneren Rades und, bei zu wenig Seitenführungspotential, sogar zusätzlich das „Entbremsen" des hinteren kurvenäußeren Rades. Dieser Eingriff führt aber zu einer geringeren Verzögerung, was kritisch sein kann. In Analogie zum „Abschießen" der Vorderachse kann man bei untersteuerndem Fahrzeug die Hinterachse „abschießen". Der Verlust an Seitenführungskraft an der Hinterachse erzeugt eine Neigung zum Übersteuern.

Einseitige Bremseneingriffe an der Vorderachse können am Lenkrad spürbar sein, was eine Komfortminderung sein kann. Deshalb lassen manche Hersteller die Vorderachse erst eingreifen, wenn eine Korrektur an der Hinterachse sich als nicht wirksam genug erweist.

Abb. 5.12 Bremseingriff der Fahrdynamikregelung bei untersteuerndem Fahrzeug

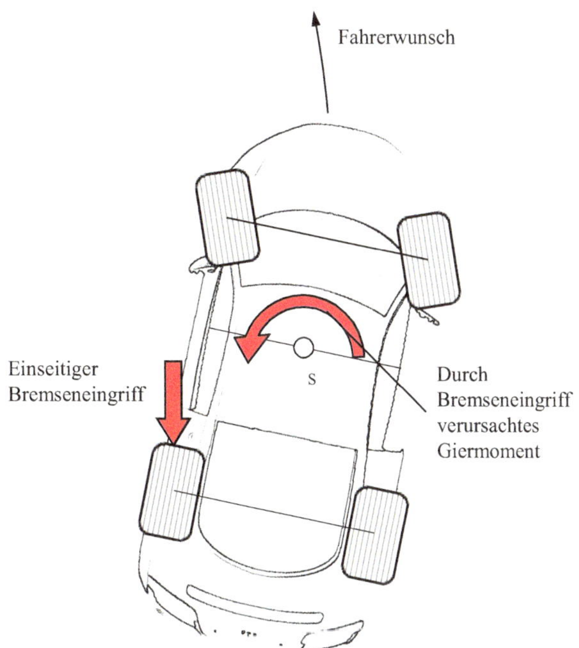

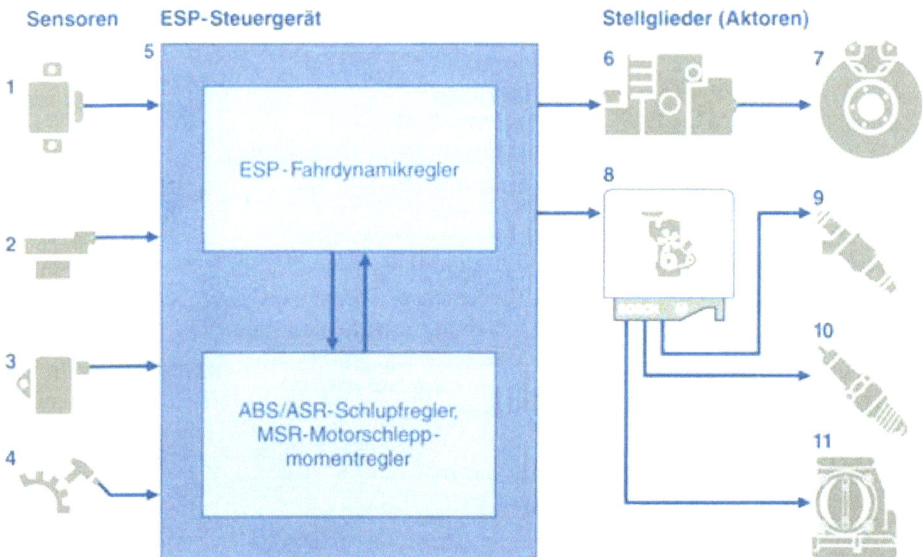

Abb. 5.13 Regelsystem der Fahrdynamikregelung im Fahrzeug [2] *1* – Drehraten- und Querbeschleunigungssensor, *2* – Lenkradwinkelsensor, *3* – Bremsdrucksensor, *4* – Raddrehzahlsensoren, *5* – ESP Steuergerät, *6* – Hydroaggregat, *7* – Radbremsen, *8* – Motorsteuergerät, *9* – Kraftstoffeinspritzung, für Ottomotoren: *10* – Zündwinkeleingriff, *11* – Drosselklappeneingriff

Mit der Fahrdynamikregelung lässt sich auch die Motorleistung beeinflussen (Abb. 5.13), um die Fahrzeuggeschwindigkeit zu verringern und ein Durchdrehen der Antriebsräder zu verhindern. Von Beginn an wurde die Fahrdynamikregelung auch mit einer Traktionskontrolle verbunden, die ein durchdrehendes Antriebsrad abbremst und so das Antriebsmoment auf das andere Rad verlagert. Neben der zusätzlichen Sensorik ist für die Fahrdynamikregelung die Trennung aller Radbremskreise erforderlich, damit jedes Rad einzeln abgebremst werden kann.

5.3.2 Applikation am Fahrzeug

Da jedes Fahrzeug und jede Modellvariante fahrdynamisch differenziert betrachtet werden muss, fällt der Applikation einer Fahrdynamikregelung im Fahrzeug eine bedeutende Stellung zu. Im Folgenden soll ein kurzer Überblick über die notwendigen Schritte einer Basisapplikation im Fahrzeug gegeben werden. Der Inhalt dieses Abschnitts basiert auf einem Vortrag von Ferdinand Greimann [3].

Kalibrieren des Hydraulik-Modells
Da man in der Bremsanlage nur einen Drucksensor in der Nähe des Bremspedals verbaut (*3* in Abb. 5.13), erhält man auch nur ein Signal für den Bremsdruck, den so genannten

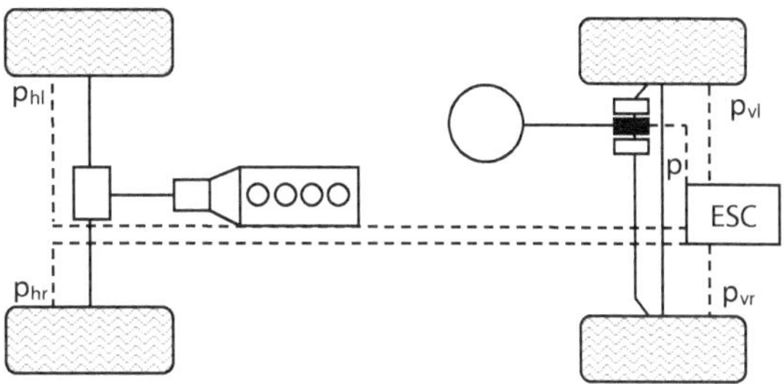

Abb. 5.14 Kalibrierung des Hydraulik-Modells. Aus dem Vordruck (p) am Bremspedal werden die Drücke an den Rädern bestimmt. Durch Leitungslängen und -führung ist die zeitliche Reaktion auf den Vordruck am Bremspedal unterschiedlich

Vordruck. Aus diesem müssen die Bremsdrücke an allen vier Rädern bestimmt werden, welche sich aufgrund der Leitungslänge und -führung unterscheiden. Ein Punkt der Basisapplikation ist die Kalibrierung des im Steuergerät implizierten Hydraulikmodells, siehe Abb. 5.14.

Für die Applikation werden am Testfahrzeug Drucksensoren in den Radbremsen eingebaut. Durch Betätigen des Bremspedals wird Vordruck erzeugt und die gemessenen Werte mit den aus dem Hydraulikmodell errechneten verglichen. Durch Anpassen der Parameter im Hydraulikmodell wird eine ausreichende Genauigkeit sichergestellt. Alle Änderungen an der Bremsanlage bedingen eine erneute Kalibration.

Ermitteln der Lenkungskennlinie

Der Lenkradwinkelsensor (*2* in Abb. 5.13) liefert den Lenkradwinkel. Fahrdynamisch von Interesse ist der Lenkwinkel der Räder. In den meisten Fällen ist die Übersetzung vom Lenkradwinkel auf den Lenkeinschlag der Räder nicht konstant, so dass die Lenkwinkel-Kennlinie ermittelt werden muss.

Zur Bestimmung der Lenkwinkel-Kennlinie werden auf trockenem Asphalt mit sehr niedrigen Geschwindigkeiten (quasi-statisch) die einzelnen Radgeschwindigkeiten bei eingeschlagenem Lenkrad gemessen. Beginnend mit voll eingeschlagenem Lenkrad verkleinert man den Lenkwinkel zunehmend. Die unterschiedlichen Radgeschwindigkeiten resultieren aus den jeweiligen Kurvenradien. Damit kann man jedem Lenkradwinkel einen Radwinkel zuweisen (Abb. 5.15).

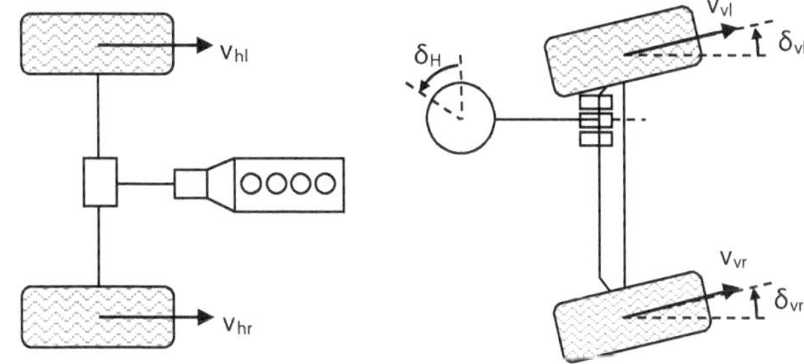

Abb. 5.15 Bestimmen der Lenkwinkelkennlinie. Durch die unterschiedlichen Radgeschwindigkeiten wird auf die Kurvenradien und damit auf den Lenkwinkel zurückgeschlossen

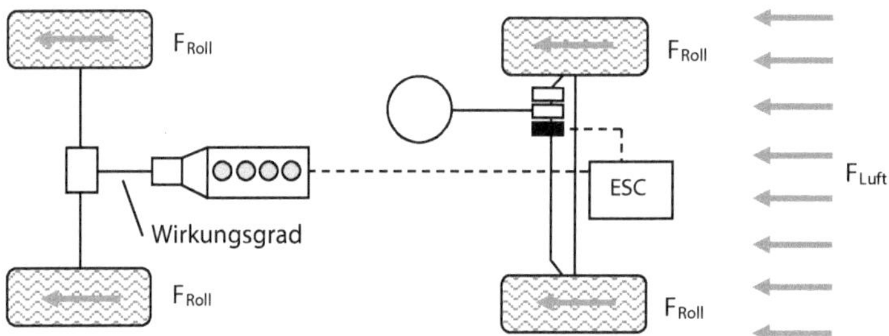

Abb. 5.16 Kalibrieren des Antriebsmodells. Neben dem Roll- und Luftwiderstand muss der Wirkungsgrad des Antriebs und das Ansprechverhalten des Motors bestimmt werden

Antriebsstrang und Motormodell kalibrieren

Während des Regelvorgangs spielt der Antriebsstrang eine wichtige Rolle. Die Trägheit des Antriebsstrangs wirkt sich auf die Regelstrategie aus. Im Fall einer Antriebsmomentenunterstützung benötigt man die Übertragungsfunktion zwischen Aktuator (*9*, *10* oder *11* in Abb. 5.13) und Wirkung, also Beschleunigung. Für diese Berechnung sind auch die Kenntnis der Fahrwiderstände und Wirkungsgrade in jedem Gang erforderlich.

Das Testprogramm zur Kalibrierung des Antriebsstrangs- und Motormodells ist recht aufwendig. Das Trägheitsmoment des Motors wird durch Hochbeschleunigen der Drehzahl im Leerlauf bestimmt. Im Ausrollversuch werden Luft- und Rollwiderstand gemessen und durch Volllastbeschleunigungen auf den Wirkungsgrad in den verschiedenen Gängen und den Drehmassenzuschlagsfaktor zurückgeschlossen, siehe Abb. 5.16.

Bestimmen der Charakteristischen Geschwindigkeit

Zur Bestimmung der Lenkreaktion des bewegten Fahrzeugs wird die Charakteristische Geschwindigkeit gemessen. Aus dieser kann man den Eigenlenkgradienten bestimmen und somit die Sollgierrate ermitteln.

Bestimmt wird die Charakteristische Geschwindigkeit, wie in Abb. 4.27 dargestellt, durch Befahren einer Kreisbahn mit konstantem Radius. Durch Vergrößern der Geschwindigkeit vergrößert sich auch der Lenkwinkel, daraus folgt der Eigenlenkgradient und beim Erreichen des doppelten Ackermannlenkwinkels die zur Charakteristischen Geschwindigkeit gehörige Querbeschleunigung. Bei definiertem Radius (R) folgt daraus die Charakteristische Geschwindigkeit (v_ch):

$$v_\mathrm{ch} = \sqrt{a_\mathrm{y} \cdot R}.$$

Basierend auf der Kenntnis der Charakteristischen Geschwindigkeit lässt sich mit dem Lenkwinkel δ nach Abschn. 4.2.7 die Sollgierrate ($\dot\psi$) des Fahrzeugs bestimmen:

$$\frac{\dot\psi}{\delta} = \frac{\left(\frac{v}{R}\right)}{\delta_\mathrm{A} + \mathrm{EG}\cdot a_\mathrm{y}} = \frac{v}{R\cdot\left(\frac{l}{R} + \mathrm{EG}\cdot\frac{v^2}{R}\right)},$$

mit

$$v_{\text{ch}} = \sqrt{\dfrac{l}{\text{EG}}}$$

folgt

$$\dot{\psi} = \dfrac{v}{l \cdot \left(1 + \dfrac{v^2}{v_{\text{ch}}^2}\right)} \cdot \delta.$$

l ist der Radstand. Diese Gleichung wird auch *Ackermanngleichung* genannt.

Bestimmen der Bremsübersetzung

Nachdem das Hydraulikmodell kalibriert wurde, ist man in der Lage, den Bremsdruck in der jeweiligen Bremse vorauszusagen. Dieser Bremsdruck erzeugt ein Bremsmoment. Den Zusammenhang zwischen Bremsdruck und Bremsmoment bezeichnet man als Bremsübersetzung, bzw. c_p-Faktor. Auch dieser ist individuell zu bestimmen.

Dazu wird am Testfahrzeug die Software so geändert, dass man mit der Vorder- oder Hinterachse getrennt voneinander ohne Einsatz der ABS-Regelung bremsen kann. In diesem Zustand wird aus verschiedenen Geschwindigkeiten mit konstantem Vordruck bis zum Stillstand abgebremst. Aus den erreichten Verzögerungen kann man das Bremsmoment bestimmen und damit den Zusammenhang zwischen Bremsdruck und Bremsmoment beschreiben. Änderungen an den Bremsbelägen oder des Materials der Bremsscheibe wirken sich auf diesen Zusammenhang aus.

Beispiel 5.2

Ein Fahrzeug (Radstand = 2,6 m) zeigt bei einer Stationären Kreisfahrt das in Abb. 5.17 dargestellte Verhalten. Welche Giergeschwindigkeit sollte sich bei einer Lenkwinkelvorgabe von $\delta = 0{,}3°$ und 100 km/h einstellen?

Aus der o. g. Abbildung folgt, dass es sich um ein untersteuerndes Fahrzeug handelt. Die Gierreaktion bestimmt sich aus:

$$\dfrac{\dot{\psi}}{\left(\dfrac{\delta_{\text{H}}}{i_{\text{s}}}\right)} = \dfrac{v}{l + \text{EG} \cdot v^2}.$$

Mit Kenntnis des Eigenlenkgradienten (0,004 (rad s^2)/m) und des Radstandes (2,6 m) lässt sich die Gierreaktion bestimmen:

$$\dfrac{\dot{\psi}}{\left(\dfrac{\delta_{\text{H}}}{i_{\text{s}}}\right)} = \dfrac{(27{,}8\,\text{m/s})}{2{,}6\,\text{m} + 0{,}004\frac{\text{rads}^2}{\text{m}} \cdot (27{,}8\,\text{m/s})^2} = 4{,}88\,\dfrac{1}{\text{s}}$$

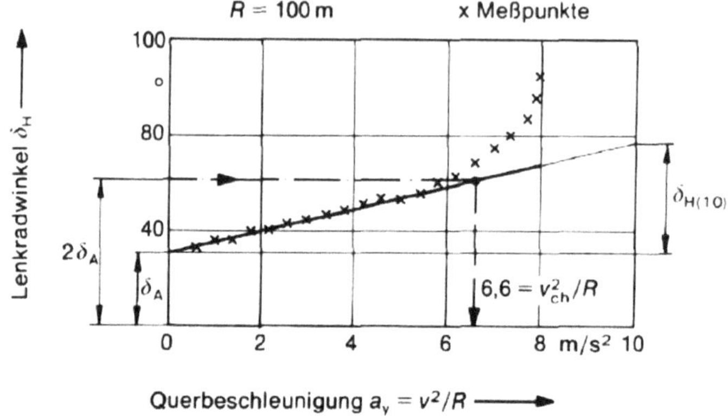

Abb. 5.17 Messergebnisse des Fahrzeugs [4]

und die Reaktion auf eine Lenkwinkelvorgabe von $\delta = 0{,}3° = 5{,}24 \cdot 10^{-3}$ rad ist eine Giergeschwindigkeit von:

$$\dot{\psi} = 4{,}88\,\frac{1}{s} \cdot 5{,}24 \cdot 10^{-3}\,\text{rad} = 0{,}026\frac{\text{rad}}{s} \triangleq 1{,}48°/\text{s}.$$

Literatur

1. Heißing, B., Ersoy, M. (Hrsg.): Fahrwerkhandbuch. Vieweg + Teubner Verlag, Wiesbaden (2007)

2. Reif, K.: Bremsen und Bremsregelsysteme. Vieweg + Teubner, Wiesbaden (2010)

3. Greimann, F. (31. Mai 2012). Vortrag: ESP Applikation. Heiligenhaus, NRW, Bosch.

4. Zomotor, A.: Fahrwerkstechnik: Fahrverhalten. Vogel Buchverlag, Würzburg (1991)

5. Mitschke, M., Wallentowitz, H.: Dynamik der Kraftfahrzeuge, 5. Aufl. Springer Vieweg Verlag, Wiesbaden (2014)

6. Gescheidle, R.: Fachkunde Kraftfahrzeugtechnik. Europa-Verlag, Haan-Gruiten (2004)

6.1 Einführung

Die Vertikaldynamik beschreibt das Fahrzeugverhalten in die Vertikale, also die z-Richtung. Ein wichtiges Thema der Vertikaldynamik sind die Radlasten. Schwankungen der Radlasten wirken sich negativ auf das Fahrverhalten des Fahrzeugs aus, da die Übertragbarkeit der Reifenkräfte in die Tangential- und Umfangsrichtung dann individuell erreicht werden.

Weiterhin ist die Vertikaldynamik mit für den Komfort von Fahrzeugen verantwortlich, was in heutiger Zeit ein wesentliches Kaufargument für oder gegen ein Fahrzeug darstellt.

Von elementarer Wichtigkeit ist es daher für ein Fahrzeug, dass es mit Elementen ausgestattet ist, welche eine Nachgiebigkeit des Fahrzeugs in vertikale Richtung erzeugen.

Zur Verdeutlichung der Relevanz dient das folgende Gedankenexperiment: Angenommen, ein Fahrzeug sei ein starrer Körper ohne Nachgiebigkeit in vertikale Richtung. Mit diesem Fahrzeug fährt man über eine Bodenunebenheit, welche für dieses Beispiel als eine kosinusförmige Bodenwelle von 1 cm Höhe und insgesamt 20 cm Länge definieren, siehe Abb. 6.1, angenommen wird. Die Darstellung der Bodenwelle ist nicht maßstabsgetreu.

Die Gleichung für die Bodenwelle, beschrieben über die Fahrzeuggeschwindigkeit v_x, lautet:

$$z = 0{,}5\,\mathrm{cm} \cdot \left[1 - \cos\left(\frac{2\pi \cdot v_\mathrm{x}}{0{,}2\,\mathrm{m}}\right) \cdot t\right].$$

Vereinfachend wird angenommen, dass sich die Geschwindigkeit des Fahrzeugs in x-Richtung nicht ändert. Ein Koeffizientenvergleich liefert die Anregungsfrequenz:

$$\omega = \frac{2\pi \cdot v_\mathrm{x}}{0{,}2\,\mathrm{m}}.$$

Das Fahrzeug muss beim Überfahren des Hindernisses um 1 cm angehoben werden, das heißt, es muss eine Beschleunigung in z-Richtung erfahren. Die Beschleunigung in

© Springer Fachmedien Wiesbaden 2015

S. Breuer, A. Rohrbach-Kerl, *Fahrzeugdynamik*, ATZ/MTZ-Fachbuch,

DOI 10.1007/978-3-658-09475-1_6

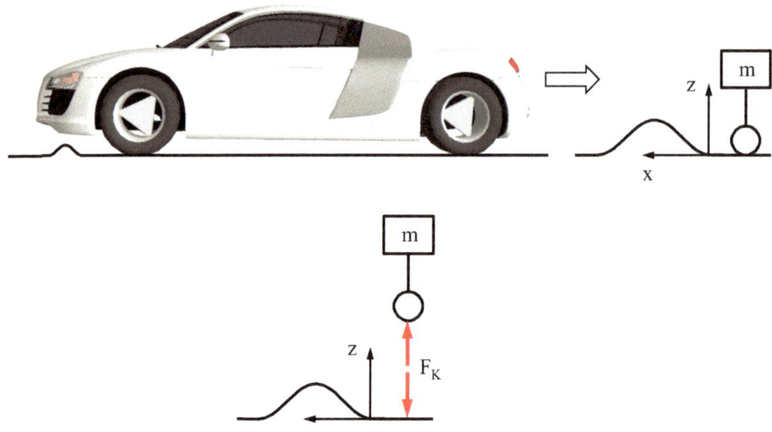

Abb. 6.1 Fahrzeug, angenommen als starrer Körper, beim Überfahren eines definierten Hindernisses

vertikaler Richtung erhält man durch zweimaliges Differenzieren der z-Funktion nach der Zeit:

$$\ddot{z} = 0{,}5\,\text{cm} \cdot \omega^2 \cdot \cos(\omega t).$$

Da die Fahrzeugmasse der Bodenwelle folgen soll, muss sie die gleiche Beschleunigung erfahren und man kann den Schwerpunktsatz, siehe Abb. 6.2, aufstellen.

$$m\ddot{z} = F_\text{K} - mg.$$

Die Kontaktkraft F_K ergibt sich damit zu:

$$F_\text{K} = mg + m\ddot{z} = m \cdot \left[g + 0{,}005\,\text{m} \cdot \left(\frac{2\pi \cdot v_\text{x}}{0{,}2\,\text{m}} \right)^2 \cdot \cos\left(\frac{2\pi \cdot v_\text{x}}{0{,}2\,\text{m}}t \right) \right].$$

Der Kosinus wechselt bei 90° ($\pi/2$) sein Vorzeichen und wird bei 180° (π) minimal, also genau auf der Kuppe der Bodenwelle. Hier darf die Beschleunigung durch die Bo-

Abb. 6.2 Freikörperbild des Fahrzeugs, dargestellt als Massepunkt beim Überfahren der Bodenwelle

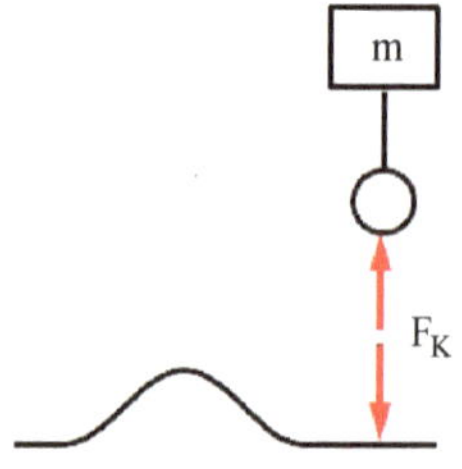

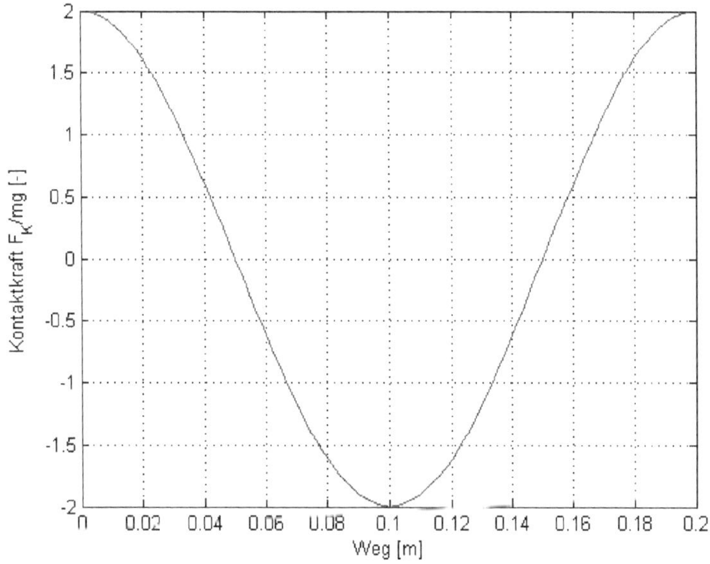

Abb. 6.3 Kontaktkraft F_K, bezogen auf die Gewichtskraft (mg), beim Überfahren des Hindernisses

denwelle maximal so groß werden wie die Erdbeschleunigung g:

$$g = 0{,}5\,\mathrm{cm} \cdot \left(\frac{2\pi \cdot v_x}{0{,}2\,\mathrm{m}}\right)^2$$

$$v_x = \frac{\sqrt{\frac{g}{0{,}005\,\mathrm{m}} \cdot 0{,}2\,\mathrm{m}}}{2\pi} = 1{,}4\,\frac{\mathrm{m}}{\mathrm{s}} \,\hat{=}\, 5\,\frac{\mathrm{km}}{\mathrm{h}}.$$

Bewegt sich die Masse, also das Fahrzeug, mit mehr als 5 km/h über die Bodenwelle, verliert diese den Bodenkontakt und es können keine Längs- und Querkräfte mehr übertragen werden.

Abbildung 6.3 zeigt den Verlauf der Kontaktkraft, bezogen auf das Eigengewicht (mg), beim Überfahren des Hindernisses.

In Abb. 6.3 erkennt man, dass an der Kuppe des Hindernisses ($x = 0{,}1\,\mathrm{m}$) die Kontaktkraft Null wird. Der Gewichtskraft wird durch die Bodenwelle die Trägheitskraft mit einer Amplitude von mg überlagert. Vor und hinter der Bodenwelle gibt es eine Unstetigkeit, da die Kontaktkraft beim Einfahren und Ausfahren aus der Bodenwelle von g auf $2\,g$ springt, bzw. umgekehrt.

Ein so kleines Hindernis, wie in diesem Beispiel diskutiert, dürfte bei einem realen Fahrzeug durch die Nachgiebigkeit des Reifens „geschluckt" werden. Größere Hindernisse bedingen weitere Elemente im Fahrwerk eines Fahrzeugs um Bodenunebenheiten auszugleichen und die Radlastschwankungen zu reduzieren.

6.2 Grundlagen der Schwingungslehre

Um ein Fahrzeug hinsichtlich seiner Kräfte und Bewegungen in vertikaler Richtung analysieren zu können, müssen elementare Zusammenhänge der Schwingungslehre eingeführt werden, welche im Folgenden kurz erklärt werden.

Im Allgemeinen beschreibt eine Schwingung eine periodisch wiederkehrende Zustandsänderung eines physikalisch-technischen Systems. Harmonische Schwingungen, also solche Schwingungen, die einen sinus- oder kosinusförmigen Verlauf haben, sind für die Fahrzeugtechnik von besonderem Interesse. Der Grund dafür ist, dass alle wiederkehrenden Ereignisse in eine Reihe von sinus- und kosinusförmigen Funktionen zerlegt werden können (Fouriertransformation).

Abbildung 6.4 zeigt einen Schwingungsvorgang. Die Zeitdauer, bis der Prozess der Zustandsänderung sich wiederholt, nennt man Periodendauer T. Aus dieser Größe leitet man die Frequenz f ab, die den Reziprokwert der Periodendauer T darstellt und die Anzahl der Wiederholungen pro Zeiteinheit angibt:

$$f = \frac{1}{T}.$$

Überträgt man dieses auf eine harmonische Schwingung, also zum Beispiel auf die Ortskoordinate einer sich mit konstanter Winkelgeschwindigkeit drehenden Scheibe, siehe Abb. 6.5, kann aus der Schwingungsdauer T auch die Kreisfrequenz ω_0 bestimmt werden.

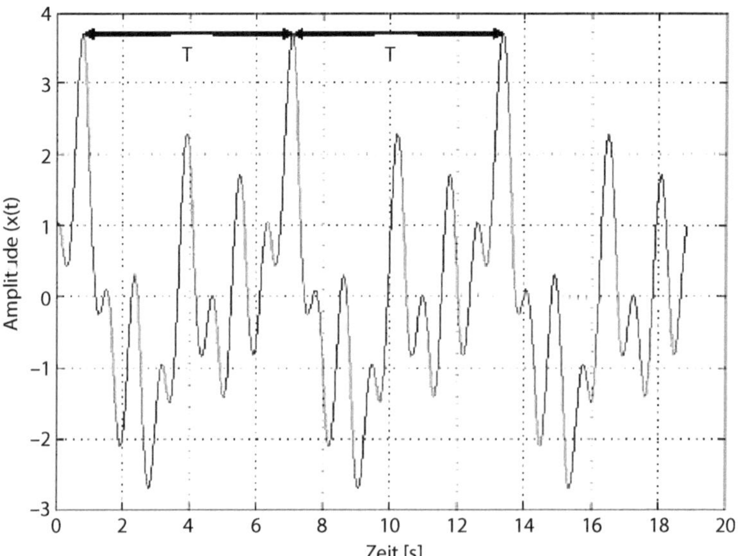

Abb. 6.4 Schwingung einer beliebigen Größe $x(t)$

Abb. 6.5 Punkt auf einer Kreisscheibe, welche sich mit konstanter Winkelgeschwindigkeit dreht

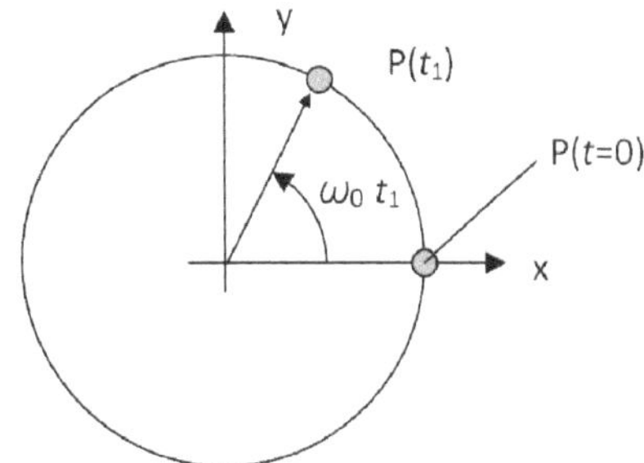

Abbildung 6.6 zeigt das Diagramm der Ortskoordinate $x(t)$ des Punktes P, mit der Annahme, dass P 2,5 cm vom Drehpunkt entfernt ist. Auch hier kann man die Periodendauer T bestimmen.

Aus Abb. 6.5 sieht man, dass man die Position der Ortskoordinate durch:

$$x(t) = 2{,}5\,\text{cm} \cdot \cos(\omega_0 t)$$

gegeben ist. Da der Kosinus mit 2π periodisch ist, ergibt sich für das Argument des Kosinus, dass dieser bei

$$n \cdot \omega_0 T = n \cdot 2\pi$$

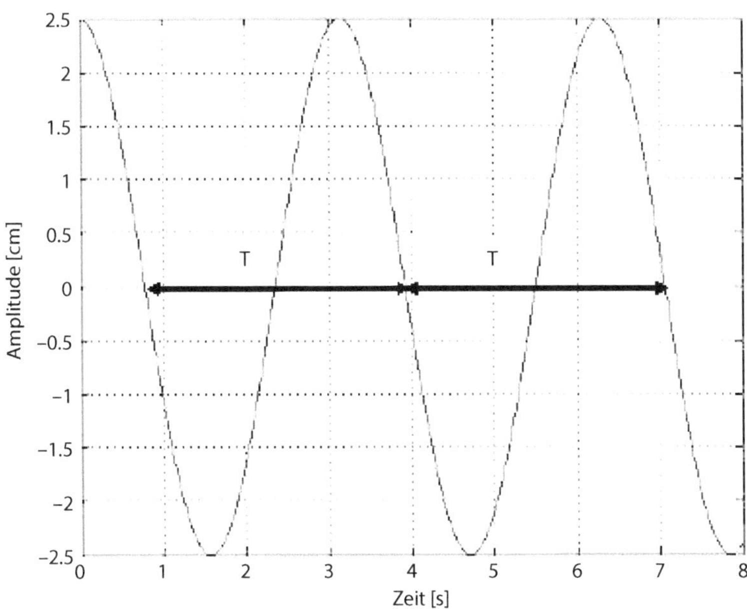

Abb. 6.6 Diagramm der Ortskoordinate $x(t)$ des Punktes P, unter der Annahme, dass dieser 2,5 cm vom Drehpunkt entfernt ist

immer wieder den gleichen Wert des Kosinus ausgibt. Die Periodendauer einer harmonischen Schwingung ist damit:

$$T = \frac{2\pi}{\omega_0}.$$

ω_0 wird die Kreisfrequenz genannt. Sie entspricht der Winkelgeschwindigkeit um in der Zeitdauer T den vollen Kreiswinkel 2π zu umfahren.

Mit der Frequenz f lässt sich die Kreisfrequenz ω_0 wie folgt darstellen:

$$\omega_0 = 2\pi f.$$

Hätte man den Punkt P in Abb. 6.5 zum Zeitpunkt $t = 0$ statt auf die x-Achse auf die y-Achse gelegt und beschreibt man die Amplitude allgemeingültig mit dem Buchstaben C, erscheint es, als hätte man mit

$$x(t) = C \cdot \sin(\omega_0 t)$$

es mit einer ganz andere Darstellung der Ortskurve zu tun. Dieses ist nicht der Fall, denn die Anfangsbedingung lässt sich auch durch einen Phasenwinkel (α) beschreiben:

$$x(t) = C \cdot \cos(\omega_0 t - \alpha).$$

Mit Hilfe des Additionstheorems für Winkelfunktionen gilt:

$$x(t) = C \cdot [\cos(\omega_0 t) \cdot \cos(\alpha) + \sin(\omega_0 t) \cdot \sin(\alpha)]$$

und man kann definieren:

$$x(t) = A \cdot \cos(\omega_0 t) + B \cdot \sin(\omega_0 t),$$

mit

$$A = C \cdot \cos(\alpha); \quad B = C \cdot \sin(\alpha).$$

Eine harmonische Schwingung kann man immer als eine Überlagerung einer Sinus- und Kosinus-Funktion darstellen und damit unterschiedliche Anfangsbedingungen berücksichtigen.

Einen Anfangswert der Zustandsgröße berücksichtigt man durch:

$$x(t = 0) = x_0 = A,$$

da der Kosinus von Null Eins und der Sinus von Null Null ist. Den zeitlichen Gradienten der Zustandsgröße (z. B. die Geschwindigkeit) kann durch:

$$\frac{x(t)}{dt} = -A \cdot \sin(\omega_0 t) + B \cdot \cos(\omega_0 t),$$

für den Anfangszeitpunkt $t = 0$ mit

$$\frac{x(t = 0)}{\mathrm{d}t} = \dot{x}_0 = B \cdot \omega_0 \quad \text{bzw.} \quad B = \frac{\dot{x}_0}{\omega_0}$$

berücksichtigt werden. Im Umkehrschluss kann die Amplitude C und der Phasenwinkel α der Funktion:

$$x(t) = C \cdot \cos(\omega_0 t - \alpha)$$

aus den Anfangsbedingungen bestimmt werden:

$$C = \sqrt{x_0^2 + \left(\frac{\dot{x}_0}{\omega_0}\right)^2},$$

Phasenwinkel α:

$$a = \arctan\left(\frac{\dot{x}_0}{\omega_0 x_0}\right).$$

Nehmen die Amplituden im Laufe der Zeit ab, spricht man von einer gedämpften Schwingung, nehmen diese zu, spricht man von einer angefachten oder erregten Schwingung. Bleibt die Schwingungsamplitude konstant, wird diese als freie Schwingung bezeichnet. Weiterhin werden Schwingungen nach der Anzahl ihrer Freiheitsgrade beschrieben. Hat ein Körper nur einen Freiheitsgrad (z. B. auf und ab) spricht man von einer Schwingung mit einem Freiheitsgrad, kann sich der Körper beispielsweise zusätzlich drehen, ist dies eine Schwingung mit zwei bzw. mehreren Freiheitsgraden.

Beispiel 6.1

Ein Körper führt in einer Sekunde fünf Schwingungsperioden aus. Zum Zeitpunkt $t = 0$ wird er aus der Position $x(0) = 0{,}1\,\mathrm{m}$ mit einer Anfangsgeschwindigkeit von $3\,\mathrm{m/s}$ losgelassen. Es soll die maximale Amplitude und den Phasenwinkel α bestimmt werden!

Fünf Schwingungsperioden in einer Sekunde bedeuten eine Frequenz von:

$$f = 5\,\frac{1}{\mathrm{s}}.$$

Diese lässt sich in die Winkelgeschwindigkeit umrechnen:

$$\omega = 2\pi \cdot f = 31{,}42\,\frac{\mathrm{rad}}{\mathrm{s}}.$$

Die Amplitude bestimmt sich nach

$$C = \sqrt{x_0^2 + \left(\frac{\dot{x}_0}{\omega_0}\right)^2}$$

zu:

$$C = \sqrt{(0{,}1\,\mathrm{m})^2 + \left(\frac{3\,\mathrm{m/s}}{31{,}42\,\mathrm{rad/s}}\right)^2} = 0{,}138\,\mathrm{m}$$

und der Phasenwinkel folgt aus

$$a = \arctan\left(\frac{\dot{x}_0}{\omega_0 x_0}\right)$$

zu:

$$\propto = \arctan\left(\frac{3\,\frac{\mathrm{m}}{\mathrm{s}}}{31{,}42\,\frac{\mathrm{rad}}{\mathrm{s}} \cdot 0{,}1\,\mathrm{m}}\right) = 43{,}68°.$$

6.2.1 Freie Schwingungen

Wie eingangs erläutert, muss ein Fahrzeug in vertikaler Richtung eine Nachgiebigkeit aufweisen, um möglichst komfortabel und sicher über Fahrbahnunebenheiten fahren zu können. Diese Nachgiebigkeit wird immer proportional zum Weg sein, so dass die Kraft, welche notwendig für eine Verformung ist, immer im weitesten Sinn dem Federgesetz

$$F_\mathrm{F} = c \cdot x$$

gehorcht. Dabei ist F_F die Kraft in der Feder, c der Proportionalitätsfaktor, bzw. die Federkonstante und x der zurückgelegte Weg.

6.2.1.1 Ersatzfedersteifigkeiten

Bei einem Fahrzeug sind nicht nur die Federn für die Nachgiebigkeit verantwortlich. Jedes elastische Element wird sich unter Kraft verformen. Im einfachsten Fall ist dieser Zusammenhang linear, oder man linearisiert diesen Zusammenhang im betrachteten Betriebspunkt. Die Reifen verformen sich zum Beispiel unter einer vertikalen Last F_z, wie in Abb. 6.7 dargestellt.

Im Betriebspunkt (um z_stat) kann das Verhalten des Reifens durch das lineare Federgesetz beschrieben werden:

$$F_\mathrm{R} = c_\mathrm{R} \cdot \Delta z,$$

wobei c_R für die Reifensteifigkeit und Δz für den Weg in z-Richtung, gemessen ab der statischen Einfederung z_stat, ist.

Alle elastischen Elemente in einem Fahrzeug können durch eine „Ersatzfedersteifigkeit" beschrieben werden. Ein Stab, siehe Abb. 6.8, mit der Länge l, dem Querschnitt A und dem Elastizitätsmodul E, verformt sich unter Längskraft nach den Gesetzen der

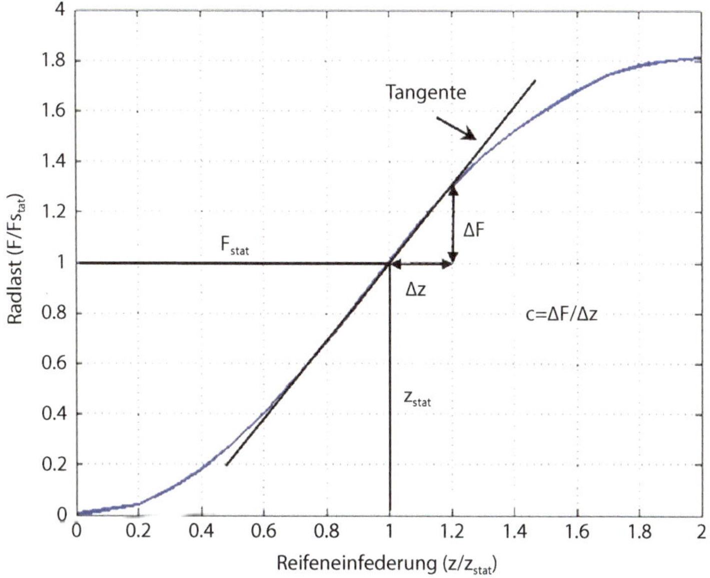

Abb. 6.7 Kennlinie eines elastischen Reifens

Elastostatik wie folgt:

$$\Delta l = \frac{F \cdot l}{E \cdot A}.$$

Δl ist die Verlängerung des Stabes, also der „Verformungsweg". Damit kann man diese Beziehung auch in ein Federgesetz umschreiben:

$$F_{\text{Stab}} = \frac{E \cdot A}{l} \cdot \Delta l = c_{\text{Stab}} \cdot x.$$

Die Ersatzfedersteifigkeit eines Stabes ergibt sich somit zu:

$$c_{\text{Stab}} = \frac{E \cdot A}{l}$$

und der in Abb. 6.8 dargestellte Stab kann durch eine Feder mit der Federsteifigkeit c_{Stab} dargestellt werden, Abb. 6.9.

Auf die gleiche Art und Weise kann auch die Ersatzfedersteifigkeit eines eingespannten Balkens (Länge l, Flächenmoment 2. Ordnung I_y, Elastizitätsmodul E) in die z-Richtung bestimmt werden, siehe Abb. 6.10.

Abb. 6.8 Stab (Länge l, Querschnitt A, Elastizitätsmodul E) unter der Längskraft F

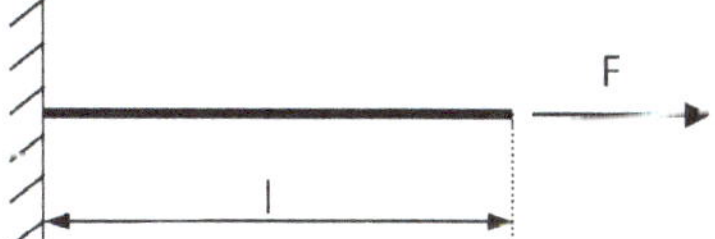

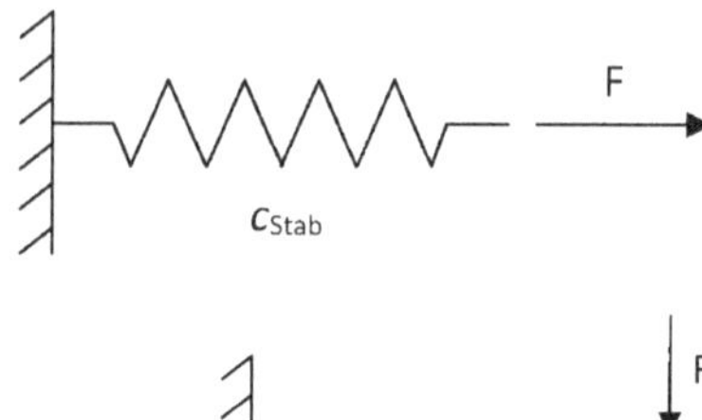

Abb. 6.9 Stab, dargestellt durch seine Ersatzfedersteifigkeit

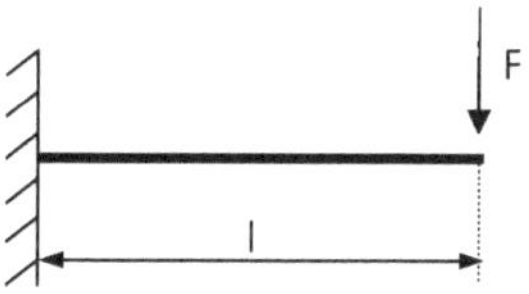

Abb. 6.10 Eingespannter Balken unter Vertikallast

Die Absenkung in vertikale Richtung (w) am Kraftangriffspunkt berechnet sich zu:

$$w = \frac{F \cdot l^3}{3 \cdot E \cdot I_y}.$$

Dieser Ausdruck kann analog zum Federgesetz umgestellt werden:

$$F_{\text{Balken},1} = \frac{3 \cdot E \cdot I_y}{l^3} \cdot w = c_{\text{Balken},1} \cdot x$$

und die Ersatzfedersteifigkeit ergibt sich zu

$$c_{\text{Balken},1} = \frac{3 \cdot E \cdot I_y}{l^3}.$$

Ein eingespannter Balken lässt sich damit hinsichtlich seiner Steifigkeit auch durch eine Feder mit der Federsteifigkeit c_{Balken} darstellen, siehe Abb. 6.11.

Als letztes Beispiel zur Ersatzfedersteifigkeit sei ein Balken (Länge l, Flächenmoment 2. Ordnung I_y, Elastizitätsmodul E) auf zwei Stützen mit mittiger Belastung gewählt, siehe Abb. 6.12. In der Fahrzeugtechnik findet man diesen Fall zum Beispiel als so genannte Blattfeder.

Mit Kenntnis der Durchbiegung (w) in vertikale Richtung am Lastangriffsort

$$w = \frac{F \cdot l^3}{48 \cdot E \cdot I_y}$$

Abb. 6.11 Balken, dargestellt durch seine Ersatzfedersteifigkeit

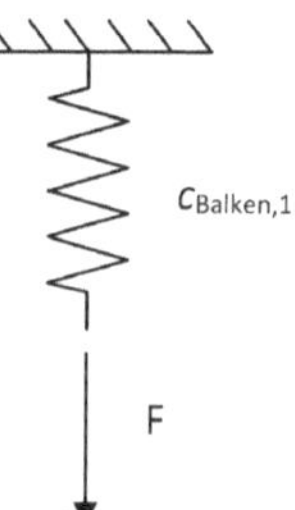

Abb. 6.12 Balken auf zwei Stützen mit mittiger Belastung

Abb. 6.13 Träger auf zwei Stützen, dargestellt durch seine Ersatzfedersteifigkeit

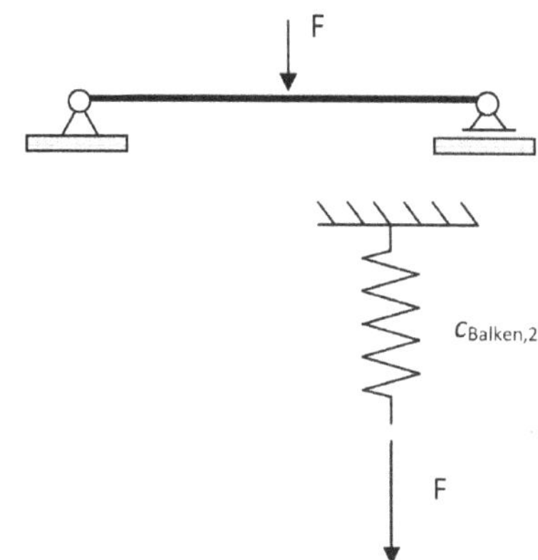

lässt sich auch für dieses Element eine Ersatzfedersteifigkeit bestimmen:

$$c_{\text{Balken},2} = \frac{48 \cdot E \cdot I_y}{l^3}$$

und der Balken kann hinsichtlich seiner Steifigkeit durch eine Feder ersetzt werden, siehe Abb. 6.13.

Beispiel 6.2

Es ist die Ersatzfedersteifigkeit eines einseitig eingespannten Balkens (Elastizitätsmodul $= 210.000\,\text{N/mm}^2$) bei einer Belastung am Ende, vgl. Abb. 6.10, mit dem Querschnitt 30 mm (Höhe) $\times$ 20 mm (Breite) und einer Länge von 40 cm zu bestimmen!

Die Ersatzfedersteifigkeit ergibt sich für diesen Fall aus:

$$c_{\text{Balken},1} = \frac{3 \cdot E \cdot I_y}{l^3}.$$

Mit einen Biegeträgheitsmoment von

$$I_Y = \frac{(20\,\text{mm}) \cdot (30\,\text{mm})^3}{12} = 45.000\,\text{mm}^4$$

ergibt sich eine Ersatzfedersteifigkeit von:

$$c_{\text{Balken},1} = \frac{3 \cdot 210.000\frac{\text{N}}{\text{mm}^2} \cdot 45.000\,\text{mm}^4}{(400\,\text{mm})^3} = 443\,\text{N/mm}.$$

6.2.1.2   Reihen- und Parallelschaltung von Federn

Mit der Erkenntnis, dass in einem Fahrzeug viele Steifigkeiten bzw. Elastizitäten stecken, kann man die Bewegungsgleichung für ein Fahrzeug in vertikale Richtung aufstellen. Vereinfachend wird angenommen, dass nur der Fahrzeugaufbau massebehaftet ist und sich nur in vertikale Richtung (z) bewegen kann. Der Schwerpunkt soll mittig zwischen den Rädern liegen.

Abbildung 6.14 zeigt das als Ein-Massen-Modell abgebildete Fahrzeug. Als Freiheitsgrad wird nur die Bewegung in die z-Richtung zugelassen. Berücksichtigt werden die Reifenfedern c_R, die Aufbaufedern c_F und die Steifigkeit der Karosserie, welche durch eine Ersatzsteifigkeit analog zum Balken auf zwei Stützen (c_{Balken}) berücksichtigt wird. Die Masse muss bei einer Bewegung in die z-Richtung beide Reifenfedern, beide Aufbaufedern und den Balken auslenken. Dabei teilt sich die zur Auslenkung benötigte Kraft auf die beiden Reifenfedern zu gleichen Teilen auf. Dieses nennt man Parallelschaltung von Federn. Die Federkonstante von parallelgeschalteten Federn, siehe Abb. 6.15, berechnet sich zu:

$$c_{para} = c + c \quad \text{bzw.} \quad c_{para} = \sum c_i.$$

Auch die beiden Aufbaufedern sind in diesem Beispiel parallel geschaltet, da sich die zur Auslenkung benötigte Kraft auf beide Federn aufteilt.

Die Reifen-, Aufbau- und Balkenfedern sind hintereinander geschaltet. Die zur Auslenkung benötigte Kraft wirkt in ganzer Größe sowohl in der Balken- wie auch in den parallel geschalteten Aufbau- und Reifenfedern. Jede Feder wird sich um

$$\Delta x_i = \frac{F}{c_i}$$

längen. Die gesamte Verlängerung beträgt also:

$$\Delta x = \sum \Delta x_i = \sum \frac{F}{c_i} = F \cdot \sum \frac{1}{c_i}.$$

Die Ersatzfedersteifigkeit für hintereinander geschaltete Federn bestimmt sich daher aus:

$$\frac{1}{c_{hint}} = \sum \frac{1}{c_i}.$$

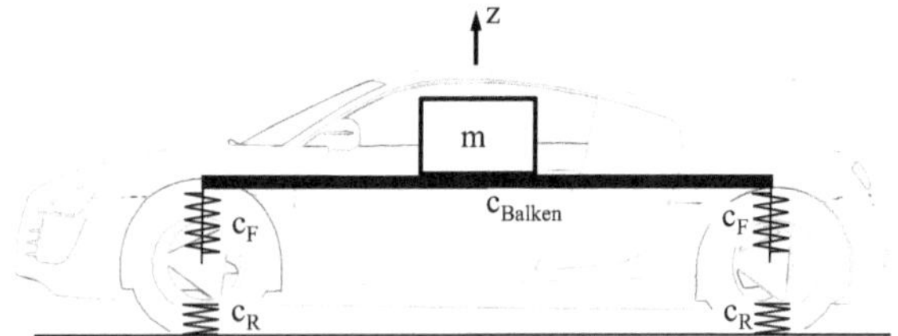

Abb. 6.14 Simples Ein-Massen-Fahrzeugmodell mit einem Freiheitsgrad in die z-Richtung. Berücksichtigt werden die Reifenfedern c_R, die Aufbaufedern c_F und die Steifigkeit der Karosserie c_{Balken}

Abb. 6.15 Parallel geschaltete Federn

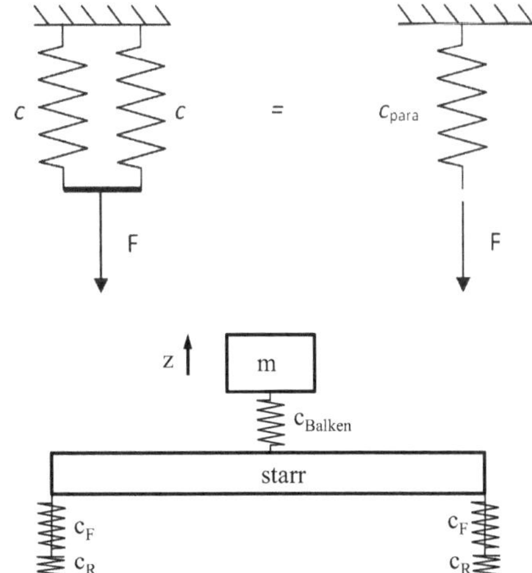

Abb. 6.16 Ersatzmodell für das Fahrzeug; die beiden Reifenfedern und die beiden Aufbaufedern sind parallel geschaltet, die Balkenfeder ist mit der Summe der Aufbaufedern und den Reifenfedern hintereinander geschaltet

Damit lässt sich das Ein-Massen-Fahrzeugmodell, siehe Abb. 6.16, überführen in ein elementares Schwingungsmodell, siehe 0, mit einer Ersatzfedersteifigkeit c_{Fahrzeug} von:

$$\frac{1}{c_{\text{Fahrzeug}}} = \frac{1}{c_{\text{Balken}}} + \frac{1}{2 \cdot c_{\text{Feder}}} + \frac{1}{2 \cdot c_{\text{Reifen}}}$$

$$c_{\text{Fahrzeug}} = \frac{2 \cdot c_{\text{Feder}} \cdot c_{\text{Reifen}} + c_{\text{Balken}} \cdot c_{\text{Reifen}} + c_{\text{Balken}} \cdot c_{\text{Feder}}}{2 \cdot c_{\text{Balken}} \cdot c_{\text{Feder}} \cdot c_{\text{Reifen}}}.$$

Beispiel 6.3

Zu zwei hintereinander geschaltete Federn (Federsteifigkeit je 400 N/mm) wird eine dritte Feder (Federsteifigkeit 1000 N/mm) parallel geschaltet. Wie groß ist die Federsteifigkeit des Federpakets?

Die beiden hintereinandergeschalteten Federn liefern einen Federsteifigkeit von

$$\frac{1}{c_{\text{H}}} = \frac{1}{400\,\text{N/mm}} + \frac{1}{400\,\text{N/mm}} c_{\text{H}} = 200\,\text{N/mm}.$$

Die Parallelschaltung mit der dritten Feder ergibt eine Ersatzfedersteifigkeit von

$$c_{\text{ers}} = 200\,\frac{\text{N}}{\text{mm}} + 1000\,\frac{\text{N}}{\text{mm}} = 1200\,\text{N/mm}.$$

Abb. 6.17 Federanordnung für
die gestellte Aufgabe

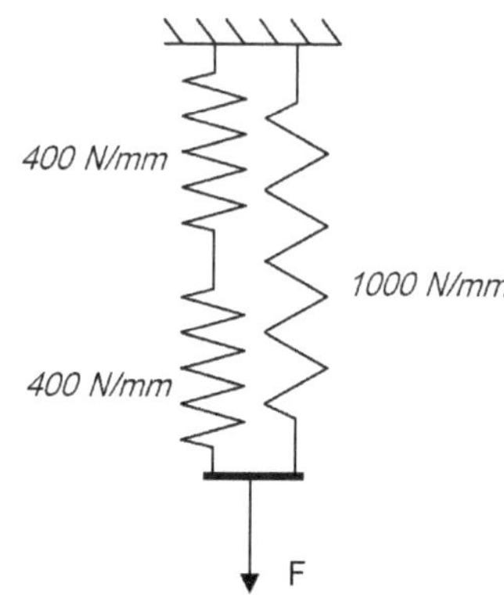

6.2.1.3 Bewegungsgleichung

Um die Bewegung des Fahrzeugs in z-Richtung zu analysieren, wird ein Freikörperbild des in Abb. 6.17 dargestellten Systems gezeichnet, wenn dieses um den Betrag z ausgelenkt wird.

Die Kraft in der Feder beträgt das Produkt aus Federsteifigkeit c_{Fahrzeug} mal der Auslenkung z. Die Richtung ist die negative z-Richtung. Die Feder möchte die Masse wieder zurückziehen.

Der Schwerpunktsatz (2. Newton'sches Gesetz) für die Masse in z-Richtung liefert (unter Vernachlässigung der Eigengewichtskraft):

$$m \cdot \ddot{z} = -c_{\text{Fahrzeug}} \cdot z$$

eine Differentialgleichung für die Funktion $z(t)$. Diese wird normiert und man erhält die Form:

$$\ddot{z} + \frac{c_{\text{Fahrzeug}}}{m} \cdot z = 0.$$

Gesucht wird eine Funktion, welche multipliziert mit einer Konstanten ihrer negativen, zweiten zeitlichen Ableitung entspricht. Genau diese Eigenschaft haben die Sinus- und

Abb. 6.18 Ein-Massen-
Schwingungsmodell eines
Fahrzeugs nach Abb. 6.14

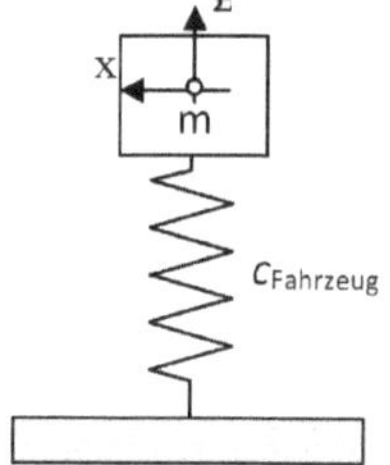

Kosinus-Funktionen, wenn man neben der Zeit eine Kontante im Argument mitführt:

$$z(t) = A \cdot \cos(k \cdot t) + B \cdot \sin(k \cdot t)$$
$$\dot{z}(t) = -A \cdot k \cdot \sin(k \cdot t) + B \cdot k \cdot \cos(k \cdot t)$$
$$\ddot{z}(t) = -A \cdot k^2 \cdot \cos(k \cdot t) - B \cdot k^2 \cdot \sin(k \cdot t)$$
$$\ddot{z}(t) = -k^2 \cdot [A \cdot \cos(k \cdot t) + B \cdot \sin(k \cdot t)] = -k^2 \cdot [z(t)].$$

Einsetzen in die Differentialgleichung liefert:

$$-k^2 \cdot [A \cdot \cos(k \cdot t) + B \cdot \sin(k \cdot t)] + \frac{c_{\text{Fahrzeug}}}{m} \cdot [A \cdot \cos(k \cdot t) + B \cdot \sin(k \cdot t)] = 0$$

$$-k^2 + \frac{c_{\text{Fahrzeug}}}{m} = 0$$

$$k = \sqrt{\frac{c_{\text{Fahrzeug}}}{m}}.$$

Aus den Grundlagen der Schwingungslehre ist bekannt, dass die Konstante im Argument der Sinus- oder Kosinus-Funktion gleich der Kreisfrequenz ω_0 ist. Somit folgt:

$$\omega_0 = \sqrt{\frac{c_{\text{Fahrzeug}}}{m}}$$

und

$$z(t) = A \cdot \cos(\omega_0 t) + B \cdot \sin(\omega_0 t)$$

ist die gesuchte Funktion. Mit den Konstanten A und B kann man die Randbedingungen berücksichtigen, siehe Kap. 2.

Berücksichtigt man in Abb. 6.19 auch die Eigengewichtskraft, ergibt sich ein Freikörperbild nach Abb. 6.20.

Auch für dieses System kann die Bewegungsgleichung (2. Newton'sches Gesetz) aufgestellt werden und man erhält:

$$m \cdot \ddot{z} = -c_{\text{Fahrzeug}} \cdot z - mg.$$

Dieses führt zu einer inhomogenen Differentialgleichung, da die rechte Seite nicht gleich Null ist:

$$\ddot{z} + \frac{c_{\text{Fahrzeug}}}{m} \cdot z = -g.$$

Abb. 6.19 Freikörperbild zu
Abb. 6.18

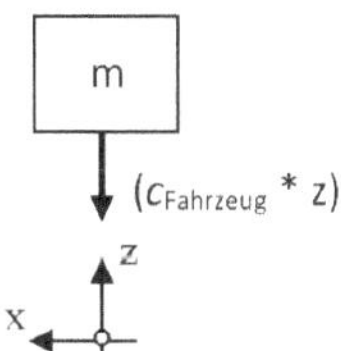

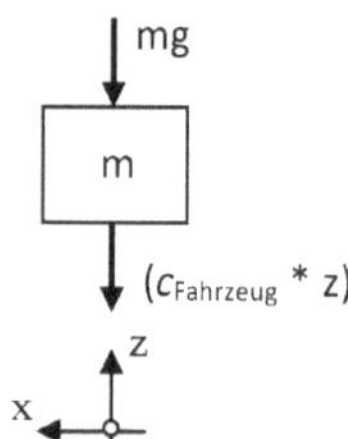

Abb. 6.20 Freikörperbild des schwingungsfähigen Systems aus Abb. 6.18 unter Berücksichtigung der Gewichtskraft

Diese Differentialgleichung lässt sich auf zwei Arten lösen. Die erste Möglichkeit ist das Bestimmen der allgemeinen homogenen Lösung, also wenn die rechte Seite Null ist, und das Bestimmen einer Lösung der inhomogenen Differentialgleichung, der partikulären Lösung. Die Summe aus der allgemeinen homogenen Lösung und einer partikulären Lösung liefert die allgemeine Lösung der inhomogenen Differentialgleichung.

Die allgemeine homogene Lösung wurde im vorangegangenen Abschnitt erarbeitet. Die homogene Differentialgleichung lautet

$$\ddot{z} + \frac{c_{\text{Fahrzeug}}}{m} \cdot z = 0$$

und die Lösung ist:

$$z(t) = A \cdot \cos(\omega_0 t) + B \cdot \sin(\omega_0 t).$$

Mit

$$\omega_0 = \sqrt{\frac{c_{\text{Fahrzeug}}}{m}}.$$

Die inhomogene Differentialgleichung, für welche nur eine mögliche Lösung gesucht wird, lautet:

$$\ddot{z} + \frac{c_{\text{Fahrzeug}}}{m} \cdot z = -g.$$

Die rechte Seite ist eine Konstante, somit wird nach der Lösungsmethode „Ansatz vom Typ der rechten Seite" eine Konstante als partikuläre Lösung der inhomogenen Differentialgleichung gewählt:

$$z_\text{P} = K; \quad \ddot{z}_\text{P} = 0.$$

Diese Funktion und deren zweite Ableitung werden in die inhomogene Differentialgleichung eingesetzt und man erhält:

$$0 + \frac{c_{\text{Fahrzeug}}}{m} \cdot K = -g.$$

Somit ergibt sich die Konstante K zu

$$K = -\frac{mg}{c_{\text{Fahrzeug}}}.$$

Diese Konstante entspricht genau der statischen Einfederung des Körpers unter Eigengewicht, denn im Zähler findet man die Gewichtskraft und im Nenner die Gesamtfedersteifigkeit. Der Wert dieses Quotienten entspricht der Länge der statischen Einfederung des Systems.

Die allgemeine Lösung setzt sich aus der allgemeinen und der partikulären Lösung zusammen, also:

$$z(t) = A \cdot \cos(\omega_0 t) + B \cdot \sin(\omega_0 t) - \frac{mg}{c_{\text{Fahrzeug}}}.$$

Das System schwingt mit der Kreisfrequenz des homogenen Systems um einen um die statische Einfederung verschobenen Nullpunkt.

Das gleiche Ergebnis erhält man, wenn man statt des Lösens der inhomogenen Differentialgleichung vorher eine Koordinatentransformation durchführt und so auf eine homogene Differentialgleichung kommt. In der Differentialgleichung

$$\ddot{z} + \frac{c_{\text{Fahrzeug}}}{m} \cdot z = -g \quad \rightarrow \quad \ddot{z} + \frac{c_{\text{Fahrzeug}}}{m} \cdot \left(z + \frac{mg}{c_{\text{Fahrzeug}}} \right) = 0$$

wird $z(t)$ durch $\overline{z}(t)$ ersetzt, wobei gilt

$$\overline{z}(t) = z(t) + \frac{mg}{c_{\text{Fahrzeug}}}; \quad \rightarrow \quad \ddot{\overline{z}}(t) = \ddot{z}(t).$$

Somit ergibt sich eine homogene Differentialgleichung:

$$\ddot{\overline{z}} + \frac{c_{\text{Fahrzeug}}}{m} \cdot \overline{z} = 0,$$

mit der Lösung:

$$\overline{z}(t) = A \cdot \cos(\omega_0 t) + B \cdot \sin(\omega_0 t).$$

Die Rücksubstitution liefert mit

$$\overline{z}(t) = z(t) + \frac{mg}{c_{\text{Fahrzeug}}}$$

die Lösung der ursprünglich inhomogenen Differentialgleichung

$$z(t) = A \cdot \cos(\omega_0 t) + B \cdot \sin(\omega_0 t) - \frac{mg}{c_{\text{Fahrzeug}}},$$

welche mit der zuvor erarbeiteten Lösung identisch ist.

Beispiel 6.4

Ein System nach Abb. 6.18 mit den Parametern $m = 100\,\text{kg}$, $c = 10\,\text{kN/m}$ soll zum Zeitpunkt $t = 0$ um $0{,}1\,\text{m}$ ausgelenkt werden und die Masse eine Anfangsgeschwindigkeit von $2\,\text{m/s}$ haben.

Man bestimmt:

$$\omega_0 = \sqrt{\frac{10.000\,\text{N/m}}{100\,\text{kg}}} = \sqrt{\frac{10.000\,\text{kg\,m}}{100\,\text{kg\,s}^2\text{m}}} = 10\,\frac{1}{\text{s}}.$$

Aus den Anfangsbedingungen erhält man die Amplituden A und B:

$$x(t = 0) = x_0 = A = 0{,}1\,\text{m}$$

und

$$\frac{x(t = 0)}{\mathrm{d}t} = \dot{x}_0 = B \cdot \omega_0 \quad \text{bzw.} \quad B = \frac{\dot{x}_0}{\omega_0} = \frac{2\,\text{m}s}{10\,\text{s}} = 0{,}2\,\text{m}.$$

Vernachlässigt man die Gewichtskraft, erhält man die Lösung:

$$z(t) = 0{,}1\,\text{m} \cdot \cos\left(10\,\frac{1}{\text{s}} \cdot t\right) + 0{,}2\,\text{m} \cdot \sin\left(10\,\frac{1}{\text{s}} \cdot t\right).$$

Bezieht man die Gewichtskraft mit ein, ergibt sich:

$$z(t) = 0{,}1\,\text{m} \cdot \cos\left(10\,\frac{1}{\text{s}} \cdot t\right) + 0{,}2\,\text{m} \cdot \sin\left(10\,\frac{1}{\text{s}} \cdot t\right) - 0{,}1\,\text{m}.$$

In Abb. 6.21 sieht man den zeitlichen Verlauf der Funktion $z(t)$. Ohne Berücksichtigung des Eigengewichts schwingt die Masse mit der Amplitude

$$C = \sqrt{A^2 + B^2} = \sqrt{0{,}1^2 + 0{,}2^2}\,\text{m} = 0{,}224\,\text{m}$$

um die Nulllage, bei Berücksichtigung des Eigengewichts schwingt die Masse mit der gleichen Amplitude und der gleichen Kreisfrequenz um die statische Ruhelage von $x = -0{,}1\,\text{m}$. Zu dem Beispiel sei angemerkt, dass Masse und Federsteifigkeit beliebig gewählt wurden und keine typischen Werte aus der Fahrzeugtechnik darstellen.

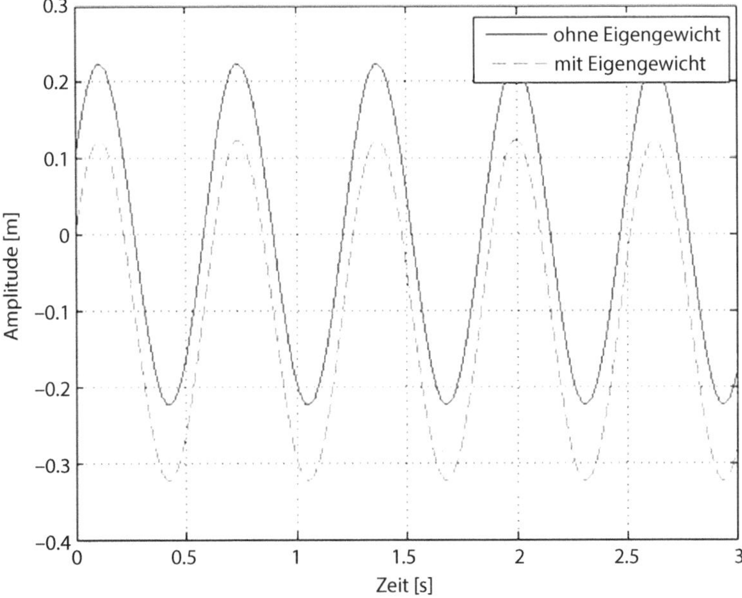

Abb. 6.21 Diagramm der Funktion $z(t)$ ohne und mit Berücksichtigung des Eigengewichts

Beispiel 6.5

An das Ende einer unbelasteten Feder (20 N/mm) – Nullpunkt ($z=0$) eines vertikalen Koordinatensystems – wird eine Masse von 10 kg angehangen, die aus der Ruhelage losgelassen wird. Bestimmen Sie die Funktion $z(t)$!

Die Lösung setzt sich aus der allgemeinen homogenen und einer partikulären Lösung zusammen. Die homogene Lösung lautet:

$$z\,(t) = A\cos(\omega_0 t) + B\sin(\omega_0 t).$$

Die partikuläre Lösung:

$$z_\mathrm{P}\,(t) = -\frac{mg}{c} = -\frac{10\,\mathrm{kg\,m}\cdot 9{,}81\,\mathrm{m}}{20.000\,\mathrm{N\,s^2}} = -0{,}005\,\mathrm{m}.$$

Somit ergibt sich

$$z\,(t) = A\cos(\omega_0 t) + B\sin(\omega_0 t) - 0{,}05\,\mathrm{m},$$

mit

$$\omega_0 = \sqrt{\frac{10\,\mathrm{kg}\cdot\mathrm{m}}{20.000\,\mathrm{N}}} = 0{,}0224\,\frac{1}{\mathrm{s}}.$$

Die Amplitude A folgt aus der Anfangsbedingung, dass die Auslenkung zum Zeitpunkt Null auch Null sein soll:

$$z\,(t = 0) = A \cos\,(\omega_0 \cdot 0) + B \sin\,(\omega_0 \cdot 0) - 0{,}05\,\mathrm{m} = A - 0{,}05\,\mathrm{m} = 0$$

$$A = 0{,}05\,\mathrm{m}.$$

Die Amplitude B folgt aus der Anfangsbedingung, dass die Geschwindigkeit zum Zeitpunkt Null auch Null sein soll:

$$\dot{z}\,(t = 0) = -A\omega_0 \sin\,(\omega_0 \cdot 0) + B\omega_0 \cos\,(\omega_0 \cdot 0) = B\omega_0 = 0$$

$$B = 0.$$

Damit ergibt sich:

$$z\,(t) = 0{,}05\,\mathrm{m} \cdot \cos\,(\omega_0 t) - 0{,}05\,\mathrm{m}.$$

Systeme mit einem Drehfreiheitsgrad führen auf die gleiche Struktur von Differentialgleichungen wie im vorangegangen Abschnitt. Betrachtet man einen Körper, welcher sich um einen festen Aufhängungspunkt (A), siehe Abb. 6.22, drehen kann und führt man den Winkel Φ als Freiheitsgrad ein, liefert der Momentensatz:

$$\Theta_A \ddot{\Phi} = -mg \cdot l \sin\Phi.$$

Θ_A stellt das Massenträgheitsmoment des betrachteten Körpers um den Punkt A dar. Hier ist das Eigengewicht die rücktreibende Kraft, welche den Schwingungsvorgang initiiert und hat daher einen ganz anderen Charakter, wie an der Differentialgleichung erkannt werden kann. Für kleine Winkel Φ kann man den Sinus durch den Winkel in Bogenmaß ersetzen („Kleinwinkelnäherung"), was zu einer linearen Differentialgleichung führt:

$$\Theta_A \ddot{\Phi} + mgl \cdot \Phi = 0.$$

Abb. 6.22 System mit einem
Drehfreiheitsgrad

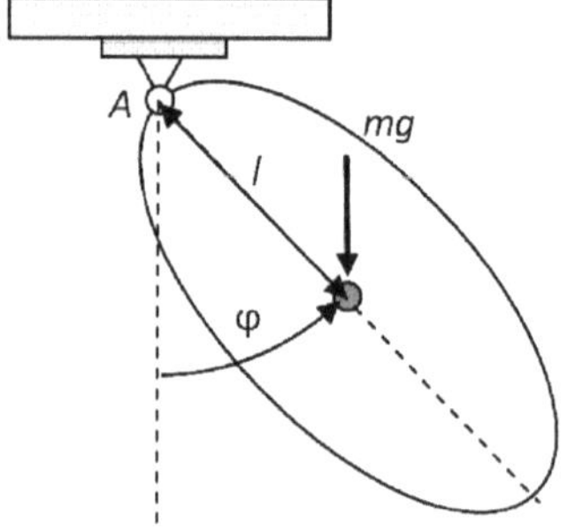

Die Lösung dieser Differentialgleichung erfolgt wie zuvor beschrieben, die Kreisfrequenz wird beim linearisierten Drehschwinger zu

$$\omega_0 = \sqrt{\frac{mgl}{\Theta_{\mathrm{A}}}}$$

bestimmt.

In Antriebssträngen von Fahrzeugen entstehen Drehschwingungen, welche durch die Elastizität der kraftübertragenden Wellen und Bauteile verursacht werden. Eine Welle verdreht sich proportional zum auf sie wirkenden Moment, so dass diese wie eine Drehfeder wirkt und über das Federgesetz mit einer Drehsteifigkeit beschrieben werden kann, wobei c_{M} Drehfedersteifigkeit genannt wird.

$$M = c_{\mathrm{M}} \cdot \Phi.$$

Abbildung 6.23 stellt diesen Sachverhalt dar: Eine elastische Welle der Länge l wird durch ein Torsionsmoment beaufschlagt und verdreht sich dabei um den Winkel Φ. Aus der Elastostatik ist der Zusammenhang zwischen Moment und Verdrehung bekannt:

$$\Phi = \frac{M \cdot l}{G \cdot I_{\mathrm{T}}}$$

mit G, dem Gleitmodul, und I_{T}, dem Torsionsträgheitsmoment. Somit lässt sich für eine Welle eine Ersatzdrehfedersteifigkeit von

$$c_{\mathrm{M}} = \frac{G \cdot I_{\mathrm{T}}}{l}$$

angeben. Für das in Abb. 6.23 dargestellte System mit einer masselosen Welle und einem massebehafteten Körper mit dem Massenträgheitsmoment Θ, lässt sich damit die Differentialgleichung für eine Drehschwingung bestimmen:

$$\Theta \cdot \ddot{\Phi} + \frac{G \cdot I_{\mathrm{T}}}{l} \cdot \Phi = 0.$$

Abb. 6.23 Elastische Welle der Länge l, beaufschlagt durch ein Torsionsmoment

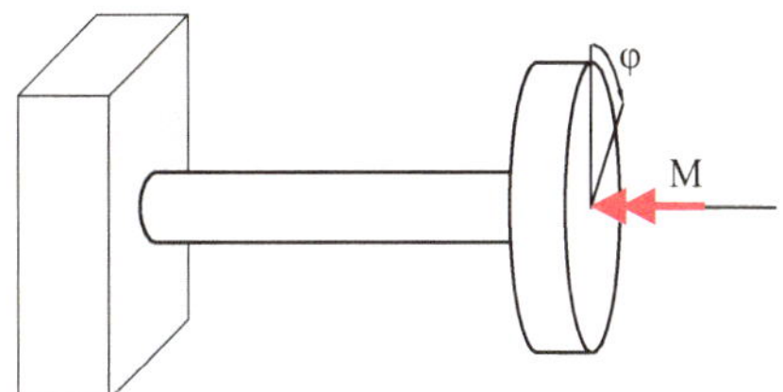

Beispiel 6.6

Am Ende einer 60 cm langen Antriebswelle (Kreisquerschnitt, Vollmaterial, Durchmesser 2 cm; Gleitmodul 81.000 N/mm^2) ist eine Drehmasse mit einem Trägheitsmoment von 2 kgm^2 befestigt. Bestimmen Sie die Eigenfrequenz!

Nach oben genannter Differentialgleichung ergibt sich die Eigenkreisfrequenz aus:

$$\omega_0 = \sqrt{\frac{G \cdot I_\mathrm{T}}{l \cdot \Theta}} = \sqrt{\frac{81.000.000.000\,\mathrm{N} \cdot \frac{\pi}{2} \cdot (0{,}01\,\mathrm{m})^4}{0{,}6\,\mathrm{m} \cdot \mathrm{m}^2 \cdot 2\,\mathrm{kg\,m}^2}} = 32{,}56\,\frac{1}{\mathrm{s}}.$$

6.2.1.4 Freie Schwingungen mit mehreren Freiheitsgraden

Ein Körper kann mehrere Freiheitsgrade besitzen oder aus mehreren Massen bestehen, die unabhängige Freiheitsgrade aufweisen. Der erste Fall, ein Körper mit mehreren Freiheitsgraden, soll im Folgenden beispielhaft demonstriert werden. Dazu wird die Starrachse eines Fahrzeugs betrachtet, welche zwei Freiheitsgrade hat. Sie kann sich vertikal auf und ab bewegen (z) und sich um ihren Mittelpunkt drehen (φ), siehe Abb. 6.24.

Für das in Abb. 6.25 gezeigte System einer Starrachse mit der Masse m und dem Massenträgheitsmoment θ_0 am Schwerpunkt um eine Achse senkrecht zur Zeichenebene kann sowohl der Schwerpunktsatz in z-Richtung, als auch der Momentensatz um den Schwerpunkt aufgestellt werden. Zuvor muss die Kinematik analysiert werden, denn die Federwege z_l und z_r setzen sich aus der Verschiebung z und der Verdrehung φ zusammen.

Es wird deutlich, dass sich z_r aus der Verschiebung z plus der Verdrehung φ mal der Länge l (halbe Federspurbreite) zusammensetzt:

$$z_\mathrm{r} = z + \varphi \cdot l.$$

Analog erhält man:

$$z_\mathrm{l} = z - \varphi \cdot l.$$

Abb. 6.24 Modell einer Starrachse mit zwei Freiheitsgraden (Heben, Drehen)

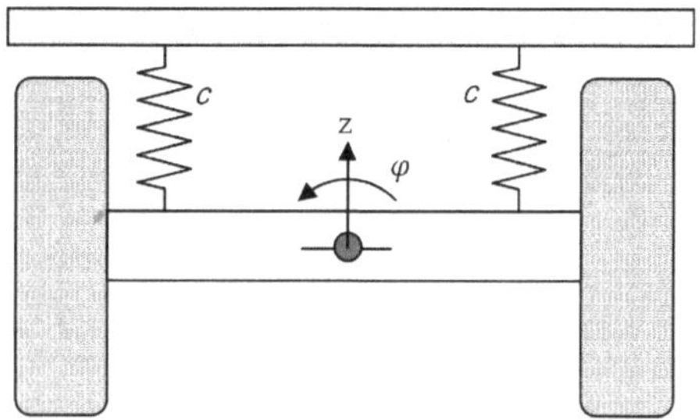

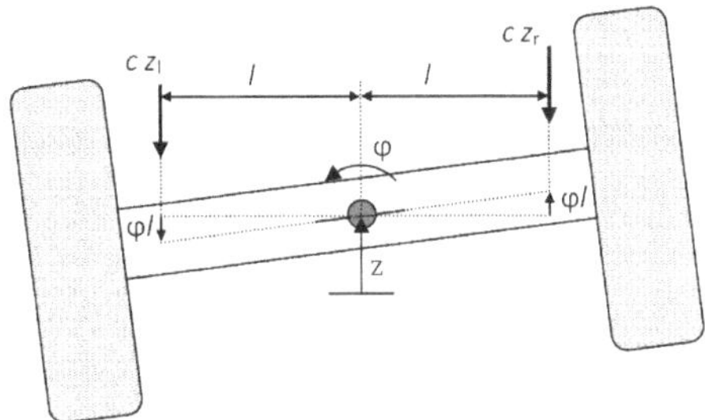

Abb. 6.25 Freikörperbild mit Kinematik der gegebenen Starrachse

Damit können die Kräfte in den Federn bestimmt werden und der Schwerpunktsatz ergibt sich zu:

$$m\ddot{z} = -c \cdot z_\mathrm{r} - c \cdot z_\mathrm{l} = -c \cdot (z + \varphi \cdot l + z - \varphi \cdot l) = -c \cdot 2z$$
$$m\ddot{z} + 2cz = 0.$$

Der Momentensatz liefert:

$$\Theta_0\ddot{\varphi} = -c \cdot z_\mathrm{r} \cdot l + c \cdot z_\mathrm{l} \cdot l = cl \cdot (-z - \varphi \cdot l + z - \varphi \cdot l) = -cl^2 \cdot 2\varphi$$
$$\Theta_0\ddot{\varphi} + 2cl^2\varphi = 0.$$

Dieses sind zwei entkoppelte Differentialgleichungen. Jede der Gleichungen kann getrennt gelöst werden.

Deutlich schwieriger wird es, wenn man ein unsymmetrisches System analysieren will. Das System, dargestellt in Abb. 6.26, hat wieder einen Freiheitsgrad in vertikale Richtung und einen Drehfreiheitsgrad um den dargestellten Koordinatenursprung. Die Federn können unterschiedliche Steifigkeiten haben und die Angriffspunkte an den Körper haben unterschiedliche Entfernungen.

An dem Freikörperbild, Abb. 6.27, werden die Zusammenhänge zwischen den beiden Freiheitsgraden und den Auslenkungen an den Federn verdeutlicht.

Der Schwerpunktsatz lautet nun:

$$m\ddot{z} = -c_1 \cdot (z + \varphi \cdot l_1) - c_2 \cdot (z - \varphi \cdot l_2)$$
$$m\ddot{z} + (c_1 + c_2) \cdot z + (-c_1 l_1 + c_2 l_2) \cdot \varphi = 0$$

Abb. 6.26 Eigenschwingung massegekoppelter Systeme

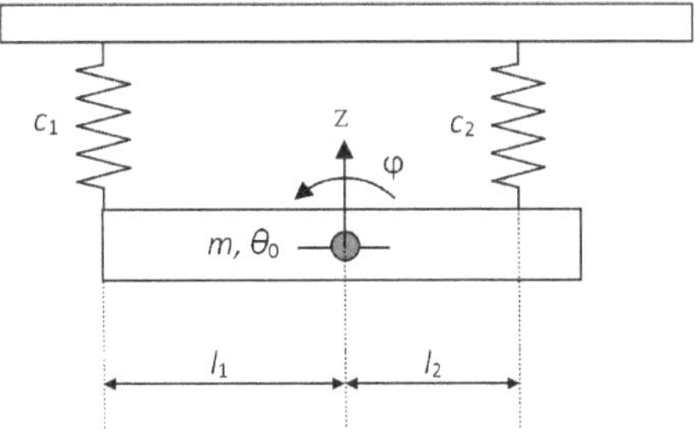

Abb. 6.27 Freikörperbild
mit Kinematik zum System in
Abb. 6.28

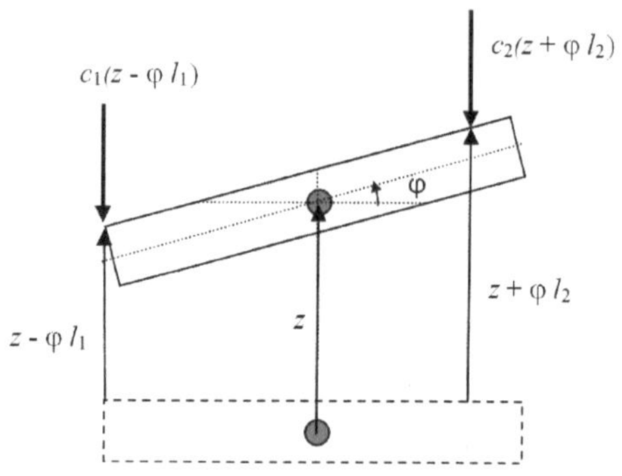

und der Momentensatz:

$$\Theta_0\ddot{\varphi} = c_1 l_1 \cdot (z - \varphi \cdot l)1 - c_2 l_2 \cdot (z + \varphi \cdot l)2$$

$$\Theta_0\ddot{\varphi} + (c_1 l_1^2 + c_2 l_2^2) \cdot \varphi + (-c_1 l_1 + c_2 l_2) \cdot z = 0.$$

Dies sind zwei gekoppelte Differentialgleichungen. Zur Lösung dieses Systems von Differentialgleichungen schreibt man die Gleichungen in Matrizenform:

$$\begin{bmatrix} m & 0 \\ 0 & \Theta_0 \end{bmatrix} \begin{bmatrix} \ddot{x} \\ \ddot{\varphi} \end{bmatrix} + \begin{bmatrix} (c_1 + c_2) & (-c_1 l_1 + c_2 l_2) \\ (-c_1 l_1 + c_2 l_2) & (c_1 l_1^2 + c_2 l_2^2) \end{bmatrix} \begin{bmatrix} x \\ \varphi \end{bmatrix} = \begin{bmatrix} 0 \\ 0 \end{bmatrix}$$

und setzt für jede der gesuchten Funktionen einen eigenen Ansatz an:

$$x = A\cos(\omega t - \alpha); \quad \ddot{x} = -A\omega^2 \cos(\omega t - \alpha)$$

$$\varphi = B\cos(\omega t - \alpha); \quad \ddot{\varphi} = -B\omega^2 \cos(\omega t - \alpha).$$

Setzt man diese Funktionen in die Matrizengleichung ein und kürzt den in jedem Summanden vorkommenden Ausdruck $\cos(\omega t - \alpha)$, erhält man:

$$\begin{bmatrix} m & 0 \\ 0 & \Theta_0 \end{bmatrix} \begin{bmatrix} -A\omega^2 \\ B\omega^2 \end{bmatrix} + \begin{bmatrix} (c_1 + c_2) & (-c_1 l_1 + c_2 l_2) \\ (c_1 l_1 + c_2 l_2) & (c_1 l_1^2 + c_2 l_2^2) \end{bmatrix} \begin{bmatrix} A \\ B \end{bmatrix} = \begin{bmatrix} 0 \\ 0 \end{bmatrix}.$$

Diese Gleichung lässt sich wie folgt zusammenfassen:

$$\begin{bmatrix} (c_1 + c_2) - m\omega^2 & (-c_1 l_1 + c_2 l_2) \\ (-c_1 l_1 + c_2 l_2) & (c_1 l_1^2 + c_2 l_2^2) - \Theta_0\omega^2 \end{bmatrix} \begin{bmatrix} A \\ B \end{bmatrix} = \begin{bmatrix} 0 \\ 0 \end{bmatrix}$$

und hat nur dann eine Lösung, wenn die Determinante der Koeffizientenmatrix verschwindet. Es muss also gelten:

$$\left[(c_1 + c_2) - m\omega^2\right] \cdot \left[(c_1 l_1^2 + c_2 l_2^2) - \Theta_0\omega^2\right] - \left[(-c_1 l_1 + c_2 l_2)\right]^2 \overset{!}{=} 0.$$

Dieses ist die charakteristische Gleichung zur Bestimmung der Eigenfrequenzen des Systems. Es ist eine quadratische Gleichung zum Bestimmen von ω^2. Man erhält für dieses System zwei Eigenfrequenzen. Setzt man eine der gefundenen Lösungen für die Eigenfrequenz in die Matrizengleichung ein, erhält man eine Beziehung zwischen den Konstanten A und B. Diese zeigen das Verhalten der Amplituden im Resonanzfall zueinander an und heißen Eigenvektoren. Jeder der Eigenfrequenzen hat einen Eigenvektor.

Das obengenannte Beispiel für eine Schwingung mit mehreren Freiheitsgraden stellt ein massegekoppeltes System dar, da die Kopplung der Differentialgleichungen über die unterschiedlichen Freiheitsgrade der Masse dargestellt wird. Für die Vertikaldynamik ebenfalls wichtig sind federgekoppelte Systeme. Hier hat man es mit zwei oder mehreren Massen zu tun, welche über Federn miteinander verbunden sind. Jede Masse hat ihren eigenen Freiheitsgrad. Die Lösung dieser Systeme geschieht analog zum massegekoppelten System.

Beispiel 6.7

Die beiden angesprochenen, massengekoppelten Systeme sollen mit Zahlenwerten durchgerechnet werden.

Als erstes wird der symmetrische Fall untersucht (Abb. 6.28), welcher auf entkoppelte Differentialgleichungen führen wird. c_1 ist gleich groß wie c_2 und l_1 ist gleich groß wie l_2. Mit

$$m = 100\,\mathrm{kg}, \ \vartheta_0 = 50\,\mathrm{kg\,m^2}, \ c_1 = c_2 = 15.000\,\frac{\mathrm{N}}{\mathrm{m}}, \ l_1 = l_2 = 0{,}5\,\mathrm{m}$$

folgen die Eigenfrequenzen zu:

$$\omega_z = \sqrt{\frac{2 \cdot 15.000\,\mathrm{N/m}}{100\,\mathrm{kg}}} = 17{,}32\,\frac{1}{\mathrm{s}}; \quad f_z = \frac{\omega_z}{2\pi} = 2{,}76\,\frac{1}{\mathrm{s}}$$

$$\omega_\varphi = \sqrt{\frac{2 \cdot 15.000\frac{\mathrm{N}}{\mathrm{m}} \cdot (0{,}5\,\mathrm{m})^2}{50\,\mathrm{kg\,m^2}}} = 12{,}25\,\frac{1}{\mathrm{s}}; \quad f_\varphi = \frac{\omega_\varphi}{2\pi} = 1{,}95\,\frac{1}{\mathrm{s}}.$$

Abb. 6.28 Modell einer Starrachse mit zwei Freiheitsgraden (Heben, Drehen)

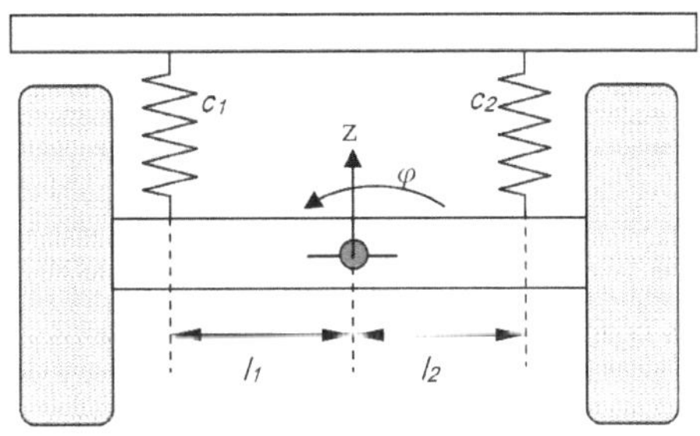

Für den zweiten Fall wird ein unsymmetrisches System untersucht. Dazu wird die Federrate c_1 um $5000\,\text{N/m}$ verkleinert und c_2 um $5000\,\text{N/m}$ vergrößert, so dass jetzt gilt

$$c_1 = 10.000\,\frac{\text{N}}{\text{m}}; \quad c_2 = 20.000\,\frac{\text{N}}{\text{m}}$$

alle anderen Werte bleiben wie im ersten Teil des Beispiels! Es folgt die Matrizengleichung zur Bestimmung der Eigenkreisfrequenzen:

$$\begin{bmatrix} \left(30.000\,\frac{\text{N}}{\text{m}} - 100\,\text{kg}\cdot\omega^2\right) & \left(10.000\,\frac{\text{N}}{\text{m}}\cdot 0{,}5\,\text{m}\right) \\ \left(10.000\,\frac{\text{N}}{\text{m}}\cdot 0{,}5\,\text{m}\right) & \left(30.000\,\frac{\text{N}}{\text{m}}\cdot(0{,}5\,\text{m})^2 - 50\,\text{kg}\,\text{m}^2\cdot\omega^2\right) \end{bmatrix}\cdot\begin{bmatrix} A \\ B \end{bmatrix} = \begin{bmatrix} 0 \\ 0 \end{bmatrix}.$$

Die Eigenkreisfrequenzen folgen nun aus der charakteristischen Gleichung. Da o. g. Matrizengleichung nur dann eine Lösung hat, wenn die Koeffizientenmatrix verschwindet, wird die Determinante der Koeffizientenmatrix gebildet und zu Null gesetzt.

$$\left(30.000\,\frac{\text{N}}{\text{m}} - 100\,\text{kg}\cdot\omega^2\right)\cdot\left(30.000\,\frac{\text{N}}{\text{m}}\cdot(0{,}5\,\text{m})^2 - 50\,\text{kg}\,\text{m}^2\cdot\omega^2\right)$$

$$-\left(10.000\,\frac{\text{N}}{\text{m}}\cdot 0{,}5\,\text{m}\right)^2 = 0$$

$$200.000.000\,\text{N}^2 - 2.250.000\,\text{N}\,\text{kg}\,\text{m}\cdot\omega^2 + 5000\,\text{kg}^2\,\text{m}^2\cdot\omega^4 = 0.$$

Dies ist eine quadratische Gleichung für ω^2:

$$\left(\omega^2\right)^2 - 450\,\frac{1}{\text{s}^2}\cdot\omega^2 + 40.000\,\frac{1}{\text{s}^4} = 0.$$

Die Lösung liefert:

$$\omega_{1,2}^2 = 225\,\frac{1}{\text{s}^2} \pm \sqrt{\left(225\,\frac{1}{\text{s}^2}\right)^2 - 40.000\,\frac{1}{\text{s}^4}} = 225\,\frac{1}{\text{s}^2} \pm 103\,\frac{1}{\text{s}^2}$$

$$\omega_1 = 18{,}11\,\frac{1}{\text{s}}; \quad f_1 = 2{,}88\,\frac{1}{\text{s}}$$

$$\omega_2 = 11{,}04\,\frac{1}{\text{s}}; \quad f_2 = 1{,}76\,\frac{1}{\text{s}}.$$

Eine der Eigenfrequenzen ist größer und eine ist kleiner geworden im Vergleich zum entkoppelten System. Eine genaue Aussage, welche Eigenfrequenz zur Drehung und welche zur Verschiebung gehört, kann nicht getroffen werden. Setzt man die Eigenfrequenz in die Matrizengleichung ein, erhält man den zur Eigenfrequenz gehörigen Eigenvektor, der die Schwingform der Eigenkreisfrequenz darstellt. Für ω_1 erhält man:

$$
\left[
\begin{array}{cc}
\left(30.000\,\tfrac{\text{N}}{\text{m}} - 100\,\text{kg} \cdot 328\,\tfrac{1}{\text{s}^2}\right) & \left(10.000\,\tfrac{\text{N}}{\text{m}} \cdot 0,5\,\text{m}\right) \\[2mm]
\left(10.000\,\tfrac{\text{N}}{\text{m}} \cdot 0,5\,\text{m}\right) & \left(30.000\,\tfrac{\text{N}}{\text{m}} \cdot (0,5\,\text{m})^2 - 50\,\text{kg}\,\text{m}^2 \cdot 328\,\tfrac{1}{\text{s}^2}\right)
\end{array}
\right]
\cdot
\begin{bmatrix} A \\ B \end{bmatrix}
= \begin{bmatrix} 0 \\ 0 \end{bmatrix}
$$

$$
\begin{bmatrix}
\left(-2808\,\tfrac{\text{N}}{\text{m}}\right) & (5000\,\text{N}) \\[2mm]
(5000\,\text{N}) & (-8904\,\text{Nm})
\end{bmatrix}
\cdot
\begin{bmatrix} A \\ B \end{bmatrix}
= \begin{bmatrix} 0 \\ 0 \end{bmatrix}.
$$

Die obere sowie die untere Zeile liefern das gleiche Ergebnis: Die Amplitude A (Verschiebung) ist bei der Eigenkreisfrequenz ω_1 1,78-mal größer als die Amplitude B (Verdrehung). Einsetzen der Eigenkreisfrequenz ω_2 in die Matrizengleichung liefert, dass die Amplitude B (Verdrehung) 3,56-mal so groß ist wie die Amplitude A (Verschiebung). Das Minuszeichen vor dem Amplitudenverhältnis zeigt eine Gegenphasigkeit der beiden Amplituden an. Während die eine Amplitude einen positiven Wert hat, ist die andere Amplitude negativ.

6.2.2 Gedämpfte Schwingungen

In der Realität verlaufen freie Schwingungen nie mit konstanter Amplitude, wie in Abb. 6.21 dargestellt, sondern nehmen im Laufe der Zeit ab. Dieses Phänomen nennt man gedämpfte Schwingungen. Hier unterscheidet man zwischen zwei unterschiedlichen Dämpfungsarten, und zwar zwischen der trockenen Reibung und der viskosen Dämpfung. Da die geschwindigkeitsabhängige (viskose) Dämpfung aus der Physik als bekannt vorausgesetzt wird, werden hier nur die wichtigsten Begriffe in Erinnerung gerufen. Der trockenen Reibung als Dämpfungsphänomen wird sich intensiver gewidmet.

6.2.2.1 Abklingvorgang durch trockene Reibung

Der Begriff „trockene Reibung" im Zusammenhang mit dem Abklingvorgang von Schwingungsamplituden zeigt an, dass es sich bei dieser Art des Abklingens nicht um die klassische, geschwindigkeitsabhängige Dämpfung handelt, wie sie von viskosen Flüssigkeiten bekannt ist, sondern die Abnahme der Schwingungsamplituden wird durch Reibung, wie sie aus dem Coulomb'schen Gesetz bekannt ist, verursacht.

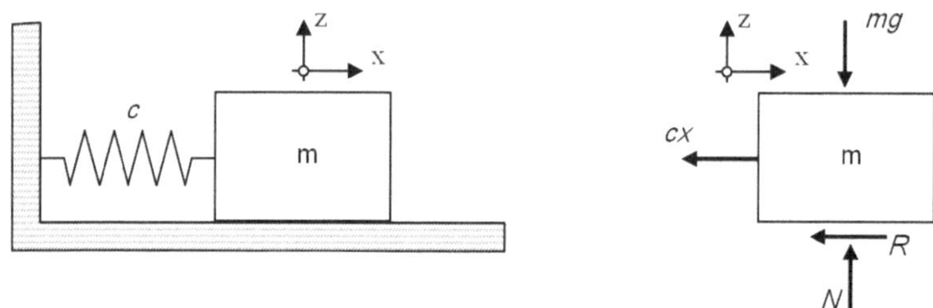

Abb. 6.29 Horizontaler Schwinger mit Reibung

Dargestellt ist eine Masse (m), welche sich auf einer reibungsbehafteten Unterlage (Reibungskoeffizient μ) bewegen kann und mit einer Feder (Federsteifigkeit c) gefesselt ist, siehe Abb. 6.29.

Da die Masse sich nicht in z-Richtung bewegen kann, muss die Beschleunigung in diese Richtung Null sein und man erhält:

$$m\ddot{z} = 0 = N - mg \rightarrow N = mg.$$

Mit Kenntnis der Normalkraft N kann aus dem Coulomb'schen Gesetz die auf die Masse wirkende Reibkraft R bestimmt werden

$$R = \mu \cdot N = \mu \cdot mg$$

und mit Hilfe des Schwerpunktsatzes die Bewegungsgleichung für das nach rechts ausgelenkte System aufgestellt werden:

$$m\ddot{x} = -cx - R.$$

Diese führt zu einer inhomogenen Differentialgleichung mit einer konstanten rechten Seite:

$$m\ddot{x} + cx = -R.$$

Eine solche, inhomogene Differentialgleichung wird gelöst, indem die Lösung der homogenen Differentialgleichung

$$x(t) = A \cdot \cos(\omega_0 t) + B \cdot \sin(\omega_0 t)$$

zu einer möglichen Lösung der inhomogenen Differentialgleichung hinzuaddiert. Die Lösung der inhomogenen Differentialgleichung findet man durch einen Ansatz vom „Typ der rechten Seite". Die rechte Seite ist hier eine Konstante, daher wird als Ansatz für die partikuläre Lösung der inhomogenen Differentialgleichung eine Konstante gewählt. Die zweite Ableitung der Konstante nach der Zeit ist Null, so dass die Differentialgleichung mit der partikulären Lösung folgende Form annimmt:

$$m \cdot 0 + c \cdot k = -R.$$

Wählt man für die Konstante:

$$k = -\frac{R}{c}.$$

Ist k eine Lösung der inhomogenen Differentialgleichung. Die allgemeine Lösung ergibt sich dann zu:

$$x(t) = A \cdot \cos(\omega_0 t) + B \cdot \sin(\omega_0 t) - \frac{R}{c}.$$

Der Term R/c ist genau die Länge, die sich die Feder mit der Federsteifigkeit c durch die Kraft R auslenken würde. Die Eigenkreisfrequenz ergibt sich zu

$$\omega_0 = \sqrt{\frac{c}{m}}.$$

Bei den Anfangsbedingungen ist zu beachten, dass

$$x(t = 0) = x_0 = A - \frac{1}{c}R$$

gilt und somit die Amplitude A den Wert

$$A = x_0 + \frac{1}{c}R$$

annimmt.

Weiterhin ist zu berücksichtigen, dass das Freikörperbild in Abb. 6.29 nur für Bewegungen mit einer Geschwindigkeit der Masse nach rechts gilt. Hat die Masse eine Geschwindigkeit nach links, kehrt sich die Richtung der Reibungskraft R um. Die aufgestellte Differentialgleichung gilt nur für Bewegungen mit einer Geschwindigkeit in positive Richtung. Bei einer Geschwindigkeit in negative Richtung wechselt die Reibungskraft R ihr Vorzeichen. Dieses geschieht nicht automatisch, wie sich zum Beispiel das Vorzeichen der Kraft in der Feder beim Durchgang durch Null umdreht. Es ergibt sich also eine abschnittsweise definierte Differentialgleichung:

$$m\ddot{x} + cx = -R \quad \text{für} \quad \dot{x} \geq 0$$
$$m\ddot{x} + cx = +R \quad \text{für} \quad \dot{x} \leq 0.$$

Das bedeutet, dass die Lösungen mit den aus den Anfangsbedingungen bestimmten Amplituden jeweils nur für einen Abschnitt definiert sind:

$$x_i(t) = A_i \cdot \cos(\omega_0 t) + B_i \cdot \sin(\omega_0 t) - \frac{R}{c} \quad \text{für} \quad \dot{x} \geq 0$$
$$x_{i+1}(t) = A_{i+1} \cdot \cos(\omega_0 t) + B_{i+1} \cdot \sin(\omega_0 t) + \frac{R}{c} \quad \text{für} \quad \dot{x} \leq 0.$$

Am Ende jedes Bewegungsabschnitts ergeben sich durch die Lage der Masse die Anfangsbedingungen für den nächsten Abschnitt. Die Geschwindigkeit der Masse ist am Ende jedes Bewegungsabschnittes Null, da die Geschwindigkeit ihr Vorzeichen wechselt. Am Ende des ersten Bewegungsabschnittes zum Zeitpunkt t_1^*, wenn die Geschwindigkeit der Masse zum ersten Mal Null wird und ihr Vorzeichen wechselt, gilt:

$$x_1(t_1^*) = A_1 - \frac{R}{c}.$$

Dieses ist die Anfangsbedingung für den zweiten Bewegungsabschnitt und es gilt:

$$x_2(t_2 = 0) = A_2 + \frac{R}{c} = x_1(t_1^*) = A_1 - \frac{R}{c}$$

$$A_2 = A_1 - 2 \cdot \frac{R}{c}.$$

Aufgrund der Anfangsbedingung nimmt die Amplitude A_2 um den Betrag $2R/c$ ab. Dieser Vorgang setzt sich fort, bis die Kraft durch die Feder (cx) kleiner ist als die Reibungskraft R. In diesem Punkt bleibt die Masse liegen und bewegt sich nicht mehr.

Beispiel 6.8
Ein kleines Beispiel soll die Dämpfung durch trockene Reibung verdeutlichen. Gegeben ist das in Abb. 6.29 gegebene System. Die Masse beträgt 100 kg, die Federsteifigkeit 4 kN/m und der Reibungskoeffizient 0,3. Das System wird um 1 m ausgelenkt und aus der Ruhelage losgelassen. Zu welchem Zeitpunkt bleibt die Masse liegen?

Die Eigenkreisfrequenz ergibt sich zu:

$$\omega_0 = \sqrt{\frac{c}{m}} = \sqrt{\frac{4000\,\text{N}}{100\,\text{kg}\,\text{m}}} = 6{,}325\,\frac{1}{\text{s}}.$$

Da die Masse um 1 m ausgelenkt wird und dann aus der Ruhelage losgelassen wird, hat sie in der ersten Bewegungsphase eine negative Geschwindigkeit und die Amplitude A_1 wird aus den Anfangsbedingungen bestimmt:

$$x_1(t = 0) = 0{,}1\,\text{m} = A_1 + \frac{R}{c} \quad \text{für} \quad \dot{x} \leq 0.$$

Mit

$$R = 294{,}3\,\text{N} \quad \text{bzw.} \quad \frac{R}{c} = 7{,}36\,\text{cm}$$

folgt:

$$A_1 = 100\,\text{cm} - 7{,}36\,\text{cm} = 92{,}64\,\text{cm}.$$

Die Lösung für den ersten Bewegungsabschnitt ist:

$$x_1(t) = 92{,}64\,\text{cm} \cdot \cos\left(6{,}325\,\frac{1}{\text{s}} \cdot t\right) + 7{,}36\,\text{cm} \quad \text{für} \quad \dot{x} \leq 0.$$

Die Geschwindigkeit in diesem Abschnitt bestimmt sich zu:

$$\dot{x}_1(t) = -586\,\frac{\text{cm}}{\text{s}} \cdot \sin\left(6{,}325\,\frac{1}{\text{s}} \cdot t\right) \quad \text{für} \quad \dot{x} \leq 0$$

und bleibt, bis das Argument in der Sinusfunktion den Wert π, also $180°$ annimmt, kleiner als Null. Das geschieht zum Zeitpunkt $t_1^* = 0{,}497\,\text{s}$. Der Kosinus hat dann den Wert -1 und die Amplitude:

$$x_1(0{,}497\,\text{s}) = -92{,}64\,\text{cm} + 7{,}36\,\text{cm} = -85{,}28\,\text{cm} \quad \text{für} \quad \dot{x} = 0.$$

Dies stellt den Anfangswert für den zweiten Bewegungsabschnitt dar und es folgt:

$$x_2(t = 0{,}497\,\text{s}) = -A_2 - 7{,}36\,\text{cm} = -85{,}28\,\text{cm} \quad \text{für} \quad \dot{x} \geq 0$$
$$A_2 = 85{,}28\,\text{cm} - 7{,}36\,\text{cm} = 77{,}92\,\text{cm}.$$

Somit gilt für den zweiten Bewegungsabschnitt

$$x_2(t) = 77{,}92\,\text{cm} \cdot \cos\left(6{,}325\,\frac{1}{\text{s}} \cdot t\right) - 7{,}36\,\text{cm} \quad \text{für} \quad \dot{x} \geq 0$$

dessen Geschwindigkeit positiv ist und nach weiteren $0{,}497\,\text{s}$ wieder Null wird. Die Masse befindet sich dann im Ort

$$x_2(0{,}994\,\text{s}) = 77{,}92\,\text{cm} - 7{,}36\,\text{cm} = 70{,}56\,\text{cm} \quad \text{für} \quad \dot{x} = 0$$

und die dritte Halbschwingung beginnt. Es wird deutlich, dass die Amplitude bei jeder Halbschwingung um den Betrag $2R/c$, im vorliegenden Beispiel um $14{,}72\,\text{cm}$, abnimmt. Nach vier weiteren Halbschwingungen erhält man die Amplitude von

$$x(2{,}982\,\text{s}) = 70{,}56\,\text{cm} - 4 \cdot 7{,}36\,\text{cm} = 11{,}68\,\text{cm}.$$

Dieser Wert entspricht einer Federkraft von $467{,}2\,\text{N}$, welche größer ist als die Reibungskraft von $294{,}3\,\text{N}$. Die nächste Halbschwingung wird noch ausgeführt. Es gilt:

$$x(2{,}982\,\text{s}) = 11{,}68\,\text{cm} = A_7 \cdot \cos\left(6{,}325\,\frac{1}{\text{s}} \cdot 2{,}982\,\text{s}\right) + 7{,}36\,\text{cm}$$

$$A_7 = 4{,}32\,\text{cm}$$

und nach $3{,}479\,\text{s}$ bleibt die Masse an der Stelle $x = 3{,}04\,\text{cm}$ liegen, siehe Abb. 6.30.

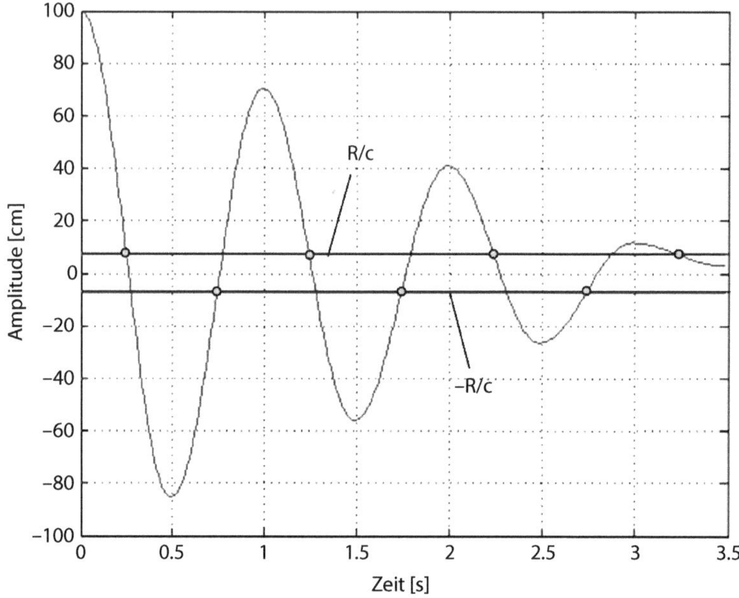

Abb. 6.30 Zeitlicher Verlauf der Ortsfunktion der Masse aus diesem Beispiel mit trockener Reibung. Jede Halbschwingung wird um einen um R/c verschobenen Nullpunkt ausgeführt, nach $3{,}479\,$s bleibt die Masse am Ort $3{,}04\,$cm liegen

Beispiel 6.9

Ein nicht exakt ausgewuchtetes Rad führt auf einem Prüfstand Pendelschwingungen um den Radmittelpunkt aus, siehe Abb. 6.31. Die Schwingungsdauer beträgt 3 Sekunden, das Rad hat eine Masse von 5 kg und ein Trägheitsmoment von $0{,}2\,$kgm^2. Der Zapfen, um welchen die Pendelschwingungen ausgeführt werden, hat einen Durchmesser von 2 cm. Zwischen zwei gleichsinnigen Maxima nimmt der Ausschlag der Pendelschwingung um $8°$ ab. Es ist der Abstand e zwischen Schwerpunkt und Radmittelpunkt sowie die Reibungszahl im Lager (am Zapfen) zu bestimmen.

Abb. 6.31 Skizze zum Beispiel der trockenen Reibung

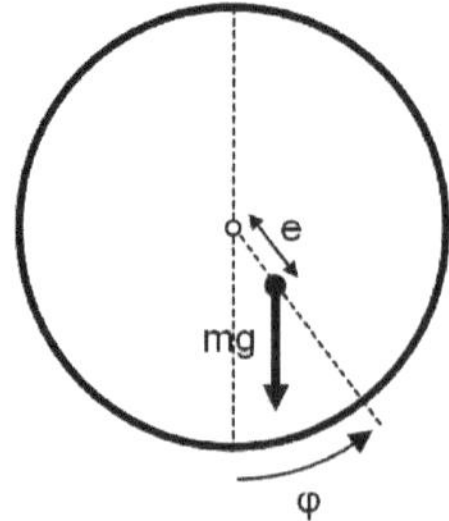

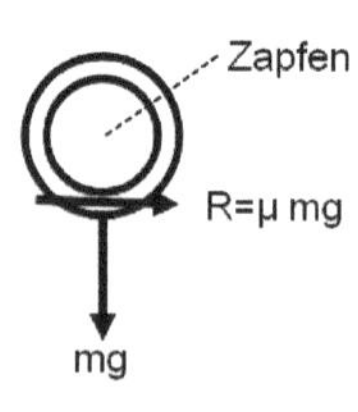

Aus oben dargestellter Skizze erhält man mit dem Momentensatz die Bewegungsgleichung für die Drehung um den Radmittelpunkt. Die Zapfenreibung wird als Moment dargestellt, gebildet durch die Coulomb'sche Reibung an der Zapfenkontaktfläche multipliziert mit dem Radius des Zapfens:

$$\Theta\ddot{\varphi} + mg \cdot e \cdot \varphi = \mu \cdot mg \cdot r.$$

An der normierten Differentialgleichung kann man die Eigenkreisfrequenz bestimmen, welche in diesem Beispiel aber durch die Schwingungsdauer gegeben ist:

$$\ddot{\varphi} + \frac{mg \cdot e}{\Theta} \cdot \varphi = \frac{\mu \cdot mg}{\Theta} \cdot r$$

$$\omega^2 = \frac{4\pi^2}{T^2} = \frac{mg \cdot e}{\Theta}.$$

Ein Koeffizientenvergleich liefert bei gegebener Masse und Trägheitsmoment den Abstand e zwischen Schwerpunkt und Radmittelpunkt:

$$e = \frac{4\pi^2 \cdot \Theta}{T^2 \cdot mg} = 0{,}0179\,\text{m}.$$

Die Reibung lässt sich über die partikuläre Lösung für die inhomogene Differentialgleichung bestimmen. Der Ansatz vom „Typ der rechten Seite" liefert $\varphi = k$, Einsetzen in Differentialgleichung liefert:

$$\frac{mg \cdot e}{\Theta} \cdot k = \frac{\mu \cdot mg}{\Theta} \cdot r \to k = \frac{\mu \cdot r}{e}.$$

Bei jeder Halbschwingung wird die Amplitude um $2k$ kleiner, bei einer Vollschwingung um $4k$. Diese $4k$ entsprechen einer Amplitudenabnahme von $8°$! Mit dieser Information kann man μ berechnen:

$$4k = 4 \cdot \frac{\mu \cdot r}{e} = \frac{8° \cdot \pi}{180°} \to \mu = \frac{8° \cdot \pi \cdot e}{180° \cdot r \cdot 4} = 0{,}0624.$$

6.2.2.2 Viskose Dämpfung

Bei der viskosen Dämpfung ist die Dämpfungskraft proportional zur Geschwindigkeit. Den Proportionalitätsfaktor nennt man Dämpfungskonstante d. Wie aus Abb. 6.32 zu erkennen, ändert sich die Differentialgleichung, sie enthält jetzt auch einen Term mit der ersten Zeitableitung.

Abb. 6.32 Schwingungssystem mit geschwindigkeitsproportionaler Dämpfung

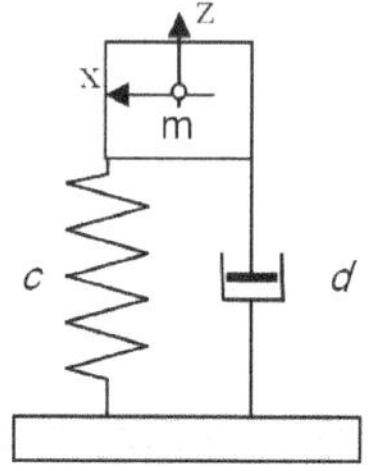
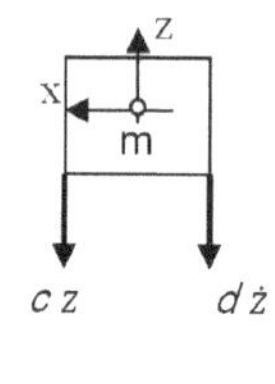

Der Schwerpunktsatz in die z-Richtung lautet für das in Abb. 6.32 dargestellte System

$$m\ddot{z} = -cz - d\dot{z},$$

bzw.

$$\ddot{z} + \frac{d}{m}\dot{z} + \frac{c}{m}z = 0.$$

Den Term vor der Grundfunktion wird, wie bei der freien, ungedämpften Schwingung, als Quadrat der ungedämpften Eigenkreisfrequenz ω bezeichnet. Im Vorgriff auf die Lösung wird der Term vor der ersten Ableitung als 2δ definiert, wobei δ als Abklingkonstante bezeichnet wird. Damit nimmt die Differentialgleichung folgende Form an:

$$\ddot{z} + 2\delta\dot{z} + \omega^2 z = 0.$$

Als Lösungsansatz wird die Exponentialfunktion gewählt in der Form:

$$z(t) = A \cdot e^{\lambda t}.$$

Durch Einsetzen des Lösungsansatzes und der Ableitungen nach der Zeit in die Differentialgleichung erhält man die charakteristische Gleichung:

$$\lambda^2 + 2\delta\lambda + \omega^2 = 0,$$

mit den Lösungen:

$$\lambda_{1,2} = -\delta \pm \sqrt{\delta^2 - \omega^2}.$$

Mit Einführen des Dämpfungsmaßes D

$$D = \frac{\delta}{\omega}$$

erhält man

$$\lambda_{1,2} = -\delta \pm \omega\sqrt{D^2 - 1}.$$

Das Dämpfungsmaß D bestimmt das Lösungsverhalten, da der Wurzelausdruck reell, null oder komplex werden kann. Damit gibt es drei unterschiedliche Lösungen:

Für $D > 1$ (starke Dämpfung):

$$z(t) = \mathrm{e}^{-\delta t} \cdot \left(A_1 \cdot \mathrm{e}^{\omega \sqrt{D^2-1} \cdot t} + A_2 \cdot \mathrm{e}^{-\omega \sqrt{D^2-1} \cdot t} \right).$$

Für $D = 1$ (aperiodischer Grenzfall):

$$z(t) = (A_1 + t \cdot A_2) \cdot \mathrm{e}^{-\delta t}.$$

Für $D < 1$ (schwache Dämpfung) wird der Term

$$\omega_D = \omega \cdot \sqrt{1 - D^2}$$

als gedämpfte Kreisfrequenz eingeführt und es folgt:

$$z(t) = C \cdot \mathrm{e}^{-\delta t} \cdot \cos(\omega_D \cdot t - \alpha).$$

Die Periodendauer der gedämpften Schwingung T_D bestimmt sich aus:

$$T_D = \frac{2\pi}{\omega_D}.$$

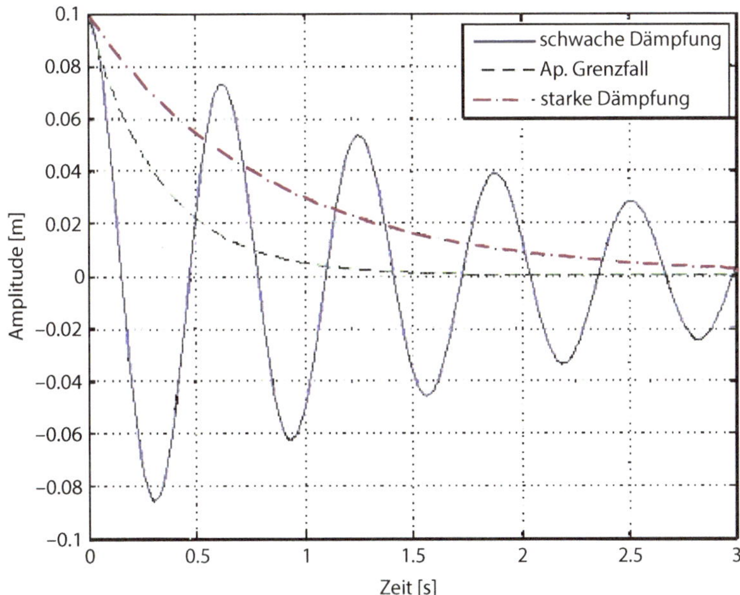

Abb. 6.33 Charakteristiken der Lösungen bei viskoser Dämpfung. Alle Amplituden nähern sich asymptotisch der Null. Am schnellsten geschieht dieses im Fall des aperiodischen Grenzfalls

A_1, A_2, C, α sind Konstanten, um die Lösungen den Anfangsbedingungen anzupassen. Abbildung 6.33 zeigt die unterschiedlichen Charakteristiken der Lösungen. Bei schwacher Dämpfung hat man einen oszillierenden Verlauf mit abnehmenden Amplituden. Beim aperiodischen Grenzfall und starker Dämpfung kann es je nach Anfangsbedingungen zu einem Überschwinger kommen, danach nähert sich die Amplitude monoton der Null.

Beispiel 6.10

Bestimmen Sie den Weg/Zeit-Verlauf $x(t)$ der Masse m (1 kg) für die vier verschiedenen Dämpfungskonstanten ($d = 0/0{,}65/130/1040\,\text{Ns/m}$) und einer Federsteifigkeit von $4225\,\text{N/m}$ bei den Anfangsbedingungen $z(0) = 0{,}1\,\text{m}$, $v(0) = 0$!

Ein Freikörperbild (Abb. 6.34) liefert die Bewegungsgleichung:

$$m\ddot{z} = -cx - d\dot{x}.$$

Durch Normieren der Bewegungsgleichung erhält man eine homogene Differentialgleichung:

$$\ddot{z} + \frac{d}{m}\dot{z} + \frac{c}{m}z = 0.$$

Ein Koeffizientenvergleich liefert δ und ω^2:

$$\ddot{z} + 2\delta\dot{z} + \omega^2 z = 0$$

$$\delta = \frac{d}{2\,\text{m}}; \quad \omega^2 = \frac{c}{m}.$$

Somit hat ω den Wert 65 1/s und es gibt vier verschiedene Fälle bzw. Werte für $\delta : 0;\ 0{,}325\,\text{1/s};\ 65\,\text{1/s}$ und $520\,\text{1/s}$. Mit den unterschiedlichen δ werden auch unterschiedliche Dämpfungsmaße bestimmt: $D = 0$, $D = 0{,}005$; $D = 1$ und $D = 8$. Es gilt also vier Fälle zu betrachten:

$D = 0$: Hierbei handelt es sich um eine ungedämpfte Schwingung. Die allgemeine Lösung ist:

$$x(t) = x_0 \cdot \cos(\omega \cdot t) + \frac{\dot{x}_0}{\omega} \cdot \sin(\omega \cdot t).$$

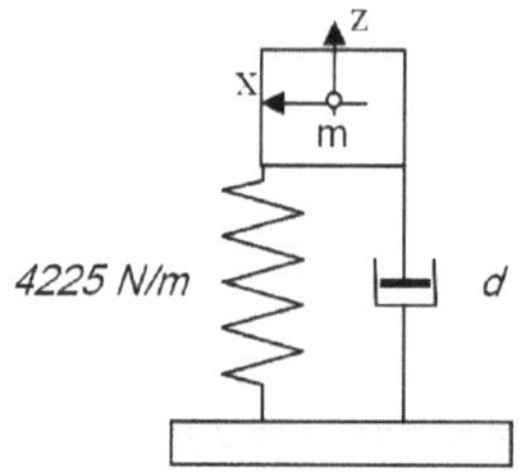

Abb. 6.34 Skizze zum Beispiel viskose Dämpfung

Hier:

$$x\left(t\right) = 0{,}1\,\mathrm{m}\cdot\cos\left(\omega\cdot t\right).$$

$D = 0{,}005$: Der Dämpfungswert kleiner als Eins zeigt eine schwach gedämpfte Schwingung an. Die gedämpfte Eigenkreisfrequenz ist:

$$\omega_D = \omega\cdot\sqrt{1 - D^2} = 65\,\frac{1}{\mathrm{s}}\cdot\sqrt{1 - 0{,}005^2} = 64{,}99\,\frac{1}{\mathrm{s}}.$$

Als allgemeine Lösung der schwach gedämpften Schwingung wird gewählt:

$$x\left(t\right) = C\cdot\mathrm{e}^{-\delta t}\cdot\cos\left(\omega_D t - \alpha\right).$$

Die Anfangsbedingung

$$\dot{x}_0 = 0$$

liefert

$$\dot{x}\left(t\right) = C\cdot\mathrm{e}^{-\delta t}\cdot\omega_D\cdot\sin\left(\omega_D t - \alpha\right) - C\cdot\delta\cdot\mathrm{e}^{-\delta t}\cdot\cos\left(\omega_D t - \alpha\right) = 0$$
$$\dot{x}\left(t\right) = C\cdot\mathrm{e}^{-\delta t}\cdot\left[\omega_D\cdot\sin\left(\omega_D t - \alpha\right) - \delta\cdot\cos\left(\omega_D t - \alpha\right)\right] = 0$$
$$\dot{x}\left(0\right) = C\cdot 1\cdot\left[\omega_D\cdot\sin\left(0 - \alpha\right) - \delta\cdot\cos\left(0 - \alpha\right)\right] = 0$$

für beliebige Amplituden C die Aussage, dass die eckige Klammer Null werden muss:

$$\left[\omega_D\cdot\sin\left(-\alpha\right) - \delta\cdot\cos\left(-\alpha\right)\right] = 0$$
$$\omega_D\cdot\sin\left(-\alpha\right) = \delta\cdot\cos\left(-\alpha\right)$$
$$\tan\left(-\alpha\right) = \frac{\delta}{\omega_D}$$
$$\alpha = -\tan^{-1}\left(\frac{3{,}25}{64{,}99}\right) = -2{,}87^\circ.$$

Somit kann man die Amplitude aus der Anfangsbedingung

$$x_0 = 0{,}1\,\mathrm{m}$$

bestimmen:

$$x\left(0\right) = C\cdot\cos\left(0 + 2{,}87^\circ\right) = 0{,}1\,\mathrm{m}.$$

Also muss C den Wert $0{,}1001\,m$ haben.

$$x\left(t\right) = 0{,}1001\,\mathrm{m}\cdot\mathrm{e}^{-3{,}25\frac{1}{\mathrm{s}}t}\cdot\cos\left(64{,}99\,\frac{1}{\mathrm{s}}t + 2{,}87^\circ\right).$$

$D = 1$: Dieses ist der aperiodische Grenzfall. Die Lösung für diesen Fall lautet:

$$x\,(t) = (A_1 + t \cdot A_2) \cdot \mathrm{e}^{-\delta t}.$$

Die Anfangsbedingung

$$x_0 = 0{,}1\,\mathrm{m}$$

liefert:

$$x\,(0) = A_1 = 0{,}1\,\mathrm{m}.$$

Die Anfangsbedingung

$$\dot{x}_0 = 0$$

liefert:

$$\dot{x}\,(t) = A_2 \cdot \mathrm{e}^{-\delta t} - \delta \cdot (A_1 + t \cdot A_2) \cdot \mathrm{e}^{-\delta t}$$

$$\dot{x}\,(0) = A_2 \cdot 1 - \delta \cdot (A_1) \cdot 1 = 0$$

$$A_2 = \delta \cdot (A_1) = \frac{0{,}1\,\mathrm{m} \cdot 65}{\mathrm{s}}$$

$$x\,(t) = \left(0{,}1\,\mathrm{m} + t \cdot 6{,}5\,\frac{\mathrm{m}}{\mathrm{s}}\right) \cdot \mathrm{e}^{-65\,\frac{1}{\mathrm{s}}t}.$$

$D = 8$: Der Dämpfungswert viel größer als Eins zeigt eine stark gedämpfte Schwingung an. Die allgemeine Lösung für stark gedämpfte Systeme lautet:

$$x(t) = \mathrm{e}^{-\delta t} \cdot \left[A_1 \mathrm{e}^{\omega\sqrt{D^2-1}\cdot t} + A_2 \mathrm{e}^{-\omega\sqrt{D^2-1}\cdot t}\right].$$

Für das Einarbeiten der Anfangsgeschwindigkeit benötigt man die Zeitableitung:

$$\dot{x}(t) = \mathrm{e}^{-\delta t} \cdot \left[\omega\sqrt{D^2-1} \cdot A_1 \mathrm{e}^{\omega\sqrt{D^2-1}\cdot t} - \omega\sqrt{D^2-1} \cdot A_2 \mathrm{e}^{-\omega\sqrt{D^2-1}\cdot t}\right]$$

$$- \delta \cdot \mathrm{e}^{-\delta t} \cdot \left[A_1 \mathrm{e}^{\omega\sqrt{D^2-1}\cdot t} + A_2 \mathrm{e}^{-\omega\sqrt{D^2-1}\cdot t}\right]$$

$$\dot{x}(t) = \mathrm{e}^{-\delta t} \cdot \left[\left(\omega\sqrt{D^2-1} - \delta\right) \cdot A_1 \mathrm{e}^{\omega\sqrt{D^2-1}\cdot t} - \left(\omega\sqrt{D^2-1} + \delta\right) \cdot A_2 \mathrm{e}^{-\omega\sqrt{D^2-1}\cdot t}\right]$$

$$\dot{x}(0) = 1 \cdot \left[\left(\omega\sqrt{D^2-1} - \delta\right) \cdot A_1 - \left(\omega\sqrt{D^2-1} + \delta\right) \cdot A_2\right] = 0$$

$$\left(\omega\sqrt{D^2-1} - \delta\right) \cdot A_1 = \left(\omega\sqrt{D^2-1} + \delta\right) \cdot A_2$$

$$A_1 = \frac{\left(\omega\sqrt{D^2-1} + \delta\right)}{\left(\omega\sqrt{D^2-1} - \delta\right)} \cdot A_2 = \frac{1036}{-4} \cdot A_2 = -259 \cdot A_2.$$

Aus der zweiten Randbedingung folgt:

$$x\,(0) = 1 \cdot [A_1 + A_2] = 0{,}1\,\mathrm{m}$$

$$-259 \cdot A_2 = 0{,}1\,\mathrm{m}$$

$$A_2 = -0{,}0004\,\mathrm{m}$$

$$A_1 = -259 \cdot A_2 = 0{,}1004\,\mathrm{m}.$$

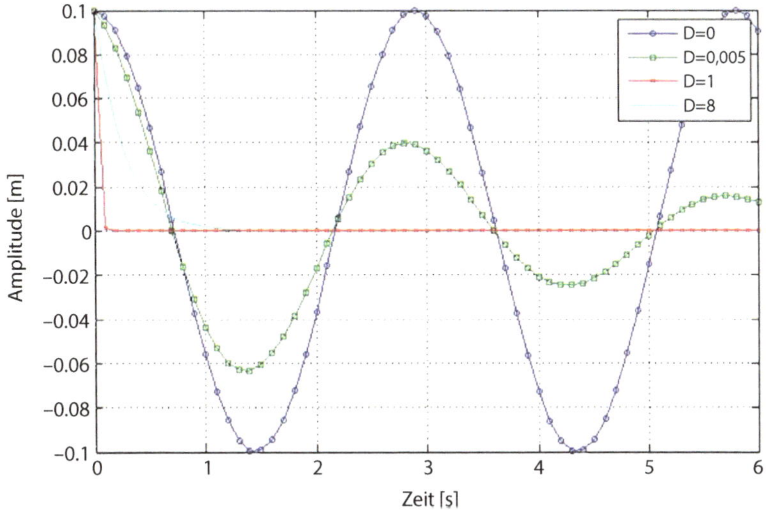

Abb. 6.35 Zeitlicher Verlauf der Amplituden aus dem Beispiel zur gedämpften Schwingung

Somit ergibt sich:

$$x(t) = \mathrm{e}^{-130\frac{1}{s}t} \cdot [0{,}1004\,\mathrm{m} \cdot \mathrm{e}^{112{,}6\frac{1}{s}\cdot t} - 0{,}0004\,\mathrm{m} \cdot \mathrm{e}^{-112{,}6\frac{1}{s}\cdot t}].$$

Die Abb. 6.35 zeigt, dass bei der ungedämpften Schwingung die Amplituden konstant bleiben, bei schwacher Dämpfung werden die Amplituden geringer, bei $D=1$, dem aperiodischen Grenzfall, verschwindet die Amplitude am schnellsten und bei starker Dämpfung dauert es, verglichen mit dem aperiodischen Grenzfall, länger, bis die Störung abgeklungen ist.

6.2.3 Erzwungene Schwingungen

Im Gegensatz zu den freien Schwingungen ist das schwingungsfähige System bei einer erzwungenen Schwingung mit einem Erreger verbunden, welcher das System durch eine sich wiederholende Kraft oder Wegverschiebung anregt. Die Wiederholfrequenz der Anregung wird mit dem Großbuchstaben Ω bezeichnet.

Für die Fahrdynamik ist dieses von großer Bedeutung, da die Fahrbahn oder sich drehende Teile (Motor) mit einer Ungleichförmigkeit als Erreger auf das System *Fahrzeug* wirken kann. So wirkt zum Beispiel die Fahrbahn über die Reifen auf das System Fahrzeug. Eine Reifenungleichförmigkeit würde bei jeder Umdrehung einen Impuls auf das

Fahrzeug geben. Geht man von Fahrgeschwindigkeiten von 0 bis 200 km/h aus und einem Reifendurchmesser von 0,3 m würde das Fahrzeug alle 1,88 m (Umfang des Reifens) angeregt werden. Eine Geschwindigkeit von 200 km/h bedeuten ca. 55 m/s, also würde die Anregung

$$f_R = \frac{55\,\text{m/s}}{1,88\,\text{m}} = 29,5\,\text{Hz}$$

betragen. Diese Anregung ist proportional zur Geschwindigkeit, damit kann der Reifen das Fahrzeug mit einer Frequenz von 0 bis ca. 30 Hz anregen. Ein zweiter wichtiger Erreger ist der Motor. Ein Viertaktmotor zündet alle zwei Umdrehungen und verursacht dadurch eine Ungleichförmigkeit. Ein Viertakt-Vierzylinder-Motor zündet alle 180°, also zweimal pro Umdrehung. Ein Viertakt-Vierzylinder-Motor regt ein Fahrzeug mit der doppelten Motordrehzahl an. Ausgehend von einer Leerlaufdrehzahl von 800 U/min und einer Höchstdrehzahl von 6000 U/min, bedeute das eine Anregung von

$$f_{M1} = \frac{800\,\text{U/min}}{60} \cdot 2 = 27\,\text{Hz}; \quad f_{M2} = \frac{6000\,\text{U/min}}{60} \cdot 2 = 200\,\text{Hz}.$$

Das bedeutet, dass der ganze Bereich zwischen 0 und 200 Hz bei einem Fahrzeug typischerweise angeregt wird. Von 0 bis 30 Hz erfolgt die Anregung über die Reifen, von 30 bis 200 Hz über den Motor. Weitere Anreger können Pumpen, Kardangelenke oder auch Zahneingriffe im Getriebe sein.

6.2.3.1 Ungedämpfte, erzwungene Schwingungen

Als Erstes werden ungedämpfte Systeme mit Anregung analysiert und das in Abb. 6.36 dargestellte System betrachtet. Dieses wird entweder über eine Kraft oder über eine Verschiebung des Federfußpunktes angeregt. Beide Anregungsarten führen auf den gleichen Typ von Differentialgleichung. Der Schwerpunktsatz in z-Richtung für das abgebildete System liefert im Fall der Kraftanregung:

$$m\ddot{z} = -cz + F_0 \cos(\Omega t).$$

Bei Weganregung erhält man:

$$m\ddot{z} = -c \cdot (z - z_0 \cos(\Omega t)),$$

da die Feder sich in diesem Falle nicht um z längt, sondern um die Differenz zwischen z und $u(t)$. Beide Fälle führen zu einer inhomogenen Differentialgleichung:

$$\ddot{z} + \frac{c}{m}z = \frac{F_0}{m}\cos(\Omega t)$$

$$\ddot{z} + \frac{c}{m}z = \frac{z_0 \cdot c}{m}\cos(\Omega t) = \omega^2 z_0 \cos(\Omega t)$$

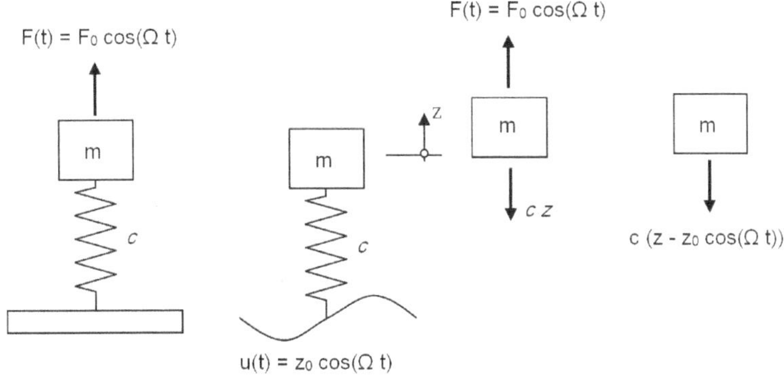

Abb. 6.36 Ungedämpftes System mit Kraft- oder Fußpunktanregung

die sich nur im (konstanten) Vorfaktor der Anregungsfunktion unterscheiden. Der Term

$$F_0/c = z_0$$

entspricht genau der statischen Auslenkung der Feder unter der Kraft F_0. Setzt man

$$F_0/c = z_0$$

und wie gehabt für

$$c/m = \omega^2$$

führen beide Systeme auf die gleiche Differentialgleichung:

$$\ddot{z} + \frac{c}{m}z = \frac{F_0}{m}\frac{cm}{mc}\cos\left(\Omega t\right) = \frac{F_0}{m}\frac{\omega^2 m}{c}\cos\left(\Omega t\right) = \frac{F_0}{c}\omega^2\cos\left(\Omega t\right) = z_0\omega^2\cos\left(\Omega t\right)$$

$$\ddot{z} + \frac{c}{m}z = \omega^2 z_0\cos(\Omega t),$$

Dieses ist eine inhomogene Differentialgleichung, deren Lösung durch die allgemeine homogene Lösung und eine partikuläre Lösung gegeben ist. Bei erzwungenen Schwingungen betrachtet man vereinfachend nur die partikuläre Lösung, da man davon ausgeht, dass der homogene Anteil der Lösung durch Dämpfung in der Realität schnell abklingt, auch wenn diese Dämpfung beim Aufstellen der Bewegungsgleichungen nicht berücksichtigt wird.

Für die partikuläre Lösung wird ein Ansatz vom „Typ der rechten Seite" aufgestellt:

$$z_{\mathrm{p}}(t) = z_0 V \cos(\Omega t); \quad \ddot{z}_{\mathrm{p}}(t) = -z_0 V \Omega^2 \cos(\Omega t).$$

Hierbei ist V eine noch zu bestimmende, dimensionslose Größe, welche auch Vergrößerungsfunktion genannt wird, da diese genau das Verhältnis zwischen Anregungsamplitude und Amplitude des Systems darstellt. Bestimmt wird diese Funktion, indem man z_p in die Differentialgleichung einsetzt. Man erhält

$$-z_0 V \Omega^2 \cos(\Omega t) + \omega^2 z_0 V \cos(\Omega t) = \omega^2 z_0 \cos(\Omega t).$$

Durch Umformen dieser Gleichung kann V bestimmt werden:

$$-V \Omega^2 + \omega^2 V = \omega^2.$$

Das Verhältnis der Erregerfrequenz Ω zur Kreisfrequenz ω wird durch den Buchstaben η als Frequenzabstimmung bezeichnet. Somit kann die Größe V durch Teilen des Nenners und des Zählers durch ω^2 mithilfe der Frequenzabstimmung η wie folgt bestimmt werden:

$$V = \frac{1}{1 - \eta^2}.$$

Die von der Frequenzabstimmung abhängige dimensionslose Funktion V bezeichnet man als Vergrößerungsfunktion, da sie in der partikulären Lösung z_p angibt, um wie viel die Erregeramplitude z_0 vergrößert oder ggf. verkleinert wird.

Abbildung 6.37 zeigt die Eigenschaften der Vergrößerungsfunktion, auch Amplituden – Frequenzgang genannt. Für $\eta = 0$ weist die Vergrößerungsfunktion den Wert Eins aus. Bei ganz langsamer Anregung folgt die Masse genau der Anregungsfunktion. Am besten kann man sich das bei der Weganregung in Abb. 6.36 vorstellen: Die Masse verschiebt sich um den gleichen Betrag wie die Anregung. Mit zunehmender Erregerfrequenz wächst die Amplitude, bis diese bei $\eta = 1$ unendlich groß wird. Diese Stelle nennt man Resonanz. Auffällig ist, dass die Vergrößerungsfunktion ihr Vorzeichen wechselt. Nach Überscheiten

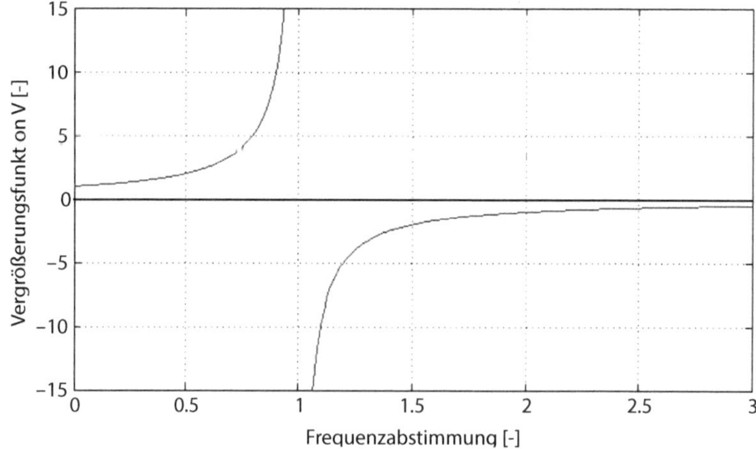

Abb. 6.37 Darstellung der Vergrößerungsfunktion V über der Frequenzabstimmung

der Resonanzfrequenz, wenn die Erregerfrequenz Ω genau so groß ist wie die Eigenkreisfrequenz ω, ist die Erregeramplitude gegenphasig zur Amplitude der Masse. Geht die Amplitude der Erregung nach unten, bewegt die Masse sich nach oben und andersherum. Steigert man die Erregerfrequenz weiter, geht die Amplitude der Masse asymptotisch gegen Null. Das System ist dann zu träge, um der Anregung zu folgen.

6.2.3.2 Gedämpfte, erzwungene Schwingungen

Es folgt die Analyse von erzwungenen Schwingungen an viskos gedämpften Systemen. Bei diesen Systemen ist eine exakte Betrachtung der Art der aufgebrachten Erregung von Bedeutung, da sich unterschiedliche Verhaltensmuster einstellen. Die Erregung über eine äußere Kraft oder über den Fußpunkt der Feder lässt sich zwar wieder auf die gleiche Differentialgleichung zusammenführen, aber eine Anregung über den Fußpunkt des Dämpfers oder durch eine rotierende Unwucht (Masse) liefert unterschiedliche Gleichungen. Daher werden drei unterschiedliche Fälle betrachtet:

Der erste Fall in Abb. 6.38 liefert durch den Schwerpunktsatz in z-Richtung:

$$m\ddot{z} + d\dot{z} + cz = F_0 \cos(\Omega t).$$

Mit den schon getroffenen Abkürzungen:

$$2\delta = \frac{d}{m}; \quad \omega^2 = \frac{c}{m}; \quad z_0 = \frac{F_0}{c}$$

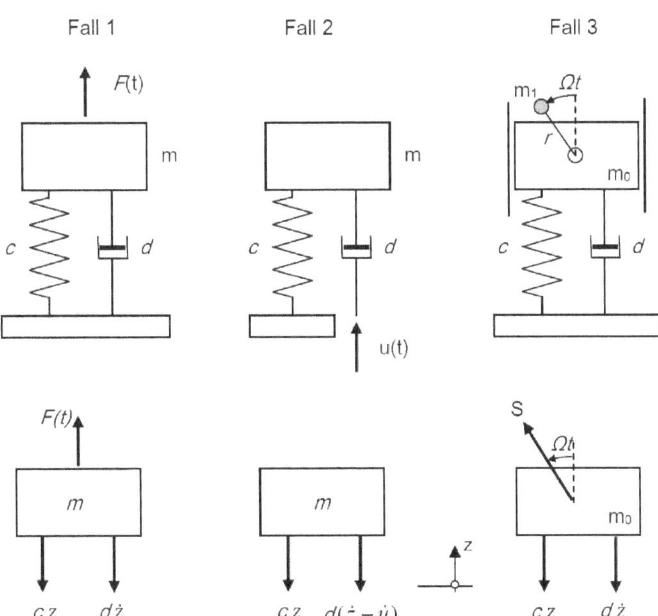

Abb. 6.38 Schwingungsfähige Systeme mit Dämpfung und Anregung

überführt man die Gleichung für den ersten Fall in die Form:

$$\ddot{z} + 2\delta\dot{z} + \omega^2 z = \omega^2 z_0 \cos(\Omega t).$$

Für den zweiten Fall wird angenommen, dass $u(t) = z_0 \cdot \sin(\Omega t)$ und man erhält

$$m\ddot{z} + d(\dot{z} - z_0 \cdot \Omega \cdot \cos(\Omega t)) + cz = 0$$

mit den weiteren Abkürzungen

$$D = \frac{\delta}{\omega}; \quad \eta = \frac{\Omega}{\omega}$$

folgt die Bewegungsgleichung für den zweiten Fall in der Form:

$$\ddot{z} + 2\delta\dot{z} + \omega^2 z = 2D\eta\omega^2 z_0 \cdot \cos(\Omega t).$$

Im dritten Fall, der Erregung durch eine rotierende Unwucht, erhält man aus dem Schwerpunktsatz für die Masse m_1 die Kraft S zu:

$$\cos(\Omega t) \cdot S = -m_1 \cdot \left[\ddot{z} - r\Omega^2 \cos(\Omega t)\right].$$

Aus dem Schwerpunktsatz für die Masse m_0 die Gleichung:

$$(m_0 + m_1)\ddot{z} + d\dot{z} + cz = m_1 r\Omega^2 \cos(\Omega t),$$

mit den Abkürzungen

$$m_0 + m_1 = m; \quad z_0 = \frac{m_1}{m_0}r$$

kann die Differentialgleichung umgeschrieben werden:

$$\ddot{z} + 2\delta\dot{z} + \omega^2 z = \omega^2 \eta^2 z_0 \cos(\Omega t).$$

Die drei Differentialgleichungen ähneln sich bis auf Konstanten auf der rechten Seite:

$$\ddot{z} + 2\delta\dot{z} + \omega^2 z = \omega^2 z_0 \cos(\Omega t)$$

$$\ddot{z} + 2\delta\dot{z} + \omega^2 z = 2D\eta\omega^2 z_0 \cdot \cos(\Omega t)$$

$$\ddot{z} + 2\delta\dot{z} + \omega^2 z = \eta^2 \omega^2 z_0 \cos(\Omega t).$$

Setzt man für den ersten Fall $E = 1$, für den zweiten Fall $E = 2D\eta$ und für den dritten Fall $E = \eta^2$ kann die Differentialgleichungen vereinheitlicht werden:

$$\ddot{z} + 2\delta\dot{z} + \omega^2 z = E\omega^2 z_0 \cos(\Omega t).$$

Auch hier interessiert nur die partikuläre Lösung, da man davon ausgeht, dass der homogene Anteil durch Reibung und Dämpfung abklingt. Gewählt wird einen Ansatz vom „Typ der rechten Seite", wobei eine mögliche Phasenverschiebung zwischen Erregeramplitude und Ortsfunktion der Masse berücksichtigt wird. Daher wird die Ansatzfunktion um den Phasenwinkel α erweitert:

$$z_\mathrm{p} = z_0 V \cos(\Omega t - \alpha).$$

Mit Hilfe des Additionstheorems kann der Lösungsansatz umgeformt werden:

$$z_\mathrm{p} = z_0 V \left[\cos(\Omega t) \cdot \cos\alpha + \sin(\Omega t) \cdot \sin\alpha\right].$$

Es folgen dann:

$$\dot{z}_\mathrm{p} = z_0 V \Omega \left[-\sin(\Omega t) \cdot \cos\alpha + \cos(\Omega t) \cdot \sin\alpha\right]$$

$$\ddot{z}_\mathrm{p} = z_0 V \Omega^2 \left[-\cos(\Omega t) \cdot \cos\alpha - \sin(\Omega t) \cdot \sin\alpha\right].$$

Einsetzen in die Differentialgleichung liefert:

$$z_0 V \Omega^2 [-\cos(\Omega t) \cdot \cos\alpha - \sin(\Omega t) \cdot \sin\alpha] +$$

$$2\delta z_0 V \Omega [-\sin(\Omega t) \cdot \cos\alpha + \cos(\Omega t) \cdot \sin\alpha] +$$

$$\omega^2 z_0 V [\cos(\Omega t) \cdot \cos\alpha + \sin(\Omega t) \cdot \sin\alpha] = E\omega^2 z_0 \cos(\Omega t).$$

Durch Umordnen und Einführen der Frequenzabstimmung η folgt:

$$[-V\eta^2 \cos\alpha + 2DV\eta \sin\alpha + V \cos\alpha - E] \cdot \cos(\Omega t) +$$

$$[-V\eta^2 \sin\alpha - 2DV\eta \cos\alpha + V \sin\alpha] \cdot \sin(\Omega t) = 0.$$

Diese Gleichung ist für beliebige Zeiten t nur dann erfüllt, wenn die Ausdrücke in den Klammern Null werden. Somit erhält man zwei Gleichungen um V und α zu bestimmen:

$$V \cdot [-\eta^2 \cos\alpha + 2D\eta \sin\alpha + \cos\alpha] = E$$

$$-\eta^2 \sin\alpha - 2D\eta \cos\alpha + \sin\alpha = 0.$$

Die letzte Gleichung bestimmt den Phasen-Frequenzgang:

$$\tan\alpha = \frac{2D\eta}{1 - \eta^2}.$$

Mit Hilfe trigonometrischer Umformungen kann man $\sin\alpha$ und $\cos\alpha$ durch den $\tan\alpha$ ausdrücken:

$$\sin\alpha = \frac{\tan\alpha}{\sqrt{1 + \tan^2\alpha}}; \quad \cos\alpha = \frac{1}{\sqrt{1 + \tan^2\alpha}}$$

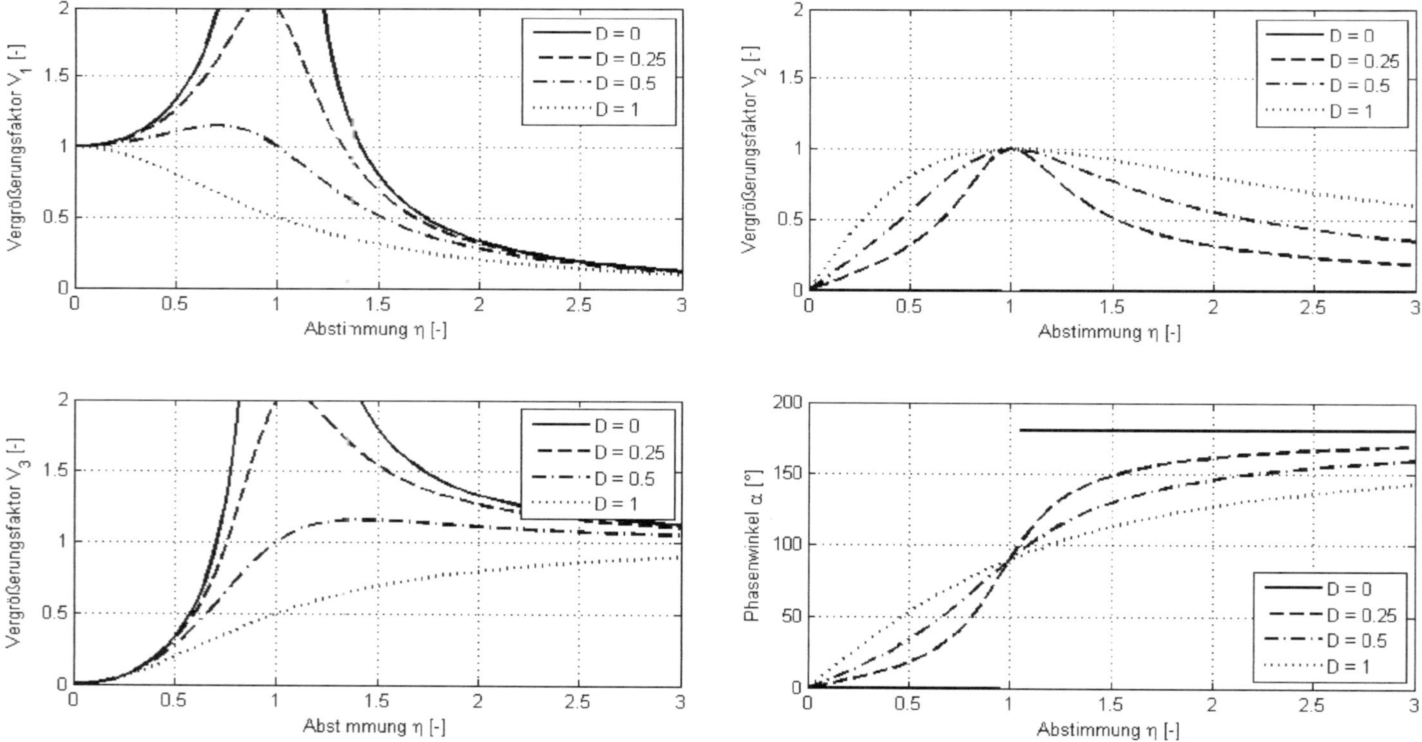

Abb. 6.39 Darstellung des Amplituden- und Phasen-Frequenzgangs. V_1 bezieht sich auf den Fall 1, V_2 auf Fall 2 und V_3 auf Fall 3, beim Phasenwinkel erfolgt keine Fallunterscheidung

und den Amplituden-Frequenzgang (V) direkt, ohne den Phasenwinkel, bestimmen:

$$V = \frac{E}{\sqrt{(1 - \eta^2)^2 + 4D^2\eta^2}}.$$

Abbildung 6.39 stellt die unterschiedlichen Verläufe der Vergrößerungsfunktionen dar. V_1 entspricht für $D = 0$ der Abb. 6.37, nur dass hier der Betrag der Funktion dargestellt wird. Mit zunehmenden Dämpfungsmaß D nehmen die Amplituden ab. Bei einer Erregung über den Dämpfer (V_2) hat die Vergrößerungsfunktion ihr Maximum von Eins an der Resonanzstelle $\eta = 1$. Davor, im unterkritischen Bereich, steigt die Funktion monoton, im überkritischen Bereich fällt die Vergrößerungsfunktion monoton gegen Null. Bei einer Unwuchtanregung startet die Vergrößerungsfunktion bei Null, erst wenn die Unwucht erregende Masse eine nennenswerte Zentripetalbeschleunigung verursacht, vergrößert sich die Vergrößerungsfunktion und läuft dann asymptotisch gegen den Wert Eins.

Am Phasenfrequenzgang erkennt man den Wechsel des Vorzeichens beim Durchgang durch die Resonanzstelle. Dies erfolgt bei ungedämpfter Schwingung schlagartig. Je höher das Dämpfungsmaß ist, desto früher setzt die Phasenverschiebung ein.

Beispiel 6.11

Das in Abb. 6.40 dargestellte System ($m = 0{,}4\,\text{kg}$, $c = 4000\,\text{N/m}$, $d = 40\,\text{Ns/m}$) wird mit der Kraft $F(t) = 100\,\text{N}\cos(70\,1/s\,t)$ erregt. Bestimmt werden die maximale Amplitude im eingeschwungenen Zustand! Um wie viel Grad (Phasenversatz) folgt das Maximum der Ortsfunktion dem Maximum der Anregungsfunktion (im eingeschwungenen Zustand)?

Der Schwerpunktsatz in z-Richtung liefert die Bewegungsgleichung:

$$m\ddot{z} + d\dot{z} + cz = F_0\cos(\Omega t).$$

Sie ist vom Typ des ersten Falls. Mit den Definitionen

$$2\delta = \frac{d}{m}; \quad \omega^2 = \frac{c}{m}; \quad z_0 = \frac{F_0}{c}$$

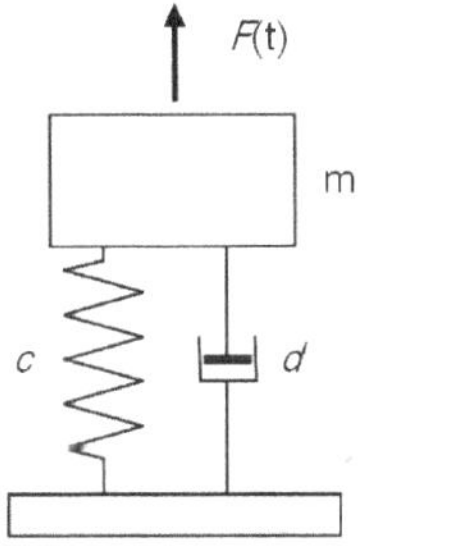
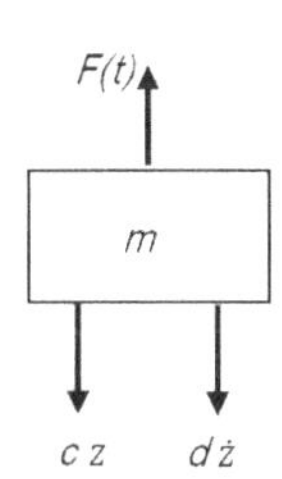

Abb. 6.40 System und Freikörperbild zum Beispiel 12.11

folgt:

$$\delta = \frac{d}{2m} = 50\,\frac{1}{\text{s}}; \quad \omega = \sqrt{\frac{c}{m}} = 100\,\frac{1}{\text{s}}; \quad z_0 = \frac{F_0}{c} = 0{,}025\,\text{m};$$

$$D = \frac{\delta}{\omega} = 0{,}5; \quad \eta = \frac{\Omega}{\omega} = 0{,}7.$$

Einsetzten in die Vergrößerungsfunktion

$$V = \frac{1}{\sqrt{\left(1 - \eta^2\right)^2 + 4D^2\eta^2}} = \frac{1}{\sqrt{\left(1 - 0{,}7^2\right)^2 + 4 \cdot 0{,}5^2 \cdot 0{,}7^2}} = 1{,}155$$

liefert den Vergrößerungsfaktor von 1,155. Das bedeutet, im eingeschwungenen Zustand hat das System eine Amplitude von:

$$A = 1{,}155 \cdot 0{,}025\,\text{m} = 0{,}029\,\text{m}.$$

Der Winkel α beschreibt die Phasenverschiebung zwischen dem Maxima der Anregungsfunktion und der Wegfunktion der Masse:

$$\alpha = \tan^{-1}\left[\frac{2D\eta}{1 - \eta^2}\right] = \tan^{-1}\left[\frac{2 \cdot 0{,}5 \cdot 0{,}7}{1 - 0{,}7^2}\right] = 53{,}9°.$$

Beispiel 6.12

Ein vereinfachtes Radmodell ($m = 25\,\text{kg}$) mit Aufbaufeder ($c_1 = 25\,\text{kN/m}$) und Reifenfeder ($c_2 = 150\,\text{kN/m}$), sowie einem Aufbaudämpfer ($d = 100\,\text{Ns/m}$) überfährt eine Kosinus-förmige Fahrbahn, wie in Abb. 6.41 dargestellt. Vereinfachend wird

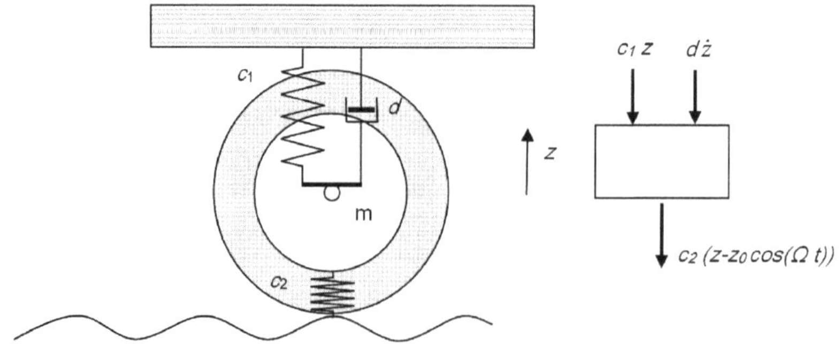

Abb. 6.41 Skizze zur Aufgabenstellung des Beispiels

angenommen, dass die Fahrbahn am Fahrzeug vorbeizieht, somit handelt es sich um eine Fußpunkterregung an der Reifenfeder.

Welche maximale Kraft im eingeschwungenen Zustand (es wirkt nur noch die partikuläre Lösung) wirkt vom Rad gegen die als feste Platte dargestellte Anbindung an das Fahrzeug bei einer Erregerfrequenz von $\Omega = 100\ 1/\mathrm{s}$ und $z_0 = 0{,}03\,\mathrm{m}$?

Als erstes wird der Schwerpunktsatz in z-Richtung für die Radmasse m aufgestellt:

$$m\ddot{z} + d\dot{z} + c_1 z + c_2(z - z_0 \cos(\Omega t)) = 0$$

$$m\ddot{z} + d\dot{z} + (c_1 + c_2)z = c_2 z_0 \cos(\Omega t).$$

Auf der rechten Seite findet sich jetzt mit $c_2 z_0 \cdot \cos(\Omega t)$ eine Kraft. $c_2 z_0$ kann durch F_0 bzw. $4500\,\mathrm{N}$ ersetzt werden:

$$m\ddot{z} + d\dot{z} + (c_1 + c_2)z = F_0 \cos(\Omega t).$$

Somit folgt:

$$\ddot{z} + \frac{d}{m}\dot{z} + \frac{(c_1 + c_2)}{m}z = \frac{F_0}{m}\cos(\Omega t),$$

bzw. mit

$$\frac{d}{m} = 4\,\frac{1}{\mathrm{s}} = 2\delta; \qquad \frac{(c_1 + c_2)}{m} = 7000\,\frac{1}{\mathrm{s}^2} = \omega^2$$

$$\ddot{z} + 2\delta\dot{z} + \omega^2 z = \frac{F_0}{(c_1 + c_2)}\omega^2 \cos(\Omega t),$$

wobei

$$\frac{F_0}{(c_1 + c_2)}$$

einem Weg $(0{,}0257\,\mathrm{m})$ entspricht, der mit z_R bezeichnet wird.

$$\ddot{z} + 2\delta\dot{z} + \omega^2 z = z_\mathrm{R}\omega^2 \cos(\Omega t).$$

Diese Gleichung repräsentiert die Differentialgleichung für den ersten Fall $E = 1$. Die Vergrößerungsfunktion für diesen Fall ist in Abb. 6.39 links oben zu sehen. Da hier eine bestimmte Erregerfrequenz gegeben ist, erhält man mit $\eta = 1{,}19$ den Vergrößerungswert:

$$V = \frac{1}{\sqrt{(1 - \eta^2)^2 + 4D^2\eta^2}} = 2{,}31.$$

Die Bewegungsfunktion des Rades ist jetzt gegeben mit:

$$z(t) = z_\mathrm{R} V \cos(\Omega t - \alpha) = 0{,}0257\,\mathrm{m} \cdot 2{,}31 \cdot \cos(\Omega t - \alpha)$$

$$z(t) = 0{,}0594\,\mathrm{m} \cdot \cos(\Omega t - \alpha).$$

Damit wird die größte Kraft, welche über die Feder eingeleitet wird:

$$F_{c1} = c_1 z_R = 25\,\text{kN/m} \cdot 0{,}0594\,\text{m} = 1{,}484\,\text{kN}.$$

Über den Dämpfer wird die Kraft:

$$F_d = d \cdot \dot{z} = -100\,\frac{\text{N s}}{\text{m}} \cdot 0{,}0594\,\text{m} \cdot 100\,\frac{1}{\text{s}} \cdot \sin(\Omega t - \alpha)$$

eingeleitet. Das Maximum der Dämpferkraft ist

$$F_d = 594\,\text{N}.$$

Das Vorzeichen in der Gleichung für den zeitlichen Verlauf der Dämpferkraft muss den Anfangsbedingungen angepasst werden. Bei einer kosinusförmigen Anregung würde die Dämpferkraft in Abb. 6.41 in die entgegengesetzte Richtung zeigen, da sich beim Kosinus die Amplitude verkleinert und die Geschwindigkeit negativ wird. Dieses wird eingearbeitet, wodurch sich bei der Gleichung für die Dämpferkraft das Vorzeichen ändert. Die beiden Kräfte treten nicht zur gleichen Zeit auf, sie sind um den Phasenwinkel

$$\tan\alpha = \frac{2D\eta}{1-\eta^2} = -0{,}132$$
$$\alpha = -7{,}5°$$

versetzt, das bedeutet, man muss den zeitlichen Verlauf der Kräfte überlagern, um das Maximum zu bestimmen:

$$F_{c1} = 1484\,\text{N} \cdot \cos(\Omega t + 7{,}5°)$$
$$F_d = 594\,\text{N} \cdot \sin(\Omega t + 7{,}5°).$$

Abbildung 6.42 zeigt den zeitlichen Verlauf der Kräfte. Man sieht, dass es durch die Überlagerung zu Spitzenwerten von ca. 1600\,N kommt. Ihre Maxima erreichen die Kräfte nie gleichzeitig.

Natürlich kann das Maximum auch aus der Funktion bestimmt werden. Die Gleichung für die Kraft auf die Anbindung ist:

$$F_A = 1484\,\text{N} \cdot \cos(\Omega t + 7{,}5°) + 594\,\text{N} \cdot \sin(\Omega t + 7{,}5°).$$

Nullsetzen der ersten Ableitung nach der Zeit liefert den Zeitpunkt für das Erreichen eines Extremwertes:

$$\frac{dF_A}{dt} = -1484\,\text{N} \cdot \Omega \cdot \sin(\Omega t + 7{,}5°) + 594\,\text{N} \cdot \Omega \cdot \cos(\Omega t + 7{,}5°) \overset{!}{=} 0$$

$$\tan(\Omega t + 7{,}5°) = \frac{594\,\text{N}}{1484\,\text{N}} = 0{,}4 \Rightarrow \Omega t = 21{,}8° - 7{,}5° = 14{,}3°.$$

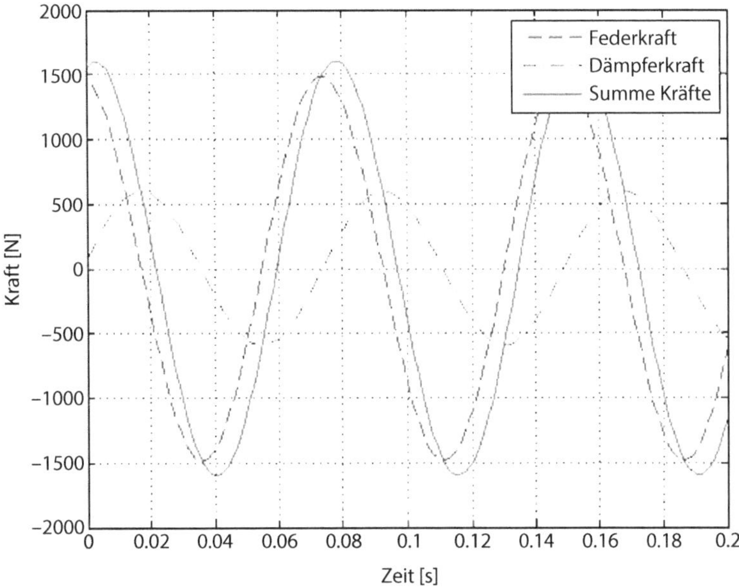

Abb. 6.42 Zeitliche Überlagerung der Kräfte an der Anbindung zum Fahrzeug. Durch den Phasenversatz liegt das Maximum der Kräfte bei ca. 1600 N

Setzt man diesen in die Gleichung für die Kraft ein, bestimmt sich das Maximum zu:

$$F_{\text{A}} = 1484\,\text{N} \cdot \cos(21{,}8°) + 594\,\text{N} \cdot \sin(21{,}8°) = 1598{,}5\,\text{N}.$$

6.3   Elemente zur Beeinflussung der Vertikaldynamik

Die Fahrbahnen für Kraftfahrzeuge enthalten Unebenheiten, die Vertikalbewegungen verursachen. Die Elemente zur Beeinflussung der Vertikalbewegung haben das Ziel, für die Fahrzeuginsassen einen ausreichenden Komfort zu generieren, das Ladegut zu schonen und Radlastschwankungen (aktive Sicherheit) zu minimieren.

Mechanisch verhält sich das Fahrzeug in vertikale Richtung wie ein Schwingungssystem. Wie im vorangegangenen Kapitel gezeigt, ist die Eigenfrequenz eines Fahrzeugs abhängig von der Masse und der Federsteifigkeit. Da ein Fahrzeug mit unterschiedlichen Gesamtmassen betrieben werden kann, bedeutet das, dass sich je nach Beladungszustand die Eigenfrequenz des Fahrzeugs ändert. Ein Zustand, den man nicht schätzt. Denn zum einen muss der Fahrer sich an die neue Frequenz gewöhnen, zum anderen sind weitere Elemente, wie Dämpfer, möglicherweise exakt auf eine Eigenfrequenz abgestimmt. Die

Masseänderung kann beim Kleinwagen bis zu 50 % betragen, bei Mittelklassefahrzeugen liegt sie bei ca. 20 %, bei Lkws können es 150 % sein.

Insbesondere an Federn besteht daher die Anforderung, dass diese progressiv sein sollen. Das bedeutet bei zunehmender Einfederung eine Vergrößerung der Federsteifigkeit (die Feder wird härter). Damit erreicht man bei einer größeren statischen Einfederung durch mehr Masse ein Anwachsen der Federsteifigkeit.

6.3.1 Federn

Beim Pkw dominiert die Schraubenfeder und hat fast alle anderen Federarten, wie die Blatt- oder Drehstabfeder, verdrängt. Grund dafür ist ihre kompakte Bauform. Durch Integration des Schwingungsdämpfers in die Schraubenfeder kann dieses Element sehr platzsparend verbaut werden, siehe Abb. 6.43.

Im Gegensatz zur Blattfeder, Abb. 6.44, kann die Schraubenfeder keine Radführungsaufgaben übernehmen. Es ist zusätzlicher Aufwand für evtl. Längs- bzw. Querlenker nötig. Die Drehstabfeder kann platzsparend in ein Fahrzeugkonzept integriert werden, doch muss das Fahrzeug dafür ausgelegt sein.

6.3.1.1 Blattfedern

Diese Federungsart findet man hauptsächlich in Lkws und kostengünstigen Kleinwagen. Wie in Abb. 6.44 dargestellt, hat sie den Vorteil, dass sie die Achsführung übernehmen kann, doch beeinflussen zum Beispiel Querkräfte die Federungseigenschaften in vertikale Richtung durch Reibung.

Das Wirkprinzip der Blattfeder beruht auf der Durchbiegung eines Balkens. Ist dieser auf beiden Seiten in vertikale Richtung gelagert, verursacht die einwirkende Kraft eine

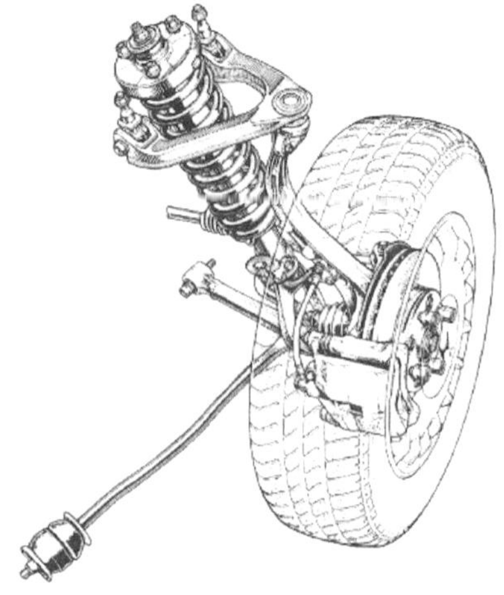

Abb. 6.43 Doppelquerlenker-Vorderradaufhängung mit Federdämpferbein. Die Schraubenfeder integriert den Dämpfer und bildet eine kompakte Einheit. [1]

Abb. 6.44 Hinterachse eines Kleinlieferwagens, nach [1]. Blattfedern übernehmen die Achsführung. Sie übertragen die vertikalen Kräfte wie Gewichtskraft und Radlastschwankungen auf den Fahrzeugaufbau. Gleichzeitig übertragen sie auch Längskräfte (Brems- und Antriebskräfte) und Querkräfte (Kurvenfahrt) auf den Aufbau

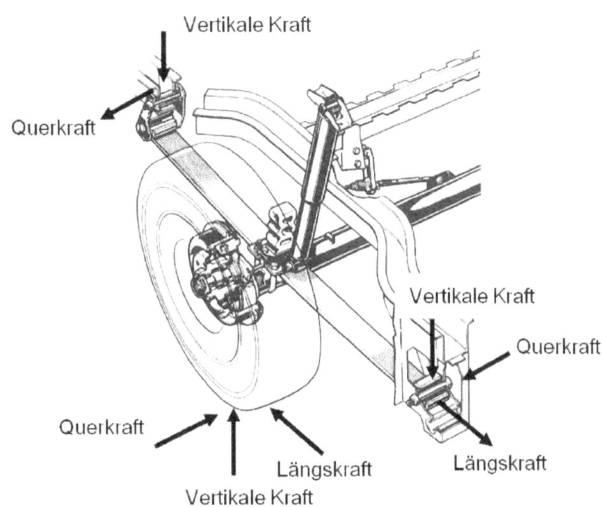

Verformung. Diese Verformung ist proportional zur wirkenden Kraft und liefert die Federkonstante, siehe Abb. 6.45.

Mit der Annahme einer mittigen Krafteinleitung lässt sich die Verformung in vertikale Richtung (w) mit Hilfe der Biegelinie für einen Träger auf zwei Stützen bestimmen.

$$w = \frac{F\,l^3}{48E\,I}.$$

Dabei sind F die einwirkende Kraft, l die Länge des Balkens, E das Elastizitätsmodul und I das Flächenmoment zweiter Ordnung um die Biegeachse. Die Federsteifigkeit bestimmt sich, siehe Abschn. 6.2.1.1, zu:

$$c = \frac{48E\,I}{l^3}.$$

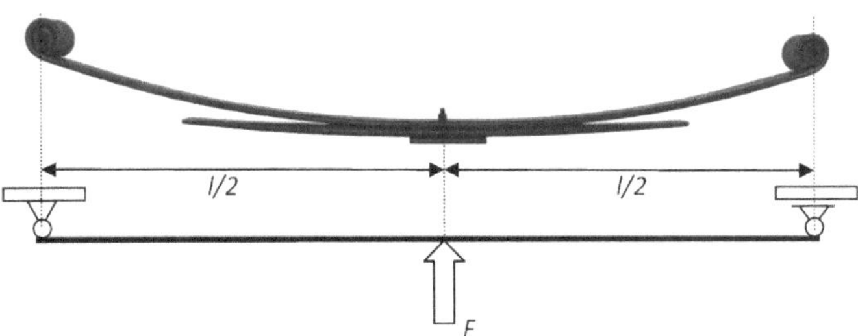

Abb. 6.45 Wirkprinzip einer Blattfeder, nach [2]: ein Biegebalken wird durch eine Kraft belastet und verformt sich proportional zur einwirkenden Kraft. Die Feder ist gekrümmt, um Bauraum zu sparen. Bei Einfederung verformt sie sich in Richtung „gerade". Dabei wird die Feder länger. Eine Lasche am rechten Ende der Feder (Loslager) ermöglicht dieses

Die in Abb. 6.45 dargestellte Blattfeder hat noch eine Besonderheit: Federt diese stark durch, legt sich der untere, waagerechte Balken auf die Feder und ändert die Krafteinleitung. Die einwirkende Kraft wird jetzt nicht mehr als Einzelkraft in die Biegefeder eingeleitet, sondern über den waagerechten Balken als Flächenkraft. Zusätzlich muss sich der waagerechte Balken mitverformen, wenn die Durchbiegung noch größer werden soll. Dieses erhöht die Federsteifigkeit zusätzlich und die Feder wird progressiv.

Betrachtet man die Spannung in der Blattfeder, muss diese für das größte auftretende Biegemoment dimensioniert werden. Dieses tritt an der Krafteinleitungsstelle auf und wird dann zu den Stützen hin immer kleiner, an den Stützen ist es Null, gemäß Abb. 6.46.

Die Biegespannung ist proportional zum Biegemoment (σ_B):

$$\sigma_\mathrm{B} = \frac{M_\mathrm{B}}{W_\mathrm{B}}.$$

Hier bedeutet M_B das Biegemoment und W_B das Biegewiderstandsmoment. Auf den Seiten links und rechts der Krafteinleitung wäre eine Blattfeder mit konstantem Querschnitt überdimensioniert. Es bieten sich zwei Möglichkeiten an, um Material, und damit Gewicht, einzusparen. Entweder man ändert die Breite des Querschnitts proportional zum Biegemoment oder die Höhe des Querschnitts. Die Änderung der Höhe ist auf zwei unterschiedliche Arten realisierbar: Durch Übereinanderlegen von einzelnen Blattlagen (Trapezfeder) oder durch die Dickenänderung einzelner Blattlagen. Blattfedern mit einer Dickenänderung in der Blattfeder heißen Parabelfedern. Da die Höhe quadratisch in das Biegewiderstandsmoment (W_B) eines Rechtecks eingeht ist dieses die wirkungsvollere Methode.

$$W_\mathrm{B} = \frac{b \cdot h^2}{6}.$$

Bei der Trapezfeder liegen die einzelnen Lagen aufeinander. Zwischen ihnen herrscht Reibung, welche sich im Laufe der Zeit und abhängig von Umwelteinflüssen ändern kann. Ihr Ansprechverhalten ist ungenau, dafür aber robust. Bricht eine der Federlagen, ändert sich die Federsteifigkeit, aber der Betrieb des Fahrzeugs ist weiter möglich. Bei einer Parabelfeder gibt es keine Reibung zwischen den Federlagen, ihr Ansprechverhalten ist definierter. Bricht die Parabelfeder ist ein Betrieb des Fahrzeugs nicht mehr möglich. Um diesen Nachteil zu umgehen, werden auch Parabelfedern mehrlagig ausgeführt, siehe Abb. 6.47.

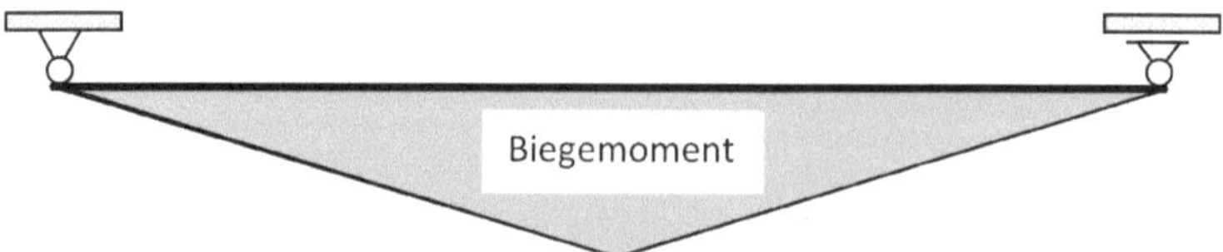

Abb. 6.46 Biegemomentenverlauf an einer Blattfeder bei mittiger Krafteinleitung

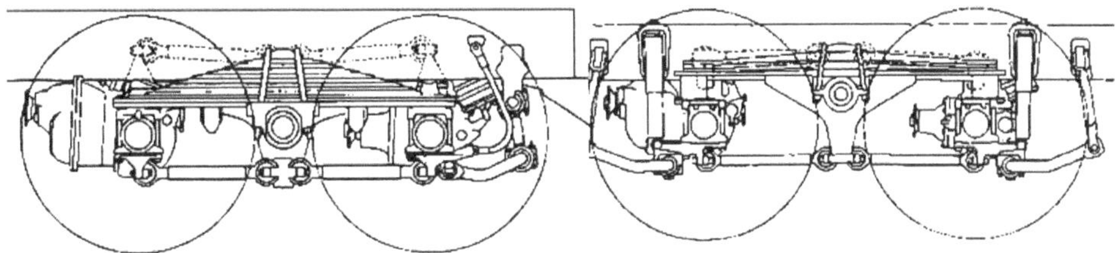

Abb. 6.47 Doppelachsaggregate für schwere Nutzfahrzeuge (MAN). Auf der linken Seite eine Trapezfeder mit mehreren übereinandergelegten Blattfedern, rechts eine dreilagige Parabelfeder [3]

6.3.1.2 Drehstabfedern

Der Drehstabfeder kommt eine elementare Bedeutung auch für Schraubenfedern zu, weshalb diese vor der Schraubenfeder analysiert wird.

Abbildung 6.48 zeigt die Vorderachse eines Geländefahrzeugs, welches mit einer Drehstabfederung ausgestattet ist. Der Drehstab (2) stutzt sich mit dem einstellbaren Lager (3) an der Karosserie ab. Am anderen Ende ist der Drehstab (2) fest mit dem unteren Querlenker (1) verbunden. Ähnlich wie der obere Querlenker (5) sich um seine Anlenkpunkte (8) dreht, kann sich auch der untere Querlenker (1) verdrehen. Dabei muss dieser aber den an (3) fest eingespannten Drehstab (2) tordieren.

In Abb. 6.48 ist das Wirkprinzip der Drehstabfeder deutlich erkennbar. Die Federwirkung entsteht durch das Verdrehen des Stabes. Das mechanische Ersatzbild stellt sich wie in Abb. 6.49 dar.

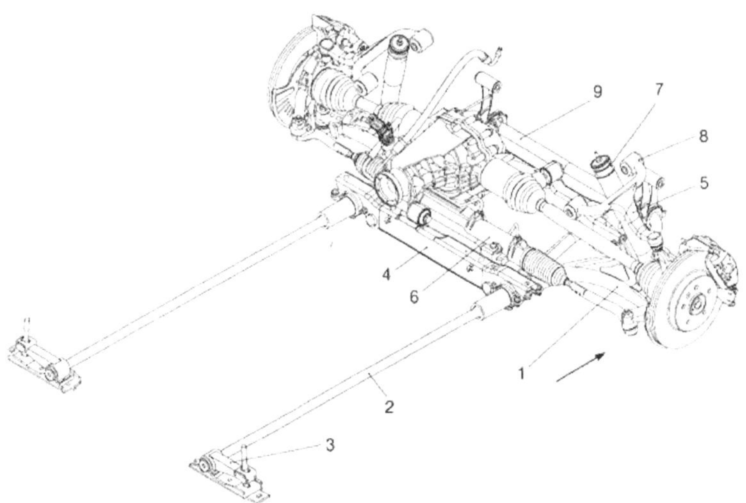

Abb. 6.48 Vorderachse eines Geländefahrzeugs (Mercedes-Benz, M-Klasse) mit Drehstabfederung. [1]

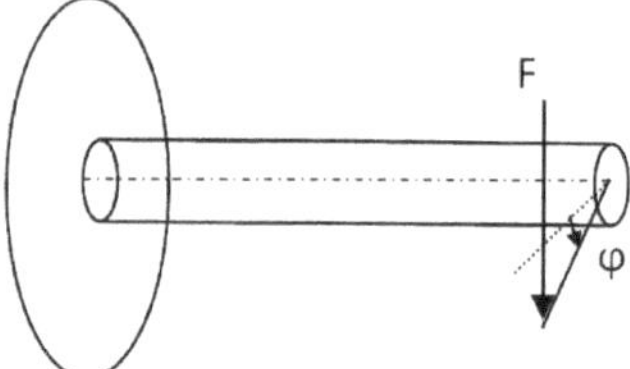

Abb. 6.49 Wirkprinzip einer Drehstabfeder: Durch die Kraft am Hebelarm wird ein Moment auf die Welle/den Stab aufgebracht, welches diesen elastisch verformt

Den Zusammenhang zwischen dem Moment und der Verformung (Winkel im Bogenmaß) ist aus der Elastostatik bekannt:

$$\Phi = \frac{M_\mathrm{T} \cdot l}{G \cdot I_\mathrm{T}}.$$

Dabei bedeuten M_T das Torsionsmoment, l die Länge der Drehstabfeder, G das Gleit- oder Schubmodul und I_T das Torsionsflächenträgheitsmoment. Greift die Kraft F im Abstand R von der Drehachse an und bezeichnet man die Absenkung infolge der Kraft als w, ergibt sich die folgende Federsteifigkeit (c):

$$c \cdot w = F \qquad c = \frac{G \cdot I_\mathrm{T}}{l \cdot R^2}.$$

Drehstabfedern sind nicht progressiv, sie können in Längs- oder in Querrichtung im Fahrzeug angeordnet werden.

6.3.1.3 Schraubenfedern

Eine Schraubenfeder ist im Prinzip eine spiralförmig aufgewickelte Drehstabfeder, die an ihren Enden so ausläuft, dass eine einigermaßen plane Fläche für die Federteller entsteht, siehe Abb. 6.50. Folgerichtig wird dieser Draht auch bei der Schraubenfeder auf Torsion (Verdrehung) beansprucht. Die Endbegrenzung der Druckfeder ist klar definiert. Die einzelnen Windungen liegen (bei gleichem Windungsdurchmesser) aufeinander. Die Feder liegt dann auf Block.

Das Wirkprinzip ist von der Drehstabfeder bekannt, doch wird es für die „aufgewickelte" Schraubenfeder noch einmal getrennt analysiert. Hier wird eine Schraubenfeder mit einigen Besonderheiten betrachtet, doch lassen sich die Erkenntnisse auf jede Schraubenfeder übertragen.

Die Kraft F wirkt mit dem Hebelarm R als Torsionsmoment auf den Federdraht mit dem Durchmesser d. Dieses Moment erzeugt eine Verdrehung pro Längeneinheit von:

$$\Phi' = \frac{F \cdot R}{G \cdot I_\mathrm{T}}.$$

Mit G als Gleit- oder Schubmodul dem Torsionsflächenträgheitsmoment:

$$I_\mathrm{T} = \frac{\pi \cdot d^4}{32}$$

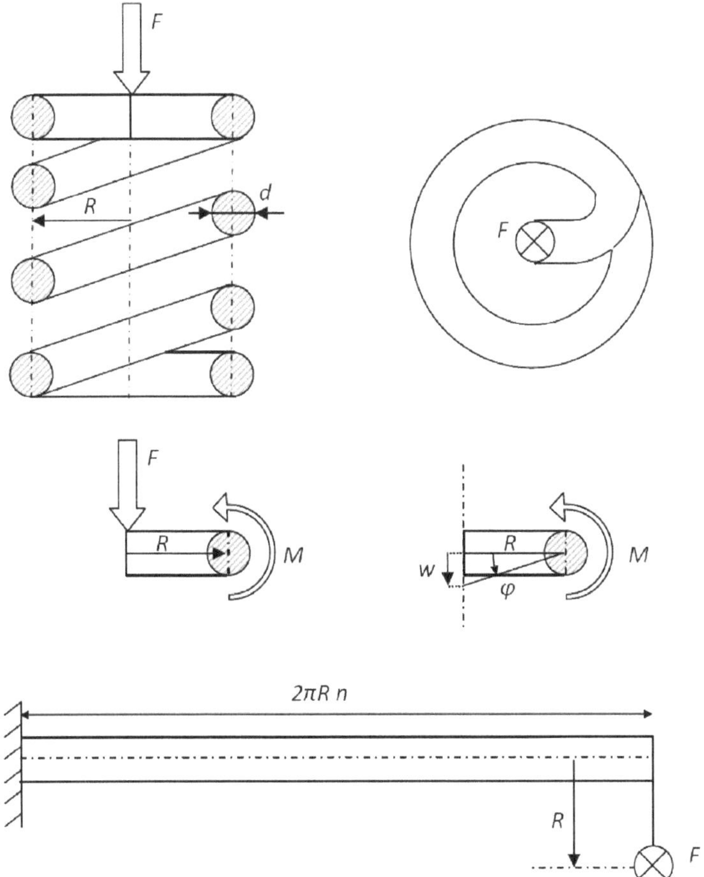

Abb. 6.50 Wirkprinzip einer Schraubenfeder: Die Kraft F wirkt im Abstand R als Torsionsmoment auf den Federdraht. Dieses wirkt über die ganze Länge der Federabwicklung ($2\pi R\,n$) mit n Windungen und tordiert den Federdraht. Die Verdrehung φ mal R liefert den Federweg

folgt der Verdrehwinkel des Torsionsstabs, wenn die Verdrehung pro Längeneinheit mit der Länge multipliziert wird. Die Länge ergibt sich aus der Abwicklung der Schraubenfeder mit n Windungen:

$$\Phi = \frac{F \cdot R \cdot 32 \cdot (2 \cdot \pi \cdot R \cdot n)}{G \cdot \pi \cdot d^4} = \frac{64 \cdot F \cdot R^2 \cdot n}{G \cdot d^4}.$$

Die Wegänderung der Kraft erhält man, wenn der Verdrehwinkel mit dem Abstand R multipliziert wird

$$w = \Phi \cdot R,$$

Abb. 6.51 Progressive
Schraubenfedern: Bei der
Feder links im Bild wird die
Progressivität durch die Verwendung eines doppelseitigen
konischen Federdrahtes erreicht. Die Federsteifigkeit
ändert sich von anfänglich
9,8 N/mm auf 31,4 N/mm. Bei
der Feder rechts im Bild ist
ein sich ändernder Wicklungs-
durchmesser zu sehen [2]

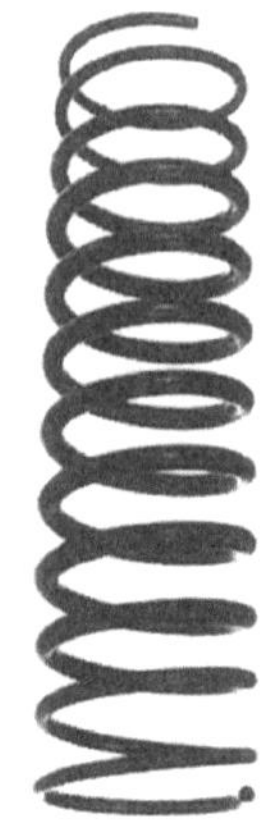

so dass man als Federsteifigkeit mit

$$F = c \cdot w$$

schließlich

$$c = \frac{G \cdot d^4}{64 \cdot R^3 \cdot n}$$

erhält.

Eine Progressivität der Schraubenfeder erhält man, indem man den Drahtdurchmesser
(d) (konischer Federdraht), den Windungsdurchmesser ($2R$) oder die Windungen (n) pro
Länge variiert, eine Kombination der Maßnahmen ist ebenfalls möglich, siehe Abb. 6.51.

Durch geschickte Wahl der Windungsdurchmesser lassen sich so genannte Miniblock-
federn erzeugen, siehe Abb. 6.52. Sie benötigen in der Höhe weniger Platz und beanspru-
chen daher weniger Bauraum.

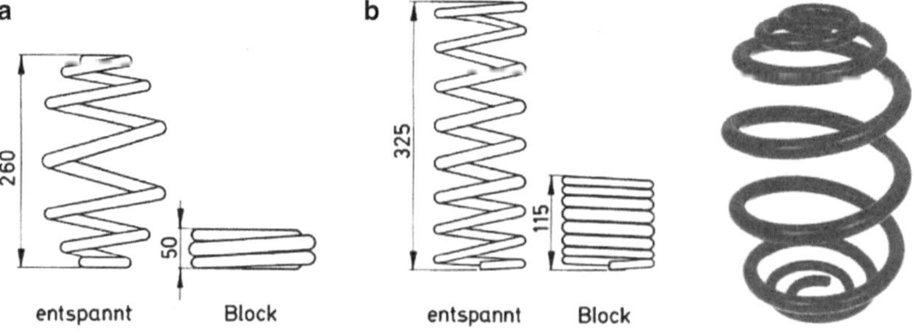

Abb. 6.52 Miniblockfeder (**a**) im Vergleich mit einer zylindrischen Schraubenfeder. Beide Federn
sind progressiv und haben die gleiche Federrate. **b** eine ausgeführte Miniblockfeder [2]

6.3.1.4 Luftfederung

Bei den vorangegangenen Federungen wurde die Federarbeit durch eine Formänderung eines festen Werkstoffes aufgenommen. Bei der Luft- oder Gasfederung ist das federnde Medium gasförmig, die Federarbeit wird durch eine Druck- und Volumenänderung aufgenommen.

Alle Omnibusse, aber auch immer mehr Lkw sind mit Luftfederung ausgestattet. Der Grund dafür ist die weiche, gut abstimmbare Federung und die damit verbundene Erhöhung des Fahrkomforts. Beim Lkw steht die Schonung des Ladeguts im Vordergrund, aber auch die Vorteile der recht einfachen Niveauregulierung sind beim Be- und Entladevorgang nicht mehr wegzudenken. Auch in Oberklassenfahrzeugen hält die Luftfederung Einzug. Dem Gewinn an Komfort steht hier aber ein ungleich höherer Aufwand entgegen, da diese Fahrzeuge im Vergleich zu Lkw keine Lufterzeugung (für die Fremdkraftbremsanlage) an Bord haben.

Das Wirkprinzip der Luftfeder lässt sich an Abb. 6.53 leicht erklären: Eine Kraft wirkt auf ein Luftvolumen. Die Luft ist kompressibel und wird bei Belastung zusammengedrückt, ohne Belastung vergrößert sich das Luftvolumen wieder auf den Ausgangszustand.

Dabei wird von einer sehr schnellen Zustandsänderung ausgegangen, so dass diese als adiabatisch (kein Energieaustausch mit der Umgebung) betrachtet werden kann. Das bedeutet, dass der Druck p im Kolben, siehe Abb. 6.53, multipliziert mit dem Volumen V hoch dem Polytropen-Exponent n, konstant sein muss.

$$p \cdot V^n = \text{konst.}$$

Da sich bei einer Belastung durch die Kraft F Druck und Volumen ändern können, gilt:

$$\mathrm{d}p \cdot V^n + n \cdot p \cdot V^{n-1}\mathrm{d}V = 0$$

und man erhält für die Abhängigkeit der Änderung des Druckes bei Änderung des Volumens:

$$\frac{\mathrm{d}p}{\mathrm{d}V} = -n \cdot \frac{p}{V}.$$

Abb. 6.53 Wirkprinzip einer Luftfeder

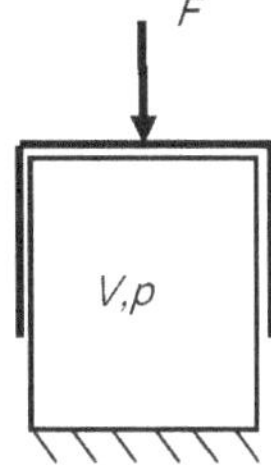

Die Federsteifigkeit (c) ist die Ableitung der Kraft nach dem Weg (w). Druck (p) mal Kolbenfläche (A) ergibt die Kraft F. Somit gilt:

$$c = -\frac{\mathrm{d}F}{\mathrm{d}w} = -\frac{\mathrm{d}(p \cdot A)}{\mathrm{d}w} = -\frac{\mathrm{d}(p \cdot A)}{\mathrm{d}(V/A)} = -\frac{\mathrm{d}p}{\mathrm{d}V} \cdot A^2 = \frac{n \cdot p \cdot A^2}{V}.$$

Das negative Vorzeichen vor dem Kraft/Weg-Gradienten folgt aus der Tatsache, dass eine positive Auslenkung eine negative Kraft in der Feder verursacht. Will man die Eigenfrequenz der Luftfeder bestimmen, wird $F = pA = mg$ gesetzt und man erhält für die Eigenfrequenz:

$$\omega_0^2 = \frac{c}{m} = \frac{n \cdot p \cdot A^2}{V \cdot m} = \frac{n \cdot mg \cdot A}{V \cdot m} = \frac{n \cdot g \cdot A}{V}.$$

Bei Beladung um Δm und einer Zustandsänderung ohne Temperaturänderung ($n = 1$) ändert sich der Druck auf

$$p_1 = \frac{mg + \Delta mg}{A}$$

und das Volumen

$$V_1 = \frac{p \cdot V}{p_1}.$$

Die Eigenfrequenz ändert sich:

$$\omega_1^2 = \frac{n \cdot g \cdot A}{V_1} = \frac{n \cdot g \cdot A \cdot p_1}{p \cdot V} = \frac{n \cdot g^2 \cdot (m + \Delta m)}{p \cdot V}.$$

Da p im Ausgangszustand mg/A ist, folgt:

$$\omega_1^2 = \frac{n \cdot g^2 \cdot (m + \Delta m) \cdot A}{m \cdot g \cdot V} = \omega_0^2 \cdot \left(1 + \frac{\Delta m}{m}\right).$$

Mit steigender Beladung wird die Eigenfrequenz größer. Bei einer Stahlfeder wird die Eigenfrequenz bei steigender Beladung kleiner:

$$\omega_{1,\text{Stahl}}^2 = \frac{c}{m + \Delta m} = \omega_{0,\text{Stahl}}^2 \cdot \left(\frac{1}{1 + \frac{\Delta m}{m}}\right).$$

Kombiniert man die Luftfederung mit einer Niveauregulierung, wird das Volumen V_1 wieder auf V vergrößert und die Eigenfrequenz bleibt trotz Beladung konstant:

$$\omega_1^2 = \frac{n \cdot g \cdot A}{V_1} \xrightarrow{\text{Niveauregulierung}} \omega_1^2 = \frac{n \cdot g \cdot A}{V} = \omega_0^2.$$

Abbildung 6.54 zeigt beispielhaft den Aufbau einer Luftfederung.

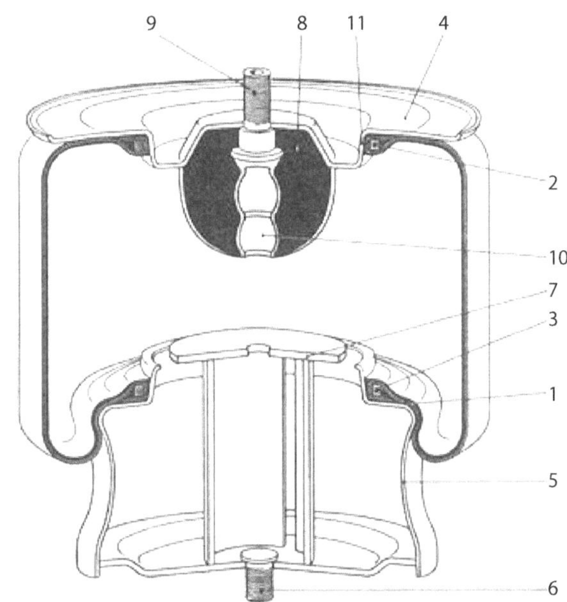

Abb. 6.54 Luftfeder-Rollbalg eines Lkws der Firma Continental. Der Aufbau ähnelt der Beschaffenheit eines Reifens. Auf dem Unterbau (*1*) und der oberen Platte (*4*) sind die Wulstkerne (*2*) und (*3*) verankert. Mit den Befestigungsschrauben (*6*) und (*9*) wird das Element mit der Achse und dem Aufbau verschraubt. Durch die Befestigungsschraube (*9*) und den Kanal (*10*) im Anschlagpuffer kann Luft zum Niveauausgleich in den Balg ein- oder ausströmen [1]

Beispiel 6.13

Ein Luftfederkörper mit einem Radius von 6 cm hat bei einer Belastung von 4000 N einer Höhe von 10 cm. Um wieviel cm wird der Luftfederkörper zusammengedrückt, wenn sich die belastende Kraft schnell (adiabatisch, $n = 1{,}4$) auf 6000 N bzw. auf 8000 N ändert (siehe Abb. 6.55)?

Es gilt:

$$p_0 \cdot V_0^{1,4} = p_1 \cdot V_1^{1,4}.$$

V_0 ist durch die Aufgabenstellung gegeben:

$$A = \pi \cdot r^2 = 113\,\text{cm}^2; \quad V_0 = A \cdot h = 1131\,\text{cm}^3.$$

Auch die Drucksteigerung ist vorgegeben (*F/A*). Somit lässt sich das Volumen bei gestiegener Belastung berechnen:

$$V_1 = \left(\frac{p_0}{p_1} \cdot V_0^{1,4} \right)^{\frac{1}{1,4}} = \left(\frac{4000\,\text{N}}{6000\,\text{N}} \cdot \left(1131\,\text{cm}^3 \right)^{1,4} \right)^{\frac{1}{1,4}} = 847\,\text{cm}^3.$$

Die zugehörige Stauchung des Luftkörpers (*z*) folgt aus der Differenz zwischen der Ausgangshöhe (10 cm) und der zum verringerten Volumen gehörigen Höhe:

$$h_1 = \frac{847\,\text{cm}^3}{113\,\text{cm}^2} = 7{,}49\,\text{cm} \Rightarrow z_1 = 10\,\text{cm} - 7{,}49\,\text{cm} = 2{,}51\,\text{cm}.$$

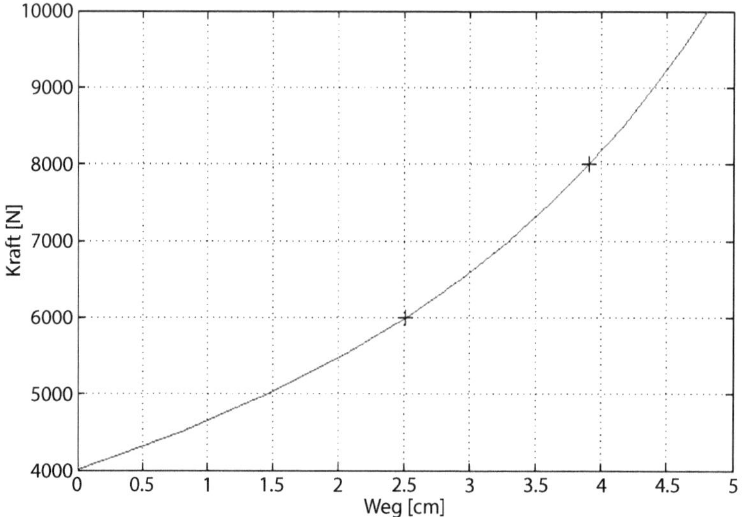

Abb. 6.55 Kraft/Weg-Diagramm der im Beispiel beschriebenen Luftfeder

Analog folgt die Stauchung bei 8000 N:

$$V_2 = \left(\frac{p_0}{p_2} \cdot V_0^{1,4} \right)^{\frac{1}{1,4}} = \left(\frac{4000\,\text{N}}{8000\,\text{N}} \cdot \left(1131\,\text{cm}^3 \right)^{1,4} \right)^{\frac{1}{1,4}} = 689\,\text{cm}^3$$

$$h_2 = \frac{689\,\text{cm}^3}{113\,\text{cm}^2} = 6{,}10\,\text{cm} \;\Rightarrow\; z_1 = 10\,\text{cm} - 6{,}10\,\text{cm} = 3{,}90\,\text{cm}.$$

Der Zusammenhang ist in Abb. 6.55 dargestellt.

Beispiel 6.14

Bei einer Modifikation des Fahrwerks wird eine identische Feder, aber mit sechs statt acht Federwicklungen, verbaut. Wie ändert sich die Federsteifigkeit, wie ändert sich die Eigenfrequenz des Fahrzeug?

Die Abhängigkeit der Federsteifigkeit von der Wicklungsanzahl ist gegeben durch:

$$c = \frac{G \cdot d^4}{64 \cdot R^3 \cdot n}.$$

Die Änderung der Wicklungszahl von acht auf sechs macht die Feder härter, die Federsteifigkeit steigt um den Faktor:

$$c^* = \frac{8}{6} \cdot c = 1{,}33 \cdot c.$$

Damit ändert sich die Eigenkreisfrequenz um 15,5 %:

$$\omega^* = \sqrt{\frac{c^*}{m}} = \sqrt{\frac{1{,}33 \cdot c}{m}} = \sqrt{1{,}33} \cdot \omega = 1{,}155 \cdot \omega.$$

6.3.2 Dämpfer

Wie im Abschn. 6.2.1 der Schwingungslehre gezeigt, braucht man die Federelemente im Fahrwerk, um Fahrbahnunebenheiten durch die Federwirkung aufnehmen zu können. Im weiteren zeitlichen Verlauf sind unendlich lange Schwingungsvorgänge (freie, ungedämpfte Schwingung) aber unerwünscht, die Schwingungsamplituden sollen möglichst schnell abklingen. Angestrebt ist also eine gedämpfte Schwingung. Der aperiodische Grenzfall wäre hier vorteilhaft. Betrachtet man das Überfahren einer Bodenunebenheit als Schwingung, so soll beim Einfedern über das Hindernis eine möglichst geringe Dämpfung auftreten, die Unebenheit soll durch das Einfedern der Feder „geschluckt" werden. Beim Ausfedern wünscht man sich die Wirkung des Dämpfungselements, damit die Schwingung möglichst schnell abklingt. Gleichzeitig soll das Rad aber der Fahrbahnoberfläche folgen, um den Bodenkontakt nicht zu verlieren. Aus diesem Grund haben Dämpfungselemente im Fahrzeug unterschiedliche Charakteristiken beim Ein- und Ausfedern.

Die im Fahrzeug eingesetzten Schwingungsdämpfer arbeiten hydraulisch und die Dämpfungskraft ist proportional zur Geschwindigkeit. Die Dämpfungskonstante für Dämpfer in Pkw liegt im Zugbereich bei 8000 bis 12.000 Ns/m, im Druckbereich bei 2000 bis 4000 Ns/m. Der hydraulischen Wirkung ist eine Reibungskraft überlagert (Trockene Reibung, Abschn. 6.2.2.1), welche den Schwingungsvorgang nach endlicher Zeit enden lässt.

Die Dämpfer sind als hydraulische Teleskop-Dämpfer in Einrohr- oder Zweirohrbauart ausgeführt, siehe Abb. 6.56. Das Wirkprinzip ist bei beiden Bauarten gleich: Ein mit Ventilen versehener Kolben bewegt sich in einer viskosen Flüssigkeit auf und ab. Dabei muss die Flüssigkeit durch die Ventile strömen und erzeugt einen geschwindigkeitsabhängigen Strömungswiderstand. Die mechanische Arbeit wird dabei in Wärme umgewandelt. Die Ventile sind für jede Strömungsrichtung anders ausgelegt, so erzeugt man die unterschiedlichen Charakteristiken für die Zug- und die Druckstufe. Durch die Wirkungsweise

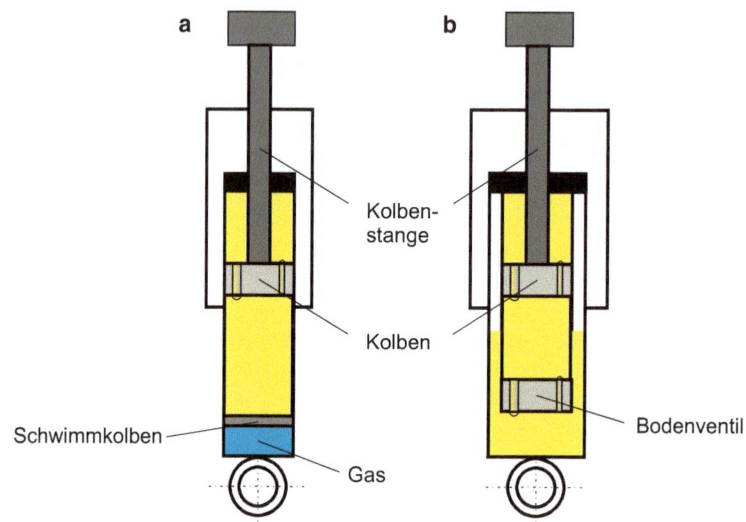

Abb. 6.56 Hydraulische Schwingungsdämpfer in Einrohr- (**a**) und Zweirohrbauart (**b**)

bedingt ist das unterschiedlich tiefe Eintauchen des Kolbens in die Flüssigkeit. Da der Kolben von einer Kolbenstange geführt wird, welche beim Eintauchen Flüssigkeit verdrängt, muss ein Volumenausgleich für die nahezu inkompressible Flüssigkeit geschaffen werden.

Bei einem Einrohrdämpfer wird die von der Kolbenstange verdrängte Flüssigkeit durch das Komprimieren eines Gasvolumens aufgenommen. Dazu wird der in Abb. 6.56 (**a**) dargestellte Schwimmkolben verschoben. Das Gas steht unter einem Druck von ca. 30−60 bar, um Kavitation, also Aufschäumen, zu verhindern. Hierin ist auch der Hauptnachteil des Einrohrdämpfers begründet: Die Trennung von Gas und Flüssigkeit erfordert eine hohe Fertigungspräzision, was kostenintensiv ist. Des Weiteren unterliegt die Dichtung dem Verschleiß, was die Lebensdauer begrenzt. Die Vorteile eines Einrohrdämpfers sind die gute Wärmeableitung und eine beliebige Einbaulage.

Ein Zweirohrdämpfer (b in Abb. 6.56) gleicht das Flüssigkeitsvolumen über ein Bodenventil in einen Mantelraum aus. Dieser steht nicht unter einem Vordruck, so dass die Flüssigkeit im statischen Fall unter Umgebungsdruck steht. Die Herstellung des Zweirohrdämpfers ist günstiger, da die Anforderungen an die Dichtungen deutlich geringer sind. Der fehlende Vordruck liefert keinen Schutz vor Kavitation, so dass diese Bauart zur Blasenbildung neigt. Die Wärmeabfuhr ist ungünstiger, der Durchmesser größer und die Einbaulage ist nur senkrecht oder leicht geneigt möglich.

Nachdem die elementare Wirkungsweise von Dämpfern vorgestellt wurde, wird deutlich, dass diese, z. B. verursacht durch verschiedene Beladungszustände, immer nur ein Kompromiss zwischen Komfort und Sicherheit bieten können. Da heutzutage Informationen über die Fahrgeschwindigkeit, Querbeschleunigung, Lenkwinkel, Gas- und Bremsbetätigung während des Betriebs des Fahrzeuges vorliegen, kann man beispiels-

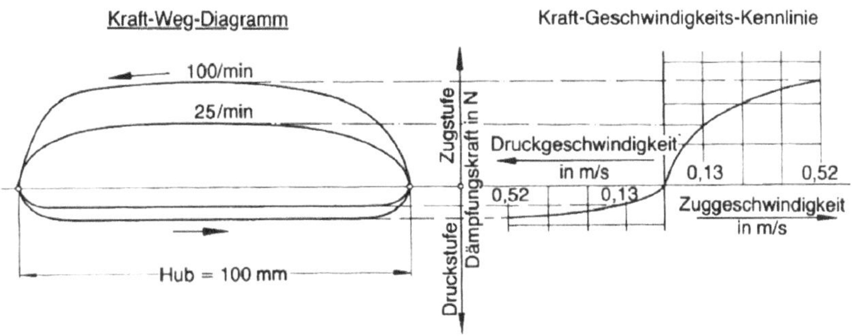

Abb. 6.57 Dämpfungsdiagramm und -kennlinie. Rechts ist die Kraft-Geschwindigkeitskennlinie eines Dämpfers dargestellt. Gut zu erkennen sind die unterschiedlichen Charakteristiken im Zug- und Druckbereich. Das linke Bild zeigt ein Kraft-Weg-Diagramm, gemessen an einem Exzenter-Testgerät mit 100 mm Hub. Unterschiedliche Geschwindigkeiten können daran über verschiedene Drehzahlen realisiert werden [3]

weise die Charakteristik durch ein Magnetventil am Dämpfer definiert dem Fahrzustand anpassen und dadurch Komfort und Fahrsicherheit erhöhen. Eine beispielhafte Kennlinie zeigt Abb. 6.57.

Für die Fahrsicherheit wichtig ist das Zusammenspiel von Feder und Dämpfer. Die Feder speichert die mechanische Arbeit, der Dämpfer wandelt sie in Wärme um. Aktive Fahrwerke verzichten auf die Feder zur Speicherung der Energie. Die Fahrbahnunebenheit wird vom Dämpfer aufgenommen, zum „Ausfedern" des Rades muss aktiv eingegriffen werden, was eine Menge Energie kostet.

6.3.3 Gummi-Metall-Elemente

Gummi-Metall-Elemente werden für die elastische Verbindung von Aggregaten zur Karosserie verwendet. Ihre Aufgabe ist die Reduktion von Körperschall, zum Teil auch der Ausgleich von Fertigungstoleranzen. Sie werden bei Motor- und Getriebeaufhängungen ebenso wie bei Lenker-Karosserie-Verbindungen eingesetzt.

Abbildung 6.58 zeigt den Aufbau eines Gummi-Metall-Elementes. Eine äußere und innere Metallhülse werden durch eine Elastomerschicht festhaftend verbunden. Die Elastomerschicht ist elastisch und kann Verformungen in alle Richtungen aufnehmen. Durch geschickte Formgebung des Elastomers können unterschiedliche Steifigkeiten in verschiedenen Richtungen erzeugt werden, siehe Abb. 6.59.

Abb. 6.58 Gummi-Metall-Element

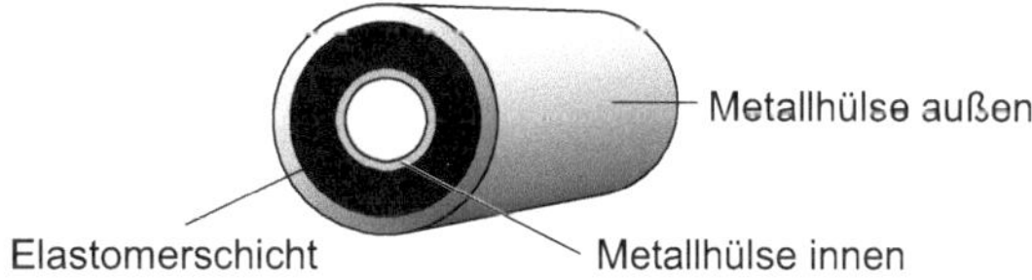

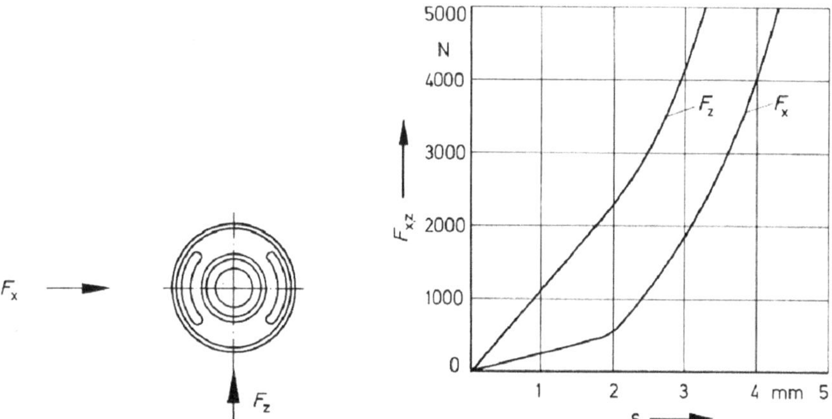

Abb. 6.59 Gummi-Metall-Lager mit unterschiedlichen Steifigkeiten in die x- und z-Richtung. In x-Richtung ist eine starke Progressivität zu erkennen, nachdem die 2 mm Spalt überwunden sind [1]

Im niedrigen Frequenzbereich sind diese Elemente rein elastisch, allerdings nicht linear. Im höheren Frequenzbereich treten viskose Eigenschaften des Gummis auf.

Beispiel 6.15

Um wie viele mm würde sich das Lager aus Abb. 6.60 in die x- und y-Richtung verschieben, wenn eine Kraft von 1500 N aus einer Richtung, welche um 60° zur x-Achse geneigt ist, auf das Lager wirken würde?

Eine Kraft, welche 60° zur x-Achse geneigt ist, hat einen projektierten Anteil in die x-Richtung von

$$F_x = \cos{(60°)} \cdot 1500\,\mathrm{N} = 750\,\mathrm{N}$$

und einen Anteil in die z-Richtung von

$$F_z = \sin(60°) \cdot 1500\,\mathrm{N} = 1299\,\mathrm{N}.$$

Aus dem Diagramm liest man für eine Kraft in x-Richtung von 750 N eine Verschiebung von ca. 2,2 mm ab, in z-Richtung für eine Kraft von 1300 N ca. 1,2 mm. Während die Kraft unter einem Winkel von 60° zur x-Achse auf das Lager wirkt, verschiebt sich das Lager in eine Richtung unter dem Winkel

$$\alpha = \tan^{-1}\left(\frac{1,2}{2,2}\right) = 28,6°$$

zur x-Achse. Mit Hilfe dieser Eigenschaft des Lagers können Fahrwerkskomponenten bewusst so ausgelegt werden, dass ein Fahrzeug mehr oder weniger untersteuert.

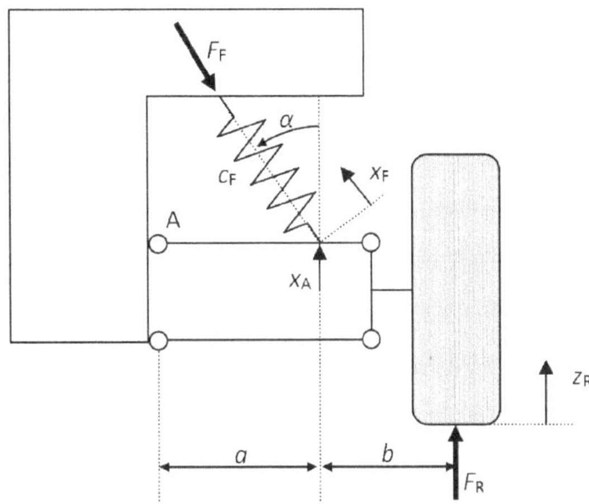

Abb. 6.60 Vereinfachtes Federungsmodell zur Bestimmung der Feder-Übersetzung

6.3.4 Schrägstellung von Federn und Dämpfern

In den meisten Fällen greifen die Federkräfte nicht direkt und senkrecht an dem Radaufstandspunkt an. Somit muss für die Wirkung der Feder ein Übersetzungsverhältnis (λ) berücksichtigt werden. Betrachtet man Abb. 6.60, so wirkt die Feder unter einem Winkel α zur Senkrechten auf den oberen Querlenker im Abstand b zum Radaufstandspunkt. Vereinfachend wird angenommen, dass das Rad sich dabei um den Punkt A drehen kann. Bewegt sich der Radaufstandspunkt um z_R, wird die Feder mit der Steifigkeit c_F um x_F zusammengedrückt. Das Verhältnis zwischen z_R und x_F wird Übersetzungsverhältnis λ genannt. Dieses soll für das in Abb. 6.60 dargestellte System bestimmt werden um daraus die Radfedersteifigkeit zu berechnen.

Geht man davon aus, dass sich das ganze Rad um den Punkt A dreht, folgt für die Verschiebung des Anbindungspunktes der Feder an den oberen Querlenker (x_A) in vertikale Richtung:

$$\frac{z_R}{a+b} = \frac{x_A}{a} \rightarrow x_A = \frac{a}{a+b} \cdot z_R.$$

Da die Feder um den Winkel α zur Vertikalen schräg gestellt ist, wird sie um das Maß x_F zusammengedrückt:

$$x_F = x_A \cdot \cos\alpha = \frac{a \cdot \cos\alpha}{(a+b)} \cdot z_R$$

und λ ergibt sich zu:

$$\lambda = \frac{a \cdot \cos\alpha}{(a+b)}.$$

In der Feder wirkt jetzt die Kraft:

$$F_F = c_F \cdot \lambda \cdot z_R.$$

Will man das Verhältnis zwischen der Kraft am Rad und der Kraft an der Feder bestimmen, muss ein Momentengleichgewicht um den Punkt A aufgestellt werden:

$$F_\mathrm{F} \cdot \cos\alpha \cdot a - F_\mathrm{R} \cdot (a + b) = 0$$

$$F_\mathrm{R} = F_\mathrm{F} \cdot \frac{a \cdot \cos\alpha}{a + b} = F_\mathrm{F} \cdot \lambda$$

$$F_\mathrm{R} = c_\mathrm{F} \cdot \lambda^2 \cdot z_\mathrm{R}.$$

Es zeigt sich, dass die Federkonstante mit dem Quadrat des Übersetzungsverhältnisses multipliziert werden muss, um die Wirkung der schrägliegenden, versetzten Feder zu berücksichtigen.

Es sei angemerkt, dass sich bei größerer Einfederung auch die Längen a und b ändern. Berücksichtigt man dieses, bleibt das Übersetzungsverhältnis nicht konstant und man erhält eine „Kinematische Progressivität" der Feder. Analog wird auch die Schrägstellung von Dämpfern berücksichtigt.

Beispiel 6.16

Es soll der Übersetzungsfaktor der Radaufhängung in Abb. 6.60 bestimmt werden, wenn $a = 0{,}4\,\mathrm{m}$, $b = 0{,}3\,\mathrm{m}$ und $\alpha = 30°$ sind!

Den Übersetzungsfaktor bestimmt man nach:

$$\lambda = \frac{a \cdot \cos\alpha}{(a + b)}$$

zu

$$\lambda = \frac{0{,}4\,\mathrm{m} \cdot \cos 30°}{(0{,}7\,\mathrm{m})} = 0{,}49.$$

Das bedeutet, dass die schräg verbaute Feder mit der Federsteifigkeit c in einem Modell, in dem die Radeinfedersteifigkeit c^* benötigt wird, mit dem Quadrat des Übersetzungsverhältnisses multipliziert werden muss:

$$c^* = 0{,}49^2 \cdot c = 0{,}24 \cdot c.$$

6.4 Fahrzeugmodelle

Modelle zur Analyse des dynamischen Verhaltens von Fahrzeugen können in unterschiedlicher Komplexität dargestellt werden. Im Extremfall wäre das Modell eines Fahrzeugs, welches aus möglicherweise 10.000 Einzelkörpern besteht und jeder dieser Körper sechs Freiheitsgrade hat, durch 60.000 Bewegungsgleichungen bestimmt. Diese zu lösen ist sehr zeitaufwändig und nur mit leistungsstarken Rechnern möglich. Der kausale Zusammenhang zwischen Eigenschaften eines Körpers und dem Gesamtergebnis geht dabei häufig verloren. Daher ist es durchaus legitim und hilfreich, kleinere oder vereinfachte Submodelle zu erstellen.

Mit den erlernten Methoden können verschiedene Modelle eines Fahrzeugs erstellt und analysiert werden. In der Längsdynamik ist es häufig ausreichend, ein Fahrzeug als Ein-Massen-Modell zu betrachten, um Radlasten, Widerstandkräfte und Fahrleistungen zu bestimmen. Geht es um Fahrkomfort, in der Längsdynamik z. B. um den Antriebsstrang, muss dieser mit Teilmassen, Steifigkeiten und Dämpfungen modelliert werden. Gleiches gilt für die Quer- und Vertikaldynamik. Auch hier ist es von der Problemstellung abhängig, wie aufwändig und exakt man ein Fahrzeug modelliert. Kommerzielle Fahrdynamikprogramme können eine Vielzahl an Massen und Freiheitgrade berücksichtigen. Mit jeder Teilmasse steigt sowohl der Rechenaufwand, als auch der Bedarf an Informationen über die Eigenschaften der Teilmasse und ihrer Anbindung an den Grundkörper, bzw. das Fahrzeug.

Abbildung 6.61 zeigt ein dreidimensionales Modell zur Analyse der Vertikaldynamik. Es besteht aus fünf Massen (vier Räder und Aufbau). Die Radmassen haben jeweils einen Verschiebungs-Freiheitsgrad in vertikale Richtung, der als steif modellierte Aufbau hat drei Freiheitsgrade: Verschiebung in vertikale Richtung, Drehung um x- und y-Achse.

Fahrbahnunebenheiten werden durch die Fußpunktverschiebung der Radaufstandsflächen vorgegeben, als Ergebnis erhält man Hub-, Nick- und Wankbewegungen des Aufbaus. Dass der Aufbau sich möglicherweise unter der Wirkung der Kräfte tordiert, wird in diesem Modell nicht berücksichtigt, ebenso wenig die Auswirkung des Motors. Dieser ist als schwere Masse an den Aufbau gekoppelt und durch die Motor-Getriebe-Lager elastisch mit dem Aufbau verbunden. Wird der Aufbau zu Schwingungen angeregt, fängt auch der Motor an zu schwingen und wirkt mit seinen dynamischen Kräften auf den Aufbau zurück, was die Bewegung des Aufbaus beeinflusst. Möchte man dieses mit berücksichtigen, müsste man vom Aufbau die Masse des Motors abziehen, ebenso von den Trägheitsmomenten, und den Motor als zusätzliche Masse mit Trägheitsmomenten und elastischen

Abb. 6.61 Dreidimensionales
Modell zur Vertikaldynamik

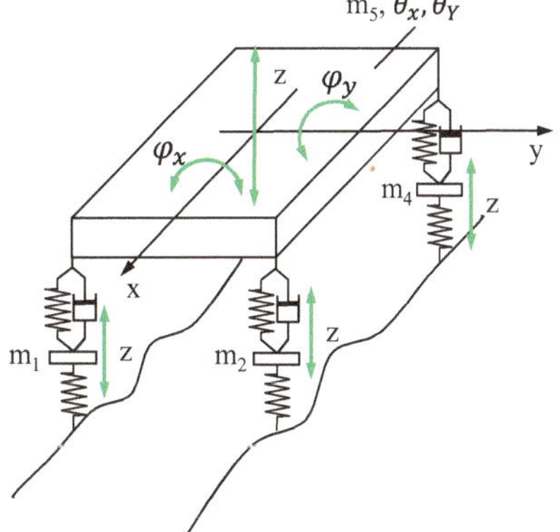

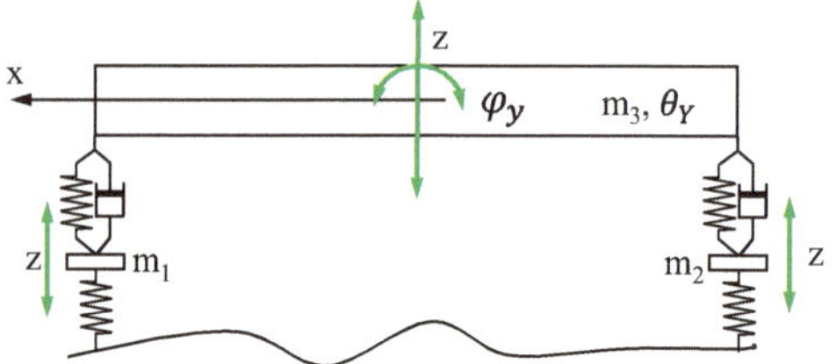

Abb. 6.62 Zweidimensionales Hub-Nickmodell nach Willumeit, drei Massen, vier Freiheitsgrade [4]

Anbindungen an den Aufbau modellieren. Daher ist eine gezielte Vorabüberlegung über die gewünschte Analyse des Berechnungsmodelle erforderlich, denn mit zunehmender Modellierungstiefe steigt der Aufwand erheblich, andererseits begrenzt eine niedrige Modellierungstiefe die Güte der Ergebnisse.

Verzichten man auf die Wankbewegung (Drehen des Aufbaus um die x-Achse) können die Untersuchungen zur Vertikaldynamik auch ein einem zweidimensionalen Modell durchgeführt werden, siehe Abb. 6.62.

Bei diesem Modell können keine unterschiedlichen Anregungen auf der rechten und linken Fahrzeugseite vorgegeben werden, jede Achse bewegt sich jetzt nur vertikal. Der Aufbau kann Hub- und Nickbewegungen ausführen. Er ist als starrer Balken modelliert. Auch wenn diese Annahme nicht richtig ist, denn der Aufbau ist elastisch und lässt sich verbiegen, lässt sich ein Fahrzeug im niederen Frequenzbereich damit hinreichend gut modellieren. Die Gültigkeit dieses Modells ist auf Frequenzen deutlich unter der ersten Biegeeigenfrequenz des Aufbaus (20–30 Hz) begrenzt. Beide Räder laufen in der gleichen Spur, so dass die Anregung des Vorderrades mit einem zeitlichen Versatz von Geschwindigkeit durch Radstand auch das Hinterrad anregt.

Für die Handrechnung beherrschbar ist das eindimensionale Viertel-Fahrzeug-Modell. Es stellt ein Viertel eines symmetrischen Fahrzeugs dar und hat zwei Freiheitsgerade. Die Radmasse sowie die Masse des (Viertel-) Aufbaus können sich in z-Richtung bewegen. Modelliert werden die Reifensteifigkeit und -dämpfung, die Steifigkeit der Aufbaufeder und die Dämpfung des Schwingungsdämpfers.

In Abb. 6.63 ist das Viertel-Fahrzeug-Modell dargestellt. Mit Hilfe des Freischnitts können die Bewegungsgleichungen für die beiden Körper in z-Richtung aufgestellt werden.

$$m_A \ddot{z}_A = -c_A \cdot (z_A - z_R) - d \cdot (\dot{z}_A - \dot{z}_R)$$

$$m_R \ddot{z}_R = +c_A \cdot (z_A - z_R) + d \cdot (\dot{z}_A - \dot{z}_R) - d_R \cdot \dot{z}_R - c_R \cdot z_R.$$

Dieses sind zwei gekoppelte, homogene Differentialgleichungen, die durch elementare Umformungen auf die Form:

$$\begin{bmatrix} m_A & 0 \\ 0 & m_R \end{bmatrix} \cdot \begin{bmatrix} \ddot{z}_A \\ \ddot{z}_R \end{bmatrix} + \begin{bmatrix} d & -d \\ -d & d+d_R \end{bmatrix} \cdot \begin{bmatrix} \dot{z}_A \\ \dot{z}_R \end{bmatrix} + \begin{bmatrix} c_A & -c_A \\ -c_A & c_A+c_R \end{bmatrix} \cdot \begin{bmatrix} z_A \\ z_R \end{bmatrix} = \begin{bmatrix} 0 \\ 0 \end{bmatrix}$$

gebracht werden können. Wird die Dämpfung vernachlässigt ($d = d_R = 0$) kann man das System hinsichtlich der Eigenfrequenzen und der Eigenformen analysieren.

Abb. 6.63 Viertel-Fahrzeug-Modell zur Analyse der Vertikaldynamik

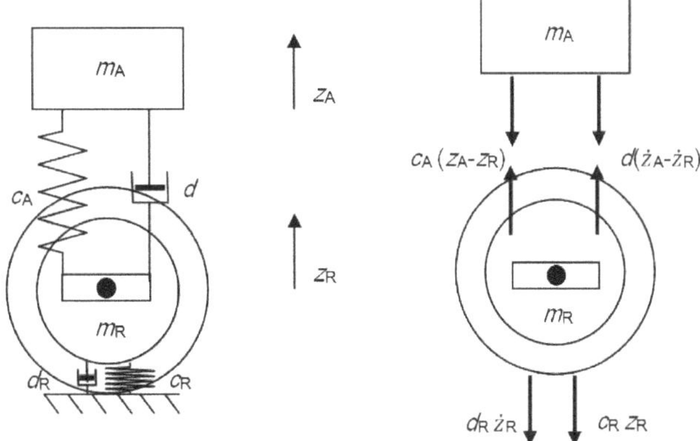

Beispiel 6.17

Für oben dargestelltes Viertel-Fahrzeug-Modell (ohne Dämpfung) soll untersucht werden, welche Auswirkung ein 5 kg schwereres Rad hinsichtlich der Eigenfrequenzen des Systems hat. Die im Modell berücksichtigte Aufbaumasse ist 300 kg. Die Radmasse beträgt 20 bzw. 25 kg, Die Reifenfedersteifigkeit ist 100 kN/m, die Aufbaufedersteifigkeit 20 kN/m. Bestimmt werden sollen die Eigenkreisfrequenzen!

Beim Viertel-Fahrzeug-Modell, bzw. beim Zwei-Massen-Modell, wird nun die Interaktion der beiden Körper mitberücksichtigt:

Die Bewegungsgleichungen folgen aus den Schwerpunktsätzen in z-Richtung:

$$m_A \cdot \ddot z_A = -c_A \cdot (z_a - z_R)$$
$$m_R \cdot \ddot z_R = c_A \cdot (z_a - z_R) - c_R \cdot z_R.$$

Einsetzen des allgemeinen Ansatzes in die Differentialgleichungen liefert die Matrizenform:

$$\begin{bmatrix} (c_A - m_a \cdot \omega^2) & (-c_A) \\ (-c_A) & (c_A + c_R - m_R \cdot \omega^2) \end{bmatrix} \cdot \begin{bmatrix} A \\ B \end{bmatrix} = \begin{bmatrix} 0 \\ 0 \end{bmatrix}$$

und damit die charakteristische Gleichung:

$$(c_A - m_a \cdot \omega^2) \cdot (c_A + c_R - m_R \cdot \omega^2) - c_A^2 = 0,$$

welche mit den angegebenen Zahlenwerten, hier $m_R = 20$ kg, die Eigenfrequenzen

$$\omega_1 = 77{,}5320\,\frac{1}{s} \triangleq 12{,}340\,\text{Hz} \quad \text{und} \quad \omega_2 = 7{,}4466\,\frac{1}{s} \triangleq 1{,}1852\,\text{Hz}$$

liefert. Für eine Radmasse von 25 kg folgen die Eigenfrequenzen:

$$\omega_1 = 69{,}3631\,\frac{1}{s} \triangleq 11{,}040\,\text{Hz} \quad \text{und} \quad \omega_2 = 7{,}4448\,\frac{1}{s} \triangleq 1{,}1849\,\text{Hz}.$$

Literatur

1. Reimpell, Betzler: Fahrwerkstechnik: Grundlagen, 5. Aufl. Vogel-Verlag, Würzburg (2005)
2. Reimpell, J.: Fahrwerkstechnik: Radaufhängungen, Vogel-Verlag, Würzburg (2005)
3. Hoepke, Breuer: Nutzfahrzeugtechnik, 6. Aufl. Vieweg+Teubner, Wiesbaden (2012)
4. Willumeit: Modelle und Modellierungsverfahren in der Fahrzeugdynamik. B.G. Teubner, Stuttgart, Leipzig (1998)

Das letzte Kapitel verdeutlicht, dass mit der Anzahl der betrachteten Einzelkörper und deren Freiheitsgraden der Rechenaufwand steigt und die Unterstützung eines Rechners erforderlich wird. Betrachtet man eine Einzelmasse, so hat diese drei translatorische und drei rotatorische Freiheitsgrade, insgesamt also sechs Freiheitsgrade. Verbindet man mehrere dieser masse- und trägheitsbehafteter Einzelmassen miteinander, spricht man von einer Mehrkörpersimulation (MKS). Mittels Bindungen und Kontaktbedingungen können die Freiheitsgrade eingeschränkt werden. Mehrkörpersimulationen in der Fahrzeugentwicklung findet man bei der Analyse und Optimierung der Achs- und Lenkungskinematik, bei der Ermittlung von dynamischen Bauteilschnittlasten für die Festigkeitsberechnung, aber auch bei der Analyse der Fahrdynamik und des Komfortverhaltens des Gesamtfahrzeugs. Beispiel für Softwarelösungen im Bereich der Mehrkörpersimulation sind Adams, Simpack oder Mesa Verde [1].

Mehrkörpersimulationen sind aufgrund ihrer Komplexität im Allgemeinen nicht in Echtzeit rechenbar. Dieses ist aber erstrebenswert, um Hardware-in-the-Loop-Simulationen durchführen zu können. Hierbei werden Signale aus der Simulation in eine Hardware, wie z. B. ein Steuergerät, gesendet. Die Hardwarekomponente verarbeitet die Signale und gibt ihrerseits Informationen in den Simulationsprozess zurück. Dieses muss zwingend in Echtzeit geschehen, um die Tauglichkeit der Hardwarekomponente zu testen. Zum Beschleunigen der Rechenzeit werden sogenannte systemdynamische Fahrzeugmodelle eingeführt. Dabei werden Lösungen der MKS-Differentialgleichungen als Kennlinien approximiert. Das führt zu einem leichten Verlust an Rechengenauigkeit, beschleunigt aber die Rechenzeit auf Echtzeit oder auch noch schneller. Für weiterführende Literatur sei auf [1] verwiesen.

Beispielhafte Vertreter von kommerziellen systemdynamischen Fahrzeugmodellen in fahrdynamischen Simulationsprogrammen sind (ohne Anspruch auf Vollständigkeit): CarMaker der Firma IPG, AMS der Firma dSPACE, CarSim der Firma Mechanical Simulation Corporation und veDYNA der Firma TESIS.

© Springer Fachmedien Wiesbaden 2015

275

S. Breuer, A. Rohrbach-Kerl, *Fahrzeugdynamik*, ATZ/MTZ-Fachbuch,
DOI 10.1007/978-3-658-09475-1_7

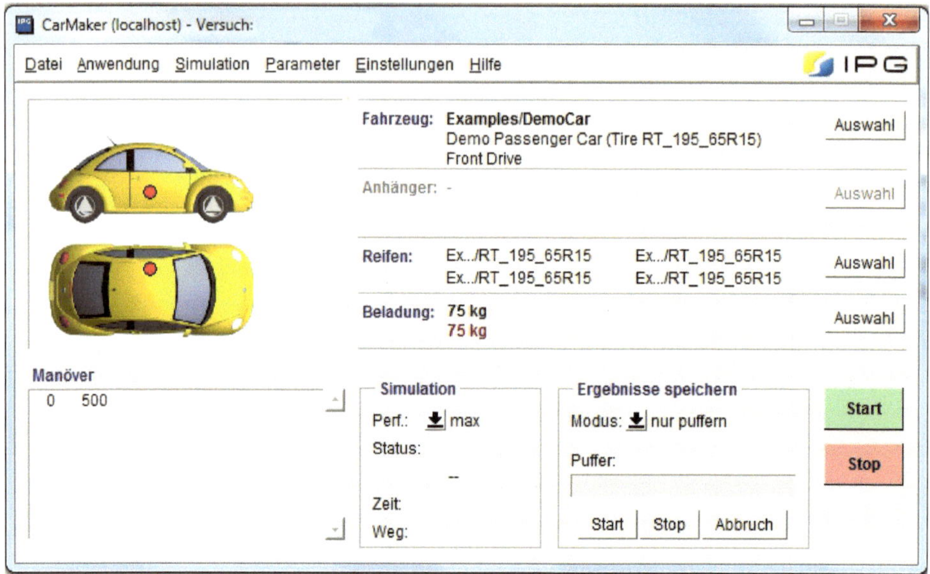

Abb. 7.1 Start-Benutzeroberfläche des Programms CarMaker

An dieser Stelle soll kurz die Benutzung des Programms CarMaker für eine fahrdynamische Untersuchung vorgestellt werden. Beim Öffnen des Programms erscheint eine Benutzeroberfläche, Abb. 7.1, von der aus eine simulierte Testfahrt gestartet werden kann. Bevor diese jedoch simuliert werden kann, müssen, analog zur realen Testfahrt, alle Komponenten definiert sein. Die minimalen Anforderungen sind die Bedatung der folgenden Parameter: Fahrer, Fahrzeug, Reifen, Fahrbahn und Manöversteuerung. Im Folgenden wird nun auf die einzelnen Parameter eingegangen.

Fahrer

Dem Fahrermodell liegen aus Fahrversuchen gewonnene Messdaten sowie psychologische Studien zugrunde, aus denen das Fahrverhalten des Fahrermodells generiert wurde. Das Fahrverhalten beschreibt, wie stark der Fahrer beispielsweise in bestimmten Situationen beschleunigt oder bremst, wie stark er die Kurve schneidet etc. Mit Hilfe der in Abb. 7.2 dargestellten Benutzeroberfläche (zu finden über den Reiter *Parameter > Fahrer* auf der Start-Benutzeroberfläche) lässt sich dieses Verhalten variieren. Zur Simulation eines beispielsweise aggressiven Fahrstils werden die maximalen Beschleunigungs- und Verzögerungswerte heraufgesetzt, der Exponent des Beschleunigungsdiagramms verändert, des Weiteren der Kurvenschneidkoeffizient erhöht, die Dauer des Pedalwechsels und der Dauer der Beschleunigung bzw. Verzögerung verkürzt und die maximale Geschwindigkeit heraufgesetzt. Zusätzlich lassen sich die Schaltdrehzahlen parametrisieren, also die Drehzahlen, bei denen der Fahrer einen Gang höher oder niedriger schaltet.

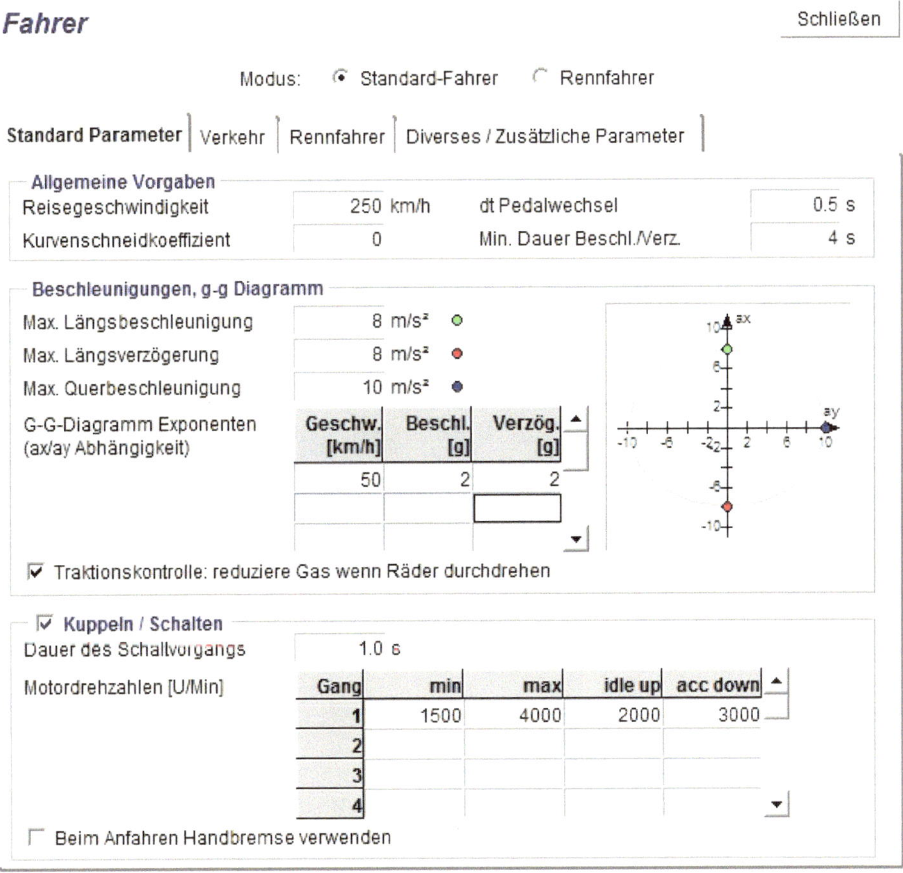

Abb. 7.2 Konfigurationsmöglichkeiten des Fahrermodells

Eine zusätzliche Optimierung auf das Fahrverhalten eines Rennfahrers bietet der Auswahlpunkt *Rennfahrer*, diese Option ist jedoch nicht in der Standardversion verfügbar.

Soll das Programm auf den persönlichen Fahrstil reagieren, besteht alternativ die Möglichkeit, das Fahrermodell durch einen reellen Fahrer zu ersetzen. Hierzu ist die Einbindung eines Lenkrades sowie zugehöriger Pedalerie notwendig, welche dann von dem realen Fahrer bedient werden, siehe Abb. 7.3 zum Beispiel zum Testen von Fahrerassistenzsystemen.

Fahrzeug

Das Programm CarMaker bietet eine Vielzahl vordefinierter Fahrzeugdatensätze großer Fahrzeughersteller über Kleinwagen, Kombis, Sportwagen sowie kleiner und großer Transporter. Die Spezifikation jedes einzelnen Fahrzeugs lässt sich über den Reiter *Pa-*

Abb. 7.3 Fahrsimulator am Campus Velbert/Heiligenhaus der Hochschule Bochum (Bild: Hochschule Bochum)

rameter > Fahrzeug auf der Start-Benutzeroberfläche finden. Wie in Abb. 7.4 sichtbar, enthält die Parametrisierung *Fahrzeug* Datensätze zu Massen und deren Anordnung sowie den Trägheitsmomenten, des Weiteren zu aerodynamischen Beiwerten, Federeigenschaften, Brems- und Lenkungsparametern sowie beispielsweise zum Kennfeld des Antriebs, siehe Abb. 7.5, um den Kraftstoffverbrauch zu simulieren. Um die vorgegebenen Parameter des Fahrzeugs zu variieren, zum Beispiel das Ändern der Antriebskonfiguration von Front- auf Heck oder Allradantrieb, bedarf es nur eines Mausklicks, sofern man sich bei den im Programm parametrisierten Antriebsmodellen bedient. Dem Anwender bleibt es aber frei, die vorhandenen Modelle zu erweitern oder durch eigene zu ersetzen

Reifen

Das Fahrzeug ist über die Reifen mit der Fahrbahn verbunden, hier werden die notwendigen Kräfte zur Bewegung des Fahrzeugs übertragen. Diese Komplexität ist in den einzelnen vordefinierten Reifenmodellen nachgebildet, die auf der Start-Benutzeroberfläche unter dem Reiter *Reifen > Auswahl* zu finden sind. Hier sind eine Vielzahl von Reifen-Felgen-Paarungen hinterlegt, die der Komplexität der Fahrzeugmodelle Rechnung tragen.

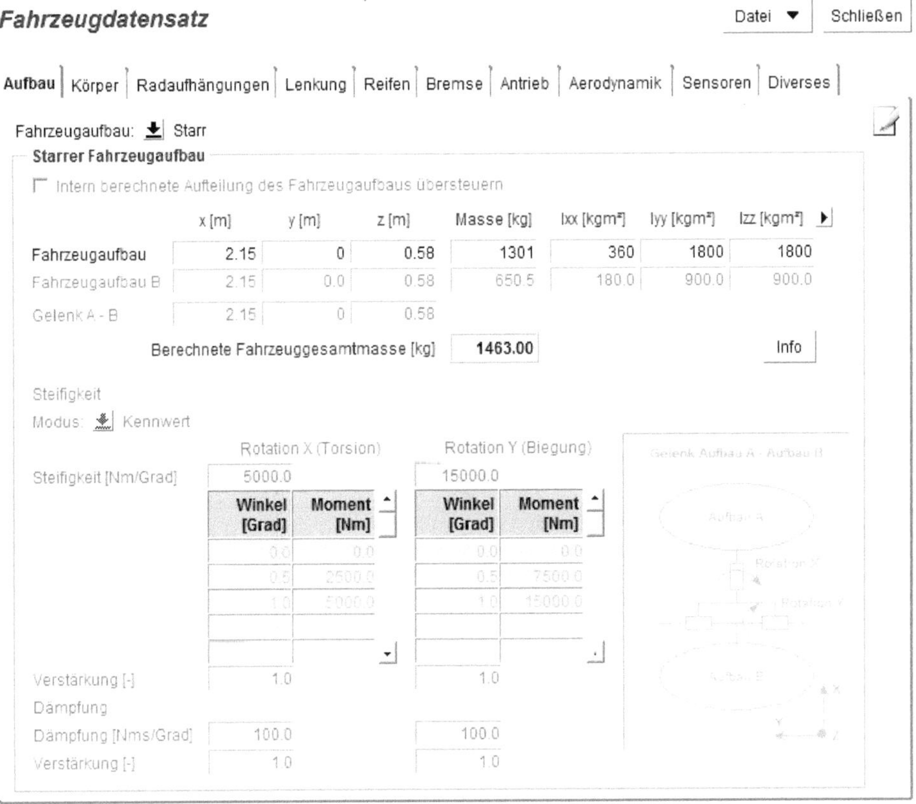

Abb. 7.4 Parametrisierung des Fahrzeugs

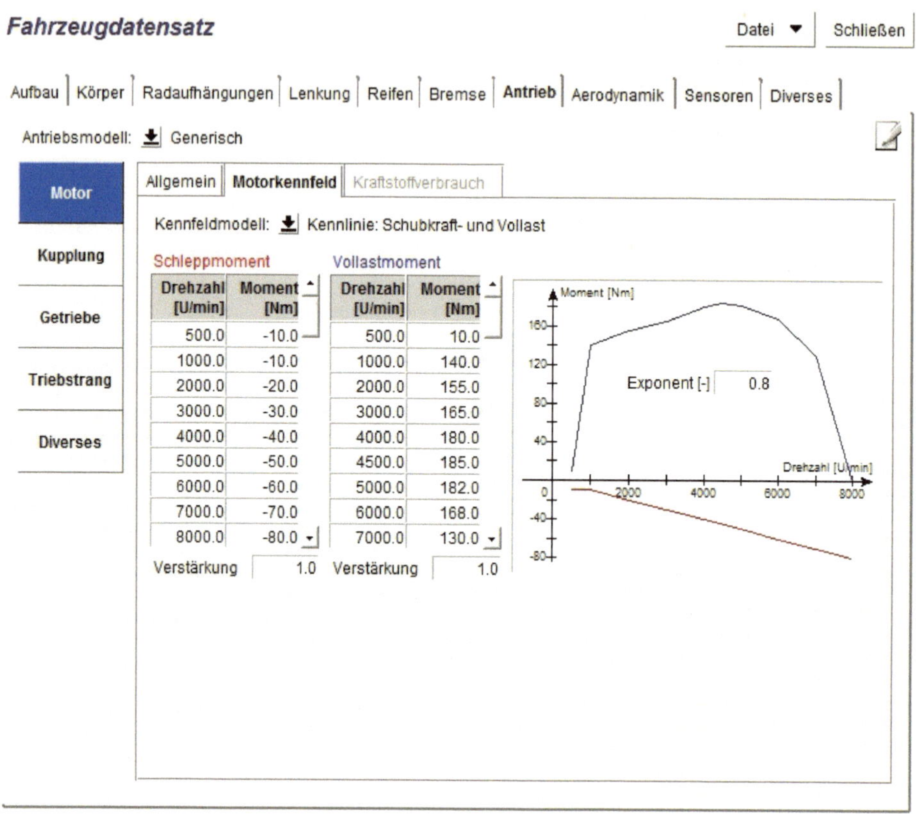

Abb. 7.5 Parametrisierung des Fahrzeugs

Fahrbahn

Über den Reiter *Parameter > Fahrbahn* auf der Start-Benutzeroberfläche gelangt man zur Straßenkonfiguration. Als Teststrecke kann man mitgelieferte Strecken befahren, eigenen Strecken vermessen und einbinden, Datensätze aus externen Tools (z. B. Navigationsda ten) importieren oder sich beliebige Teststrecken aus dem implementierten Baukasten zusammensetzen. Hierzu werden einzelne Fahrbahnsegmente definiert und aneinandergereiht. Hierbei ist nicht nur die Variation von geraden und kurvigen Elementen möglich, ebenso sind Fahrbahnbreite, -neigung und Reibwert der Fahrbahn (auch µ-Split) konfigurierbar. Des Weiteren bietet das Programm CarMaker die Möglichkeit, Hindernisse (z. B. Pylonengasse, Bodenwellen u. v. m.), Geschwindigkeitsbegrenzungen und Seitenwind als zusätzliche Marker an die Elemente zu koppeln. Abbildung 7.6 zeigt die Konstruktionsoberfläche der Fahrbahnsegmente.

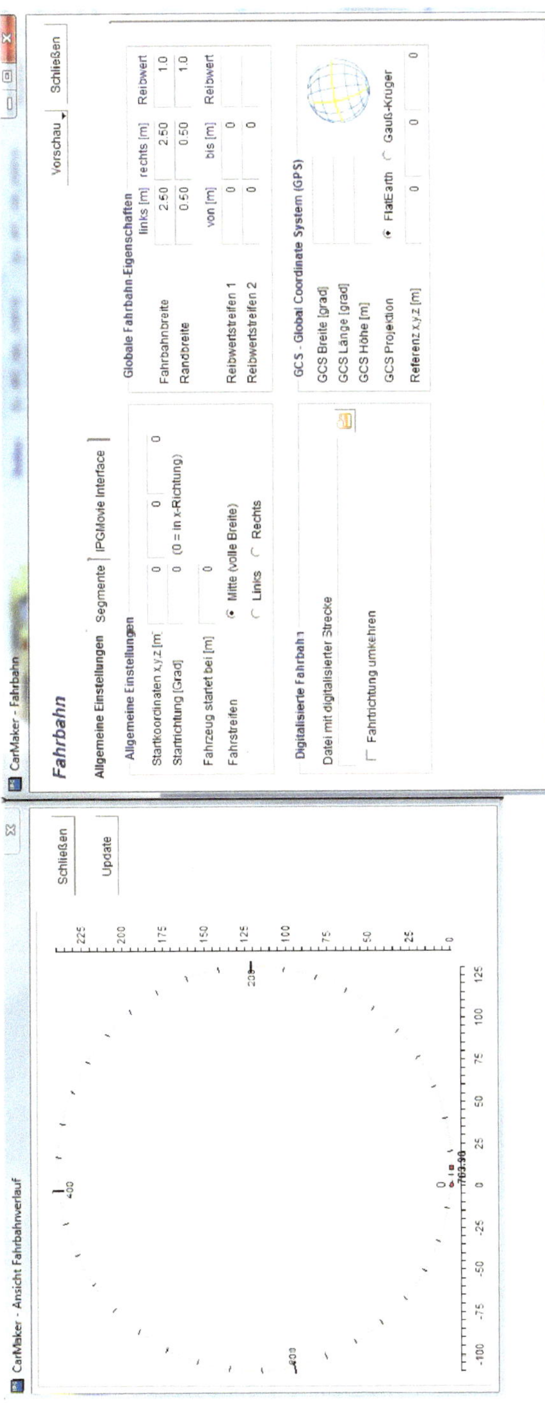

Abb. 7.6 Dialogfenster Fahrbahn samt Vorschau-Fenster (links)

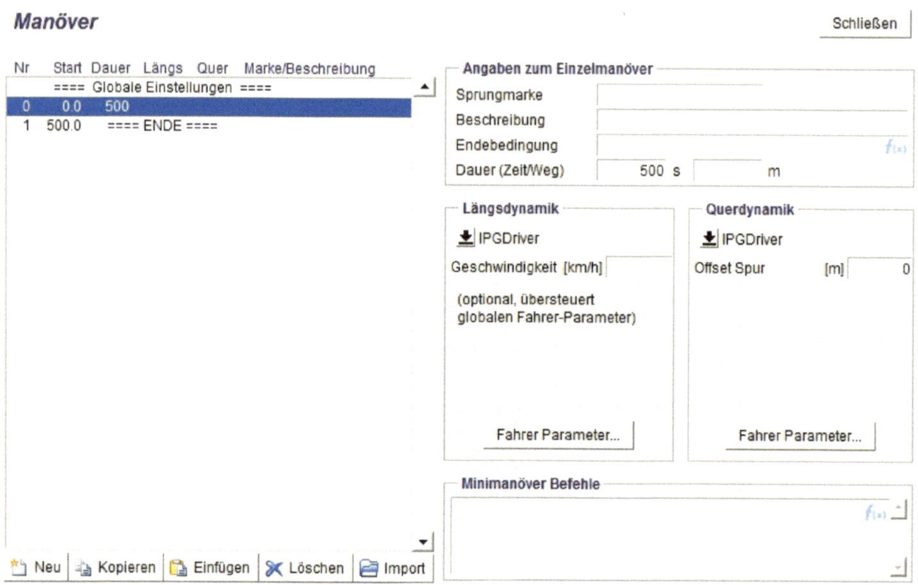

Abb. 7.7 Dialogfenster Manöversteuerung

Manöversteuerung

Um die Simulation starten zu können, bedarf es abschließend noch der Definition des Fahrmanövers. Im Closed-Loop-Manöver wird das Fahrverhalten über den konfigurierten Fahrer bestimmt, über den Reiter *Parameter > Manöver* auf der Start-Benutzeroberfläche müssen lediglich die Randbedingungen des Manövers festgelegt werden, also beispielsweise, nach welcher Zeit oder nach welchem zurückgelegten Weg die Simulation beendet wird. Im Open-Loop-Manöver wird im Gegensatz dazu der Fahrerdatensatz nicht benötigt. Hier wird beispielsweise ein Anhaltevorgang durch einzelne Manöver mittels Vorgabe von Pedalstellungen zu definierten Zeitpunkten beschrieben, siehe Abb. 7.7.

Dokumentation

Sind alle diese Parameter definiert, kann die Simulation anschließend über den Start-Button auf der Benutzeroberfläche gestartet werden. Das Programm wertet die eingestellten Datensätze entsprechend aus. Dem Benutzer stehen zur Auswertung mehrere grafische Tools zur Verfügung:

Instruments Das Öffnen des Instrumentenfensters (über Datei > Instruments) gewährt einem den Blick auf aktuelle Informationen zu Geschwindigkeit, Drehzahl, Gangwahl, Lenkradwinkel und Pedalstellung, analog zur Instrumententafel im realen Fahrzeug. Kontrolllampen liefern weitere Informationen, siehe Abb. 7.8.

Abb. 7.8 Anzeigefenster Instruments

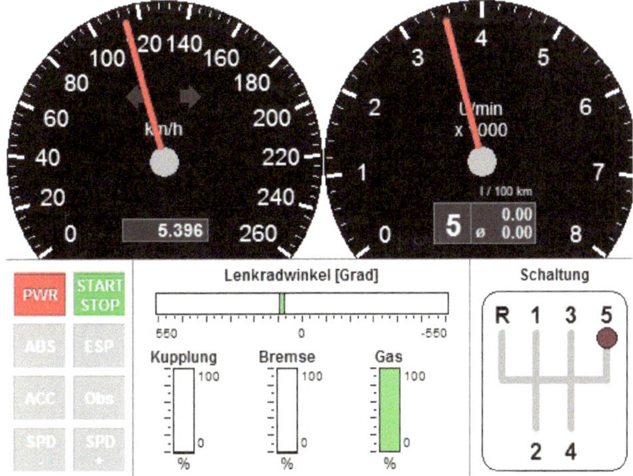

IPGMovie Mit dem Tool *Movie* (über Datei > IPGMovie) visualisiert das Programm Car-Maker die Fahrt des Fahrzeugs auf der entsprechenden Fahrtstrecke in einer dreidimensionalen Animation. Unter Zuhilfenahme der PC-Mouse lässt sich die Perspektive des Betrachters mühelos verändern. Abbildung 7.9 zeigt das Anzeigefenster Movie.

IPGControl Dieses Tool (über Datei > IPGControl) ermöglicht die Auswertung von Messgrößen. Alle zur Definition der Simulation relevanten Daten sind hier hinterlegt. Nach Auswahl der darzustellenden Messdaten lassen sich diese in einem Diagramm grafisch darstellen und zur weiteren Auswertung exportieren (z. B. in Excel), siehe Abb. 7.10.

Abb. 7.9 Anzeigefenster Movie

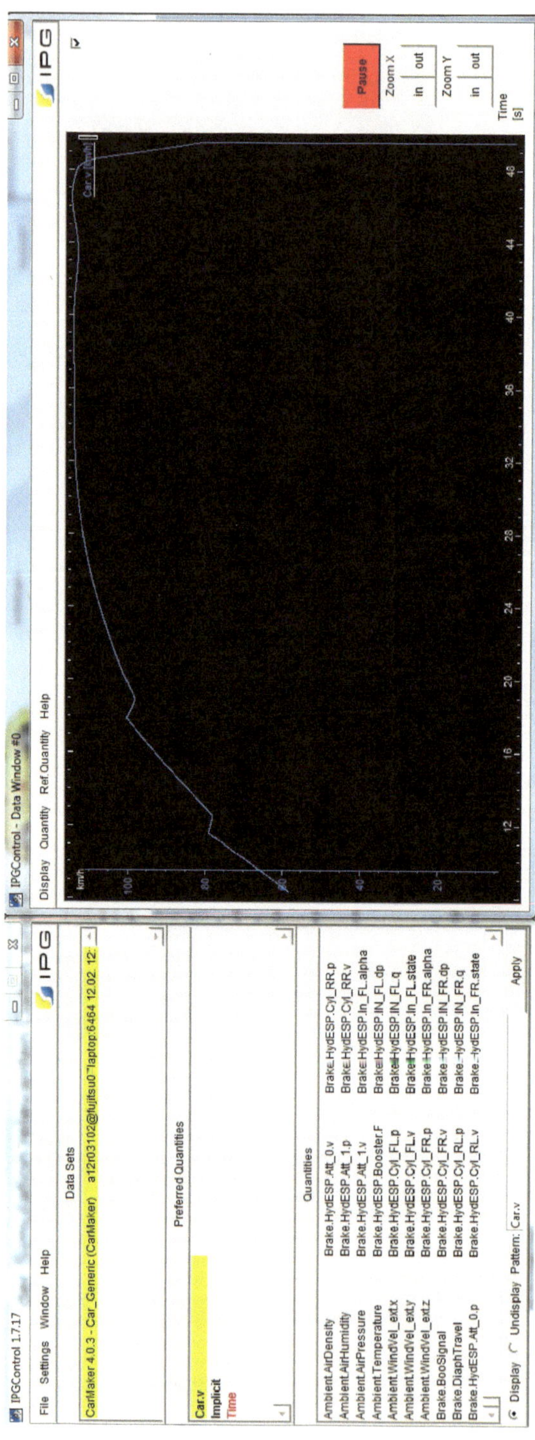

Abb. 7.10 Anzeigefenster IPGControl

Die folgenden Beispiele sollen einen kurzen Einblick in mögliche Simulationen bieten, um unterschiedliche Fragestellungen zu bearbeiten.

Beispiel 7.1

Es ist eine Strecke für die stationäre Kreisfahrt (Linkskurve) mit einer 10 m langen Geraden als Einfahrt in einen Kreis, der einen Radius von 100 m (analog zu Abb. 7.6) innehaben soll, zu definieren. Die Dauer des Manövers soll 300 s betragen.

Als Fahrzeug wird das DemoCar mit der Bereifung 195/65 R 15 sowie als Fahrermodell den IPG Driver mit einer Reisegeschwindigkeit von 250 km/h und

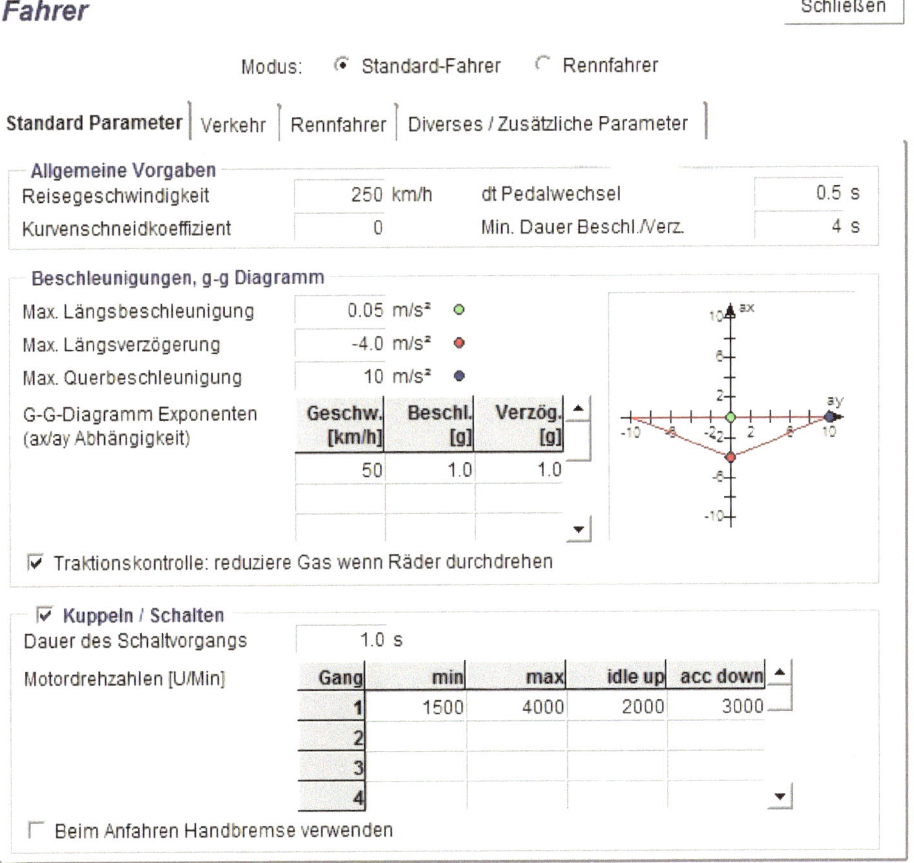

Abb. 7.11 Anpassung des Fahrermodells

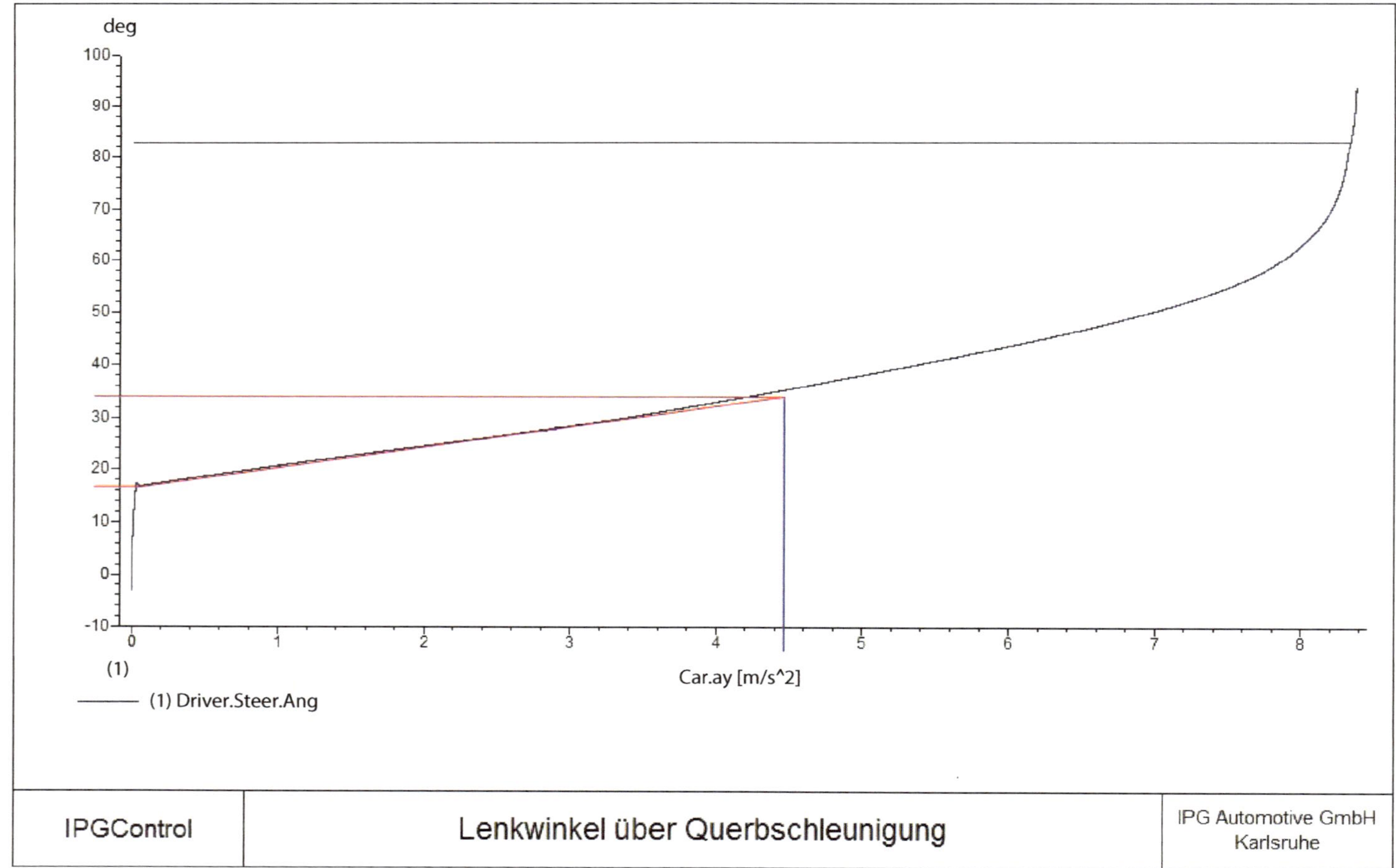

Abb. 7.12 Diagramme des Fahrversuches

einer maximal zulässigen Querbeschleunigung von 10,0 m/s^2, gewählt. Der Kurvenschneidkoeffizient ist auf 0,0 einzustellen. Zur Simulation des stationären Verhaltens ist die Längsbeschleunigung auf 0.05 m/s^2 zu begrenzen, siehe Abb. 7.11.

Die Abb. 7.8 bis 7.10 zeigen die laufende Simulation. Der momentane Fahrzustand wird sowohl über die Anzeigefenster Movie und Instruments als auch mittels IPGControl dokumentiert.

Es wird das Diagramm Lenkwinkel (Driver.Steer.Ang = steering angle) über Querbeschleunigung (Car.ay) erzeugt und daraus die charakteristische Geschwindigkeit, siehe Abb. 7.12, bestimmt.

Die Abb. 7.12 zeigt die zur Bestimmung der Charakteristischen Geschwindigkeit notwendigen Größen:

Bei doppeltem Ackermannwinkel ergibt sich die Querbeschleunigung zu

$$a_\mathrm{y} = 4{,}5 \, \frac{\mathrm{m}}{\mathrm{s}^2}.$$

Hieraus und aus dem gegebenen Radius von $R = 100$ m lässt sich die charakteristische Geschwindigkeit errechnen zu:

$$v_\mathrm{char} = \sqrt{a_\mathrm{y} \cdot R} = \sqrt{4{,}5 \, \frac{\mathrm{m}}{\mathrm{s}^2} \cdot 100 \, \mathrm{m}} = 21{,}2 \, \frac{\mathrm{m}}{\mathrm{s}} = 76{,}4 \, \frac{\mathrm{km}}{\mathrm{h}}.$$

Beispiel 7.2

Es soll eine Strecke ausreichender Länge mit einer Steigung von 10 % definiert werden. Das Demo Car mit der Bereifung 195/65 R 15 soll auf dieser Strecke über den IPG Driver beschleunigen, bis es seine Höchstgeschwindigkeit erreicht. Hierzu ist die Reisegeschwindigkeit auf 200 km/h heraufzusetzen.

Welche Höchstgeschwindigkeit erreicht das Fahrzeug? Wie groß ist die Luftwiderstandskraft? Wie groß sind die Antriebskraft (Heckantrieb) und der Rollwiderstand?

Zunächst erfolgt die Parametrisierung gemäß Aufgabenstellung und die Simulation wird gestartet, siehe Abb. 7.13.

Nach Beendigung der Beschleunigungsphase befindet sich das Fahrzeug in konstanter Fahrt. Die Summe der Fahrwiderstände entspricht der Antriebskraft des Fahrzeugs, ein weiteres Beschleunigen ist nicht mehr möglich. Das Fahrzeug erreicht eine Höchstgeschwindigkeit von $v_\mathrm{max} = 160$ km/h, siehe auch Abb. 7.15.

Die Geschwindigkeit lässt sich jedoch, wie bereits erwähnt, durch Darstellung im Diagramm und Export der Daten in Excel exakter feststellen, für die Veranschau-

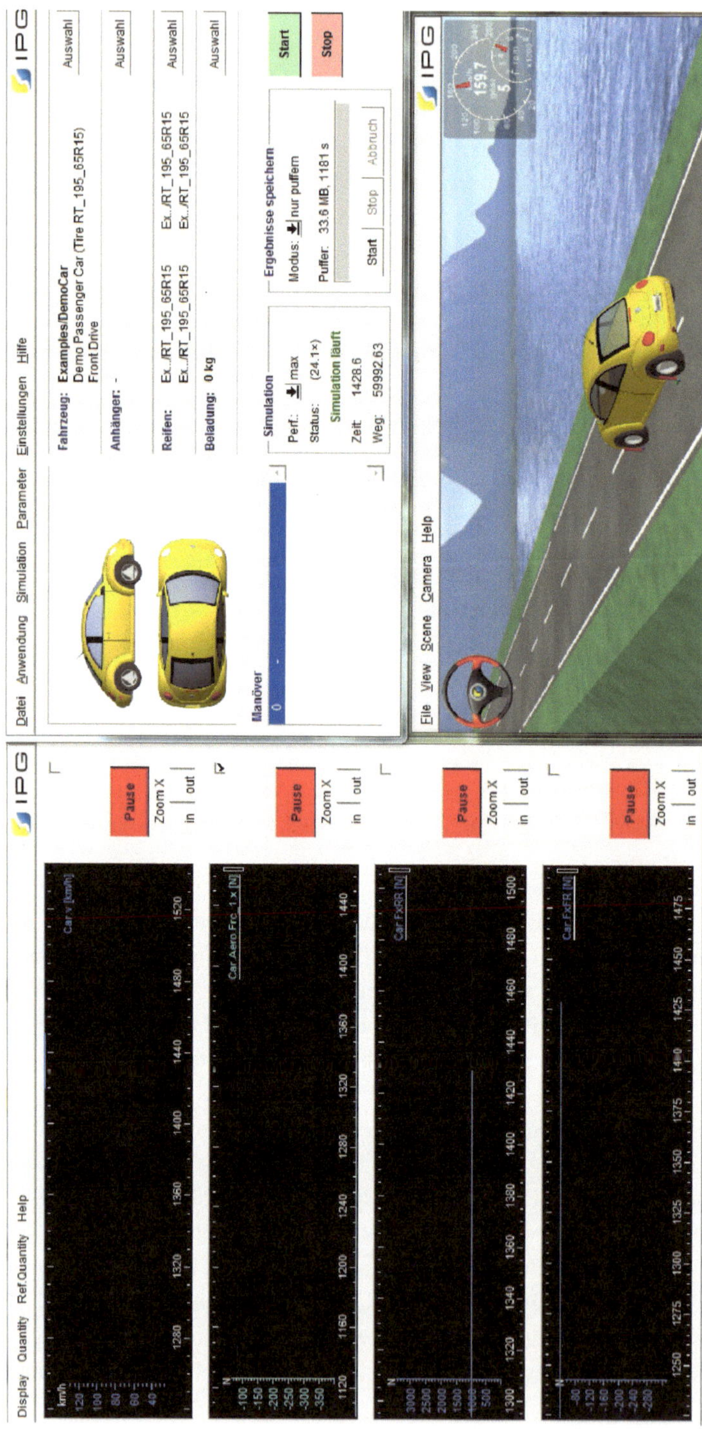

Abb. 7.13 Laufende Simulation

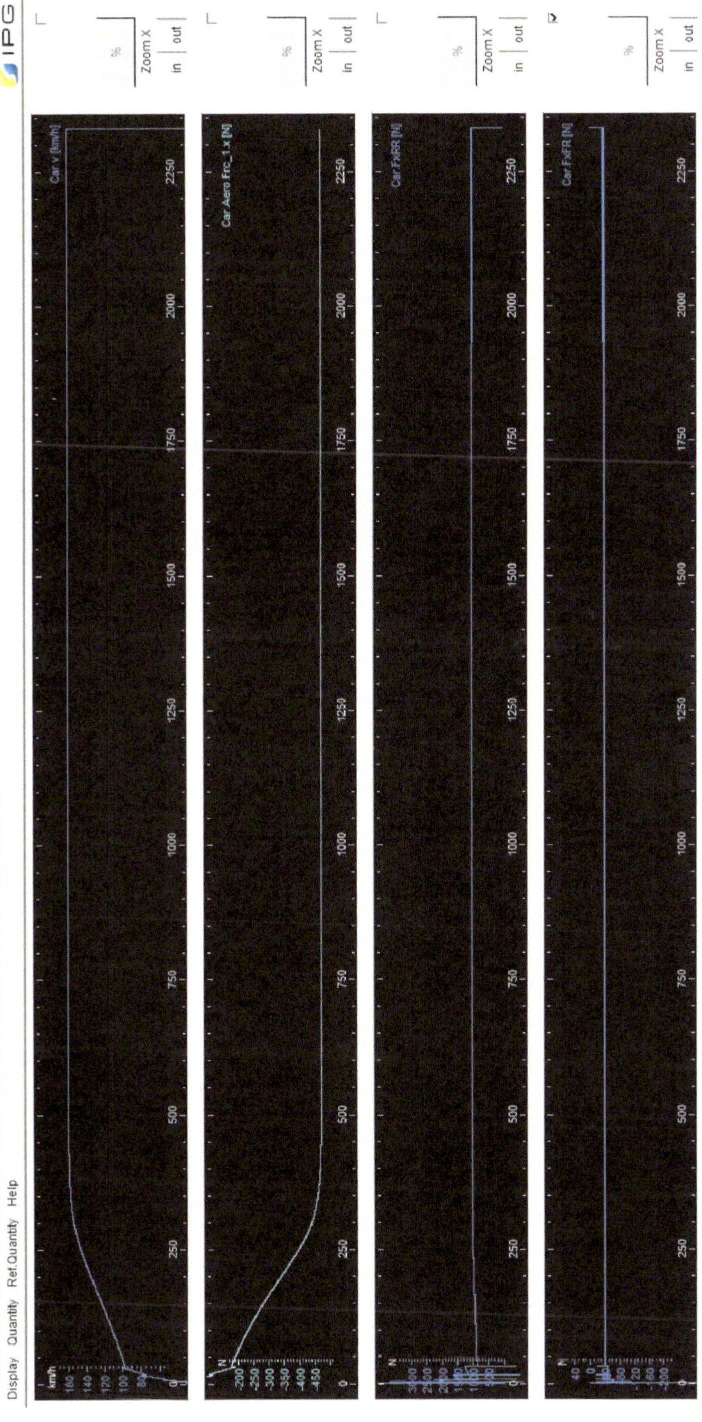

Abb. 7.14 Diagramme zur Visualisierung der Fahrgeschwindigkeit (1), der Luftwiderstandskraft (2) sowie der Längskräfte an Hinter- (3) und Vorderrad (4)

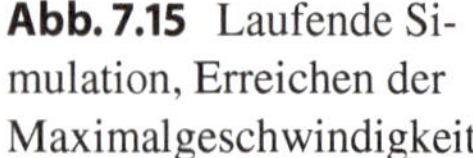

Abb. 7.15 Laufende Simulation, Erreichen der Maximalgeschwindigkeit

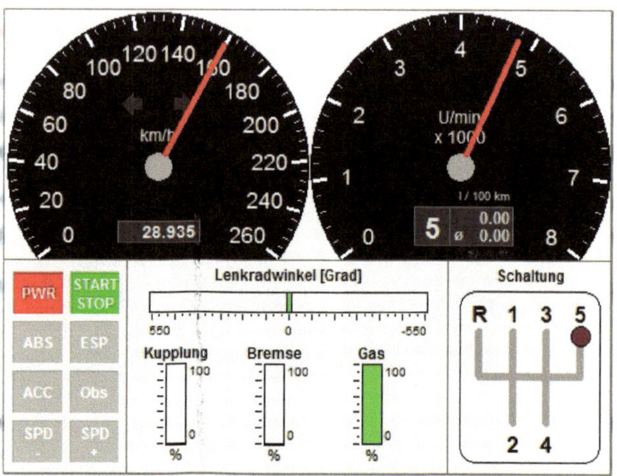

lichung reicht die Betrachtung der Fahrzeuginstrumente jedoch für dieses Beispiel aus, ebenfalls wurde bei Angabe der bestimmten Werte auf die Angaben von Nachkommastellen verzichtet, da es sich hier lediglich um die Veranschaulichung der prinzipiellen Möglichkeiten mit CarMaker handelt.

Um die Luftwiderstandskraft und die Antriebskraft bestimmen zu können, wird sich der entsprechenden Diagramme bedient, siehe Abb. 7.14. Mit Hilfe des Control-Fensters lassen sich alle relevanten Parameter anzeigen. Das erste Diagrammfenster schreibt den Geschwindigkeitsverlauf, das zweite die Luftwiderstandskraft, das dritte die Längskraft an einem Hinterrad und das vierte Diagramm die Längskraft an einem Vorderrad.

Die Antriebskraft entspricht der Summe der Fahrwiderstände:

$$F_\text{A} = F_\text{L} + F_\text{St} + F_\text{R}.$$

Die Auswertung der Luftwiderstandskraft anhand des Diagramms ergibt einen Wert von

$$F_\text{L} = 474\,\text{N}.$$

Der Steigungswiderstand bestimmt sich aus

$$F_\text{St} = m \cdot g \cdot \sin(\alpha),$$

mit

$$\alpha = \arctan(0{,}1) = 5{,}7°.$$

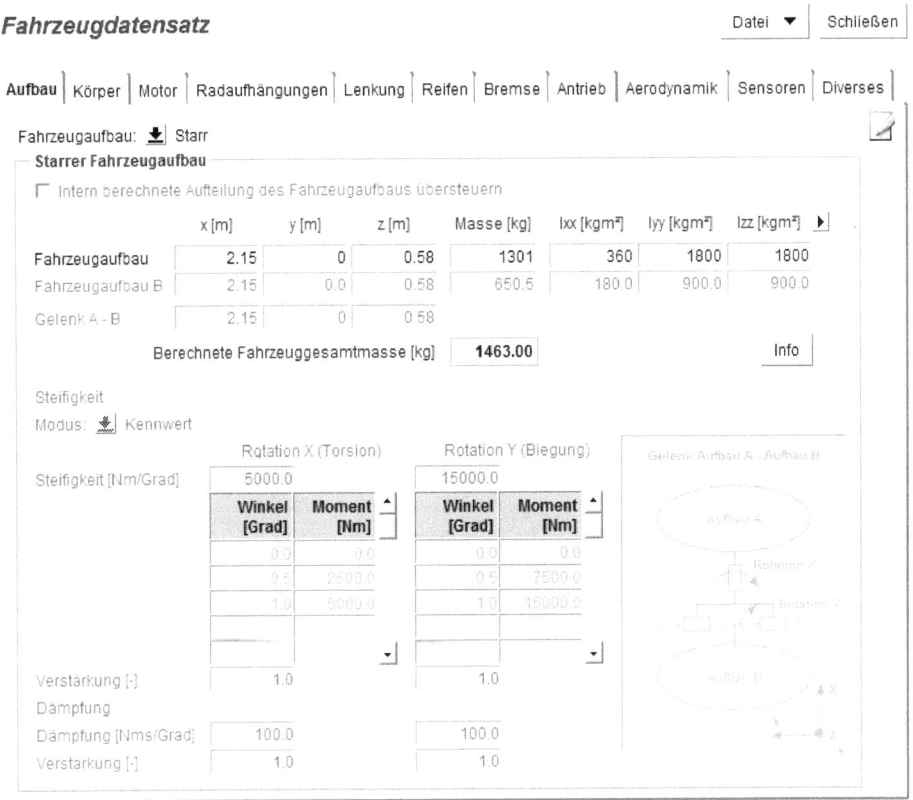

Abb. 7.16 Angabe der Fahrzeuggesamtmasse

Und einer Gesamtmasse von $m = 1463\,\text{kg}$ (siehe Abb. 7.16) zu

$$F_{St} = 1425\,\text{N}.$$

Da das Fahrzeug über einen Heckantrieb verfügt (Fahrzeug wurde dementsprechend parametrisiert), wird die Längskraft am Hinterrad abgelesen und (da beide Hinterräder angetrieben werden) verdoppelt. Hieraus ergibt sich ein Wert von:

$$F_{xHA} = 2 \cdot 992\,\text{N} = 1984\,\text{N}.$$

In dieser Längskraft verbirgt sich noch der Anteil des Rollwiderstands an der Hinterachse, diesen gilt es nun, herauszurechnen:

$$F_{RHA} = F_{xHA} - F_{L} - F_{St} = 1984\,\text{N} - 474\,\text{N} - 1425\,\text{N} = 85\,\text{N}.$$

Auch die Vorderachse muss den Rollwiderstand überwinden, dieser ist direkt im vierten Diagramm abzulesen und beträgt:

$$F_{\mathrm{RVA}} = 2 \cdot 39\,\mathrm{N} = 78\,\mathrm{N}.$$

Somit beträgt der gesamte Rollwiderstand

$$F_{\mathrm{R}} = 85\,\mathrm{N} + 78\,\mathrm{N} = 163\,\mathrm{N}.$$

Daraus ergibt sich ein Rollwiderstandbeiwert von

$$f_{\mathrm{R}} = \frac{F_{\mathrm{R}}}{m \cdot g \cdot \cos(\alpha)} = 0{,}011.$$

Der überschlägige Bestimmung des Rollwiderstandsbeiwertes zeigt als Ergebnis einen für einen Pkw durchaus typischen Wert.

Mit Hilfe von Fahrdynamiksimulationsprogrammen ist es möglich, das sehr komplexe Fahrzeugfahrverhalten vorauszusagen. Es bedingt aber gute und passende Submodelle und eine Vielzahl von Parametern, welche in hinreichender Exaktheit vorliegen müssen. Ohne das hinreichende Knowhow dient dieses Programm dennoch zu einer Sensitivitätsanalyse, also zur Gewichtung, wie stark sich ein bestimmter Parameter auf das Fahrverhalten auswirkt und in welche Richtung er dieses verändert. Insbesondere lassen sich Parameterstudien bei exakten Vergleichsbedingungen simulieren. Ein Vorteil, den man bei reellen Testfahrten nur mit großem Aufwand herstellen kann. Diese Programme sind in der Lage, das Fahrzeugverhalten in Echtzeit zu simulieren, was es ermöglicht, Hardwarekomponenten und Software zu testen, ohne ein Fahrzeug zur Verfügung zu haben.

Literatur

1. Isermann, R. (Hrsg.): Fahrdynamik-Regelung: Modellbildung, Fahrerassistenzsysteme, Mechatronik. Vieweg Verlag, Wiesbaden (2006)
2. Mitschke, M., Wallentowitz, H.: Dynamik der Kraftfahrzeuge, 5. Aufl. Springer Vieweg Verlag, Wiesbaden (2014)
3. Woernle: Skript Fahrmechanik. Universität Rostock (2006)

Sachverzeichnis

© Springer Fachmedien Wiesbaden 2015
S. Breuer, A. Rohrbach-Kerl, *Fahrzeugdynamik*, ATZ/MTZ-Fachbuch,
DOI 10.1007/978-3-658-09475-1

Hardware in the Loop, 5
Harmonische Schwingung, 206
Höchstgeschwindigkeit, 63, 69
Hybridantrieb, 72

I

Ideale Antriebskraft, 69
Induzierter Widerstand, 49, 51
Innerer Widerstand, 49
Innermotorischer Wirkungsgrad, 73

K

Kamm'scher Kreis, 24, 110
Kennungswandlung, 80
Koordinatensystem, 5
Kraftschlussbeiwert, 17, 111
Kraftstoffverbrauchsdiagramm, 77, 78
Kreisfahrtwert, 167
Kreisfrequenz, 208
Kritische Geschwindigkeit, 168
Kurvenfahrt, 32

L

Laufstreifenmodell, 13
Leistung, 68
Lenkfähigkeit, 130
Lenkmoment, 23
Lenkradwinkel, 165
Lenkwinkel, 141, 157
Lieferkennfeld, 66
Luftkraft, 53
Luftkraftmoment, 54
Luftwiderstandskraft, 52

M

Massenträgheitsmoment, 57
Maximaler Kraftschlussbeiwert, 111
Mehrkörpersimulation, 275
Mittlerer Kupplungshalbmesser, 88
Momentanpol, 140
Muscheldiagramm, 77

N

Nicken, 6
Nickmomentenbeiwert, 53
Nutzlast, 40

O

Optimale Tangentialkraftverteilung, 123

P

Parabelfeder, 256
Phasenwinkel, 208
Planetengetriebe, 84
Prinzip von d'Alembert, 143

Q

Querbeschleunigung, 143

R

Radialreifen, 10
Radkraftänderung, 32
Radlast, 26, 31
Radlastwaagen, 35
Radschlupfregelsystem, 18
Radstand, 27
Reales Fahrzustandsdiagramm, 89
Reduziertes Trägheitsmoment, 59, 61
Referenzgeschwindigkeit, 188
Reibungskupplung, 87
Reibungswiderstand, 49
Reifenbezeichnung, 11
Reifenfedersteifigkeit, 9
Reifenlatsch, 7
Rekuperation, 74, 107
Restbremsmoment, 48
Rollmomentenbeiwert, 53
Rollwiderstand, 46
Rollwiderstandsbeiwert, 46
Rotatorische Beschleunigung, 59
Rotierende Masse, 58
Rückstellmoment, 23

S

Schleudern, 130
Schlupf, 184
Schräglauf, 140
Schräglaufseitensteifigkeit, 154, 164
Schräglaufsteifigkeit, 23
Schräglaufwinkel, 20, 143
Schwerpunktlage, 29, 34
Schwimmwinkel, 147
Seitenführungskraft, 130
Seitenkraftbeiwert, 53
Seitenkrafteinfluss, 146
Seitenkraftfreie Kurvenfahrt, 140
Software in the Loop, 5
Spezifischer Kraftstoffverbrauch, 77, 103
Spurrillenreibung, 47